刊行に寄せて

　一般財団法人 日本緑化センターでは、「緑化専門技術者養成認定」を事業の主要な柱として、「樹木医」および「松保護士」に続き、「自然再生士」の資格制度を平成23年度より進めてまいりました。

　「自然再生士」とは、自然再生に必要な知識・技術・経験を有する、自然再生の推進者です。「自然再生士」には、自然再生に係る事業全体を把握し、調査・計画・設計・施工・管理の、各々の事業段階において行われるべき業務や活動において、これに係わる人々をコーディネートするとともに、自ら担当する自然再生を実行できる能力が求められます。自然再生士の資格制度について興味をお持ちの方は、当センターのホームページをぜひご覧ください。

　自然再生と一口に申しましても、地域差やそこで構成される生態系など、前提条件によって求められる正解が微妙に異なってきます。したがって、全国共通で使える自然再生の教本の作成は大変困難に思われました。そこで、東京農工大学名誉教授の亀山先生から紹介していただいたのが、平成17年にソフトサイエンス社から発行された「自然再生　生態工学的アプローチ（以下「原本」という）」です。

　原本は、自然再生について科学的な方法と技術を示しており、自然再生を推進する際に知っておかなければならない事項が網羅されているため、まさに自然再生の教本としてふさわしい書籍です。この本の一部を改訂して、原本の原稿をもとに「自然再生の手引き」として、当センターから再発行させていただくこととなりました。

　最後になりますが、原本を編集された亀山先生、日置先生、倉本先生をはじめ、執筆者の皆様方には、「自然再生の手引き」という形での再発行に快くご同意をいただきまして、心より御礼申し上げます。本手引きが、わが国の自然再生の推進に寄与することを期待しております。

2013年10月

一般財団法人 日本緑化センター
会　長　篠　田　和　久

序

　20世紀は歴史上かつてない自然破壊の時代であり，それは21世紀の今も，とどまることなく続いている．その結果，現代は生物種の大量絶滅の時代となっており，各地で生物多様性が危機的に低下して健全な生態系の存続が危ぶまれている．

　このような時代背景にあって，消失した生態系やゆがんだ生態系を復元・修復する自然再生は，これからの時代に必須のキーワードになるであろう．近年，原生的な湿地や都市近郊の雑木林，あるいは都市内の緑地など，さまざまな地域で自然再生への取り組みが始められているのは，その具体的な動きである．

　ところで，自然再生はどのような場所で行うのが望ましいか，と考えてみると，国立公園などの原生的な自然地域での修復から，都市内で失われた自然の復元まで，およそどのような場所においてもその必要性があるものであり，むしろ，それぞれの地域における人と自然の係わりの中から求められるものであると考えられる．

　自然再生の事業において重要なことは，科学的な根拠に基づく技術を用いて事業が行われることであり，科学的な根拠をもたずに事業を進めると，新たな自然破壊を生じさせることにもなりかねない．人間と生態系の共存の関係を構築する技術学である生態工学は，自然再生を進める上で重要な環境インパクトや環境ポテンシャル評価などの知見とそれに基づく技術を提供するものであり，自然再生には不可欠なものと考えている．

　本書は，自然再生を進める際の科学的な方法と技術を示すことを目的としたものであり，第1編の総論では，自然再生の理念と原則，自然再生の方法論，材料と施工，住民参加と情報公開，自然再生の制度と事業などについて解説している．第2編の各論では，自然再生を行う具体的な場，すなわち，湿原，湿地，湖沼，河川，草原，田園，二次林，森林，湧水地，砂丘，サンゴ礁，干潟，藻場などの生態系の特徴と再生を行う背景について述べ，自然再生の目標設定，再生の技術的手法，評価と課題などについて事例を用いて詳しく解説している．

　本書は，日本造園学会生態工学研究委員会の委員が主となって企画・編集したものである．本書が自然再生の事業に役立てられることを期待している．

2005年3月

編集者を代表して　　**亀山　章**

目　次

序

第1編：総　　論 ……………………………………………………………… 1

1．自然再生の理念と原則 …………………………………………（亀山　章）… 2
- 1-1　自然再生の理念 …………………………………………………………… 2
- 1-2　自然再生事業のあり方 …………………………………………………… 3
  - 1）自然再生の主体　4
  - 2）調査の重要性　4
  - 3）情報公開と説明責任　4
  - 4）人と自然の「しくみ」の再構築　5
  - 5）自然再生技術の開発　5
  - 6）環境影響評価の必要性　5
  - 7）制度化の検討　6
  - 8）管理の重要性　6

2．自然再生の方法論 ………………………………………………（日置佳之）… 7
- 2-1　自然再生の広域計画 ……………………………………………………… 7
- 2-2　自然再生事業のプロセス ………………………………………………… 11
  - 1）目標の設定　13
  - 2）計画と設計および施工　18
  - 3）モニタリングと管理　24

3．自然再生の材料と施工 …………………………………………（春田章博）… 27
- 3-1　自然再生の材料 …………………………………………………………… 27
  - 1）植物材料　27
  - 2）動物類の導入　28
  - 3）表　土　28
  - 4）現場発生材　28
  - 5）新素材　28
  - 6）雨水などの利用　29
- 3-2　工事中の環境への影響 …………………………………………………… 30
  - 1）生きものの生活や生活史に合わせた施工計画の策定　30
  - 2）工事場所の限定・制限　30
  - 3）避難地の確保　31
  - 4）試験施工の実施　31

3-3　外来種への対応 …………………………………………………………………… 31
　　　　1）　外来種・侵略的外来種　31
　　　　2）　基本的な考え方　32
　　　　3）　外来種問題への対応　33

4．住民参加と情報公開 ……………………………………………………（倉本　宣）… 37
　4-1　自然再生に参加する主体 ……………………………………………………………… 37
　4-2　情報の収集 ……………………………………………………………………………… 38
　　　　1）　住民による種生態の調査　38
　　　　2）　住民による調査団　41
　　　　3）　コーディネーターの役割　42
　4-3　情報の共有化 …………………………………………………………………………… 42
　　　　1）　環境コミュニケーション　42
　　　　2）　ワークショップ　44
　4-4　情報の公開と発信 ……………………………………………………………………… 46

5．自然再生をめぐる制度と事業 …………………………………………（則久雅司）… 49
　5-1　自然再生推進法成立までの経緯 ……………………………………………………… 49
　　　　1）　政府における動き　49
　　　　2）　国会における動き　50
　5-2　新・生物多様性国家戦略の示す「自然再生事業」 ………………………………… 50
　　　　1）　生物多様性国家戦略が示す自然再生事業とは　50
　　　　2）　新国家戦略が規定する自然再生事業の進め方　51
　5-3　自然再生推進法の内容 ………………………………………………………………… 52
　　　　1）　法律の目的　52
　　　　2）　定　義　52
　　　　3）　基本理念　52
　　　　4）　自然再生基本方針　53
　　　　5）　自然再生協議会　53
　　　　6）　自然再生全体構想　53
　　　　7）　自然再生事業実施計画　54
　　　　8）　自然再生推進会議と自然再生専門家会議　54
　5-4　自然再生事業の進め方〜自然再生基本方針〜 ……………………………………… 55
　　　　1）　自然再生の方向性　55
　　　　2）　自然再生協議会の組織化と運営　57
　　　　3）　自然再生全体構想および自然再生事業実施計画の作成　58
　5-5　自然再生に関わる各種法制度と事業制度 …………………………………………… 59
　　　　1）　国立・国定公園関係（自然公園法）　59
　　　　2）　農業農村関係（土地改良法など）　60

3）森林関係（森林法）　60
　　　4）都市関係（都市公園法，都市緑地保全法）　60
　　　5）河川関係（河川法）　60
　　　6）沿岸域関係（漁港漁場整備法，港湾法，海岸法）　61
　　　7）その他，留意事項　61
　5-6　自然再生推進法の意義と課題　…………………………………………………… 61
　　　1）自然再生推進法の意義　61
　　　2）自然再生推進法の課題　61
　5-7　自然再生の現在　……………………………………………………………………… 62

第2編：各　論　………………………………………………………………………… 63

1．湿　原 ……………………………………………………（中村隆俊，山田浩之）… 64
　1-1　湿原生態系の特徴と現状 ……………………………………………………………… 64
　1-2　釧路湿原劣化の経緯と再生事業の背景 ……………………………………………… 65
　1-3　広里地域における再生事業の考え方 ………………………………………………… 69
　1-4　現状把握と劣化原因の検討 …………………………………………………………… 71
　1-5　対策案と進行中の実験について ……………………………………………………… 77
　1-6　今後の自然再生事業に向けて ………………………………………………………… 80

2．半自然湿地 －福井県敦賀市中池見の事例を中心に－ ……………（関岡裕明，中本　学）… 84
　2-1　半自然湿地の生態的特徴 ……………………………………………………………… 84
　2-2　中池見の概要と自然再生実施の背景 ………………………………………………… 84
　2-3　環境保全エリアにおける自然再生の目標設定 ……………………………………… 85
　2-4　環境保全エリアの計画プロセス ……………………………………………………… 87
　2-5　自然再生のためにとられた具体的手法 ……………………………………………… 89
　2-6　モニタリングと維持管理の重要性 …………………………………………………… 93

3．二次林 ……………………………………………………………………（井本郁子）… 95
　3-1　二次林再生の考え方 …………………………………………………………………… 95
　3-2　ドングリからの里山づくりと樹林の管理 －鶴田沼緑地－ ……………………… 97
　3-3　武蔵野の森づくり －国営昭和記念公園「こもれびの丘」－ …………………… 103
　3-4　二次林の造成と管理の課題 …………………………………………………………… 109

4．田　園 －コウノトリの野生復帰と田園の自然再生－ …（内藤和明，大迫義人，池田　啓）… 112
　4-1　ハビタットとしての田園景観の特徴 ………………………………………………… 112
　4-2　コウノトリの野生復帰と自然再生 …………………………………………………… 112
　4-3　水田魚道の設置と転作田ビオトープ ………………………………………………… 115
　4-4　残された課題と今後の方向性 ………………………………………………………… 122

5．都市自然 ……………………………………………………（中尾史郎）… 124
5-1 都市生態系の特徴 …………………………………………………… 124
5-2 樹林地の自然再生技術 ……………………………………………… 124
5-3 自然再生の事例 ……………………………………………………… 129
5-4 課題と展望 …………………………………………………………… 135

6．湖　沼 ……………………………………………………（浜端悦治）… 141
6-1 湖沼生態系とその特異性 …………………………………………… 141
6-2 湖沼生態系の再生手法 ……………………………………………… 146

7．高山草原 －新潟県巻機山の雪田草原復元を事例として－ …………（麻生　恵，松本　清）… 152
7-1 雪田草原の特徴と植生破壊 ………………………………………… 152
7-2 巻機山における雪田草原復元に向けた取り組み ………………… 153
7-3 全国の山岳地における植生復元事例 ……………………………… 159

8．自 然 林 －神奈川県丹沢山地を事例に－ ………………………（田村　淳）… 162
8-1 自然林の新しい問題 ………………………………………………… 162
8-2 生態系の概況 ………………………………………………………… 162
8-3 自然再生を行う背景・理由 ………………………………………… 163
8-4 自然林再生の目標設定の考え方 …………………………………… 164
8-5 自然林再生のためにとられた具体的手法 ………………………… 165
8-6 対策実施後の評価・現況 …………………………………………… 167
8-7 自然林の保全・再生の課題と展望 ………………………………… 169

9．半自然草原 ………………………………………………（大窪久美子）… 171
9-1 生態系の概況と特徴 ………………………………………………… 171
9-2 半自然草原の再生 …………………………………………………… 173
9-3 半自然草原の再生事例 ……………………………………………… 176

10．ため池 －新潟県中魚沼郡「義ノ窪池」整備事業を事例として－ …（養父志乃夫）… 179
10-1 ため池の自然再生の目的と対策 …………………………………… 179
10-2 水生動植物に配慮した「ため池」堤体改修工事 ………………… 179
10-3 動植物に対する配慮工事 …………………………………………… 180
10-4 水生植物への対応 …………………………………………………… 183
10-5 土堤植物への対応 …………………………………………………… 185

11．湧 水 地 …………………………………………………（日置佳之）… 187
11-1 湧水地の自然環境の特徴 …………………………………………… 187
11-2 湧水地の改変 ………………………………………………………… 188
11-3 湧水地の再生 ………………………………………………………… 189
11-4 湧水地再生に関わる事例 …………………………………………… 190

目 次

12. 大河川 ……（倉本　宣）… 198
12-1　河川生態系としての特性 …… 198
12-2　河川再生の目標設定と評価および展望 …… 200
12-3　具体的な河川再生のプロセスと事例 …… 201

13. 中小河川 －東京都立川市立川公園根川緑道を事例に－ ……（山本紀久）… 207
13-1　多自然型川づくりの意義 …… 207
13-2　多自然型小河川の復元計画 －立川公園根川緑道の事例から－ …… 208
13-3　多自然型川づくりの要点 …… 210
13-4　順応的管理 …… 218
13-5　モニタリング調査の管理への反映 …… 219
13-6　管理と人のかかわり …… 220

14. 干潟 ……（桑江朝比呂）… 223
14-1　造成干潟の発達過程 …… 223
14-2　造成干潟における地形変化とマクロベントスの応答 －三河湾における事例－ …… 223
14-3　干潟造成後の時間経過にともなうマクロベントスの群集の成熟化
　　　－干潟メソコスムによる実験－ …… 226

15. 海岸砂丘 －国営ひたち海浜公園内の砂丘の再生を事例に－ ……（趙　賢一，佐藤　力）… 232
15-1　海岸砂丘の成り立ちと環境 …… 233
15-2　砂丘植生再生の背景と理由 …… 235
15-3　目標の設定 …… 235
15-4　技術的手法 …… 238
15-5　評価と課題 …… 240

16. 藻場 ……（古川恵太）… 243
16-1　藻場の特徴 …… 243
16-2　藻場の自然再生の意義と緊急性 …… 244
16-3　藻場の再生メカニズムとその自然再生における目標設定の考え方 …… 244
16-4　藻場再生のための具体的手法 …… 246
16-5　藻場再生の評価・現況・課題 …… 248
16-6　藻場再生の展望 …… 249

17. サンゴ礁 －石西礁湖における自然再生計画－ ……（藤原秀一）… 250
17-1　自然再生の背景 …… 250
17-2　自然再生のプロセス …… 250
17-3　自然再生の目標 …… 251
17-4　自然再生の手法 …… 251
17-5　評価・課題・展望 …… 255

コラム
○自然再生とホームページの活用（逸見一郎） …………………………………… 48
○タンチョウの分布域拡大と自然再生（逸見一郎） ……………………………… 83
○都市の草庭と自然再生（八色宏昌） ……………………………………………… 140
○自然再生と外来種（井上　剛） …………………………………………………… 222
○人工干潟をシギ・チドリネットワークの登録地に（中村忠昌） …………… 231
○港湾整備におけるサンゴ礁の修復・再生（花城盛三・山本秀一） ………… 258

■索　引 ………………………………………………………………………………… 261

第1編：総　　　論

1. 自然再生の理念と原則 …………… 2
2. 自然再生の方法論 ………………… 7
3. 自然再生の材料と施工 …………… 27
4. 住民参加と情報公開 ……………… 37
5. 自然再生をめぐる制度と事業 …… 49

1. 自然再生の理念と原則

1-1 自然再生の理念

　健全な生態系は市民の財産であり，健全な生態系のもとで生活することは市民の権利である（日本造園学会生態工学研究委員会，2002)[1]．この言葉をさらに広げて，地域における生態系の集合を景観というならば，健全な景観は国民の財産であり，健全な景観のもとで生活することは国民の権利である，ということができる．

　健全な生態系を市民の財産にするためには，行政のみならず市民，事業者，その他すべての関係する人々が自己の力と能力に応じて協働し，生態系を保全・修復していくことが求められる．

　自然再生が求められる背景は2つある．

　その1つは，失われる自然への対応である．現代社会は，生物種の大量絶滅を引き起こしており，その規模は過去5回の大量絶滅を超えるようなものになりかねない．わが国のレッドデータブックに記載された絶滅危惧種は，哺乳類の26%，鳥類の15%，は虫類の18%，両生類の22%，淡水魚類の26%にもなっており，今後，さらに増加していくことが危惧されている．また，野生動植物の生育・生息地の減少も著しいものであり，自然環境の保全は国家的な急務とされている．このような動向に対して，生物多様性国家戦略，絶滅のおそれのある野生動植物の種の保存に関する法律（1993（平成5）年），環境影響評価法（1997（平成9）年），新・生物多様性国家戦略（2002（平成14）年），自然再生推進法（2003（平成15）年），特定外来生物による生態系等に係る被害の防止に関する法律（2004（平成16）年）など，法制度の整備や各種の施策の展開が図られている．

　他の1つは，人と自然の関係の変化への対応である．都市の周辺から奥山までの広大な地域に広がる里地里山は，1960年以前には，水田稲作と野菜畑作，雑木林の薪炭林，スギ・ヒノキの植林，ススキ草原の萱場などの多様な生態系から成り立っていた．それは2，3百年以上の長期にわたり，きわめて強い人為によって管理されてきた生態系であり，野性の自然性が極度に抑えられた生態系であった．そのため，中規模撹乱仮説で説明されるような生物種の多様性が持続的に維持されてきた．里地里山生態系の多様性は人為による強度の管理の所産であり，恒常的（ホメオスタティック）で画一的な自然であったということができる．

　現在，このような里地里山の生態系の多くは，かつてのような管理がなされることがなく放置されているために，野性の自然に遷移していくものも一部にはあるが，その多くはクズやフジなどのつる植物の繁茂による森林の荒廃や，アレチウリやセイタカアワダチソウなどの外来種の繁茂による景観・生態系破壊などの緑の病理現象が至るところでみられるようになっている．

　引き返して戻ることができないこのような自然の状態に対して，新たな自然のあり方が模索されており，自然再生はそのような脈絡のなかから必要とされてきたものでもある．

1. 自然再生の理念と原則

　自然再生が求められる2つの背景は，相互に関係をもっており，表裏の関係とみることもできる．

　2001（平成13）年7月に内閣総理大臣によって決裁された「21世紀『環の国』づくり会議報告」によると，これからの社会には，環境の視点からの構造改革・意識転換がもとめられ，資源循環・自然共生型地域づくりが不可欠であるとされている．また，『環』のうちの1つである「生態系の環」では，積極的に自然を再生する公共事業である「自然再生型公共事業」を推進することが提唱され，そのために，自然環境の観点に立った調査検討を行うこと，ならびに，市民，企業，研究者，NPO，行政などの多様な主体の参加を求めている．

　さらに，2002（平成14）年3月に政府の「地球環境保全に関する関係閣僚会議」で決定された「新・生物多様性国家戦略」でも，今後，重点を置くべき施策の方向として，①保全の強化，②自然再生，③持続可能な利用の3点をあげ，主要テーマ別の取り扱い方針の1つとして，自然再生事業をあげている．

　近年，環境影響評価法のなかで，各種の開発行為にともなって影響を受ける自然に対して，その影響を緩和しようとするミティゲーションが実施されるようになってきたが，自然再生は開発行為に付帯して実施するものではなく，自然を再生すること自体を目的とした事業である点が高く評価される．

　自然再生についての定義は，「過去に失われた自然を積極的に取り戻すことを通じて生態系の健全性を回復することを直接の目的として行う事業」（環境省），「まわりの緑・自然や，生きものが住みやすい環境の再生を目的に行う，河川，公園，港づくり」（国土交通省）などとされている．

　政府のこのような方針にしたがって，平成14年度予算から，各種の自然再生型事業が企てられ，取り組まれ始めている．

　その1つである北海道の釧路湿原の自然再生事業では，環境省，国土交通省，農林水産省が共同・連携して，乾燥化が急速に進む湿原植生を復元する事業が推進されている．釧路湿原は国立公園であり，同時にラムサール条約の登録湿地であることから，事業は環境省が中心になって進めている．

　埼玉県の「くぬぎ山自然再生事業」では，埼玉県の狭山市，所沢市，川越市，三芳町の3市1町にまたがる面積約154haの区域で，雑木林の保全と再生の事業が取り組まれている．くぬぎ山は江戸時代に開発された三富新田の地域にあり，都心から30km圏に位置して，大規模な緑地が残されてきた．しかし，近年，産廃関連施設やゴミ投棄などが問題となり，この事業は荒廃した自然を再生しようとする要望にこたえたものである．

　自然再生は自然復元に近い概念であるが，自然は過去から現在までに大きく変化してきたことを考えると，過去の自然を復元するという考え方だけではなく，現在のポテンシャルのもとで成立することができる最良の自然を創出するという考え方が重要である．また，わが国には二次的な自然が多く存在することから，人為をすべて排除した自然に限らず，適切な人為のもとに成り立つ二次的な自然を目標とすることも重要である．自然再生に類似した概念には，復元(restoration)，代償（または機能保障，rehabilitation），改善（reclamation）などがある．

1-2　自然再生事業のあり方

　自然再生事業が適切に行われるためには，以下の点について配慮し，検討しておくことが重要である．

1) 自然再生の主体

　自然再生の事業においては，前述のように「健全な生態系は市民の財産であり，健全な生態系のもとで生活することは市民の権利である」という認識をもって，地域の自然は住民の財産であることを原則として，進めることが重要である．住民は良好な自然環境のなかで生活する権利をもっている，という視点に立つならば，自然再生事業は地域の自然環境の主体である住民を中心として，行政，NPO，企業，研究者などの多様な主体が自己の力と能力に合わせて分担し，事業の推進を図るべきものである．

2) 調査の重要性

　自然再生事業は，調査に基づいて計画的に対応することが重要である．国土のなかで失われてきた自然は限りなくある．そのなかで何を再生の対象とするかを選別するためには，地域の自然の実体を十分に把握したうえで，地域の自然のグランドデザインを描き，それに基づいて対象事業を決定する，という計画的対応が必要になる．そのことを怠ると，事業の必要性が地域の住民に理解されないことにもなる．

　自然再生事業の実施にあたっては，地域の自然環境の現況を把握して，事業対象地を的確に選定することが重要であり，事業対象地内外における現況の自然環境を適切に把握して評価することが不可欠である．

　地域の自然環境の現況を総合的に把握するためには，国の各省庁，都道府県や市町村などの公共団体，および民間が実施してきた自然環境に関わる様々な調査の記録資料を整理し，生物多様性に関わる生態系・生物種・遺伝子に関する情報を整理し，絶滅危惧種や地域性系統などの情報を一元的に体系化する必要がある．これは，自然環境を総合的に表現するビオトープマップであり，これを事業対象地選定のための基盤情報として利用することが望ましい．

　ビオトープマップをもとに抽出された各事業対象地については，現況の自然環境に関する詳細な情報を把握する必要がある．そのためには現地調査を実施し，生物種リストなどの生物の基礎的情報を収集するとともに，自然再生の必要度の緊急性や方向性，人為による環境影響の程度，環境ポテンシャルの評価，ならびに事業の実施にともなう生態系への影響の有無などの将来予測に関する情報を収集・整理して，分析・評価する必要がある．

　これらのプロセスにおいては，資料収集や現地調査によって得られた情報を一元的に管理するために，情報処理に適したGIS（地理情報システム）による情報管理が有効である．

　動植物や生態系の調査に際しては，自然には未知な部分が限りなくあることを十分に考慮して，調査を綿密に行うことが求められる．

3) 情報公開と説明責任

　自然再生事業においては，調査によって得られた地域の自然の情報や，事業の内容と進め方に関する情報を住民に公開し，説明責任をもつことが重要である．情報公開が進められると，自然再生事業に対して住民が参加意識をもつようになり，その後の管理の段階にも主体的に関わることが期待されるからである．自然の再生は通常の建設事業とは異なり，工事が終了した時点で再生が終了するのではなく，その後の長い年月のなかで育成されながら再生していくものであるから，管理の段階は特に重要であり，住民の参加が大きな意味をもつ．

4） 人と自然の「しくみ」の再構築

自然再生事業を進める際に，人と自然に関する「しくみ」を再構築する必要がある．雑木林は，かつて，人の手によって持続的に管理されてきた自然であったが，薪炭需要がなくなるのとともに管理が放棄され，二次的な自然環境に適応した動植物の多様性が失われている．

林業では，戦後，天然林を針葉樹の人工林に転換する拡大造林が推進されてきたが，その後，外国産材の輸入増加にともない，間伐が行われない人工林が増加して豊かな森林が衰退している．また，狩猟者の高齢化による減少のために，野生鳥獣を自然の収容力に見合った生息数に管理することができず，シカ等が増殖して植生が貧化している地域が現れている．

漁業では，内水面の漁業組合が，漁業権魚種の卵や稚魚を放流する費用を，入漁者から徴収して賄う仕組みを維持するために，外来種の導入を容認して，結果的に希少種への対応を不十分にしている．

このように，農林漁業の生業が衰退することにより，伝統的な農林漁業のシステムが崩壊してきている．

そこで，将来に向けて，従来の里山や生業の仕組みに替わる新たな「しくみ」を再構築する必要がある．その「しくみ」の再構築の社会的動機付けとして，放置された里山，手入れの行き届かない人工林，撹乱された内水面などにおいて，自然再生事業を実施することは効果的であろう．

5） 自然再生技術の開発

自然再生を進めて行くためには，自然再生に関する新たな技術の開発が必要である．従来の開発行為における自然の扱いは，事業による自然への影響を軽減させるという考え方で技術が開発されてきたが，自然再生はこのような対応策としての技術だけではなく，様々な手法で失われた自然を再構築することになるため，新たに独自の生態工学的技術の開発が必要になる．

6） 環境影響評価の必要性

自然再生事業を進める際には，新たな環境影響評価制度の導入が必要である．環境へのマイナスの影響を最小限にするためにつくられた環境影響評価制度では，環境へのプラスの効果をつくりだそうとする自然再生事業は対象にされにくい．しかし，環境へのプラスの効果を目的とする以上，それが本当にプラスとなるのかどうかが事業の必要性を判断するためにも重要な問題となる．事業を行うなかでは，大規模な土木工事を伴う場合なども想定され，地形や水環境をはじめとした周辺の環境に影響を与えることも考えられる．自然のシステムそのものに手を入れる自然再生事業では，マイナスの影響が生じないとはいいきれない．

そのため，計画・構想の段階から環境影響を予測・評価する戦略的アセスメントの制度を早急に検討して導入する必要がある．計画・構想の段階では，様々な選択肢を検討することが可能であり，そのなかには事業を実施しないとする案も含めることも可能であるだろう．

環境アセスメントは，意思決定の過程に住民が参加することによって，より良い環境をつくるための合意形成の場としても重要である．特に，調査・計画の段階から完了後の維持管理の段階に至るまで多様な主体が参画する自然再生事業においては，アセスメントを通じて社会的な合意形成を図ることは必要不可欠である．

7） 制度化の検討

　自然再生を実施するための制度として自然再生推進法が2003年に制定された．しかし，この法律だけでは事業の具体化には不十分であり，今後，事業を効果的にすすめるための制度の整備が必要である．特に，環境が公共財であることを考えるならば，自然再生は公共事業として実施されることが望ましく，事前調査から計画策定・施工・管理までの一連の事業プロセスや，多くの省庁や自治体に関わる事業を円滑に推進するための自然再生事業推進会議などの場の設置を制度化し，自然を扱ううえで障害となる単年度予算の制度の例外化など，制度の整備が大きな課題となるであろう．

　自然再生事業は，従来の公共事業とは異なり，工事完了後も常に変化していく自然を対象にしている．自然は未知性に富んだものであるため，当初の計画と照合して，常に軌道修正が必要とされることから，それを可能とする制度が要求される．したがって，目的とした自然が再生されているかを確認し，方向修正を的確にするために，モニタリング調査も制度化しておくことが望ましい．

8） 管理の重要性

　自然再生事業では，工事の竣工時に生態系が完成するのではなく，竣工時は生きものの成長や繁殖のスタートである．そのため，自然再生事業では，整備だけではなく管理が重要な役割をもつことになる．管理に対して，体制，予算，人材などを適切に投入する必要がある．

　管理の段階では，生態系の状態を観察・調査しながら，その状態に応じて対応する順応的管理が必要とされる．管理のための技術的な蓄積は十分ではないので，管理技術を積極的に開発していくことが望まれる．管理を進める際には，管理計画の策定が不可欠である．管理記録とモニタリング結果から管理の手法を改善することができるので，順応的管理のプロセスの情報を集積して，今後の管理計画の策定に利用することが望ましい．

（亀山　章）

―― 引用文献 ――

1） 日本造園学会生態工学研究委員会（2002）：自然再生事業のあり方に関する提言，ランドスケープ研究66(2)，156-159．

2. 自然再生の方法論

　本章では，自然再生の広域計画，目標設定，計画・設計および施工，モニタリングなどを，実際に自然再生事業を進めるプロセスに即して述べる．現在，多くの自然再生事業が計画や実施の途上にあり，ここで述べるプロセスが完結している事例はまだ多くはない．
　自然再生事業は，一種の壮大な野外実験だという考え方がある[1]．これは，計画や設計は仮説に，事業実施は実験に，モニタリングは仮説検証に相当し，仮説が検証結果に基づいて修正され，より効果的な事業が実施されるという改善の循環が目指されるというものである．本書各論で紹介されている様々な事例も，事業として完成したものというよりは，実験の途中結果の報告という性格が強い．また，自然再生は，多くの要素が複雑な相互関係をもった自然システム，すなわち，生態系の再構築を目指すものであり，しかもそれが野外における様々な環境変化のなかで行われるため，不確実性が極めて高く，室内実験と違って再現性はどうしても低くならざるを得ない．ここで述べる方法も決して確立されたものではなく，今後改良されていくべきものであるが，現時点で考え得る自然再生事業が最低限満たすべき方法論を示そうと試みた．

2-1　自然再生の広域計画

　自然再生にあたっては，まず，それがどこで行われるべきかを示す広域計画が必要である．自然環境のグランドデザインには，現存する自然環境の保全計画と回復すべき自然環境に関する計画，すなわち，自然再生計画が含まれる．保全と再生は補完しあう関係にあり，例えば，「残存しているブナ林に隣接した場所でブナ林を再生することによって，まとまった面積の群落を確保し，野生動物の生息地として機能するようにする」といった計画にすることが求められる．こうした計画に必須の事項として，自然環境の質（生態系の種類や自然度），量（面積），配置（形状や隣接関係）があり，それらはパッチやコリドーの質や量，配置を考える景観生態学的な内容の計画となる．
　景観生態学的計画の代表的なものとして，生態系ネットワーク計画がある．生態系ネットワーク計画を策定・実行している国としてよく知られているのがオランダである[2]．オランダの生態系ネットワーク計画は，1990年に立案され，生態系ごとの数値目標と原図縮尺25万分の1の図面で計画が示された．この計画は，2000年の時点で進捗状況がチェックされ，計画の一部見直しが行われており，概ね2020年を目途に実施されている．見直しによって修正された計画を図2-1と表2-1に示した[3]．現在，EUの多くの国々でオランダと同様な生態系ネットワーク計画が立案されている．さらに，全欧州を対象にした国際的な生態系ネットワーク計画案も策定されており，ヨーロッパ大陸－国－州－市町村という空間スケールの各階層に対応した自然環境のグランドデザインが描かれている．
　わが国でもこうしたグランドデザインがいくつか提案されてはいるが，いまだ計画段階に留まっ

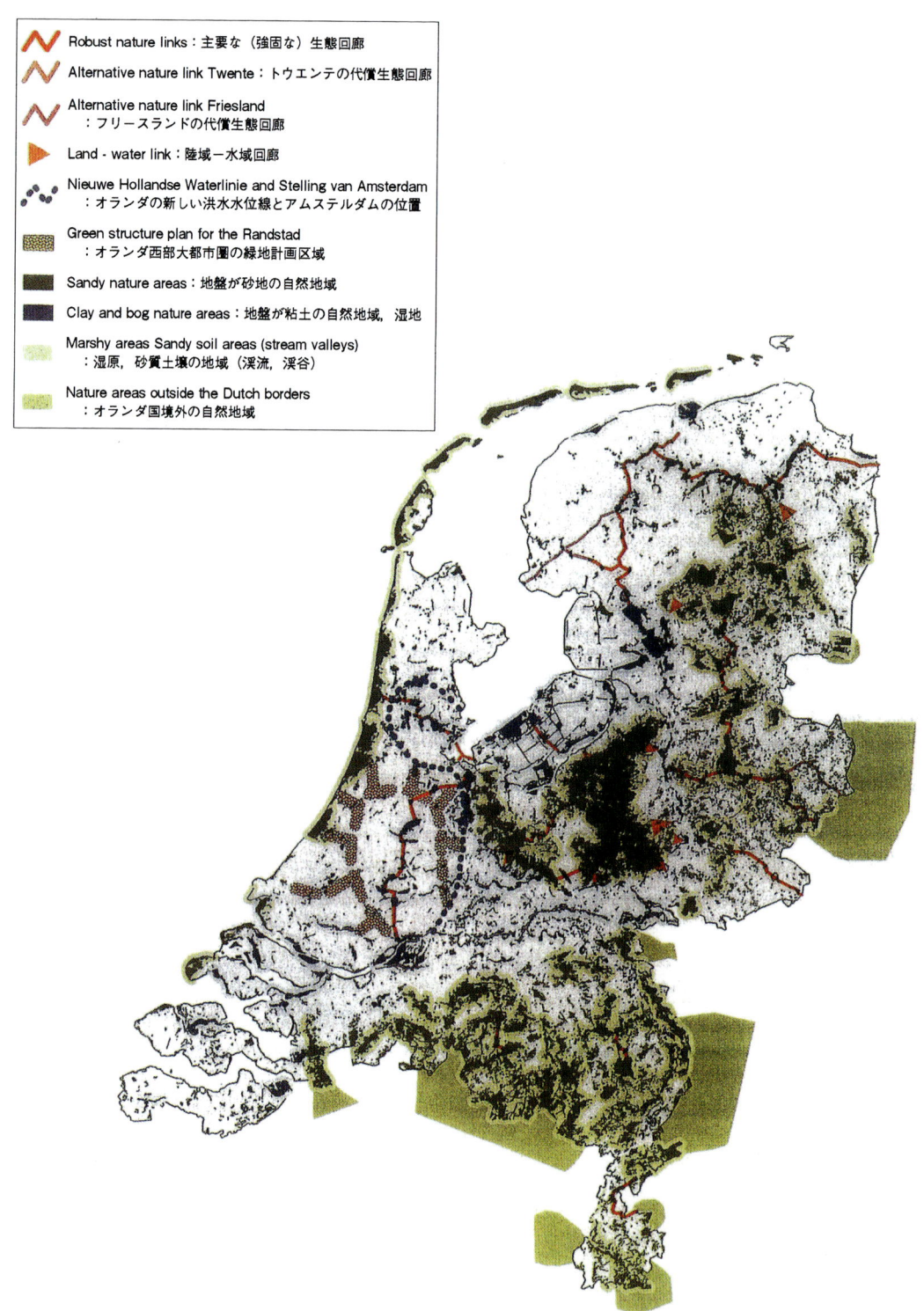

図2-1　2000年に発表されたオランダの国土生態系ネットワーク計画図[3]

1990年に立案され，2020年を目標に進められているオランダの国土生態系ネットワーク計画は，既存の自然環境を保全するとともに，分断化が進んだ場所で積極的に自然再生事業を行い，生態系の水平的な連続性を回復させる計画である．2000年に進捗状況の点検が行われるとともに，計画が一部手直しされた．

2. 自然再生の方法論

表2-1 オランダの国土生態系ネットワーク計画の数値目標[3]

		陸域(ha)	水域(ha)
大規模な自然地		125,000	71,000
1	流路および砂地の樹林地	51,000	−
2	河川景観域	12,000	−
3	湿地景観域	22,000	−
4	砂丘景観域	25,000	−
5	広い開放水面	15,000	71,000
傷つきやすい自然地		102,000	−
6	流路	500	−
7	汽水域	1,000	−
8	貧栄養湿性草地	25,000	−
9	湿性ヒースおよび高層湿原	15,000	−
10	砂洲	4,000	−
11	石灰岩草地	500	−
12	農業遺産地	500	−
13	塩性草地	3,000	−
14	沼沢林および泥質樹林地	10,000	−
15	貧栄養樹林地	20,000	−
16	富栄養樹林地	20,000	−
17	渓谷林	2,500	−
多機能な自然地		468,000	6,229,000
18	野生種の草地	20,000	−
19	絶滅危惧種の鳥類のための牧草地	70,000	−
20	非絶滅危惧種の鳥類のための牧草地	50,000	−
21	越冬鳥類のための草地	50,000	−
22	乾燥ヒース	30,000	−
23	その他の自然地	30,000	−
24	混交樹林地および雑木／ヤナギ類の河川敷	4,000	−
25	多機能樹林地	189,000	−
26	特別な自然的価値を持つ樹林地	25,000	−
27	北海およびその他の広い水域	−	6,229,000
生態系ネットワーク面積合計		695,000	6,300,000

出典：Nature for People People for Nature−Policy document for nature, forest and landscape in the 21st century (2000)：Ministry of Agriculture, Nature management and Fisheries, The Netherlands

ており，本格的に実施されたものは少ない．国土レベルの計画はまだ存在しないが，地方レベルの計画例として「首都圏の都市環境インフラのグランドデザイン」[4]，都道府県レベルの例として，徳島県の「とくしまビオトープ・プラン」[5]，埼玉県「彩の国豊かな自然環境づくり計画」[6]，市町村レベルの例として町田市の「まちだエコプラン」[7]などをあげることができる．

このうち，首都圏の都市環境インフラのグランドデザインでは，首都圏整備法の適用区域内で，比較的まとまった自然環境が残っている地域を25ヵ所抽出し，「保全すべき自然環境」として示している（図2-2）．しかし，保全すべきゾーンとして括られた地域の内部でも，実際には虫食い状に開発が進んでいるため（図2-3），まとまりのある自然環境とするために，個々の地域のなかで，保全と再生を組み合わせて実施していくことが検討されている．

また，とくしまビオトープ・プランでは，次のような手順で樹林地の「ビオトープネットワーク

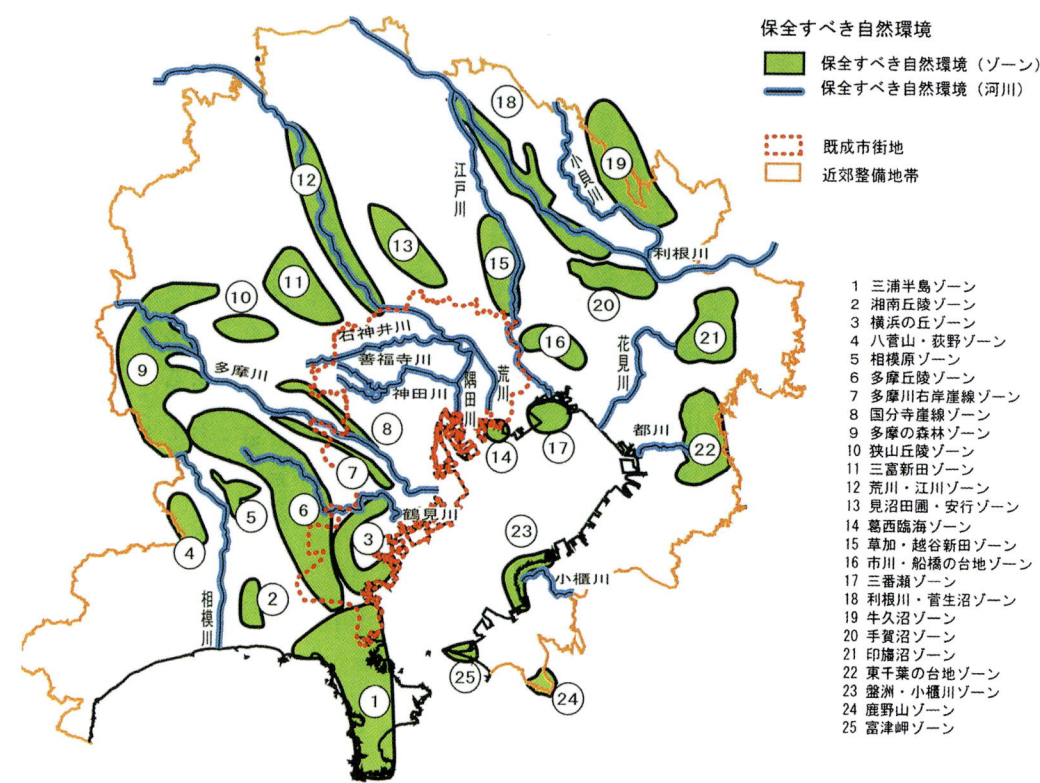

図2-2 首都圏において保全すべき自然環境[4)]

首都圏で，ある程度の自然環境がまとまって残っているゾーン25箇所が，①市街地の周辺部を大規模に取り巻く自然環境，②市街地に拠点として存在している，あるいはくさび状に入り込んでいるまとまりのある自然環境，③市街地に存在する都市公園，河川等の自然環境，④湖沼，水田，樹林地，河川等の異なる態様が混在する自然環境，⑤沿岸域の自然環境，という観点から抽出された．実際には，個々のゾーンの内部は虫食い的に開発されているので，これらのゾーンは保全対象であると同時に，自然環境の再生を重点的に行うべき箇所でもある．

方針図」が作成された[8)]（図2-4）．

① 環境省のデジタル現存植生図から面積1ha以上の樹林パッチを抽出
② パッチ間の距離が50m未満のものを統合
③ 大拠点（山地部で7,000ha以上，低地部で500ha以上のまとまりをもつ二次林を含む天然林で，ツキノワグマ・キツネなどの高次消費者が生息可能な自然地），中拠点（50ha以上のまとまりをもつ自然林で，サシバなどの高次消費者の生息が可能な自然地），小拠点（1ha以上の樹林地で，森林性の小鳥や小動物の生息地となり得る場所）を抽出してビオトープネットワーク現況図（10万分の1の詳細図および35万分の1の広域図）を作成
④ 小拠点間の間隔が200m未満のパッチを統合してその面積が50ha以上となる地域を抽出
⑤ ④で抽出した地域の周辺に250mのバッファーを確保

こうした手順により，まとまりのある自然林を確保する上で有効な再生候補地を特定している．

個別の自然再生事業のサイトは，上記の例のように広域的な自然環境のグランドデザインを描いた上で決定されることが望ましい．

事業地の決定にあたっては，土地所有も重要である．国有地や公有地などの公的な所有の土地が得られれば，自然再生事業はやりやすい．ただし，国・公有地であっても自然再生とは異なる事業

2. 自然再生の方法論

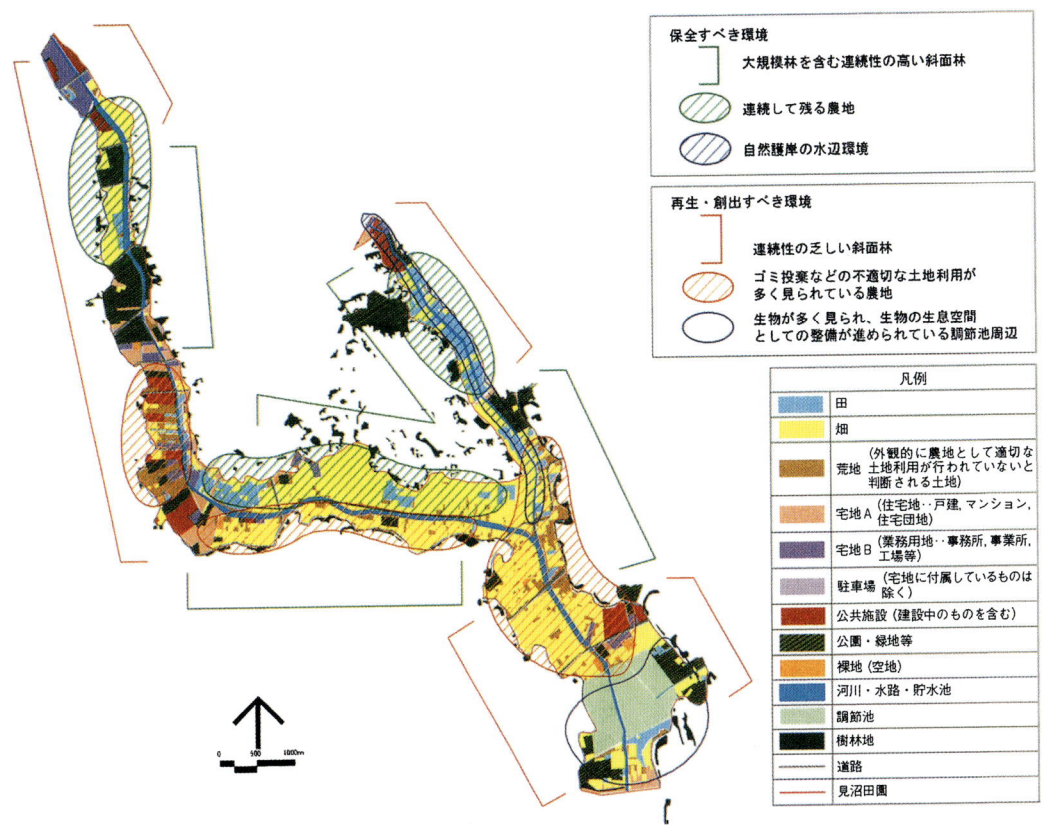

図2-3 見沼田圃地域における自然環境の保全と再生の課題図[4]
見沼田圃は，図2-2に示した首都圏で保全すべきまとまりのある自然環境ゾーンの1つ（13番）である．ゾーン内部で農地，樹林地，水辺の開発が進んでいるので，それを食い止めるとともに，不連続化してしまった場所で自然再生事業を行うことが課題とされている．

目的で取得された土地であれば，所管換えなどの手続きが必要となる．さらに，自然保護以外の部局の自然再生に対する理解を得る必要があり，「その土地が是非必要だ」という十分な説明が求められよう．民有地の場合には，用地買収が必要となる．用地交渉の相手が多くなれば，それだけ事業の着手までに長い時間がかかるので，他の条件が同じであれば，大面積の土地を所有している相手がいる場所を選ぶ方が有利である．また，とくに意図的な土地利用が行われていない，いわゆる遊休地の場合，一般的に取得は比較的容易である．そのような候補地として，休耕農地，不良造林地，未利用の埋立地・干拓地，工場移転跡地，リゾート事業の撤退跡地などがある．

2-2 自然再生事業のプロセス

自然再生事業は，①目標設定，②計画と設計，③施工（事業実施），④モニタリングと管理，というプロセスで進められる（図2-5）[9,10]．また，このすべての段階で必要に応じて各種の調査が行われるが，その中でも事業サイトの現状を把握するための調査はとくに重要である．以下に，このプロセスの各段階について述べる．なお，調査とその解析方法については，本書の各論の各章や他の成書[10]に詳しいので，それらを参考にしていただきたい．

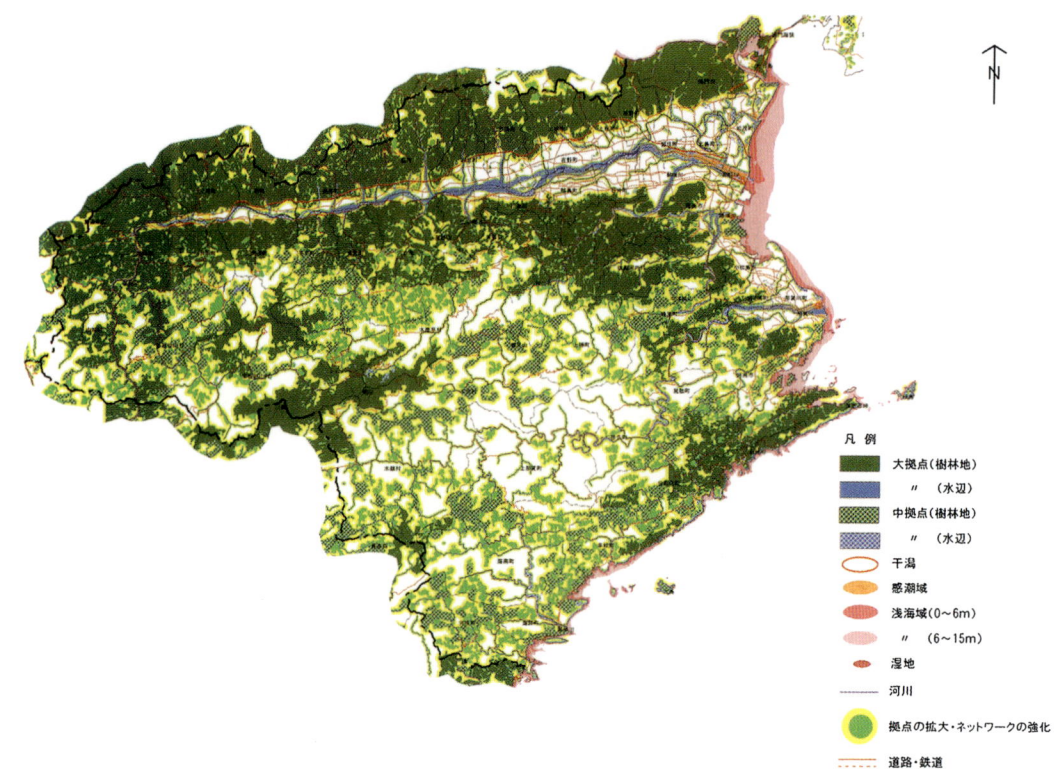

図2-4　徳島県のビオトープネットワーク方針図[5]
樹林地の拠点抽出と拡大・ネットワーク強化箇所の特定は，本文に記した方法で行われた．水辺についても同様な作業により図化されている．

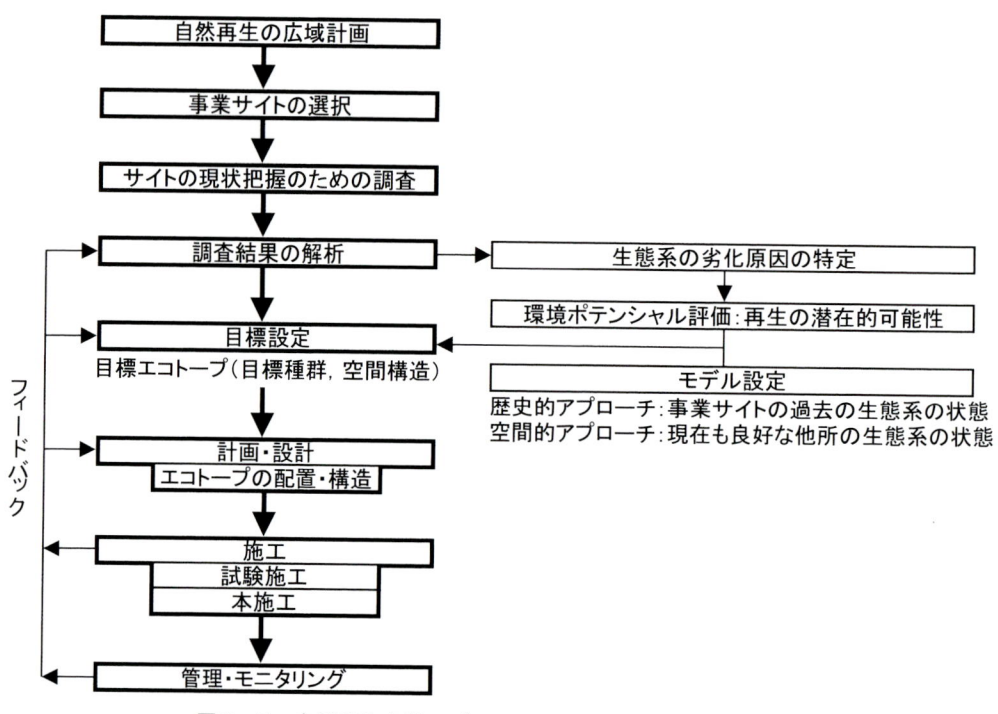

図2-5　自然再生事業のプロセス（文献9，10を参考にして作成）

2. 自然再生の方法論

1) 目標の設定
(1) 目標設定の方法

　自然再生事業においては，目標を明確に設定することが重要である．目標設定は，モデルの設定と環境ポテンシャル評価によって行う．

A. モデルの設定

　モデルは，わかりやすくいえば自然再生の「お手本」である．ただし，このお手本は，必ずしも人為が全く加えられていなかった状態の生態系であるとは限らない．わが国では，伝統的な土地利用の下で成立していた二次的な自然の喪失が生物多様性減少の主要因の1つにあげられており[11]，種多様性の高い二次草原や二次林が再生のモデルとなる場合も多い．

　モデルの設定には次のような情報を用いる．

　第一は，過去に生態系が健全であった時代における自然再生事業サイトの状態である．これは，歴史的（時間的）アプローチ（historical approach）とでもいうべき方法で，過去における生態系の状態を情報的に復元し，それを目標設定の参考にするというやり方である．歴史的アプローチをとるには，過去の生態系や景観の状態に関するデータが必要となる．地形，植生，土地利用については，空中写真，旧版地図，景観写真などを用いることによって，全国でほぼ同様に過去の状態を知ることができる．また，生物相については，過去の文献収集，高齢者に対するヒアリングといった方法がとられる．しかし，過去の生物相について精確なデータが得られるのは，ごく限られた場合だけであろう．表2-2に，過去の生態系の状態を調べるための情報源を示した．

　第二は，残存している健全な生態系の現況である．これは生きたモデルとなるものであり[12]，目標設定への空間的アプローチ（special approach）と呼ぶべき方法である．このモデルは，自然再生のサイトにできるだけ近い場所に存在し，かつ，できるだけ事業がイメージしている生態系に近いものが望ましい．しかし，今日，モデルとなり得る生態系が残存している場所は，とくに平野部ではあまり多くない．幸いにして，それが残存している場合には，詳しく調査して，生態系の基盤，構造，生物相などを明らかにすることで，モデルを具体的に示すことが可能になる．また，こうしたモデルは，自然再生に必要な生物材料の供給源として利用することもできる．

　実際のところは，上記の2つのアプローチを併用することが望ましい[13]．歴史的アプローチで景観，植生，土地利用，限られたいくつかの種に関する過去の状態などについて，また，空間的アプ

表2-2　過去の生態系の状態を調べるための情報源

資　料	入手可能な時代	入手先
旧版地図	1890年代（明治時代中期）～	国土地理院・(財)日本地図センター
空中写真	1945年頃～	平野部：同上／山間部：(財)日本森林技術協会
人工衛星（Landsat）	1972年～	(財)リモートセンシング技術センター（RESTEC）
土地台帳	1890年代（明治時代中期）～	法務局
林班図／森林簿		国有林：各森林管理署／民有林：都道府県森林・林業部局
景観写真	1860年代（明治時代初期）～	各地の郷土資料館・図書館など
各種文献	1930年代以降であれば比較的精確な生物相の文献が存在することがある	各地の郷土資料館・図書館など
個人の記憶	1930年代～	個別の聞き取り調査が必要

ローチで植物群落の立地，構造，生物相などについて知ることによって，より明確にモデルを描くことが可能になるだろう．

再生サイトの生態系の現況とモデルを比較することによって，生態系の劣化の程度や劣化原因を明らかにすることができる．劣化の程度は，生物的な指標と物理化学的な指標の両面から評価する．生物的な指標としては，植物群落の構造，生態系構成種の種数や個体数が代表的である．また，物理化学的な指標としては，水量や地下水位などの水文データ，電気伝導度や溶存酸素量などの水質データ，土壌の層厚や硬度などがあげられる．

劣化原因は，再生サイトによって，直接の土地改変だけが原因といった単純なものから，直接・間接の要因が絡み合った複雑な様相のものまで様々である．ちょうど環境アセスメントで将来の影響予測をするのと逆に，過去に遡りながらどのような原因がどのような影響をもたらしてきたのかを推定していくことになる．時系列的に遡りながら，どの時点でどんな開発行為が行われ，その時期にどの種が消えたか，といった見方で分析していくことは有効な方法である．その上で，現時点で取り除ける原因と，除去が困難な原因とを整理してみる必要がある．現実に除去できる原因をできるだけ取り除いた時に，どの程度の生態系が再生できるかということが，目標設定に大きく関わってくる．この点については，次項「環境ポテンシャル」で述べる．

目標設定に関しては，「潜在自然」という概念も提案されている．これは，「人為を停止した際にその場所に成立するもっとも自然性が高い生態系のことを指す[14]」とされており，潜在自然植生の概念を拡大して，植生だけでなくその場所の動物群集や物理的環境を包含した概念と解される．著しく物理的環境が改変された場所では，潜在自然は，かつて存在した良好な生態系とは異なったものになっている．例えば，上流にダムができた河川では，土砂供給や洪水フラッシュといった自然撹乱の頻度や強度が小さくなっており，丸石河原の成立が難しくなっている．また，このような河川では侵略的外来種の侵入も多く，それが在来種の生存を圧迫している．具体像としての潜在自然を描くには，どの程度人為を排除するのかを明確にしなければならない．これは，以下に述べる環境ポテンシャル評価と近いものになる．

B. 環境ポテンシャルの評価

モデルは，いわば自然再生の理想像であるが，それがそのまま実現できるとは限らない．モデルが明確にできたら，次には，その実現可能性を評価する必要がある．実現可能性は，環境ポテンシャルの評価によって行う．環境ポテンシャルとは，生態系の成立や種の生息・生育の潜在的な可能性のこと[15]である．

環境ポテンシャルは，次のような内容から構成される．

第一は，立地ポテンシャルであり，気候，地形，土壌，水環境などの土地的条件が，ある生態系の成立を許容するかどうかかを表わす．例えば，植物群落の成立可能性は，温量指数などで表わされる気候的なポテンシャルと地形，土壌，水環境などの土地的なポテンシャル，それに人為的撹乱の程度によって決まる．植生は，動物の生息基盤となるので，植物群落の成立可能性は，動物群集の成立可能性を規定することにもなる．

第二は，種の供給ポテンシャルであり，植物の種子や動物の個体の分散の可能性のことである．これは，個々の種の分散・移動能力と生息地間の距離や連続性によって決まる．

第三は，種間関係のポテンシャルであり，「食う－食われる」の捕食関係，資源をめぐる競争関係，生物間相互作用による共生関係などである．これは，種数が膨大であり，かつ，入り組んだ関係に

2．自然再生の方法論

あるために，評価するのが大変難しい．

第四は，遷移のポテンシャルであり，生態系の時間的変化がどのような道筋をたどり，どの程度の速さで進み，最終的にどんな姿になるかの可能性である．これは，上記の3つのポテンシャルによって決まる[16]．

環境ポテンシャルを評価すると，生態系の成立可能性や特定の種・種群の生息の可能性を概略知ることができる．環境ポテンシャルの評価は，野外実験，モデリング，シミュレーションなどによって行われる．ただし，モデリングやシミュレーションに用いる変数には，野外での調査や実験のデータが不可欠である．

環境ポテンシャルは，多くの場合，一定の範囲について地図化された形で出力される．土地的な環境条件から植物群落の成立可能性を評価した図や，現存植生図などを用いた動物の生息可能性評価図（図2-6）[17]などが作成されており，技術としてはまだ発展途上であるが，その水準は向上しつつある．

C．モデルと環境ポテンシャル評価による目標設定

自然再生の目標は，モデルと環境ポテンシャル評価を組み合わせることによって，設定することができる[13]．両者を組み合わせることには，次のような利点がある．

第一は，目標の方向と限界が明らかになることである．これをベクトルに例えると，モデルはベクトルの方向を示し，環境ポテンシャルはベクトルの長さの最大値を示すものといえる．モデルとする生態系の詳細が明らかな場合には，ベクトルの方向も明確に定まるが，そうでない場合には，方向に巾が生じる．同様に，環境ポテンシャルの評価の精度によってベクトルの長さも変化し得る．しかし，およその方向と長さが示されることは，再生目標の設定にとって有益である．

第二は，環境ポテンシャルが劣化（低化ともいう）している場合に，モデルによってその改良の方向を指し示すことである．劣化したままの環境ポテンシャルを前提にすると，自然再生の目標も低いものにならざるを得ない．しかし，モデルがあれば，それと比較することによって，段階的に環境ポテンシャルそのものを改善するような自然再生計画を立案することが可能になる．例えば，低層湿原の再生サイトの地下水位が低い場合に，地下水位の人為的上昇や地表水の供給を図るといった措置は，環境ポテンシャルの改善にあたる．また，後述する霞ヶ浦アサザプロジェクトのように，長い時間をかけて，段階的に環境ポテンシャルを引き上げることにより，最終目標に到達させるという考え方もあり得る．

(2) 目標の示し方

自然再生の目標は，生態系の構造，機能，成立や維持のプロセスなどによって示される．

生態系の構造は，①生態系の構成要素である生物種群，②地形，土壌，表層地質，水文環境といった基盤環境，③相観，優占種，群落高など植物群落の構造，の3つのことであり，再生目標はこれらの組み合わせで示される．英語では①をtarget species，②と③を合わせてtarget typeと呼ぶが，ここではtarget typeを目標エコトープ（target ecotope）と呼ぶこととする．

目標種群は，過去の自然再生事業のサイトか，その近傍に生育・生息していた種のなかから選択されるべきである．目標種群の選択にあたっては，過去の生物相データが重要な資料となるが，すでに述べたように，過去の生物相の全貌を明らかにすることは必ずしも容易ではない．そこで，空間的アプローチも併用して類似した良好な生態系を参考にしながら，まず，目標種群の候補を選び，専門家や市民の意見を聴いた上で選定する．目標種群として，よく選ばれるのは，希少種，象徴種，

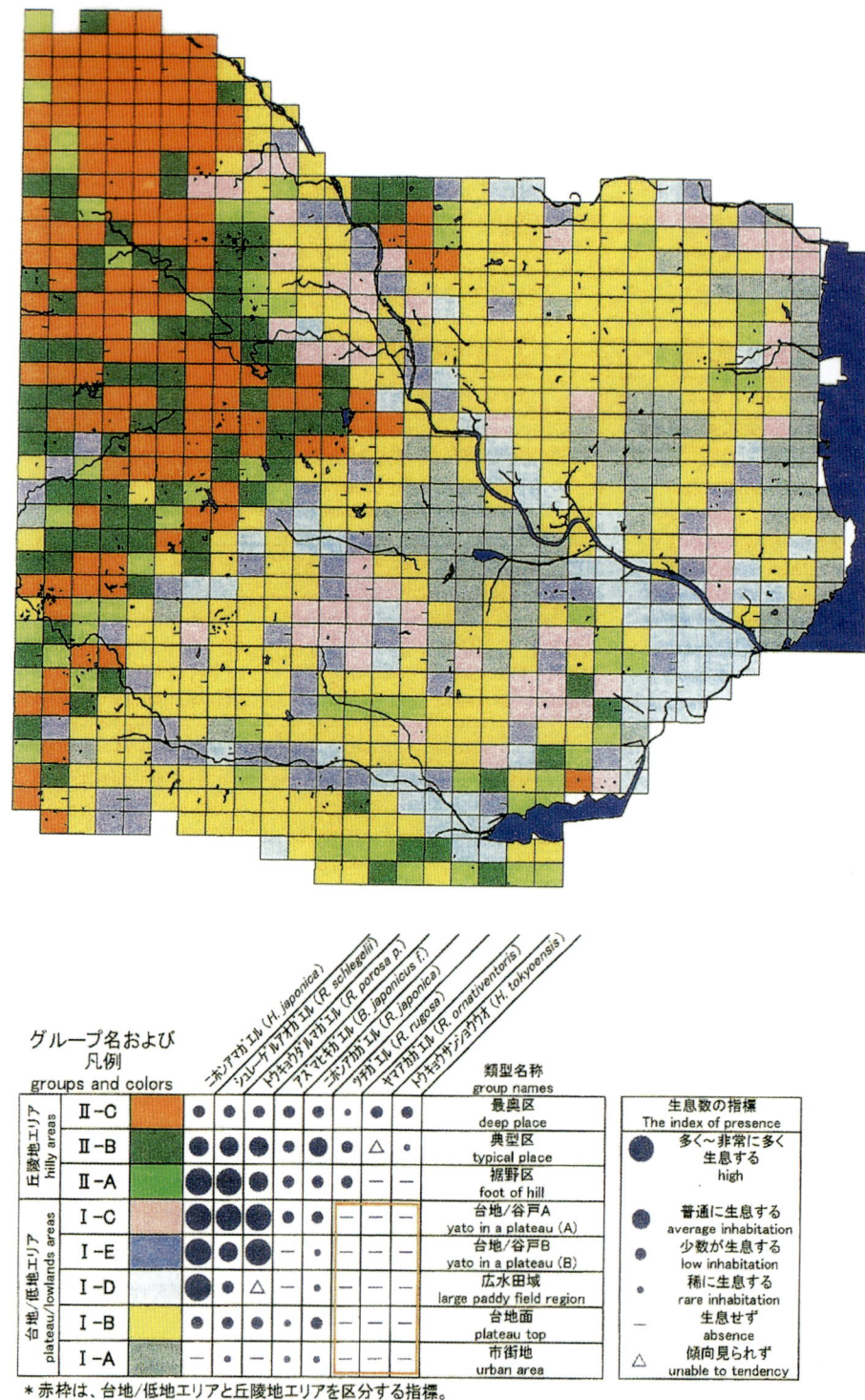

図2-6　水戸地域の両生類の予測生息域図[17]
地形分類図と現存植生図から作成され水戸地域における両生類の予測生息域図．このような図を用いると，どの場所で湿地を再生すると，どのような両生類相が成立するかを予測することができる．

2. 自然再生の方法論

表2-3　自然再生における目標種のカテゴリー

	説　明	例
希少種 rare species	環境省版または地方版のレッドデータブックに記載された種など，絶滅の恐れがある種．自然再生事業で，希少種が目標種にされる場合，2つのケースが考えられる．1つは，当該サイトに，まだその種が生存している場合で，この場合にはその個体群のサイズ拡大が図られる．もう1つは，かつて当該事業サイトからは消滅した種で，他の地方で生存している種を目標種とする場合である．その際には，導入にあたって遺伝的撹乱を避けるための事前評価が求められる．	カブトガニ
象徴種 flagship species	美しい花や愛らしい姿の動物など，親しみやすく，環境保全の意義を一般の人々にアピールすることができる種．その種をシンボルにすることによって，自然再生の意義や目的を人々に伝わりやすくする役割が期待される．	サクラソウ ゲンジボタル
アンブレラ種 umbllera species	食物網の上位に位置し，生息に広い面積を必要としたり，複数の異なる環境を必要とする種．その種を目標に自然再生を行なうことによって，必然的に広い面積の自然環境や景観レベルでの自然再生が図られることになる．	サシバ オオタカ
中枢種 keystone species	生物群集の中で，他の構成種の存在に大きな影響を与え，種組成，エネルギーの流れなど群集の特徴を決めるのに顕著な役割を果たしている種．中枢種は，自然再生において，目標生態系そのものに大きく関わるため，個体数や分布も含めた定量的な目標が掲げられることが望まれる．	ニホンジカ

注）中枢種は，カタカナでキーストーン種といわれることも多い．1969年にPaineによって提唱された時，「生態系における食物網の上位に位置し，他の種の存在に大きな影響力をもつ種」と定義されていた．しかし，1980～90年代以降，肉食系捕食者だけでなく，捕食者・被食者・共生・寄生者なども含めて他の種の存在に大きな影響を及ぼす種が中枢種と呼ばれるようになった．そのため，捕食者が中枢種的な役割を果たしてる場合には，キーストーン捕食者と呼ばれて，広義の中枢種と区別されることがある[18]．

アンブレラ種，中枢種などである（表2-3）．

目標エコトープは，まず，歴史的アプローチによって過去に存在していた生態系の空間構造を把握し，そのなかから選択する．土地改変や水質汚染などによって土地的環境ポテンシャルが劣化している場合には，その要因を完全に取り除くことができなければ，過去の生態系を復元することはできない．そのため，過去と現在の環境ポテンシャルの比較が重要な仕事である．実現可能な範囲で，最もモデルに近い生態系が当面の再生目標となる．

目標生態系の構造は，個々の目標種群とエコトープの組み合わせによって示される．複数のエコトープを用いる目標種群については，その旨を明記する．

生態系の機能は，物質循環とエネルギーの流れで示される物理化学的特性である．生態系の機能は，例えば，水質浄化や地球温暖化防止のための二酸化炭素吸収源として自然再生を行う際には大変重要となる．これまでのところ具体的な自然再生事業で目標として示されたことは少ないが，今後は重要性を増す項目である．

生態系の成立や維持のプロセスは，生態遷移の段階，遷移に要する時間，当該生態系の持続に必要な人為の種類や強度などで示される生態系の変化とその要因である．自然再生に要する時間は，目標エコトープによって大きく異なる．森林群落，とりわけ自然林の再生には，最低でも極相構成種の個体が十分な大きさの成木に達するまでの年数が必要となる．よく知られている明治神宮の境内林造営では，スダジイやタブといった照葉樹林構成種で，一定の大きさ以上の苗木が植栽され，目標とする森林の成立にはおよそ100年かかると見積られたが，実際には，ほぼ70年で目標が達成された[19]．

これに対し，乾性草原や低層湿原の場合には，生態系を構成する種の個体の寿命が短いために，

表2-4 自然環境の保持，復元の基本型および各型の目標自然と整備，管理[21]

保持／復元タイプ		自然状態		整備・管理方針
		現在	目標	
保持	保存型	A	A	β
	保全型	A	A	$\alpha + \beta + \gamma$
	保護型	AまたはA'	A+B	γ
復元型	修復型	A	B	α または β
	再現型	A'	B	α
	創出型	A'またはA	C	α または β

A：現存自然（とくに無植生はA') α：遷移促進
B：潜在自然 β：遷移抑制
C：創造自然 γ：遷移順応

短い年限での再生が可能であり，一般的には10年程度が目安になる．最近では，表土の活用技術の研究が盛んに行われており，それによっていくらか年限が短縮できる可能性もある．

長年月をかけて，段階的に目標を引き上げるという考え方もある．霞ヶ浦の自然再生事業アサザプロジェクトでは，「10年後にオオヨシキリ，20年後にオオハクチョウ，30年後にオオヒシクイ，40年後にコウノトリ，50年後にツル，100年後にトキが生息できるようにする」という目標が掲げられている[20]．広域的な自然再生では，食物連鎖の上位に位置する種や，現状では絶滅寸前の種が目標とされる場合がある．そうした目標種の生息を可能にするには，景観レベルでの自然再生と段階的な環境ポテンシャルの引き上げが不可欠であるため，必然的に長期的な計画となる．

二次林や二次草原などが目標エコトープの場合には，目標に達した後，一定の人為を加え続ける必要がある．また，一定頻度での自然攪乱が，目標種の生育・生息に不可欠な場合には，自然攪乱が起きる条件の維持や，自然攪乱に替わる人為攪乱を自然再生のプログラムに取り入れる必要がある．自然再生の目標とプロセスの関係を整理したものを表2-4に示した[21]．

2) 計画と設計および施工
(1) 計画

広域計画のなかで事業実施サイトが決まったら，いよいよ，より具体的にサイト内の計画をする段階に入る．サイト計画には，次のような内容が含まれる．

A．サイト全体の面積と形状

個別の自然再生事業の面積はどのくらいあればよく，また，平面形状はどのようにあるべきかという問題である．これは目標種によって大きく異なり，行動圏が広い動物種や食物網の上位に位置する種の生息を目標とするならば，広い面積が必要となる．単一の種を目標種とした場合，1個体の生存に必要な面積に，個体群を維持するのに最低限必要な個体数を掛けて総面積を算出する．例えば，ニホンリス（*Sciurus lis*）であれば，メスで平均10ha，オスで20haの行動圏をもつ[22]ので，メス10個体，オス5個体の個体群が生息できるようにするには，100ha程度の樹林地を確保する必要がある．

サイトの形状は，一般的には周囲からの影響が及びにくいコア部分を確保するために，円形に近い形状とし，細長くなることをできるだけ避けるようにする．ただし，細長いことが地形的な必然

2．自然再生の方法論

性をもつ谷戸のような場合は，この限りではない．

複数の目標種を設定する場合や，複数の異なるエコトープを利用して生息する種を目標とする場合には，異なる種類のエコトープの組み合わせ，すなわち，景観の再生が求められる．このような場合には，より複雑な計算が面積の算出に必要となる．

B．周辺環境

自然再生事業のサイトとその周辺の間には，双方向の影響が想定される．道路，空港，市街地，工場などに隣接している場合，汚水，騒音，振動，光など，生態系を攪乱する様々な影響がどうしても生じる．同程度のインパクトでも影響の受けやすさは，植生，動物の種群などによって異なる．例えば，騒音や振動は，鳥類にとっては大きな影響を及ぼすが，多くの昆虫類にとってはそれ程大きな生息上の攪乱とはならない．そのため，目標種群によって，攪乱要因の発生源との距離の置き方は違ってくることになる．

一般に，周辺からの影響を緩和するためには，緩衝帯（buffer zone）を設ける．緩衝帯の幅や，そこに存在すべき植生などは，前述した影響の種類や程度と影響に対する感受性によって異なるが，緩衝帯のあり方に関する研究はこれまでのところ十分とはいえず，オランダの生態系ネットワークにおいても緩衝帯の幅に関する具体的な数値は示されていない．緩衝帯について具体的な数値が示されている例として，米国における水辺環境林帯の保全・整備に関する指針などが紹介されている[23]．水辺環境林帯とは，①水質保全，②河岸の安定化，③水域の生息地保全，④陸域の生息地および生態的回廊の保全，などの機能を果たすことが期待される河川沿いの林帯のことであり，周辺陸域から水域へ流入するリンなどの栄養塩類に対する水質保全機能に関しては，米国農務省によって15m～22.5mといった林帯幅の数値が示されている．

一方，再生された自然環境が，周辺の住民や経済活動に与える影響についても配慮が必要である．一般的に想定されるものに，野生鳥獣による農作物への被害，道路への動物の侵入による交通事故，樹林による日照阻害などがある．こうした人間生活への影響を緩和するためにも緩衝帯は必要であり，例えば，再生する樹林地の周辺に低茎草本群落の帯を配置することによって，あらかじめ日照阻害を緩和するといった措置が考えられる．

また，異なる生態系や土地利用の場所の間で生じる物理・化学・生物的な相互作用は，自然再生の計画や事業にとって大変重要であるが，今後の研究課題である．

C．オンサイトとオフサイト

自然再生は，もともと目標とする生態系が存在していた場所で行うオンサイト（on site）が原則であるが，当該地点の土地改変が著しい場合や，土地取得が困難な場合には，元とは異なる場所で事業を行うオフサイト（off site）型の自然再生とすることも考えられる．また，敷地が元の場所とそうでない場所にまたがる中間的な場合もある．

一般には，オンサイトであれば，目標生態系と同じような物理的環境条件が得られやすいと考えがちであるが，必ずしもそうではない．土地造成，埋立て，干拓などによって土地的環境ポテンシャルが著しく劣化している場合には，オンサイトでの自然再生は困難である．このような場合は，むしろオフサイトで目標生態系にふさわしい環境ポテンシャルを有している場所を探した方が，生態系の再生は成功しやすい．オンサイトにこだわるとすれば，それは「土地の記憶」とでもいうべきものが人々の脳裏にあるからである．「ここにあった湿地は，やはりここで再生させたい」といった思いがあるのであれば，様々な物理的手段を用いてでも，オンサイトで自然再生を行う必然性は

ある．各論11．「湧水地」の「姿見の池」はそうした例である．自然再生のサイトは，純粋に技術的な問題ばかりではなく，地域住民の意向によっても左右される．

D．自然再生における人為的関与のあり方

自然再生における人為的関与のあり方には，大別して，能動的再生と受動的再生の2つの考え方がある．能動的再生（active restoration）とは，生態系の再生プロセスに積極的に人間が関与しながら自然再生を進めるやり方であり，地形造成や土壌改良などにより植栽基盤を整備して，さらにその上に植物を植栽するといった一連の措置がセットとして実行される．これに対して，受動的再生（passive restoration）とは，一定の環境条件の整備は人間が行うが，後は植生遷移など，生態系が自律的に再生するのを待つやり方である．例えば，地形造成だけを行い，植生の成立は遷移に委ねるのは，受動的な再生である．また，汚染物質の存在などが生態系の再生を妨げる要因となっている場合，そのインパクトを取り除くことによって，再生を促すのも受動的再生である．

能動的再生では，一般的にいって，目標生態系への誘導がより強く働き，早く目標とする生態系を再生させることができるが，費用は多くかかる．また，「より早く」のために良かれと考えて行う工事が，例えば，植栽工事で他の地域から苗を導入することによって生じる遺伝的撹乱のように，マイナスに作用することも少なくない．一方，受動的再生では，費用は少なくて済むが，目標生態系への到達により長い時間がかかる．時間的な制約が少ないのであれば，受動的再生の方が，生態系の「自然な」形成という面からも，費用面からも好ましい．

しかし，能動的再生と受動的再生はあくまでも考え方であり，どちらか一方を選択するといった性質のものではない．状況に応じて両方を取り混ぜて適用することが求められる．とくに，種の供給ポテンシャルが低くなっている再生サイトでは，それを能動的再生によって一定程度以上に高める必要があり，母樹の植栽や動物個体の人為的な移入が行われることがある．

E．エコトープの配置計画

限られた面積のサイト内のどこにどれだけの広さでエコトープを配置するのが目標に照らして良いのかを考えるのが，エコトープの配置計画である．換言すると，エコトープのパッチの最適配分計画ということになる．

こうした計画を立案するには，まず，目標種の生息に必要なエコトープの種類や面積を明らかにする必要がある．これについては「A．サイト全体の面積と形状」の項で説明した．目標種とエコトープの関係が把握できたら，次に，①個々のエコトープの成立に適した立地はどこか，②異なるエコトープ相互間での種や物質の動きはどうなっているか，の2つを明らかにする．理想としては，①と②に関するデータが十分に得られた上で，配置計画が立案されるべきであるが，多くの場合は，限定されたデータに基づいて計画せざるを得ないであろう．

オリジナルデータを用いて，エコトープの配置を決定した例として，オゼイトトンボの個体群回復を図った事例がある（詳しくは各論「11．湧水地」の図表を参照）．そこでは，浅水域に湿性植物や水草が生育するエコトープが繁殖に適していることが明らかなったので，そのようなエコトープの造成に適した場所がGISで図化された．また，種の供給ポテンシャルが十分にあるかどうかを確認するために，捕獲・再捕獲法によって成虫の移動距離が調べられた．これらの調査結果から，池間隔を20m以下に抑え，地下水位が高い場所に池を配置，造成されたものである[24]．また，必ずしもこうしたオリジナルデータを収集しなくても，既存の知見が得られている種については同様な考え方で配置計画が立案できるだろう．

2. 自然再生の方法論

　複数の目標種（群）があり，それらのハビタットとなるエコトープを最適配置したいような場合には，次のような考え方をとる．まず，生育に適したエコトープが限られた特殊な立地にのみ成立するような種が目標種であるならば，それが最も優先される．例えば，湧水に依存する生物などがこれにあたる．また，そもそも全く異なる立地に成立するエコトープに依存する目標種群は，空間的な競合関係がないので，それぞれの場所に生育が図られるよう計画されることになる．

　問題は，いくつかの目標種が，同一の立地に成立し得る別のタイプのエコトープに依存するような場合である．例えば，地下水位が高い沖積地には，ハンノキ群落やヤナギ群落といった湿性木本群落，ヨシ群落などの高茎湿性草本群落，それに低茎の湿性草本群落が成立し得るし，掘削によって水域を造成することも可能である．すなわち，同じ場所に様々なタイプの生息地の潜在的な成立可能性がある．仮にヤナギを食餌木とするコムラサキ，ヨシ群落に営巣するオオヨシキリ，低茎湿性草本群落の構成種であるクサレダマ，浅い水域で繁殖するゲンゴロウが，自然再生事業の目標種であるとすると，一定面積の敷地の中に，どのようにしたらこれらの目標種の生息地を合理的に配置できるかというような問題を考えてみる．まず，エコトープの成立に要する時間に配慮する．すなわち，ヤナギ群落は，他の3つに比べて成立に長い年月（通常10～20年）が必要なので，これが現存する場合には，それには手をつけずに，残った場所を他の3つの目標種に配分するようにする．次に，オオヨシキリは残りの3種のなかでは，比較的広い面積をハビタットとして要するので，まとまりのあるヨシ群落を確保するように配置し，残りをクサレダマなどが生育するための湿性草原とゲンゴロウの池とする，といった考え方で，配置計画を立案していく．以上の論理を，もう少し計算づくで進めようとするのであれば，サイトをグリッドで区分し，それぞれの目標種に必要なエコトープの成立ポテンシャルを点数化して，点数が高いエコトープから優先的に配置するといった方法がある[25]．

(2) 設　計

　自然再生事業における設計対象は，地形，再生する生態系および施設の3つに大別される．設計にあたっては，竣工形と完成形は異なることを認識しておくことと，自然自身のデザインに委ねる部分をできるだけ多くすること，の2点が重要である．

A. 設計の考え方

　一般に設計とは，完成形の三次元的な構造を図面などに描くことである．しかし，自然再生事業の場合は，工事の竣工形と完成形は大きく異なる．自然再生事業における完成形とは，目標とするエコトープの構造のことであるが，これが実現するのは，工事終了後一定の時間を経て，植栽した植物が成長したり，遷移が進んだりした後である．したがって，自然再生事業における設計では，竣工形と将来の完成形の両方を描く必要があり，できれば，完成形に至る途中の過程についても描くことが望ましい（図2-7）[26]．工事発注に必要なのは竣工形の方であるが，事業の合意形成や周知には完成形が欠かせない．

　自然自身のデザインに委ねるという考え方は，自然再生において極めて重要である．自然自身によるデザインとは，侵食・運搬・堆積による地形変化や，生態遷移による植物群落や動物群集の時間的な移り変わりなどによって，生態系が形成されたり変化したりしていくことを指す．こうした自然営力は，ときに立地そのものを変化させ，生じた立地に新たな生物群集を成立させる．このような自然の動態によって，「より自然らしい自然」ができていく．設計では，時間的な変化と空間的なフレキシビリティを考慮に入れて，ある程度の変化を許容した構造の設定が望まれる．

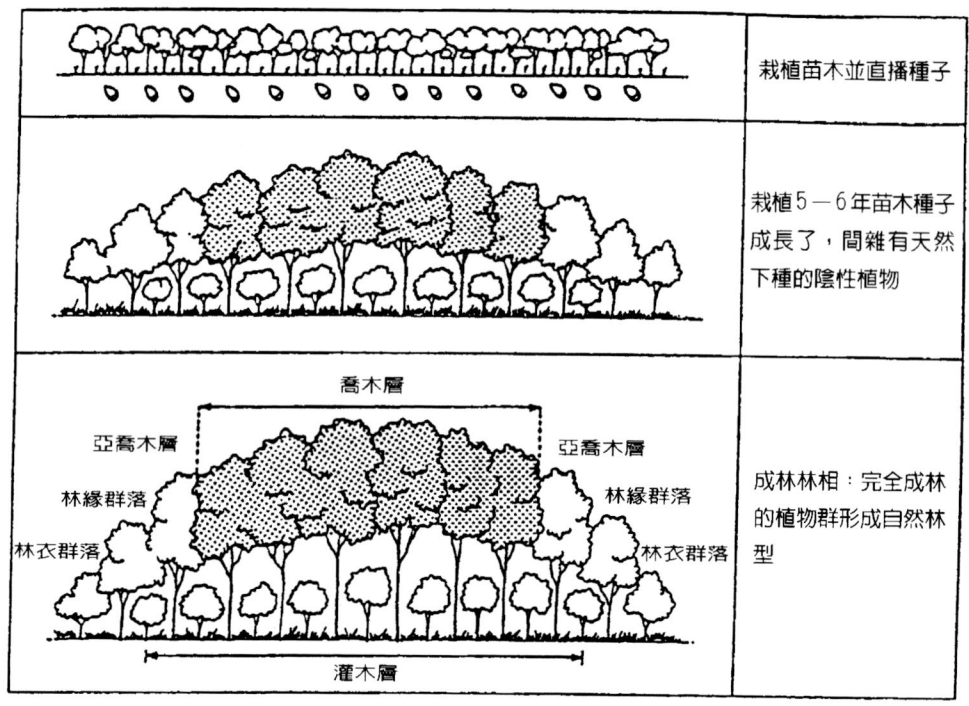

図2-7 台湾高雄市の高雄都会公園における自然林復元のための植栽設計図[26]
通常70年程度かかって成立する陰樹主体の高木林を，苗木の植栽と種子の直播によって20年程度に短縮できるという想定で描かれた設計標準断面図である．この想定通り成林するとは限らないが，一番上の図が竣工形，一番下が完成形にあたる．

B. 地形の設計

　地形の設計とは，一般の土木工事でいう土工設計のことである．地形造成は，掘削によって相対的に地下水位を上昇させたり，表土を撒き出したり，水路を造成したりと，いろいろな場面で必要となる．地形はエコトープの基盤となるので，目標エコトープに合わせ，その成立に必要な条件が満たされるように設計する．造成地形は，周囲の自然地形に馴染ませるようにする．勿論，現状の地盤で足りる場合，造成の必要はなく，土工量を最小限度に留めるのが原則である．また，表土のストックと撒き出しにあたっては，表土内の生物資源，すなわち，埋土種子や根茎，土壌動物などが生きたまま土を移動できるように十分配慮する．

C. 生態系の設計

　生態系の設計とは，エコトープの構造を描くことである．エコトープの構造は，竣工形と完成形を描き，竣工形には，地形，土壌，水環境などの物理的な基盤の構造図と，植栽設計図のような生物材料の配置図・構造図を描く．また，完成形には，基盤構造に加えて目標とする植物群落の構造を描くとともに，目標種の動物のリストを添付する．エコトープの構造図には，おおよその形状と寸法を示せばよく，あまり詳細な形状寸法は必要ない．

D. 施設設計

　構造物的な施設は，自然再生事業では生態系の形成を促すための脇役を果たすものである．施設には，①物理的に環境を保護するための施設（水辺の消波施設，河川・水路の水衝部における護岸施設，斜面の土留めなど），②物理的な環境の改善を図るための施設（地下ダム，水路など），③直接的に生物の生息環境を形成するための施設（巣箱，動物移動用のトンネルや橋梁など）がある．

2．自然再生の方法論

これらの施設のうち，構造が標準化されているものは少なく，多くの場合は，その都度，現場で考案しなければならない．施設の材料はできるだけ自然素材のものが望ましいが，機能の発揮が第一であるので必ずしも自然素材にこだわる必要はない．また，水制や土留めの伝統的な工法のなかには，自然再生にふさわしいものがあり，採用に値する．

E．自然ふれあい施設

自然ふれあい施設は，再生した自然を，見学したり体験したりするための施設である．これらの施設は，一般の人々に自然再生事業の意義を啓蒙する役割を果たすので，必ず設置すべき施設である．施設内容としては，歩道，サイト案内図，解説版（サイン），ベンチなどの休憩施設やトイレなどの便益施設があり，これらを再生サイトの規模に応じて設ける．解説版には，自然再生が必要となった背景，再生の意義や経緯，再生の方法，環境や生物の状況などをわかりやすく記し，PRに努める．特に大きな事業では，ビジターセンターを設けることもある．設計の考え方は，自然公園や都市の生態公園（エコパーク）でつくられているものと同様であるのでそれを参考にするとよい．

F．生態の美学

これまで数多く実施されてきたエコパークやミティゲーションの設計において，景観の美しさが強調されたことはあまりなかった．しかし，こうした事業で，結果として生きもののいる美しい景観が形成された事例は少なくない．生きもののいる景観の特徴は，例えば，自然な勾配に従って水辺に植物群落が並ぶといった生態的秩序が形成されることや，鳥類や昆虫などを間近に見てふれあうことができる，といったことにある．これらは生態美とでもいうべきものであり，自然を鑑賞する人間の側にとって重要な効用である．自然再生の過程にランドスケープデザインをどのように織り込むかは，自然再生に対する理解を広げ，事業を進める上で重要であることが指摘されている[27]．自然再生事業において，どのように生態美を形成するかについての方法論は確立されていないが，今後，事業が増えていくなかで重視すべき事項であろう．少なくとも，上記の自然ふれあい施設のなかで，生きものへの影響を軽減しつつ，できるだけ生きものを見やすい地点や場所を設けるといった配慮が求められる．

G．設計の示し方

自然再生事業でも，一般の建設工事と同様，設計図書が作成される．設計図書は，工事の到達目標とそれに至る方法を示したものであり，図面と仕様書から構成される．繰り返しになるが，自然再生では，竣工形と完成形は異なるので，基本設計ではこの両方を示し，専門家以外の人にも理解できるよう，透視図（パース），イラストなども必要に応じて添付する．また，実施設計図にも工事の目的を明記する．これは，自然再生事業では，工事の目的が生態的な構造の形成と機能の回復にあるからで，工事関係者が目的をしっかりと把握し，工事において何が本質的かを理解してもらうためである．

(3) 施工（事業実施）

施工と材料については，次章3．「自然再生の材料と施工」で述べられているので，ここでは詳述しないが，概略は次のようである．

A．施工時のインパクトの軽減

自然再生事業では，事業サイト内かその近傍に，目標とする生物が生息していることが多い．繁殖期の工事を避けたり，避難地や緩衝帯を設けたりするなど，現に存在する生物に対する影響を最

小限に抑えることが求められる．
B．材料の選定

　遺伝的撹乱を防止するために，外来種や国内外来種の使用を避ける．生物材料は，現地調達が原則である．現場の近傍で生物材料を調達するために，計画的に表土を採取したり，地域性種苗を育成したりする．

C．発注と検査

　自然再生事業に関わる工事の検査では，通常の造園・土木工事などで重視されるような出来高や形状寸法のわずかな差はあまり重要性ではない．むしろ，そうした観点からの細いチェックよりも，生物の生息地として機能しているかどうか，あるいは将来機能するようになるかどうか，という方がずっと重要である．また，既存の岩石や樹木を生かしながら施工することが求められるので，設計変更は必至である．そのため，細かい実施設計図を多数作成するよりも，概略の形状と数量で発注し，竣工時に清算する方がよい．

3） モニタリングと管理

　自然再生事業において，モニタリングと管理は一体のものである．モニタリングの主たる目的は，自然再生事業の評価と管理へのフィードバック（反映）である．

(1) モニタリング

　モニタリングのデザインとして，BARCI（Before-After-Reference-Control-Impact）デザインが提唱されている[28]．これにもう1つ，事業実施サイトの過去の状態(P)を加えると，図2-8に示したようなモニタリングのデザインとなる．

　自然再生事業そのものは，BARCIデザインにおいてはImpactにあたり，そのImpactを与える直前における事業サイトの状態はBeforeにあたり，事業完了後の状態はAfterにあたる．ここで注意したいのは，Impactが「再生事業を行う」，すなわち，よい意味で用いられている点である．Afterについては，工事完了直後からできるだけ長期にわたってモニタリングを行い，再生された生態系の状態を監視していく必要がある．モニタリングの頻度は，工事終了直後は頻繁に行い，次第に間隔を空けるようにする．一般的には，施工直後，1年目，3年目，5年目，10年目，20年目といっ

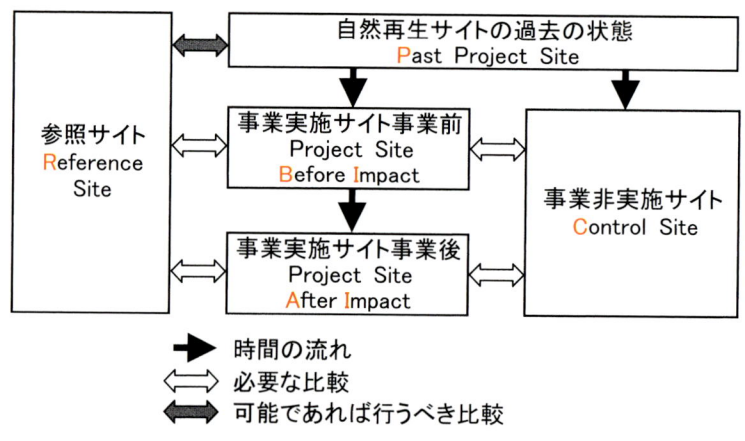

図2-8　自然再生事業におけるBARCIデザイン

た間隔で行う.

Controlは,事業サイトのうち自然再生を行わなかった場所,すなわち,対照区を意味する.対照区を設定しておくことによって,「少なくとも自然再生を行わなかった場合と比較して,どれだけ自然環境が改善されたか」を評価することができる.

モニタリング項目は,生物と物理化学的環境に大別される.生物については,植物群落の組成と構造,分類群別の種数,主な種,特に目標種の個体数,分布,個体の大きさなどを,また,物理化学的環境については,気象,地形,土壌,水文,日照などを調査する.調査項目はできる限りBARCI間で統一して,相互に比較できるようにする.また,重要な目標種については必要に応じて調査項目を増やすなどして,目的に応じたメリハリのあるモニタリングにする.

(2) 管 理

再生サイトの管理は,モニタリングデータの分析に基づいて,状況の変化に柔軟に対応しながら行う.これは,再生された生態系は不確実性の高いシステムであるということを前提とした管理で,順応的管理(adaptive management)と呼ばれる[29].

再生を意図した生態系は,時間とともに遷移していく.そのため,設定した目標に近づきつつあるのか,偏向遷移が起きているかの判断が重要で,偏向遷移が起きている場合には,管理の手を加えて,偏向遷移の原因となっている植物を除去し,正常な遷移を促す必要がある.また,二次草原や二次林が目標の場合,目標に到達した後は,それを持続させるための刈り取りや,定期的な伐採更新といった管理を行う.

台風時の洪水や強風といったイベントは,自然再生にとってプラスに作用する場合とマイナスに作用する場合とがある.例えば,洪水フラッシュのような自然撹乱によって退行遷移が起き,裸地を選好する種の生息適地が出現する場合は,裸地選好種が目標であればプラスになるので,モニタリングを継続しつつその結果を見守ればよい.

それに対して,小規模な池や水路は,洪水時の土砂流入で一気に埋まってしまい,陸化することがある.目標が水辺の植物群落や水生昆虫などの場合には,その状態を放置することは好ましくないので,浚渫などを行う.一般に,再生サイトが広大な場合には,イベントの後もあまり人為的回復を図る必要はなく,小規模な再生サイトでは,必要となる場合が多い.

外来種の侵入の予防や排除も管理上重要である.外来種は,目標種の生存を脅かす要因となり,とくに侵略的外来種には警戒が必要である.予防措置としては,上述のように生物材料として外来種を用いないことがもっとも大切である.ただし,どんなに注意しても,表土の埋土種子や近隣の群落からの種子散布などによって侵入することがあり,完全な侵入防止は期し難い.在来種や目標種の生存に関わる危険な種に対しては,選択的な抜き取りや捕獲によって徹底した排除を行わなければならない.外来種の侵入が起きた場合には,早期の対処ほど効果的である.

(日置佳之)

―― 引用文献 ――

1) Holling C.S. (1978): Adaptive Environmental Assessment and Management. Wiley. London.
2) 日置佳之 (1999):オランダの生態系ネットワーク計画,ランドスケープ大系第5巻,ランドスケープエコロジー(社団法人日本造園学会編) p.211-237. 技報堂出版.
3) Nature for People People for Nature −Policy document for nature, forest and landscape in the 21st century (2000): Ministry of Agriculture, Nature management and Fisheries, The Netherlands.

4）自然環境の総点検等に関する協議会（2004）：首都圏の都市環境インフラのグランドデザイン～首都圏に水と緑と生き物の環を～．国土交通省国土計画局．
5）徳島県（2003）：とくしまビオトープ・プラン，第2版－自然との共生をめざして－．
6）埼玉県（1999）：彩の国豊かな自然環境づくり計画．
7）町田市（2000）：まちだエコプラン「人と生きものが共生するまちづくりをめざして」．
8）鎌田磨人（2004）：戦略的な自然林再生－研究と施策と事業と人の連関，日本緑化工学会誌 30(2)，394-395．
9）中村太士（2004）：釧路での実践から得られた教訓，自然再生 釧路から始まる（環境省・社団法人自然環境共生技術協会編），p.9-19．ぎょうせい．
10）日置佳之（2001）：ミティゲーションの手順，ミティゲーション（森本幸裕・亀山　章編）p.21-42．ソフトサイエンス社．
11）環境省自然環境局（2002）新・生物多様性国家戦略．
12）鷲谷いづみ（2001）：生態系を蘇らせる，日本放送出版協会．
13）日置佳之（2002）：生態系復元における目標設定の考え方，ランドスケープ研究 65(4)，278-281．
14）玉井信行（1999）：河川の自然復元に向けて，応用生態工学 2(1)，29-36．
15）日置佳之（2003）：湿地生態系の復元のための環境ポテンシャル評価に関する研究，ランドスケープ研究 67(1)，1-8．
16）日置佳之（2002）：環境ポテンシャルの評価，生態工学（亀山　章編），p.97-110，朝倉書店．
17）大澤啓志・日置佳之・松林健一・藤原宣夫・勝野武彦（2003）：種組成を用いた解析による両生類の生息域予測に関する研究，ランドスケープ研究．66(4)，1-10．
18）巌佐　庸・松本忠夫・菊沢喜八郎　日本生態学会編（2003）：生態学事典，共立出版．
19）亀山　章（1996）：明治神宮の森，天然林をつくりだした技術と維持管理，緑の読本第38巻，p.57-60，公害対策同友会．
20）飯島　博（2003）：公共事業と自然の再生－アサザプロジェクトのデザインと実践，自然再生事業（鷲谷いづみ・草刈秀紀編），築地書館．
21）中村俊彦（1998）：自然保護と自然復元，沼田　真編自然保護ハンドブック，p.229-238，朝倉書店．
22）矢竹一穂・田村典子（2001）：ニホンリスの保全ガイドラインづくりに向けて，ニホンリスの保全に関わる生態，哺乳類科学 41，149-157．
23）高橋和也・土岐靖子・中村太士（2004）：米国における水辺緩衝林帯保全・整備のための指針・法令等の整備状況，日本緑化工学会誌 20(3)，423-437．
24）日置佳之・半田真理子・岡島桂一郎・裏戸秀幸（2003）：継続的なモニタリングによるオゼイトトンボの個体群の絶滅危機回避，造園技術報告集2002．
25）日置佳之（2002）：湿地生態系の復元のための環境ポテンシャル評価に関する研究，東京農工大学学位請求論文．
26）洪欽勲（2000）：生態的緑化実践－高雄都会公園植栽特色，公園緑地季刊，6-31，台湾公園緑地協会．
27）宮城俊作（2004）：空間の形態からパターンを経てシステムとプロセスへ－ランドスケープデザンが自然再生に寄与できること－，日本緑化工学会誌 30(2)，399-401．
28）中村太士（2003）：河川・湿地における自然復元の考え方と調査・計画論－釧路湿原および標津川における湿地，氾濫源，蛇行流路の復元を事例として－，応用生態工学 5(2)，217-232．
29）鷲谷いづみ（1998）：生態系管理における順応的管理，保全生態学研究 3，145-166．

3．自然再生の材料と施工

　自然再生は，生物学や生態学の知識に基づいた科学的・技術的なプロセスによって進められる必要があり，自然再生で用いられる材料には，人工的なものをできる限り少なくして，生きものや土壌などの有機的要素を多く用いることが望ましい．自然再生では，こうした材料の特殊性や施工時の配慮事項について十分に理解しておく必要がある．

3-1　自然再生の材料

1）　植物材料

　植物材料には，対象地域やその周辺地域で採取した在来種を用いることが原則である．

　在来種は，その地域の自然や生態系を構成するものであり，生物的侵入や遺伝的撹乱を引き起こさないので，自然再生では，在来種を用いる．

　しかし，こうした材料は市場性に乏しく，生産されていたとしても，必要な数量がそろえられない場合が多い．そのため，あらかじめ種子からの育苗などの対応が必要である．また，計画や設計において，単一の種や寸法規格ではなく，多様な種や様々な規格の植物材料を取り入れたデザインの技術を検討することも必要となる．

　在来の植物を活用する方法には，個体をそのまま移植する方法から，種子を採取して栽培したり，埋土種子の発芽を期待して表土をまきだすなどの様々な方法がある．表3-1は，植物材料を調達する方法を示したものである．

表3-1　植物材料の調達方法（文献1）を改変）

移植	生育している植物個体を掘り取り，そのまま植栽する場所に移植する方法．最近では，重機を用いた大径木の移植も行われる．
根株移植	樹木を根元付近で伐採し，その根株を移植する方法．萌芽力のある樹木を移植する際に用いられる．
苗木栽培	木本類の種子を採取して苗を栽培して植え付ける方法．
種子採取	大量の種子を採取し，植栽する場所に播種または吹付けする方法．
マット移植	重機等を用いて，埋土種子や根茎を含む表土層をマット状に剥ぎ取り，植栽場所に貼り付ける方法．もとの場所と類似の植生を復元できる．
表土採取	埋土種子を含んだ表土を採取して，植栽する場所にまきだす方法．主として湿地や二次林などの復元に用いられる．
ソース移植	種子をつける母樹となる植物個体を移植し，そこから種子を自然に播種することでその種の個体数を増やす方法．主として群落内の個体数が少ない樹種の移植に用いられる．

写真3-1　在来種の種子を採取して栽培された苗は，地域の生物多様性に影響を与えない．

写真3-2　ゲンジボタルは地域による変異があるので他の地域からの導入は避ける．

2）　動物類の導入

　動物類の導入は，原則として自然移入による方法とする．ただし，水生生物や土壌動物などは，自然移入が不可能であるので，人為的な導入を行う．

　人為的に種を導入する場合は，①導入される地域の生物的侵入や遺伝的な撹乱の発生を避けること，②それによって生態系に多様性が生まれるものであること，③導入のために採集される地域の個体群が絶滅しないこと，などに配慮する必要がある．

3）　表　土

　表土は，物理的には，生きものの生育・生息に必要な通気性や保水性を有し，化学的には，成長に必要な栄養塩や有機物を含み，生物的には，植物の種子や根，地下茎，昆虫の卵や幼虫，土壌動物，微生物など，その地域の生物相や生態系を形成する基盤となる生きものが含まれている貴重な自然資源である．自然再生では，表土は保全して利用することが望ましい．

　表土については，①侵略性の高い外来種の種子や根などの混入がないこと，②仮置き用地の確保のため，あらたな伐採や土地の改変が行われないことなどについて，あらかじめ確認する必要がある．

4）　現場発生材

　自然再生の対象地に生育している植物や，工事によって発生した石や礫は，その地域の環境を形成する資源であるので，できるだけ再利用やリサイクルして活用する．表3-2は，既存木の有効利用の例である．

5）　新素材

　近年，緑化材料として様々な新素材が開発されている．自然再生においても，生分解プラスチックや炭素繊維などを利用する試みがなされている（表3-3）．

　しかし，自然再生の材料は，外来種の導入に伴う生物的撹乱，他地域からの材料に随伴する植物や動物による遺伝的撹乱，現場発生材の廃棄物化の防止などの観点から，対象地域もしくはその周辺にあるものを用いることが原則である．

3. 自然再生の材料と施工

表3-2 既存木の有効利用の例

用 材	幹を用材として利用する．木柵，木杭，ベンチ，遮音壁等の表層材などに用いる．
粗 朶	枝や小枝を粗朶柵材として利用する．
チップ	幹や枝を粉砕してチップとして，園路，マルチング，土壌改良剤などに用いる．
コンポスト	幹，枝，葉を細断してコンポスト資材として利用する．コンポスト処理後，土壌改良剤や堆肥などに用いる．
炭	幹や枝を炭化処理して炭をつくる．木酢液が生成される．炭は水質や土壌の改良材，木酢液は消毒剤の代用にされる．

表3-3 自然再生に活用できる新素材の例

生分解性プラスチック
　微生物合成系・化学合成系・天然物系およびそれらの複合物により生成されたプラスチックは，土壌中の微生物によって分解され，最終的には水と二酸化炭素に分解される．マルチ，苗ポット，保水シート，土のう，土木工事の型枠，土留めなどに用いられるほか，鉄線や金網などに被覆し，樹幹や根系への食い込み防止などの利用が考えられている．

炭素繊維
　炭素繊維は，生物親和性に優れ，微生物や活性汚泥などを強固に固着させる機能を有する．
　そのため，池水や河川の水質浄化，浄化装置の接触材，人工藻場あるいは人工漁礁，魚類の産卵場などの利用が考えられている．

6） 雨水などの利用

　敷地内に降った雨は，敷地外に流出させるのではなく，管渠やマスなどによって集水し，植生などによる水質の浄化を行って調整池に導入し，生物の生育・生息環境として利用することを検討する．図3-1は，路面排水を調整池に取り入れる浄化システムの例である．

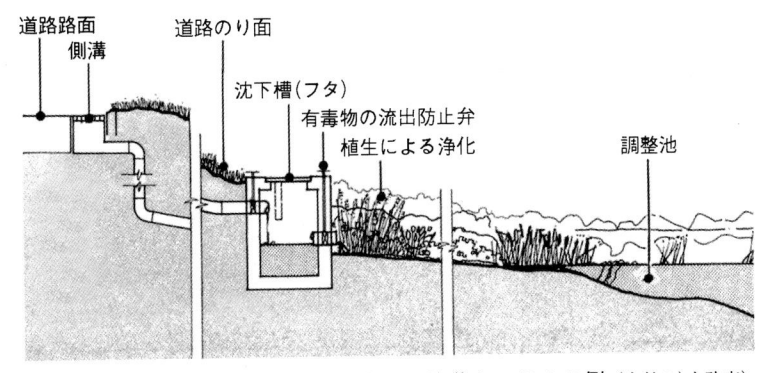

図3-1 路面排水を調整池に取り入れる浄化システムの例（文献2）を改変）

3-2　工事中の環境への影響

　自然再生における工事は,生きものの生育・生息する環境を実際につくりだすことである.しかし,土地の改変を伴うため,新たな問題が発生したり,予期しない影響が現れて,計画地や地域の生態系に影響を与える場合がある.また,近年の土木機械の大型化によって,工事の規模は大きくなる傾向にある.自然再生では,代替地環境の構造などに注意が向けられがちであるが,工事期間中の環境の瞬時の変化で生きものが死滅することがある.工事期間中は,常に,生きものの生育・生息環境に注意し,生きものへのインパクトを軽減して影響が緩和されるように心がける必要がある.

　自然再生では,一般の土木工事と異なった次のような配慮が求められる.

1）　生きものの生活や生活史に合わせた施工計画の策定

　生きものには,発生から幼体,成体,繁殖までに至る生活史がある.生きものにとって重要な繁殖などの時期に工事が行われて環境が変化すると,生きものに大きな影響を与える可能性が高い.例えば,止水性のサンショウウオ類は,卵と幼生期を水中で生活し,成体は上陸して樹林の落葉や倒木の下に生息する生活史をもつ.したがって,工事によって産卵池を改変したり,代替池をつくるなどの場合は,春から夏の水中で生活する期間を避けて行う必要がある.また,猛禽類などでは,繁殖期に敏感度が極大になるので,この時期に工事が行われると,営巣や育雛を放棄する可能性がある.

　自然再生の工事では,対象地域やその周辺に生育・生息する生きものの生活史を明らかにして,もっとも影響の少ない時期や期間に工事を行うことが必要である.

2）　工事場所の限定・制限

　一般に,工事では,作業場,資材などの搬入のための工事用道路の建設,仮施設や資材の仮置き場などがつくられる.

　こうした用地は,工事にともなう一時的な改変であっても,最小限にする必要がある.また,不必要な立入りを避け,作業などの影響が周辺の地域に及ばないようにするため,工事範囲や作業場所を限定する（写真3-3）.

　工事によって改変された場所は,自生種を用いた植栽を行うなど,復元のための対策を行う.

　工事段階における生きものを対象とした各種の作業は,人力や小型の機械を使用して,できるだけ丁寧に行う.

写真3-3　工事用車両が通行できるように雪を固めてつくった「アイスブリッジ」によって周辺環境への影響を軽減した事例（北海道釧路,環境省資料）

3) 避難地の確保

最も影響の少ない時期や期間に工事を行う場合であっても，工事期間中は，生きものが一時的に避難できる環境を確保する．

こうした場所は小動物が身を隠したり，移動の際に利用できる．また，伐採する計画地であっても，実施の時期をずらしたり，段階的に行うことによって，利用する生きものに集中的な影響を与えないようにすることが必要である．

避難地を確保することは，事業が実施される地域の生きものを存続させるので，工事後の生物相・生態系の早期の回復が可能となる．

避難地は，事業の実施される地域内に設置され，維持管理されることが望ましい．避難地を周辺の良好な環境に求める場合には，①そこが対象種の生息条件を満たしていること，②もとから生育・生息している生きものに影響を与えないこと，③確実に移動できる環境が確保されていることを確認しておく必要がある．

4) 試験施工の実施

自然再生で取り扱う生きものの多くは，生育・生息環境，生活史，動態，人為的に移植や移動を行った場合の繁殖の可否などについての情報が不足している．また，自然は複雑なシステムであるので，地域に固有な関係や未解明な要因が関与していることも考えられる．

そのため，本施工に先立ち，あらかじめ小規模な試験施工を行い，その結果をモニタリングし，得られた知見をもとに本施工をより確実なものにするなどのリスク管理が必要である．自然にかかわる情報や知見は簡単には得られないので，仮説を基に試験施工を重ねて，知見を得たり，具体的な手法を策定するといった姿勢も重要である．

3-3 外来種への対応

地域の景観や文化は，長い年月にわたる人と自然との相互の関係によって成立してきた．自然再生を行う場合には，地域の景観や文化を破壊したり，変質させる可能性のある外来種に対処していくことが求められる．

「新・生物多様性国家戦略」（2002（平成14）年）では，わが国の生物多様性の現状と課題のなかで，外来種問題を取上げ，人間活動によって国外または国内の他地域から様々な生物種が移入された結果，自生種の捕食，交雑，環境の撹乱などの影響が発生し，わが国の生物や生態系に影響を及ぼす可能性のあることを指摘している．こうした外来種問題を解決するため，国は2004（平成16）年に「特定外来生物による生態系等に係る被害の防止に関する法律（外来生物法）」を制定し，外来種の被害の防止に努めている．

1) 外来種・侵略的外来種

種は相互に交配して子孫を残す集団であり，かつ，他の集団とは交配しない独立した生物の集合体である．しかし，同一の種であっても，地域によって個体の大きさや体色が異なる場合は，遺伝子のレベルでは異なるものと考えられている．例えば，ギフチョウは1つの種とされているが，羽根の文様が異なる個体群は，異なった集団と考えられている．異なる遺伝子型をもつ集団の間で交

配が行われると，遺伝子の組み合わせの異なる集団が形成され，遺伝的撹乱が生じる．また，近親の異種間の交配では，双方の形質をもつ雑種が形成される．遺伝的撹乱や雑種の形成は，種の固有性が失われるので，生物多様性が減少する原因となる．

種のうち，自然分布として生育・生息する種，亜種，あるいは，それ以外の分類群のことを自生種もしくは在来種という．これに対して，過去あるいは現在の自然分布域外の地域に人為的に導入された種，亜種，それ以外の分類群のことを外来種（alien species），または移入種という．外来種には，生存し，繁殖することができるあらゆる器官，配偶子（細胞），種子，卵，無性的繁殖子などを含む．

種の導入には，直接的な導入と間接的な導入がある．直接的な導入には，鑑賞や愛玩，園芸や緑化，生物農薬などとして意図的に導入されたものと，衣服に付着したり輸入された物品に混入するなどのように非意図的に導入されたものがある．また，間接的な導入としては，都市化による気候の変化などによってクマゼミがその分布域を拡大しているような例がある．

外来種は，便宜上，国内外来種と国外外来種に区分される．国内外来種は，日本の国内に自生・生息する種が分布域以外の地域に持ち込まれたものである．国外外来種は，文字通り国外から持ち込まれたものであり，タイワンリス，トウネズミモチ，オオキンケイギク（写真3-4）などがその例である．

地域に生存して繁殖し，自生種を被圧したり，圧迫して地域の生物多様性を脅かすような外来種をとくに侵略的外来種（invasive alien species）という．典型的な侵略的外来種には，ニセアカシア，オニウシノケグサ，ジャワマングース，アライグマ，オオクチバスなどがある．これらは著しく繁茂・増殖して，地域の植生を破壊したり正常な植生の遷移を阻害することや，自生種を捕食して個体数を減少させるなどの問題を引き起こしている．外来種問題の多くは侵略的外来種が原因となって発生している．

写真3-4　草原に逸出した国外外来種のオオキンケイギク（河野　勝氏撮影）

2）基本的な考え方
(1) 外来種問題の基本

外来種がわが国の生物多様性や生態系に与える影響には表3-4のようなものがある．

外来種がもたらす影響は不可逆的なものであり，すべて排除しない限りもとの環境には戻らないし，一度絶滅した自生種は永久に失われる．外来種は，地域の生態系や生物多様性に大きな影響を与える．

表3-4　外来種が生物多様性や生態系に与える影響

・競争，繁茂や捕食，疫病の感染などにより自生種の生存自体を脅かす
・地理的隔離によって独自の進化をしてきた自生種と交雑して雑種を形成して自生種の有する固有の遺伝資源を消失させる
・生態系の基盤の環境を変質させる

外来種問題はそのすべてが明らかにされているわけではないので，予防原則の考え方によって対

処する必要がある．予防原則（precautionary principle）とは，原因と結果の関連が科学的に完全には証明されていなくても，予防的措置がとられなくてはならないとするもの[9]であり，具体的には，疑わしい外来種は排除することである．

また，外来種対策で種の処分・駆除を行う際には，対策に対する社会経済的，文化的な側面における社会的受容（public acceptance）を獲得しておく必要がある．

(2) 外来種対策の基本的な考え方

自然再生における外来種問題への対応の基本的な考え方は，①外来種の侵略の危険性について評価すること，その上で，②侵略的外来種の侵入を予防すること，③すでに侵入した侵略的外来種を根絶するか，もしくは，他の地域に広がらないように封じ込めるなどの対策をとることである．

外来種問題はそのすべてが明らかにされているわけではないので，予防原則にしたがって対応する．そのため，はじめに現状を把握するための調査を実施したり各種の情報などを用いて，外来種の影響の程度や定着の可能性を判断する．北米，オーストラリア，ニュージーランドなどでは，地域の自然植生に対して侵略する危険性を予測するシステムとして植物侵略性評価（WRA；weed risk assessment）が考案されている．植物侵略性評価は，対象種の生活史の特性を基に評価する仕組みである．

外来種の侵略性については，種の特性だけではなく，導入される地域における生物多様性の特性や生態系の脆弱性によっても異なる．例えば，外来種の占める割合の低い地域では，外来種の影響は発現されやすいと考えられるので，できるだけ外来種を導入しないことが望まれる．また，多数の絶滅危惧種などが生育・生息する地域では，保全上の重要性が高いので，外来種は排除されるべきである．

3) 外来種問題への対応

外来種問題への具体的な対応策の策定と実施は，調査，計画・設計，施工，維持管理のプロセスで行う．

外来種対策では種の伐採や捕殺などをともなうので，生物・生態系な側面からだけではなく，その対策が社会で受け入れられるための合意形成が特に必要である．

(1) 調　査

調査では，計画対象地とその周辺地域における種の生育・生息状況を調べて，出現した生きもののリストを作成する．その際，外来種については項目を設けて別に整理し，そのリストに基づいて排除すべき侵略的外来種を抽出する．侵略的外来種の抽出には，既往の報告や文献などを参考にして，WRAなどの手法によってリスク評価を行うが，現在では，環境省の「特定外来種リスト」や日本生態学会編「外来種ハンドブック」[3]などがあるので利用する．また，「北海道ブルーリスト」[4]などのように，地域における外来種のリスク評価を行った文献がある場合は，それらもあわせて利用する．

抽出された侵略的外来種については，排除の対策方針を策定する．周辺地域から侵略的外来種が侵入するおそれがある場合，その分布，個体数など，生育・生息状況について把握するとともに，自生種への影響を文献資料や現地調査により明らかにしておく．

また，十分な知見がなく，自生種への影響が不明な動植物を導入することが予測される場合には，調査段階で資料収集や専門家へのヒアリングなどを行い，遺伝的撹乱の発生，捕食圧にかかわる導

入種のリスク評価を行い，取り扱う際の留意点を明確にする．

(2) 計画・設計

計画・設計では，侵略性のある外来種を使用しないことと，非意図的な導入を避ける配慮が必要である．

A．材料を選択する際の配慮事項

材料を選ぶときは侵略性のある外来種の使用を避ける．また，侵略性のない外来種であっても，外来種はできるだけ計画地に持ち込まないようにする．やむをえず持ち込む場合は，地域を限定するか，ほかの地域に逸出しないような管理された環境で行う．材料を選択するときは，材料の自生地や生産地を明らかにすることが必要である．

使用する植物材料を搬入する際に，侵略性のある外来種が随伴してくる可能性がある．例えば，植栽木を生産地から計画地に搬入する際，根鉢の土壌内に侵略性のある植物，埋土種子，動物，微生物などが運ばれていることがある．枝や葉には侵略性のある昆虫類が着生している場合もある．そのため，使用する材料に随伴する可能性のある外来種を排除するか，その可能性が低い材料を使用することが求められる．植物の生産地に侵略的外来種が多く確認される場合には，その搬入の際には十分に注意する．

B．設計する際の配慮事項

設計する際には，①排除すべき侵略的外来種の対応についての具体的な検討を行うこと，②竣工後，非意図的に導入される可能性のある外来種が新たな問題を引き起こす可能性について予測すること，③それに対応した設計を行うことが求められる．例えば，池などの水辺環境を設計する場合，侵略性の高い魚類や水生植物の人為的導入を防ぐために，水辺に人が近づけないような空間をつくることや，堤などを設けて外来種が遡上しても侵入できないような構造を持ったものとするなどの工夫を行うことが必要である．

(3) 施 工

施工では，人や資材などの出入りがあり，また，環境の改変をともなうので外来種が非意図的に導入される可能性が高いので注意が必要である．

施工時における非意図的導入には，次のようなものがある．

A．材料および資材などへの付着・混入

材料や資材などに付着・混入して外来種が持ち込まれることがある．特に，植物材料などの生きものの導入は，導入種自体には問題がなくても，そこに付随して外来種が導入される場合があるので注意が必要である．

B．人や作業機械などへの付着

施工現場に出入りする人や機械などに付着して外来種が持ち込まれることがある．特に，土壌には埋土種子や小動物やその卵などが含まれていることが多いので注意が必要である．他の現場で使用されていた靴や重機などをそのまま使用すると，付着した土壌に含まれる侵略性のある外来種を持ち込んでしまう可能性がある．したがって，現場を移動する際には，機材や重機・機械の洗浄，靴の履き替えなどを徹底する必要がある．

C．環境改変による外来種の侵入

大型機械施工による大規模な環境の改変によって発生した空地には，セイタカアワダチソウやヒメジョオンなどの外来植物種が侵入しやすい．施工に際しては，一度に大規模な改変を行わないこ

3. 自然再生の材料と施工

となどに配慮をする必要がある.

(4) 維持管理

外来種の管理は,生態系の動態に柔軟に対応できる順応的管理の方法によって行う.

維持管理では,外来種への対応を考えた維持管理方針を策定する.この維持管理方針に基づきモニタリングによる生態系の把握を行う.管理方針に対して問題となる事項などが発生した場合は,見直しを行い,改善のための維持管理を計画し,それを実施する.その後,再びモニタリングを行って,把握するサイクルを継続して繰り返すことによって行う(図3-2).

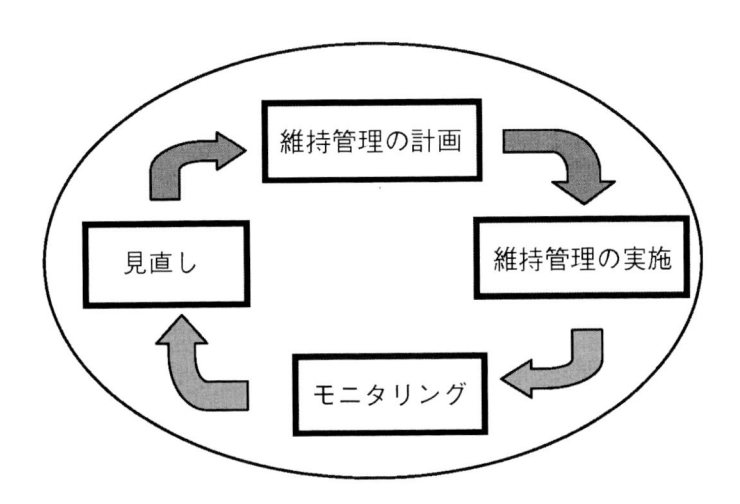

図3-2 維持管理の概念

外来種に対応する管理は,生態系の動態に柔軟に対応できる順応的管理の方法によって行う.そのため,維持管理の計画,実施,モニタリング,見直しを継続して行う.

(5) 社会的受容

外来種問題のあらゆる場面において,様々な主体との合意形成は非常に重要である.特に,外来種の防除や処分・駆除に関わる場面で必要とされる.これらの主張の背景には,動物観,植物観,生きもの観,自然観などについての見方の違いが反映されているので,調整は容易ではない.合意形成は,様々な立場の人々との連携によってもたらされることが多くの経験によって知られている.外来種対策では,広く意見を集める姿勢を持つ必要がある.こうした方法としては,ワークショップを活用する方法や,関係するボランティアなどの意見を管理者にフィードバックする方法などがある.

合意形成の成否は外来種問題を解決する鍵となるので,十分な努力を傾注しなければならない.

(春田章博)

―― 参考・引用文献 ――

1) 亀山章編(2002):生態工学,161pp. 朝倉書店.
2) The Department of Transport UK (1992): The Good Roads Guide, HMSO.
3) 日本生態学会編(2002):外来種ハンドブック,地人書館,390pp.
4) 北海道(2004):北海道の外来種リスト(北海道ブルーリスト2004).
5) 森本幸裕・亀山 章編(2001):ミティゲーション,354pp.,ソフトサイエンス社.

6）日本造園学会生態工学研究委員会（2004）：造園分野における外来種問題に対する提言，ランドスケープ研究 68(2)，142-149.
7）日本造園学会生態工学研究委員会（2004）：造園分野における外来種問題に関する緊急提言，ランドスケープ研究 67(4)，341-34.
8）日本造園学会生態工学研究委員会（2003）：移入種問題と造園，ランドスケープ研究 67(2)，167-174.
9）日本造園学会生態工学研究委員会（2002）：自然再生事業のあり方に関する提言，ランドスケープ研究 66(2)，156-159.
10）日本緑化工学会（2002）：生物多様性保全のための緑化植物の取り扱い方に関する提言，日本緑化工学会誌 27，481-491.
11）ウィングスプレッド会議（1998）：予防原則に関する1998年ウィングスプレッド声明．

4．住民参加と情報公開

4-1　自然再生に参加する主体

　自然再生推進法では，自然再生とは「過去に損なわれた自然環境を取り戻すことを目的として，国の出先機関等の関係行政機関，都道府県や市町村等の関係地方公共団体，地域住民，NPOおよび専門家等，その地域の多様な主体が参加して，自然環境の保全，再生，創出や維持管理を行うこと」と定義している．地域の多様な主体が参加するために，自然再生事業の実施者は，地域住民，NPO，専門家，関係行政機関などとともに協議会を組織し，自然再生基本方針および協議会での協議結果に基づき，自然再生実施計画を作成する．なお，法にならって，本章では原則として「住民」という用語を用い，引用箇所の一部にのみ「市民」という用語を用いることにする．

　日本造園学会生態工学研究委員会[1]の「自然再生事業のあり方に関する提言」では，地域の環境の主体である住民を中心として，行政，NGOやNPO，企業，研究機関，助成団体などの多様な主体がかかわり，それぞれの主体が得意とする分野や役割を発揮して，有機的に連携することが必要であるとしている．さらに，多くの主体がかかわる事業ではあるものの，地域の環境の主体はあくまで地域の住民であることを前提とすべきであり，それは，地域の環境が地域住民のものであるば

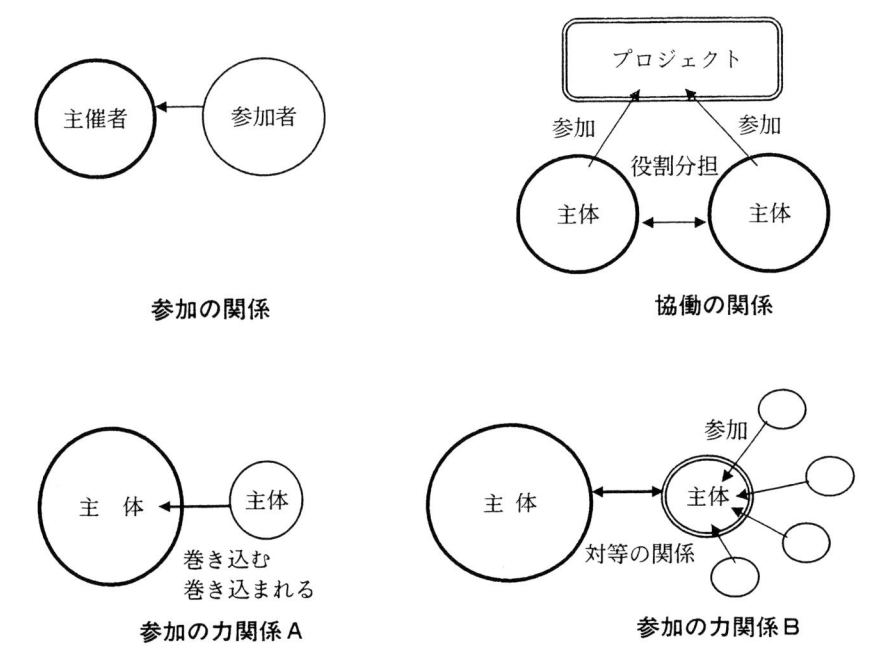

図4-1　市民参加と協働（文献2）を一部改変）

かりでなく，住民自らが事業にかかわることによって，再生された自然環境に関して「思い」をもつことになり，ひいては住民が自然環境との関係を再構築することにつながるからである．

この章では，多くの主体が協働するとともに，住民が主体となるためのあり方について述べるが，まず，住民参加と協働について考えておきたい．

参加という言葉には，「○○に参加する」というように，参加してもらう主催者側と参加者側が想定される[2]．それに対して，協働という言葉には，「○○と協働する」ないしは「○○を協働する」というように働きかける対象があり，誰かと一緒に働くという意味合いがある．主体の力関係が大きく異なる場合には，力の小さな方が「巻き込まれている」というのが内実となる．参加や協働においては，行政側の努力のみならず，住民を組織し，運動する側にも相当の努力が求められる（図4-1）．住民が主体となるためには，住民の力量も重要な要素となる．

埼玉県内の荒川中流域における荒川太郎右衛門地区自然再生協議会[3]は，多様な主体の参画が必要であるとの認識に基づいて，学識経験者6名，地方公共団体委員7名，公募委員50名，国委員1名から構成されている．そして，事業実施にあたっての役割分担が環境管理，環境モニタリング，自然環境学習，普及啓発・情報公開について詳細に定められている（図4-2）．役割分担を明確にしておくことは，多様な主体の参加を促すために有効であると考えられる．

4-2　情報の収集

自然再生事業の際に必要となる生きものと生態系についての情報は，十分に集積されていないことが多く，ある程度の集積があっても，事業に直接活用できるような目的意識をもって集積されていないものが多い．そのため，事業にあたっては調査が不可欠となる．

事業のための調査は，専門家やコンサルタントが行うことが多いものの，住民が参加して行うことも可能である．住民が参加することで調査の目も多くなり，多様な成果を次のステップに生かすことも容易になる．ここでは住民が主体となって行った調査の事例を2つ紹介する[4]．

1）住民による種生態の調査

1980年代に，武蔵野台地の北端に位置する東京都板橋区の四葉二丁目付近の土地区画整理事業（東京都施工）が実施された．「東京の箱根」と呼ばれていた四葉の自然を守るために，住民は様々な調査を実施した．

この間の住民の動きは，山下洵子著「ほたるこい」[5]に詳しく書かれている．四葉の自然を守るために結成された「いたばし自然観察会」は，自然観察と調査を行った．この自然観察会のメンバーの多くはサラリーマンや主婦であり，最近になって板橋区に住むようになった住民が多かった．また，この自然観察会を母体として生まれた「高島平ナチュラリストクラブ」は，小学生を対象とする自然観察会も行っており，指導員は大学生や大学院生が主体であった．調査のなかで，武蔵野台地と荒川の低地の間の北向き斜面の雑木林にニリンソウ（図4-3）が生育していることが確認された．おりしも，板橋区では区の花を選定しているところであったが，野草が選ばれることは少ないにもかかわらず，ニリンソウが板橋区の区の花に選ばれた．区の花になったニリンソウを守るために，「いたばし自然観察会」と，行政から委嘱された緑の監視員や地主の農家が，「区の花『ニリンソウ』を保存する会」を結成した．3つの会は協働して，板橋区のニリンソウについての生態学

4. 住民参加と情報公開

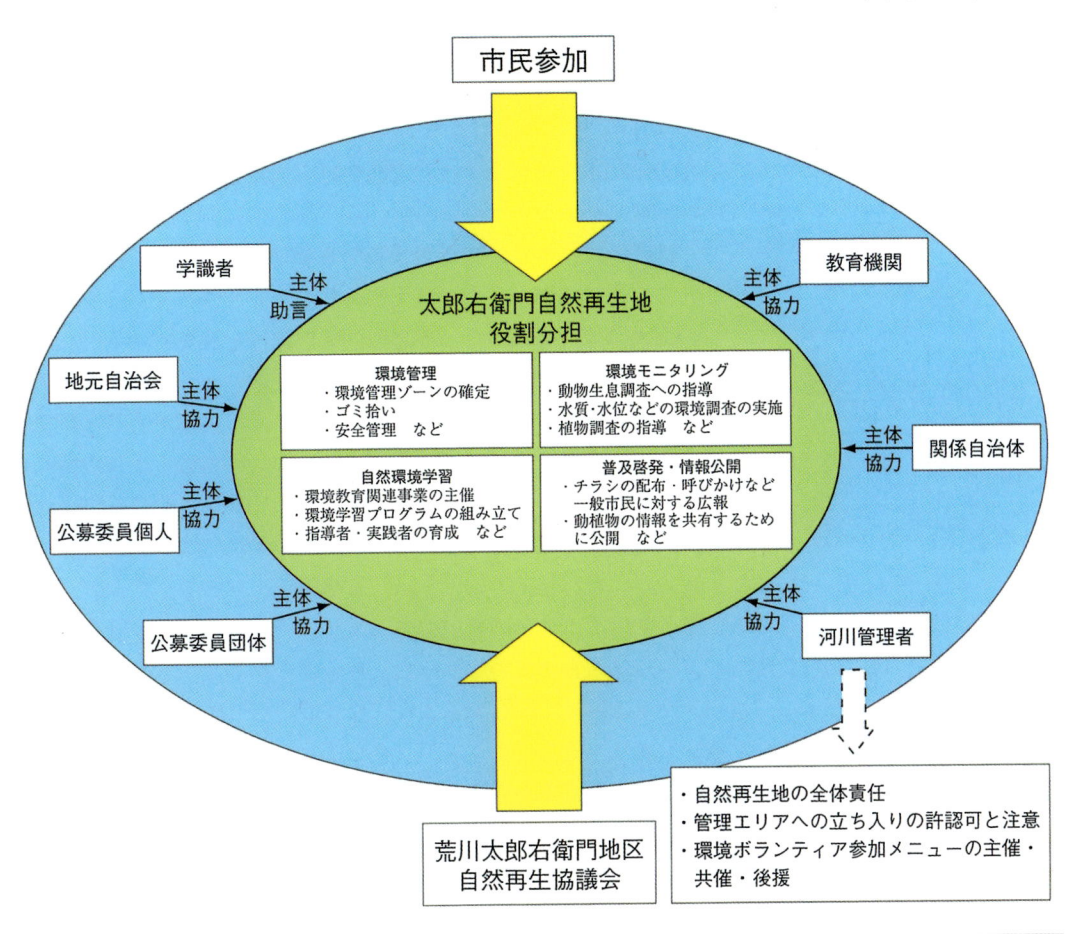

図4-2 荒川太郎右衛門地区自然再生にあたってのパートナーシップ計画と役割分担[3]

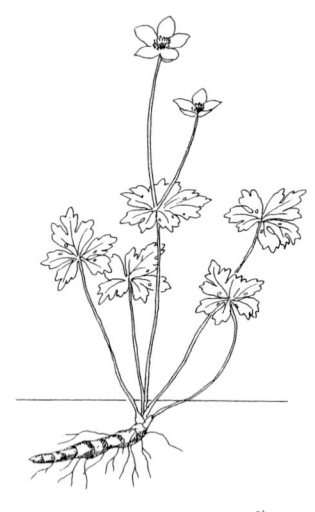

図4-3　ニリンソウ[6]

的な調査を行った．行政は，東京都の公園計画を担当していた都市計画局，都立赤塚公園の整備を担当していた東京都北部公園緑地事務所，「区の花『ニリンソウ』を保存する会」に盗掘防止のためのパトロールを委託した板橋区役所が協力して，ニリンソウの保全にあたった[6]．

はじめに，ニリンソウの分布調査を行ったところ，民有地にも分布していたが，最大の自生地は整備が計画されている都立赤塚公園大門地区であった．そこで，大門地区を調査の中心とした．

ニリンソウはカタクリなどと同じ春植物の1つである．春植物は落葉樹林と結びついた植物であり，春先に林床が明るい環境のなかで生活環を維持している．そのため，光環境と生育の関係が重要であるので，黒色寒冷紗によって光を制御した被陰格子内でニリンソウを栽培したところ，光不足の環境ではニリンソウは枯死した．大門地区の雑木林は，常緑樹のシロダモ，アオキ，シュロが増加して，林内は春先も暗くなっている．林床の光の強さとニリンソウの被度とは密接な関係をもっており，暗い場所にはニリンソウは生育していなかった．林全体をみると，常緑樹の増加のために，林内が暗くなって，ニリンソウは林縁に偏在するようになっていた（図4-4）．

赤塚公園には既に整備された地区もあり，そこにはニリンソウはほとんど生育していなかった．整備を担当した部署によれば，ニリンソウを盗掘から守るために，林縁に常緑低木を植栽してきたということであった．雑木林の常緑樹林化が進んで，ニリンソウが林縁にやっと生き残っているのに，常緑低木を植栽することによって，林縁の光を奪うことになったためにニリンソウが生育できなくなってしまったと考えられる．

そこで，これらのデータに基づいて，その後，整備する地区は林縁には常緑低木を植栽せずに，鉄線柵を設置することにした．盗掘の防止は板橋区の援助を受けた「区の花『ニリンソウ』を保存する会」がパトロールを行うことで対応することにした．その後も，この会はニリンソウの増減や生物季節（図4-5）について繰り返し調査を行ってきた．ニリンソウを通して，参加した住民は年ごとの気象の変動を理解したり，植生の変化を知ったりすることとなった．また，多くの住民がかかわるために，必要に迫られて調査マニュアルをつくったり，報告書をコピーで発行したりすることで情報の共有化に努めることとなった．現在に至るまで，大門地区のニリンソウは大きな規模で維持されており，ニリンソウの保全のために行われた住民の活動の有効性を示している．

ただし，この事例では，斜面の雑木林は，農業や農民の生活が結びついていた常緑樹林化が進んでいなかった落葉樹林時代の状態をとり戻してはいない．今後，そのためには，都市公園のなかの生物多様性の保全についての合意形成と，住民が雑木林との関係を取り戻し，長い時間をかけて計画的な植生管理を行っていく必要がある．

この活動の実態は，住民による編集委員会によって編集され，板橋区役所によって報告書として発行されている．活動の成果を印刷物などで共有することは，次のステップに結果を生かすために重要である．

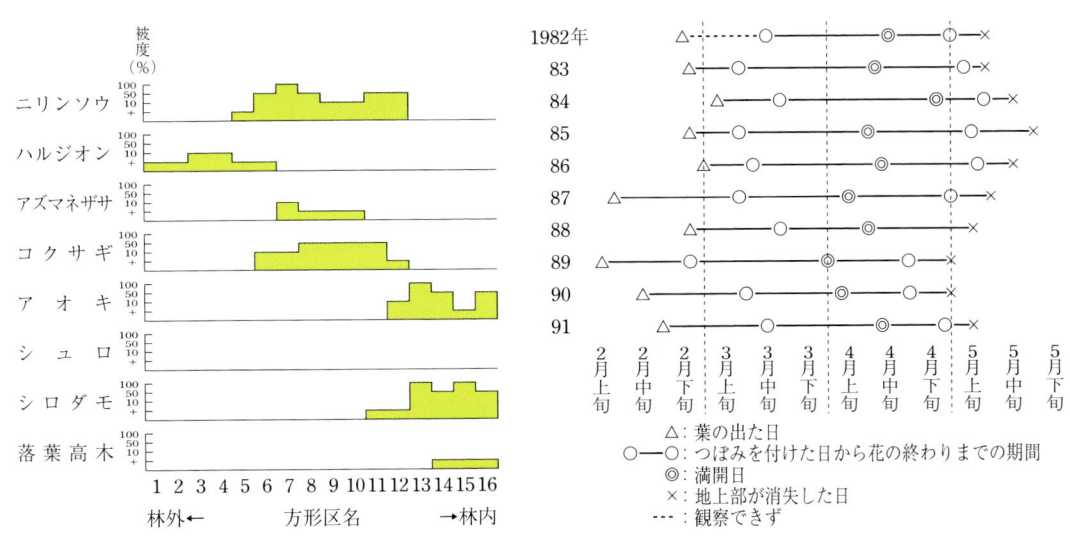

図4-4 落葉樹林内の植物の生育地

図4-5 ニリンソウの生物季節

2) 住民による調査団

　生きものの生育・生息環境の保全に重点をおいた緑の基本計画を策定する際に必要となる生きものの情報を得るために，住民が調査団を結成して調査を行った事例がある．東京都国立市は，面積8km^{2}という狭小な自治体で，まとまった自然が残っているのは北部の一橋大学キャンパス，南部のハケ（段丘崖）と多摩川河川敷であり，それぞれの自然の重要性は住民がよく認識していた．そこで，緑の基本計画を策定する際に，その基礎となる生きもの調査を行うために，2001年度に緑の基本計画策定委員会の中に動植物調査検討部会を設置した．部会では，はじめに調査の手法を検討し，緑の基本計画に必要な生きもの情報を明らかにした．次に，調査に参加する意思のある住民に集まってもらい，住民が関心を持っている調査項目を表4-1のように整理した．これにより，必要な動植物の分類群を網羅できることが明らかになった．

　国立市では，1988年度に住民によって既に動物ガイドブックが作成されており，このときの人的なネットワークがもとになって，調査に参加する住民が集って話し合いの場をつくり，「みどりの調査会」という名の調査団を結成し，生きもの調査を主体的に行うことになった．住民が調査の対象と考えたのは，まとまった自然が残っている地域の1つであるハケに集中していた．市街地のなかの小規模な自然地や住宅の庭の調査は，市民の自発的な調査項目には入ってはいなかった．そこ

表4-1　国立市の重要な自然と住民が調査を希望する項目

　＜ハケを対象とした調査＞
　　①植物・古木　②クモ類・昆虫類・鳥類・両生類・爬虫類・底生動物
　　③水生昆虫　④チョウ類　⑤アリ類　⑥繁殖鳥類のテリトリーマッピング
　＜矢川を対象とした調査＞
　　①湧水・水質・水草
　＜国立市全域を対象とした調査＞
　　①指標性のある生物　②カラスの古巣　③ジョロウグモの分布
　　④ゴマダラチョウの幼虫　⑤トンボ類　⑥植生図の見直し　⑦子供が参加できる調査
　　⑧鳥のラインセンサス　⑨目立つ植物

で，策定委員からの提案によって，市内の小規模な自然地や庭に定点調査地点が設けられ，会員が各地点に1人ずつ張りついて1年間の調査を行った．

「みどりの調査会」は，これまで調査活動を行ってきた複数の団体と個人，それに加えてこの活動の呼びかけに応えて新たに調査に参加した住民からなっていた．このなかには調査会社で昆虫や野鳥の調査を担当している専門家もおり，専門分野の調査のリーダーとなった．この調査会では，当初は外部の専門家に調査の指導を依頼したいと考えていたが，実際に調査をはじめてみると，外部の専門家の指導が必要な調査は少なく，ほとんど住民だけで調査を行うことができた．

3） コーディネーターの役割

ニリンソウの事例では，「いたばし自然観察会」の実質的なリーダーでありコーディネーターであるYさんと，「区の花『ニリンソウ』を保存する会」の事務局長のKさんの貢献が大きかった．Yさんはこの活動をはじめたとき，多くの関係者に呼びかけ，ネットワークをつくった．Kさんは活動の前半は会の事務と板橋区との連携の要として，その後は調査も担ってきた．この2人のコーディネーターとしての活躍が，大学院生や学生による調査を可能にした．

緑の基本計画策定のための生きもの調査の「みどりの調査会」の事例では，調査そのものを楽しんで参加する一般の会員と，活動のつなぎ手となるコーディネーターの2つに役割を分けた．コーディネーターは4人の住民が担当し，その役割は，参加した住民が調査活動を無理なく適切に進めるために必要な，策定委員会，市役所，専門家との仲介役，調査日程の調整，調査機材の手配，会計，ホームページの作成，メールや市報による会員や非会員への連絡などであった．このようにコーディネーターは様々な主体や資源のつなぎ手である．事業を成功させるには，コーディネーターの役割が欠かせない．

環境保全の分野では従来からリーダーの存在が重視されてきた．そのことは多くの自治体がリーダー養成講座を行っていることからも明らかである．確かに，場面によってはリーダーの役割も必要である．また，活動の促進役となるようなファシリテーターの役割が必要なときもある．しかし，この2つの事例のようにこれまで重視されてこなかったコーディネーターの役割が明らかに重要であることがわかる．これらの事例ではコーディネーターは住民が担っているが，多大の時間を要することから，無給ではなく，適切な対価を得られるようにする必要がある．そのため，行政の職員やコンサルタントがコーディネーターとなることもありうる．ただし，行政の職員がコーディネーターとなるときには，行政のセンスではなく，住民としてのセンスをもっている職員を選ぶことが肝要である．

4-3　情報の共有化

1） 環境コミュニケーション

わが国における「参加」や「協働」の取り組みはまだ萌芽期にあり，自然再生事業も例外ではない．萌芽期にとどまっている原因の1つに，各主体がコミュニケーション（対話）のマナーや工夫について習熟していないという問題がある．自然再生事業では，手続きをどのように組み立てるかという施策としての課題とともに，コミュニケーションが円滑にできているかどうかが重要になる[2]．

しかし，この部分はこれまで個人の才能と努力に任されてきたので，参加や協働の機会が生かされないことが多かった．

環境コミュニケーションは持続可能な社会の構築に向けて，各主体の連携・協働を確立するために，環境負荷や環境保全活動に関する情報を一方的に提供するだけでなく，利害関係者の意見を聴き，討議することにより，互いの理解と納得を深めていくことである．環境コミュニケーションの効果には次の3つがあげられている[2]．

① 各主体の環境意識が向上し，自主的取り組みが促進される．
② 主体間の相互理解の深化と信頼関係の向上が図られる．
③ パートナーシップの形成により環境保全活動への参画に発展していく．

このような効果が得られるためには，双方向性のある対話が重要であり，そこから相互理解と気づきが促され，行動へと結びつくことが期待される．

環境コミュニケーションにおいて，説明責任が求められる側の担当者としての心得は，以下のようにまとめられている[2]．

① 相手を見て話を聞き，話をすること．
② 相手の質問・意見に対して，まず否定から入るのではなく，前向きに受け止めていることを最初に示すこと．
③ 手のうちにある情報はすべて示すこと．
④ 具体的な対処の内容をできるだけ示すこと．
⑤ 情報が不足していたり，その場では判断ができなかったりする場合は，それを率直に認めて改善や事後の対処の内容を示すこと．

①と②は人と人とのコミュニケーションの基本である．③については，情報をもっている側は意識するとしないとにかかわらず情報を出さない傾向があるので，常に留意する必要がある．④は誤解を避けるためにも優れた対案を得るためにも重要である．関係行政機関や地方公共団体は，その意思決定の方式から現場で意思決定ができないことが多い．⑤のようにそれを率直に認めて善後策を講じることが望まれる．

1990年頃に多摩地域の水と緑を総合的・広域的に保全し，水循環のバランスのとれたまちづくりをめざして，住民，行政関係者，企業関係者，専門家が協同して活動してきた「みずとみどり研究会」では，3つの原則，7つのルールに基づいて，開かれた形で運営している[7]．その3つの原則は，（Ⅰ）自由な発言，（Ⅱ）徹底した議論，（Ⅲ）合意の形成であり，7つのルールは次のとおりである．

① 参加者の見解は，所属団体の公的見解としない．
② 特定の個人や団体のつるしあげは行わない．
③ 議論はフェアプレイの精神で行う．
④ 議論を進めるにあたっては，実証的なデータを尊重する．
⑤ 問題の所在を明確にしたうえで，合意をめざす．
⑥ 現在，係争中の問題は，客観的な立場で事例として取り扱う．
⑦ プログラムづくりにあたっては，長期的に取り扱うものと短期的に取り組むものを区分し，実現可能な提言を目指す．

原則（Ⅰ）にはルール①，②が，原則（Ⅱ）にはルール③，④が，原則（Ⅲ）にはルール⑤，⑥，⑦がそれぞれ対応する．

これは多様な主体が一堂に会して協働するためのマナーを明文化したものである．
　さらに，横浜市が協働原則の内容を明確にした「横浜市における市民活動との協働に関する基本方針（横浜コード）」[8]では，市民活動と行政が協働するにあたって，以下の6つの原則をあげている．
① 対等の原則：市民活動と行政は対等の立場に立つこと．
② 自主性尊重の原則：市民活動が自主的に行われることを尊重すること．
③ 自立化の原則：市民活動が自立化する方向で協働を進めること．
④ 相互理解の原則：市民活動と行政がそれぞれの長所，短所や立場を理解しあうこと．
⑤ 目的共有の原則：協働に関して市民活動と行政がその活動の全体または一部について目的を共有すること．
⑥ 公開の原則：市民活動と行政の関係が公開されていること．

　これらの原則は，自然再生事業に関わる住民と行政についてもあてはまるものである．住民参加や協働は自立した住民と他の主体との関係であり，自立を促すという基本姿勢が行政には求められる．

2）ワークショップ

　ワークショップは，講義などの一方的な知識伝達のスタイルではなく，参加者が自ら参加・体験し，グループの相互化作用の中で何かを学びあったり創り出したりする，双方向的な学びと創造のスタイルとされている[9]．ワークショップと作業を体験することで，緊張をやわらげ，対話を円滑にし，相互作用によって創造的な論議がなされることが期待される．1回のワークショップは，導入（アイスブレイキング）→話題提供→グループ作業→発表とわかちあい→まとめ，という流れで進められる．この流れを，中野[9]は，つかみ（起）→本体（承・転）→まとめ（結）として図化し，図4-6に示すプログラム・デザイン・マンダラに要約している．これは全体の流れや時間配分を表現する手法である．ワークショップはすべての参加者が意味のある情報をもっているという立場に立って，参加者全員から意見や情報を引き出して，なんらかの意思決定に反映させようというねらいをもっている．

　ワークショップは手段であって目的ではない[2]．さらにまた，ワークショップだけで意思決定をすべて行うことも現実的でない．意思決定を行う機関とルールおよび決定に至るプロセスを明確にし，そのなかで，ワークショップという手法をどのように位置づけて採用するのかを明確にしておく必要がある．主催者とファシリテーター（ワークショップの運営者）は，位置づけと目的を明確に共通認識し，参加者全員に説明できるようにしておかなければならない．ファシリテーターが存在することで，参加者は自由に主催者に対する意見をいえるし，参加者間の意見の交流を図ることができるから，主催者（意思決定の主体）とファシリテーターは別の方がよい．

　ワークショップを構成するのは，参加者と主催者とファシリテーターである．それぞれの心構えは以下のとおりである．

・参加者の心構えは[2]，
① 気楽に，作業や会話を楽しむ．
② 他の参加者の話に耳を傾ける．
③ いやなことは無理にしない．他の参加者がやっていることを否定しないで，傍観して，まとめのときに感想や意見として述べる．

4. 住民参加と情報公開

図4-6 プログラム・デザイン・マンダラ[9]

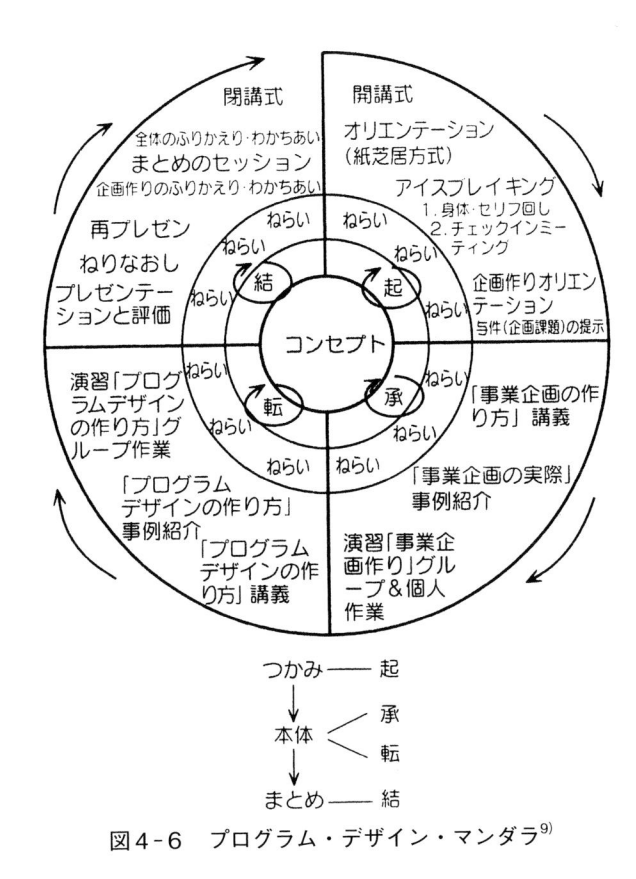

- 主催者の心構えは[2],
  ① 議論を見守り,参加者の意見に耳を傾ける.
  ② ワークショップ中は傍観せず,一参加者として作業に加わる.
- ファシリテーターの心構えは,中野[9]が次のようにファシリテーター8か条としてまとめている.
  　フ:ふらっと現われふらっと去る,オイラは脇役,縁の下の力持ち.
  　ァ:在りようそのものが見られている.その場にしっかりと在れ!
  　シ:事前の準備は入念に,人事を尽くして,天命を待て!
  　リ:リラックスしているとみんなも安心,でも時にはキリリとメリハリを!
  　テ:丁寧に耳を傾けよく聞こう,一人ひとりの多様さを!
  　ィ:一番大事な「場」を読む力,常に個と全体に気配りを!
  　タ:タイムキープはしっかりと,無理なく自然に,かつ容赦なく!
  　ア:遊び心,ユーモア,そして無条件の愛と信頼を忘れずに!

なお,ファシリテーターは協働コーディネーターとも呼ばれ,協働コーディネーターと司会者の役割の違いは表4-2のように整理される[10].

主催者の一部がワークショップを傍観していることや,ファシリテーターが参加者を誘導してしまうことはしばしば見受けられる.筆者もアドバイザーとしてワークショップに参加したものの,楽しむことができなかったことも多い.ワークショップに参加するときには役割に応じた心構えをしっかりもって参加すべきである.

表4-2 司会者とコーディネーターとの違い

	協働コーディネーター	司会者
プロデュース	プロデュース能力をもち,参加のデザインを行う	プロデュースされる役割の一つ
立場	中立,スポンサーの意向や権力に左右されない	スポンサーの意向重視
方針	方針を出す役割	方針に従う役割
問題の抽出	問題点を抽出,整理,分析する	まるくおさめる
調整能力	リーダーシップを発揮する	出された問題点を確認して伝える
話しの進め方	シナリオなし,臨機応変に行う	シナリオあり

(世古一穂:協働のデザイン(2001),学芸出版社刊,p.121,表6-1より引用)[10]

4-4 情報の公開と発信

　自然再生事業はこれまでにない新しいタイプの事業であり,「健全な生態系は市民の財産であり,健全な生態系のもとで生活することは市民の権利である」[11]という考え方を住民がもって,積極的に事業に関わることが望まれる.そのためには,情報の公開が要になる.

　情報をたくさんもっている主体は,他の主体に対して,情報を公開していれば十分かというとそうではない.情報は公開されていても,住民が知りたい情報がどこにあるかわかるまでに労力を費やしたり,住民が情報を入手してもその情報の読み方がわからなかったりすることが多い.自然再生の対象となる生態系に対する理解はまだ緒についたばかりであり,生物名も知らない住民には理解の壁となるので,住民とともに丁寧に情報を分析するNPOや専門家が必要である.

　釧路湿原では,既存の情報がほとんど公開されていないという現状を考慮して,湿原に関する様々な情報を可能な限りGIS(地理情報システム)により地図データ化し,わかりやすい自然環境情報図に整理している[12].それをWEB-GISという仕組みを使ってインターネット上で公開している.閲覧者は自分で地図画像の操作ができる.また,ホームページも開設されており,ニュースレターの発行,シンポジウムの開催も行われている.

　現在はIT化の進展によって,インターネット上における情報の検索や入手が便利になっている.メーリングリストなどを用いると質の高い情報が必要な主体に適切に届けられ,しかも対等な関係が構築できる.しかし,その情報の基になったデータの取り方や意味については十分な解説がなされていないことも多い.自然再生事業が真に住民のものになるためには,情報提供側の努力がまだまだ必要であり,それに加えて,先進的な住民の側の努力が欠かせない.さらに住民は一方的な情報の受け手ではなく,生活者としての環境認識をもっていることが多くある[13].この知恵を自然再生事業に生かすことも重要な課題である.

〔倉本　宣〕

―― 引用文献 ――

1) 日本造園学会生態工学研究委員会(2002):自然再生事業のあり方に関する提言,ランドスケープ研究66(2),156-159.
2) 傘木宏夫(2004):地域づくりワークショップ入門―対話を楽しむ計画づくり―,156pp.自治体研究社.
3) 荒川太郎右衛門地区自然再生協議会(2004):荒川太郎右衛門地区自然再生事業自然再生全体構想,http://www.ktr.milt.go.jp/arojo/saosei/05html

4．住民参加と情報公開

4) 倉本　宣 (2001)：市民による生きもの調査，グリーンエージ334, 6-11.
5) 山下洵子 (1983)：ほたるこい，286pp. 野草社.
6) 区の花「ニリンソウ」保護活動報告書刊行委員会 (1992)：区の花「ニリンソウ」保護活動報告書，104pp., 板橋区.
7) みずとみどり研究：http://www3.tky.3web.ne.jp/~sarahh/intro.html
8) 倉阪秀史 (2004)：海辺とかかわるための仕組，小野佐和子・宇野　求・古谷勝則編，海辺の環境学―大都市臨海部の自然再生，p.186-211, 東京大学出版会.
9) 中野民夫 (2003)：ファシリテーション革命，岩波アクティブ新書69, 195pp., 岩波書店.
10) 世古一穂 (2001)：協働のデザイン，223pp. 学芸出版社.
11) 倉本　宣・春田章博・中尾史郎・井上　剛 (2002)：平成14年度日本造園学会全国大会分科会報告自然再生事業のあり方に関する提言，ランドスケープ研究66(2), 136-143.（コメンテーター　樋渡達也氏の発言）.
12) 環境省自然保護局・自然環境共生技術協会 (2004)：自然再生―釧路から始まる―，279pp., ぎょうせい.
13) 嘉田由紀子 (2000)：身近な環境の自分化，水と文化研究会，みんなでホタルダス―琵琶湖地域のホタルと身近な水環境調査，p.192-220, 新曜社.

コラム

自然再生とホームページの活用

　インターネットの「ホームページ」を通じて自然再生事業の情報を公開することは，自然再生の推進に大変有効である．

　自然再生を目的とする事業は，「自然を再生する技術」を中心とした取り組みと捉えるだけでなく，自然を適切に再生するための「手続き」，「合意形成」，「マネジメントシステム」として捉えることが大切である．自然再生推進法の施行以前は，自然再生に関する意思決定は一部の専門家と行政で進められるケースが多かったが，近年，地域住民などが幅広く参画して進めることが望ましいということが一般化しつつある．そのためのマネジメントを適切に行うには，大量の関連情報の公開・共有化，透明な意思決定プロセスが不可欠であるが，膨大な情報をリアルタイムで提供し，リアルタイムで意見交換を行い，リアルタイムで意思決定を行うことは容易ではない．このような問題を解決する1つの方法として，インターネットの「ホームページ」を活用した取り組みがあげられる．

　自然再生事業の先進事例の1つである「釧路湿原自然再生事業」では，ホームページの特性を最大限生かして大きな成果をあげている．以下，ホームページの主なコンテンツを紹介する．

- 事業実施に至るまでの経緯，事業の目的，計画，予定など
- 様々な関連会議の議事録，自然再生協議会のビデオ映像の配信（開始から終了まで）
- 新着情報（トピックス，ニュース，行事情報など）
- 釧路湿原にかかわる文献・研究論文などの一覧，検索・閲覧システム
- 釧路湿原の自然についての一般的解説
- GISを用いた様々な多年代の地図（地理）情報：地形，土地利用，植生，動物・植物，法規制，空中写真，衛星画像など（閲覧ソフトもついており，パソコンで容易に画像をみることができる）
- 事業関係者や会議のメンバーの紹介
- 関係者や一般住民が参加できる意見交換のための掲示板システム

http://www.kushiro.env.gr.jp/saisei/top.html

　ホームページでは上記のような膨大な量の情報を公開しており，一般住民や関係者は事業の全容や進捗状況をほぼリアルタイムで把握することができ，「自然再生推進協議会」に対しても意見を述べることができる．このようにホームページは大きな図書館・会議室であり，事業のマネジメントに有効で，費用対効果も大きい．一方，紙の情報として市民向けに自然再生ニュースも随時発行されているが，情報量には限界がある．しかし，インターネットに頼りすぎると，手段をもたない市民を置き去りにしてしまうという課題もある．

（逸見一郎）

5．自然再生をめぐる制度と事業

　2002（平成14）年12月4日，自然再生推進法が議員立法により成立し，2003（平成15）年1月1日より施行された．同年4月1日には，同法に基づく自然再生基本方針が閣議決定され，これをもって，自然再生推進法の本格運用が開始されている．

　自然再生をめぐる取り組みとしては，2001（平成13）年7月の「21世紀『環の国（わのくに）』づくり会議」報告で，「自然再生型公共事業」が提唱され，2002（平成14）年3月の「新・生物多様性国家戦略」において自然再生事業の理念や進め方が示されて以降，各省や地方公共団体により進められてきていた．また，これ以前から，NGOやNPOなど民間団体が中心となって，地域の自然を取り戻す活動が各地で進められてきていた．自然を取り戻すための取り組みが様々なレベルで活発になるなか，自然再生推進法は，国の機関や地方公共団体，民間団体も，地域の多様な主体の1つであるとの視点にたって，地域固有の自然環境を取り戻す自然再生事業の枠組みや手続を示したものである．

　自然再生事業を進める際，自然再生推進法に基づいて実施するか否かは実のところ任意である．自然再生推進法を適用して自然再生事業を実施することにメリットを見出さない場合，実施者は同法を適用せずに自然再生を実施しようとするかもしれない．しかし，同法が求めている自然再生の理念やその進め方は，同法を適用するか否かにかかわらず，自然再生事業を進める上で，重要な知見として活用可能である．

　生態工学的アプローチからの自然再生の進め方については，本書の随所において説明されているが，ここでは，主として自然再生推進法という法律に着目し，同法に基づく自然再生事業の進め方について紹介することとしたい．

5-1　自然再生推進法成立までの経緯

1）　政府における動き

　議員立法による自然再生推進法制定には，政府による自然再生事業推進の動きが背景にある．
　2001（平成13）年5月，小泉総理大臣の所信表明演説において「21世紀に生きる子孫へ，恵み豊かな環境を確実に引き継ぎ，自然との共生が可能となる社会を実現したい」と表明された．総理大臣の国会での所信表明演説において，自然との共生という言葉が登場するのはこれがはじめてである．
　これに続く7月，総理大臣が主催する「21世紀『環の国』づくり会議」において「順応的管理の手法を取り入れて積極的に自然を再生する公共事業，すなわち「自然再生型公共事業」の推進が必要」と提言された．また，同年12月には，総合規制改革会議の「規制改革の推進に関する第一次答申」でも，「自然の再生，修復の有力な手法の1つに，地域住民，NPOなど多様な主体の参画による自然再生事業があり，各省間の連携・役割分担の調整や関係省庁による共同事業実施など，省庁の枠を越え

て自然再生を効果的・効率的に推進するための条件整備が必要」と報告され，2002（平成14）年3月には，同趣旨の内容が「規制改革推進3ヵ年計画（改定）」において閣議決定されている．

また，わが国の自然環境の保全と再生のためのトータルプランとして2002（平成14）年3月に地球環境保全に関する関係閣僚会議において決定された「新・生物多様性国家戦略」においても，今後展開すべき施策の大きな3つの方向の1つとして「自然再生」が「保全の強化」，「持続可能な利用」とともに位置づけられた．同戦略では，その具体的な方策として「過去に損なわれた自然を積極的に取り戻すことを通じて生態系の健全性を回復することを直接の目的として行う」自然再生事業を規定し，釧路湿原において直線化された河川の再蛇行化などにより，乾燥化が進む湿原の再生を目指す事業が例示されている．

2) 国会における動き

以上のような政府の動きを踏まえ，自民党・公明党・保守党の与党三党に設置されている「環境施策に関するプロジェクトチーム」のなかで，2001（平成13）年10月，公明党から，自然再生を推進するための法案の検討について提案が行われた．その後，各党内や与党プロジェクトチームでの議論が進められ，関係各省やNGOからのヒアリングも含めて合計十数回の会合を経て，2002（平成14）年5月末に与党としての案が固められた．この過程において，自然再生基本方針の案は，環境大臣が主体的に作成して農林水産大臣，国土交通大臣に協議するなど環境大臣の権限の強化と，関係各省の連携確保のため，関係省庁からなる「自然再生推進会議」の設置が盛り込まれた．

2002（平成14）年6月から7月にかけては，独自の検討を進めていた民主党が与党三党と法案修正に向けた協議を行い，法案の目的・定義・基本理念に「生物多様性の確保」の考え方が明示されたほか，中央に「自然再生専門家会議」が設置されることになるなど，いくつかの修正が合意された．これらを受けて自然再生推進法案は，与党三党および民主党の関係議員により，7月24日，国会に提出された．

2002（平成14）年10月18日からはじまった臨時国会では，衆議院環境委員会において，自由党からの要請により，主務大臣が自然再生事業の実施者への助言を行う際に，自然再生専門家会議の意見を聴くことを義務づけるように修正され，11月19日に衆議院本会議を通過した．参議院においては，環境委員会において，産廃処分場の建設により破壊された埼玉県くぬぎ山地区での雑木林の再生の取り組みなどを視察するなど，所要の審議・視察が行われ，12月3日に賛成多数で採択された．その際，自然再生協議会の組織・運営の適正化やNPOなどの参加の公平性の確保などを求める付帯決議が全会一致で行われている．自然再生推進法案は翌4日，参議院本会議において自民党，公明党，保守党の与党三党と民主党，自由党の賛成多数で成立した．

5-2 新・生物多様性国家戦略の示す「自然再生事業」

1) 生物多様性国家戦略が示す自然再生事業とは

わが国は，1995（平成7）年10月，生物多様性条約に基づき，わが国の生物多様性の保全と持続可能な利用に関する国家的な戦略として「生物多様性国家戦略」を策定した．この国家戦略を全面的に改定し，2002（平成14）年3月に策定されたのが，「新・生物多様性国家戦略」（以下，「新国

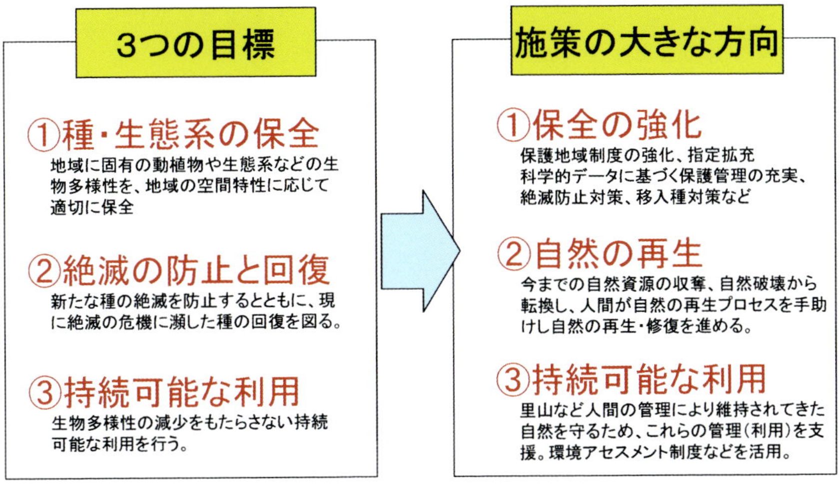

5. 自然再生をめぐる制度と事業

図5-1 新・生物多様性国家戦略 ― 3つの目標と施策の方向 ―

3つの目標

① **種・生態系の保全**
地域に固有の動植物や生態系などの生物多様性を，地域の空間特性に応じて適切に保全

② **絶滅の防止と回復**
新たな種の絶滅を防止するとともに，現に絶滅の危機に瀕した種の回復を図る。

③ **持続可能な利用**
生物多様性の減少をもたらさない持続可能な利用を行う。

施策の大きな方向

① **保全の強化**
保護地域制度の強化，指定拡充科学的データに基づく保護管理の充実，絶滅防止対策，移入種対策など

② **自然の再生**
今までの自然資源の収奪，自然破壊から転換し，人間が自然の再生プロセスを手助けし自然の再生・修復を進める。

③ **持続可能な利用**
里山など人間の管理により維持されてきた自然を守るため，これらの管理（利用）を支援。環境アセスメント制度などを活用。

家戦略」という）である（図5-1）．

この新国家戦略は，「自然と共生する社会を実現するための自然環境の保全と再生に関する政府全体のトータルプラン」と位置づけられており，新国家戦略は，わが国の生物多様性の現状を3つの危機として捉え，これに対するため，今後重点化すべき施策の大枠として「保全の強化」，「自然再生」，「持続可能な利用」の3つの方向を提示した．

新国家戦略では，自然再生事業は「人為的改変により損なわれる環境と同種のものをその近くに創出する代償措置としてではなく，過去に失われた自然を積極的に取り戻すことを通じて生態系の健全性を回復することを直接の目的として行う事業」と規定している．また，湿原内の直線化された河川を再蛇行化することなどによる湿原の再生，産廃処理施設の集積により失われた雑木林の再生，埋立地を渡り鳥の飛来する干潟に再生，大都市内での大規模な森の創出などを自然再生の例として紹介している．

この新国家戦略が起草され，政府内調整が実施されていた2001（平成13）年の年末から2002（平成14）年3月にかけて，すでに，「21世紀『環の国』づくり会議」や総合規制改革会議の第一次答申が公になっており，また，与党内での自然再生のための法案作成の動きもあったことから，新国家戦略の内容は，与党で作業中の法案の内容を意識したものとなっており，また，法案審議で，新国家戦略がたびたび引用されたことからも，逆に法案にも影響を与えたものであったともいえる．

2） 新国家戦略が規定する自然再生事業の進め方

新国家戦略では，自然再生事業の進め方として，「科学的データを基礎とする丁寧な実施」と「多様な主体の参画と連携」が規定されている．この2点は，自然再生推進法や同法に基づく自然再生基本方針においても特に強調されている点である．

「科学的データを基礎とする丁寧な実施」としては，「複雑で絶えず変化する生態系を対象とした事業であることから，生態系に関する事前の十分な調査を行い，事業着手後も自然環境の復元状況を常にモニタリングし，その結果に科学的な評価を加えたうえで，それを事業にフィードバックするという柔軟な対応が重要」であることを明示し，「鉄やコンクリートではなく，間伐材や粗朶な

どの地域の自然資源や伝統的な手法の活用，大型機械より人力を十分に活用した労働集約的な作業など，きめ細かい丁寧な手法」を採用することが規定されている．

　また，「多様な主体の参画と連携」では，「各省庁の連携により自然再生を効果的・効率的に推進すること」と「地域に固有の生態系の再生を目指すものであることから，その実施にあたっては，調査計画段階から事業実施，完了後の維持管理に至るまで，国だけでなく，地方公共団体，専門家，地域住民，NPO，ボランティアなど多様な主体の参画」が重要であることを明示するとともに，目標設定にあたっては「生態系の現況，過去の自然の状況，地域の産業動向といった科学的および社会的な情報を，地域住民，NPOなどを含む地域の関係者が共有したうえで，社会的な合意を図る」ことを求めている．

　さらに，これらを踏まえ，調査，計画から事業実施，モニタリングまでを含めた一連の手順を「自然再生事業・釧路方式」として取りまとめ，国内外に情報発信していくこととしている．

5-3　自然再生推進法の内容

　自然再生推進法には，「新・生物多様性国家戦略」での自然再生事業の考え方が多くの点で取り込まれ，制度化されている．自然再生推進法の概要は，次のとおりである．

1）法律の目的

　自然再生推進法の目的は，「自然再生についての基本理念を定め，及び実施者等の責務を明らかにするとともに，自然再生基本方針の策定その他の自然再生を推進するために必要な事項を定めることにより，自然再生に関する施策を総合的に推進し，もって生物の多様性の確保を通じて自然と共生する社会の実現を図り，あわせて地球環境の保全に寄与する」こととされている．簡単にいえば，自然再生事業の理念と進め方の枠組みを定めるものである．

2）定　義

　この法律における「自然再生」とは，「過去に損なわれた生態系その他の自然環境を取り戻すことを目的として，国の出先機関等の関係行政機関，都道府県や市町村などの関係地方公共団体，地域住民，NPO，専門家など，その地域の多様な主体が参加して，自然環境の保全，再生，創出や維持管理を行うこと」と定義されており，その自然再生を目的として実施される事業が「自然再生事業」とされている．

3）基本理念

　自然再生事業についての考え方は，新・生物多様性国家戦略において記述されているが，自然再生推進法は，法律として初めて自然再生の基本理念を明らかにした．具体的には，

① 生物多様性の確保を通じた自然と共生する社会の実現などを旨とすること
② 地域の多様な主体による連携・透明性の確保・自主的かつ積極的な取り組みによること
③ 地域の自然環境の特性，自然の復元力，生態系の微妙な均衡を踏まえ，科学的な知見に基づくこと
④ 自然再生事業の着手後も自然再生の状況を監視（モニタリング）し，その結果に科学的な評

価を加え，これを事業に反映される方法（順応的管理）により行われるべきこと
⑤　自然環境学習の場としての活用への配慮が必要なこと

が規定されている．

　地域の自然環境をどうするのかという観点から，自然再生事業は，国が主体的，一方的にトップダウン形式で行うのではなく，地域住民やNPOなど地域からの発意により進めていくボトムアップ形式の事業とすべきことを，特に②において明らかにしている．「21世紀『環の国』づくり会議」の報告が，自然再生型公共事業の推進を指摘していたのに対し，自然再生推進法では，公共事業に限らず，地域からのボトムアップで様々な主体が進める自然再生の取り組みを対象にしたことが大きな特徴である．

4）　自然再生基本方針

　政府は，自然再生に関する施策を総合的に推進するための基本方針「自然再生基本方針」を策定することとされている．また，環境大臣は，自然再生基本方針の案を作成し，農林水産大臣および国土交通大臣と協議した上で，閣議決定により定めることとされている．

　この自然再生基本方針には，
①　自然再生に関する基本的事項
②　自然再生協議会に関する事項
③　自然再生全体構想および実施計画に関する事項
④　自然環境学習の推進に関する事項

などが定められることとされており，また，法の規定により，この基本方針は，概ね5年後に見直しが行われることとされている．

5）　自然再生協議会

　自然再生事業を実施しようとする者（実施者）は，地域住民，NPO，専門家，土地所有者などであって，自然再生事業やそれに関連して行われる自然環境学習などの活動に参加しようとする者と関係地方公共団体，国の関係行政機関からなる「自然再生協議会」を組織することとされている．実施者は当然のことながら，少なくとも関係地方公共団体と国の関係行政機関の自然再生協議会への参加は必須であり，地域で自然再生を進めようとするNPOなどにとって，かならずしも協力的ではないかもしれない行政機関を，協議会の場に引っ張り出すツールとして自然再生推進法を適用することはメリットとなり得る．なお，自然再生事業の行われる地域以外に本拠地のある団体であっても，その地域での自然再生の活動に参加する意思があれば，協議会への参加は妨げられない．

　この協議会では，
①　自然再生全体構想の作成
②　自然再生事業実施計画の案の協議
③　自然再生事業の実施に係る連絡調整

を行うこととされている．

6）　自然再生全体構想

　自然再生協議会で定める「自然再生全体構想」では，自然再生基本方針に即して，自然再生の対

象区域，自然再生の目標，協議会の参加者とその役割分担，その他自然再生の推進に必要な事項を定めることになる．この全体構想は，個々の実施者が行う自然再生事業がバラバラに実施されることのないよう，全体的な方向性をもってこれらを束ねるものであり，関係者の合意形成により，再生する自然環境の目標を定めることとなる．

7） 自然再生事業実施計画

それぞれの地域で自然再生事業を行う場合，実施者は，自然再生基本方針に基づき「自然再生事業実施計画」を策定することとなる（図5-2）．この実施計画には，実施者の名称と所属する協議会名，事業対象区域と事業内容，周辺地域との関係や自然環境保全上の意義・効果，その他，自然再生事業の実施に必要な事項を定めなければならない．

この実施計画は，自然再生全体構想のなかでの位置づけや，他の実施者が行う事業との関係も踏まえて作成すべきものであり，この観点から，全体構想との整合性をとるべきこと，自然再生協議会の中での十分な協議に基づいて作成すべきこと，が規定されている．

実施者は，実施計画を策定した場合は，実施計画の写しを全体構想の写しとともに主務大臣および関係都道府県知事に送付することとされており，主務大臣および関係都道府県知事は，実施計画について必要な助言を行うことができる．なお，この助言を行う際，主務大臣は，自然再生専門家会議の意見を聴かなければならないこととされている．

8） 自然再生推進会議と自然再生専門家会議

政府は，環境省，農林水産省，国土交通省など関係行政機関で構成する「自然再生推進会議」を設けることとなっている．自然再生の総合的，効果的かつ効率的な推進を図るための実務的な連絡

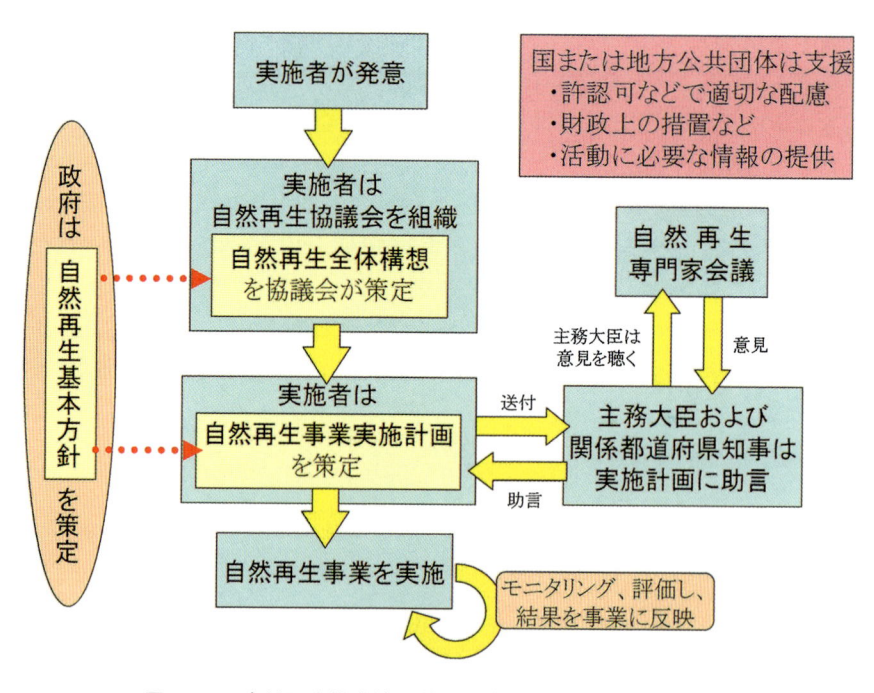

図5-2 自然再生推進法に基づく自然再生事業実施の流れ

5．自然再生をめぐる制度と事業

調整の場としての同推進会議の設置により，関係各省間の連携の強化を図ろうとするものである．第一回目の自然再生推進会議は，2003（平成15）年10月16日に開催された．構成は，環境省自然環境局長を議長として，農林水産省の大臣官房技術総括審議官，農村振興局長，林野庁次長および水産庁次長ならびに国土交通省の総合政策局長，都市・地域整備局長，河川局長および港湾局長という主務三省の関係局長クラスの他，環境教育推進の観点から文部科学省生涯学習政策局長が参画している．

また，環境省，農林水産省，国土交通省が，自然環境に関し専門的知識を有する者からなる「自然再生専門家会議」を設け，自然再生推進会議において自然再生の推進を図るために連絡調整を行う際には，同専門家会議の意見を聴くこととされている．第一回目の専門家会議は，推進会議と同じ日に開催された．同専門家会議には，自然再生事業の実施者から提出された自然再生事業実施計画に対して，主務大臣が必要な助言を行う際にも，事前に専門家会議の意見を聴くこととされており，主務大臣が行おうとしている意見をチェックする役割も担っている．

5-4　自然再生事業の進め方～自然再生基本方針～

2003（平成15）年4月1日，自然再生推進法第7条の規定に基づき，自然再生に関する施策を総合的に推進するための基本方針「自然再生基本方針」が策定された．自然再生基本方針は，自然再生事業を自然再生推進法に則って進めていくための考え方や手続きなどその具体的な進め方を示したものである．この自然再生基本方針の案については，広く一般の意見を聴くため，パブリックコメントが実施され，その結果，約100名の団体・個人から延べ330件の意見を得て，数多くの修正が行われ，閣議決定され，国会審議でも活発に議論された．科学的な評価の実施，透明性の確保，協議会の公正な運営などについて記述されている．

1）　自然再生の方向性

基本方針では，「1．自然再生の推進に関する基本的方向」のなかで，自然再生の理念や目的を明らかにするため，「自然再生の方向性」を示している．このなかでは，自然再生の3つの視点を掲げ，それを踏まえた自然再生の推進に関する基本的方向として，6つの事項を提示している．

(1)　自然再生の視点
① 過去の社会的経済的活動等により損なわれた生態系その他の自然環境を取り戻すことを目的とし，健全で恵み豊かな自然が将来世代にわたって維持されるとともに，地域に固有の生物多様性の確保を通じて自然と共生する社会の実現を図り，あわせて地球環境の保全に寄与することを旨とすべきこと．
② 地域に固有の生態系その他の自然環境の再生を目指す観点から，地域の自主性を尊重し，透明性を確保しつつ，地域の多様な主体の参加・連携によりすすめていくべきこと．
③ 複雑で絶えず変化する生態系その他の自然環境を対象とすることを十分に認識し，科学的知見に基づいて，長期的な視点で順応的に取り組むべきこと．

(2)　自然再生の推進に関する基本的方向
A．自然再生事業の対象
　ここでは，自然再生事業は，開発行為などにともない損なわれる環境と同種のものをその近くに

創出する代償措置，つまり，ミティゲーションとして実施されるものではないということが明らかにされている．自然再生事業は，過去に失われた自然環境を取り戻すためのものでなければならない．

また，自然再生事業に含まれる行為として法律第2条第1項に規定されている保全，再生，創出，維持管理について，良好な自然環境が現存している場所においてその状態を積極的に維持する行為としての「保全」，自然環境が損なわれた地域において損なわれた自然環境を取り戻す行為としての「再生」，大都市など自然環境がほとんど失われた地域において大規模な緑の空間の造成などにより，その地域の自然生態系を取り戻す行為としての「創出」，再生された自然環境の状況をモニタリングし，その状態を長期間にわたって維持するために必要な管理を行う行為としての「維持管理」であることを示している．

B．地域の多様な主体の参加と連携

自然再生事業のもっとも大きなポイントの1つは，地域の自主性・主体性の尊重である．地域固有の生態系その他の自然環境の再生を目指すものであることから，自然再生事業の構想策定や調査設計など，初期の段階から事業実施，実施後の維持管理に至るまで，関係行政機関，関係地方公共団体，地域住民，NPOなど民間団体，専門家など地域の多様な主体が参加・連携し，相互に情報共有をするとともに，透明性を確保しつつ，自主的かつ積極的に取り組むことの重要性を指摘している．

C．科学的知見に基づく実施

もう1つの大きなポイントは，科学的知見に基づいて実施していくことであり，科学的知見の十分な集積を基礎としながら，自然再生の必要性の検証を行うとともに，自然再生の目標や目標達成に必要な方法を定めることとされている．また，このとき，工事などを行うことを前提とせず自然の復元力に委ねる方法も考慮し，再生された自然環境が自律的に存続できるような方法も含め，自然再生を行う方法を十分に検討する必要があることを指摘している．

D．順応的な進め方

自然再生事業の特徴の1つは，順応的に進めることの重要性である．自然再生事業は，複雑で絶えず変化する生態系その他の自然環境を対象とした事業であることから，地域の自然環境に詳しい専門家の協力を得て，自然環境に関する事前の十分な調査を行い，事業着手後も自然環境の再生状況をモニタリングし，その結果を科学的に評価し，自然再生事業に反映させる順応的な方法により実施することが必要である．

E．自然環境学習の推進

自然再生は，自然環境学習の機会として有効である．地域における自然環境の特性を踏まえ，科学的知見に基づいて実施される自然再生は，自然環境学習の対象として適切であり，自然再生事業を実施している地域の人々が，その地域の自然環境の特性，自然再生の技術および自然の回復過程など自然環境に関する知識を実地に学ぶ場として十分に活用されるよう配慮する必要性が指摘されている．

F．その他，自然再生の実施にあたって重要な事項

上記のA〜Eの5つの事項以外に自然再生の実施にあたって重要と考えられる事項が示されている．具体的には，全国的な事例などの情報提供の必要性，普及啓発活動の積極的な推進，必要な財政上の措置を講じること，地域の環境と調和のとれた農林水産業の推進，地球温暖化対策への配慮

5. 自然再生をめぐる制度と事業

などが示されている．

2) 自然再生協議会の組織化と運営

基本方針の「2．自然再生協議会に関する基本的事項」では，自然再生協議会の組織化および運営に関する事項が示されている．

(1) 自然再生協議会の組織化

まず，第一に，自然再生協議会を組織化する際には，実施者は，実施しようとする自然再生事業の目的や内容などを明示して協議会を組織する旨を広く公表し，幅広くかつ公平な参画の機会を確保することが求められている．この際，居住地や団体の本拠地がどこかを理由として参画の機会を制限することは適当ではなく，自然再生に賛同し，実地での積極的な活動ができる主体であれば，誰であれ参画を認める必要がある．

第二に，実施者は，自然再生協議会に，地域の多様な主体の参加が行われるよう努力する必要があるが，特に，科学的な知見に基づいた協議などが行われる必要があることから，地域の自然環境に関し専門的知識を有する者の参加を確保することが求められている．また，土地の所有者などの関係者についても自然再生の趣旨を理解し自然再生に参加する者として協議会への参加を得ることが重要とされている．

第三に，関係行政機関および関係地方公共団体は，協議会の組織化にかかわる必要な協力を行うとともに，その構成員として協議会に参加し，自然再生を推進するための措置を講ずるよう努めることとされている．

(2) 自然再生協議会の運営

自然再生協議会の運営にあたっては，次の5点に留意することが必要とされている．

第一は，協議会の運営は，自然再生事業の対象となる区域における自然再生に関する合意形成を基本とし，協議会の総意の下，公正かつ適正な運営を図ることである．

第二は，協議会において，専門家の協力を得て客観的かつ科学的データに基づいた協議などがなされるよう，地域の実情に応じた体制を整えることである．

第三は，透明性の確保と外部からの意見聴取についてである．協議会は，希少種の保護上，または個人情報の保護上支障のある場合などを除いて原則公開とし，協議会の運営にかかわる透明性を確保することと，必要に応じ外部からの意見聴取も行うことである．外部からの意見聴取とは，自然再生事業に反対する立場の人からの意見聴取のことを想定している．自然再生事業にそもそも反対している人は，自然再生協議会に参加することができないため，必要に応じて，意見を聴く機会の重要性を指摘したものである．

第四は，順応的な進め方を担保するための事項であり，協議会は，自然再生事業の実施にかかわる連絡調整の継続的な実施のための方法や，当該自然再生事業のモニタリングの結果の評価および評価結果の事業への適切な反映のための方法について協議することである．自然再生事業は事業着手後もモニタリングを実施し，その結果を評価し，必要に応じて事業内容を柔軟に見直していくという順応的な進め方が重要であり，あらかじめ，その実施方法を定めておくことを求めている．

第五は，協議会の事務局に関する事項であり，協議会の運営などの事務の担い手は，協議会の合意のもと，協議会に参加する者から選任することとし，協議会に参加する者は積極的に運営に協力することとされている．

3） 自然再生全体構想および自然再生事業実施計画の作成

　自然再生協議会では，自然再生全体構想を策定し，それを踏まえて，各実施者が，協議会での十分な協議の結果を踏まえて，自然再生事業実施計画を策定することとなる．

　自然再生全体構想は，自然再生基本方針に即して，自然再生の対象となる区域，自然再生の目標，協議会に参加する者の名称または氏名およびその役割分担，その他自然の再生の推進に必要な事項を定めるものであり，地域の自然再生の全体的な方向性を示すものである．

　自然再生事業実施計画は，自然再生基本方針に基づいて，個々の自然再生事業の対象となる区域およびその内容，当該区域の周辺地域の自然環境との関係ならびに自然環境の保全上の意義および効果，その他自然再生事業の実施に関し必要な事項を定めることとし，全体構想のもと，個々の自然再生事業の内容を明らかにするものである．

　全体構想および実施計画の作成にあたっては，次の事項に留意することが必要である．

(1) 科学的な調査およびその評価の方法

　自然再生全体構想や自然再生事業実施計画の策定に際しても，科学的知見に基づいて行われることが必要である．そのため，自然再生協議会において，必要に応じて分科会，小委員会などの設置を行うことなどを通じて，地域の自然環境に関し専門的知識を有する者の協力を得つつ，事前の調査とその結果の評価を科学的知見に基づいて行うこととされている．この際，実行可能なより良い技術や方法が取り入れられているか否かの検討を通じて，全体構想および実施計画の妥当性を検証し，これらの検討の経過を明らかにできるように整理することが必要である．

(2) 全体構想の内容

　全体構想は，地域の自然再生の対象となる区域における自然再生の全体的な方向性を定めることとし，対象地域で複数の実施計画が進められる場合は，個々の実施計画を束ねる内容とすることが必要である．

　全体構想では，自然再生の対象となる区域やその区域における自然再生の目標を，地域における客観的かつ科学的なデータを基礎として，できるかぎり具体的に設定するとともに，その目標達成のために必要な自然再生事業の種類および概要，協議会に参加する者による役割分担を定めることとされている．

(3) 実施計画の内容

　自然再生事業の対象となる区域と自然再生事業の内容については，地域の自然環境に関し専門的知識を有する者の協力を得て，事前に地域の自然環境にかかわる客観的，かつ科学的なデータを収集するとともに，必要に応じて詳細な現地調査を実施し，その結果を基に，地域における自然環境の特性に応じた適正な内容のものとなるよう十分に検討することが求められている．

　また，実施計画には，自然再生事業の対象となる区域とその周辺における自然環境および社会的状況に関する事前調査の実施，ならびに自然再生事業の実施期間中および実施後の自然再生の状況のモニタリングに関して，その時期，頻度など具体的な計画を記載することとし，その内容については，協議会において協議することとされている．

　自然再生事業の対象となる地域に生息・生育していない動植物が導入されることなどにより地域の生物多様性に悪影響を与えることのないよう十分に配慮する必要がある．

　また，1つの全体構想の下，複数の実施計画が作成される場合には，各実施者は，協議会における情報交換などを通じて，自然再生に書かかる情報を互いに共有し，自然再生の効果が全体として

発揮されるよう配慮することも必要である．

(4) 情報の公開

　全体構想および実施計画の作成にあたっては，その作成過程における案の内容に関する情報を原則公開として透明性の確保を図ることが必要である．

(5) 全体構想および実施計画の見直し

　実施者は，自然再生事業のモニタリング結果について，専門家の協力を得て科学的に評価した上で，必要に応じて自然再生事業を中止することも含め，当該自然再生事業にモニタリング結果を反映することについて柔軟な対応を行い，必要に応じて，全体構想については協議会が，実施計画については実施者が柔軟に見直す．この実施計画の見直しについても，協議会での十分な協議結果を踏まえて行うことが必要である．

5-5　自然再生に関わる各種法制度と事業制度

　自然再生事業の実施に関わる各種法令は数多い．また，各省庁が自然再生事業を推進するために設けている予算措置も様々である．

　自然再生推進法に基づく自然再生事業は，地域からのボトムアップにより進められる事業であるが，実施者が行政機関であり，何らかの施工をともなう場合，その自然再生事業は，何らかの公共事業の1つとして実施される場合もある．ここでは，主に，自然再生事業を実施するために関わる主な法律と事業制度について紹介する．

1）　国立・国定公園関係（自然公園法）

　新・生物多様性国家戦略において，国立・国定公園の自然再生事業を優先的に実施する場所と位置づけられたことを受け，自然公園法第2条第6号に定義される公園の保護のための施設に関する事業，いわゆる公園事業の一種として，同法施行令が改正され，2003（平成15）年4月から「自然再生施設事業」が追加された．保護のための公園事業としては，従来より植生復元施設事業，動物繁殖施設事業などが規定されていたが，より積極的な自然再生の推進を図り，かつ，従来の事業種では対象とできなかった海域での自然再生を進める観点からも，新たな公園事業種として追加されたものである．

　公園事業は，環境大臣などの認可を得られれば誰でも実施することが可能であるが，あらかじめ，環境大臣による公園計画への自然再生施設計画の追加，計画の範囲などを定める事業決定の実施が必要である．また，例えば，国立公園で環境省以外の者が事業を実施する場合には，環境大臣と事前に協議を行ったり，認可を得るなど許認可手続きをすませておく必要もある．このため，十分な時間的余裕をもって公園管理者と調整する必要があり，自然再生協議会に当初から公園管理者の参画を得ていくことが重要である（国立・国定公園内での自然再生事業を公園事業としての手続きを経ずに実施しようとする場合は，別途，行為の許可が必要となる）．

　環境省では，国立公園での保護や利用のための施設の整備を行うための公共事業予算として「自然公園など事業費」を有しており，そのなかに自然再生関係予算として，自然再生推進計画調査費，自然再生整備事業費を有している．

2) 農業農村関係（土地改良法など）

　農業農村において，自然再生事業を進める際の中心となる事業制度としては，農業農村整備事業があげられる．この事業は，国，都道府県，市町村，土地改良区などが実施するもので，自然再生を直接の目的とするものではないが，市町村が策定した「田園環境整備マスタープラン」に基づき，生態系に配慮した農業用水路やため池の整備などが実施されている．国以外の者が行う場合には，補助事業がある．なお，農地の多くは私有地であり，この場合の事業実施にあたっては，農家の負担が生じるため，地域における合意形成が特に重要である．また，荒廃した里地里山の再生のための自然再生事業への活用も想定される．

3) 森林関係（森林法）

　自然再生事業といえば，何かしらの施工をともなう事業をイメージしがちであるが，自然再生推進法で規定する自然再生のなかには，良好な自然環境が現存している場所において，その状態を積極的に維持する行為としての「保全」も含まれている．国有林では，原始的な天然林や野生動植物の生息・生育地などを森林生態系保護地域などの保護林として保全しているが，さらに，これらの保護林を連結させ，ネットワーク化を図る「緑の回廊」の設定を進めている．今後，この緑の回廊の連続性を改善するために森林の再生などが必要となろう．公共事業である森林整備事業，治山事業を自然再生の目的で実施することも可能である．

　また，民有林などで行われる里山林などの整備・保全，国民参加の森づくりなどの活動に対し，国による支援制度が用意されている．

4) 都市関係（都市公園法，都市緑地保全法）

　都市における自然再生を進めるための事業として，公共事業である都市公園・緑地事業のなかの「自然再生緑地整備事業」があげられる．自然再生推進法が規定する自然再生のなかには，大都市など自然環境がほとんど失われた地域において大規模な緑の空間の造成などにより，その地域の自然生態系を取り戻す行為としての「創出」が含まれている．本事業は，主として，この創出に対応するものであり，埋立造成地や工場などからの大規模な土地利用転換地での自然の創出や，廃棄物の埋立処分で良好な自然環境を失った場所などでの自然の再生を図るため，良好な緑地の整備を行うものである．本事業は，地方公共団体により行われるが，事業計画策定，用地取得，整備について国土交通省の補助対象となる．

5) 河川関係（河川法）

　河川関係では，従来より，多自然型川づくり事業が進められてきていたが，2002（平成14）年度から自然再生事業が河川公共事業の一部として実施されている．従来の多自然型川づくりと自然再生事業の違いは，自然再生事業が，河川環境の整備と保全を主目的として流域の視点にたって実施する点であるのに対し，多自然型川づくり事業が，特定の地点における事業であった点で大きく異なる．

　この自然再生事業では，国，都道府県などの河川管理者により，湿地の再生，自然河川の再生（旧河道を使った蛇行河川の再生，河畔林の再生など），河口干潟の再生などが行われ，特にNPOなどとの連携の強化が図られている．

6） 沿岸域関係（漁港漁場整備法，港湾法，海岸法）

沿岸域における藻場，干潟などの自然再生事業は，水産振興の一環としての水産資源の回復を図る観点から，重要な事業でもある．水産関係では，公共事業である水産基盤整備事業のなかで，水産生物の生息に適した藻場，干潟の造成など「豊かな海の森づくり事業」を実施している．

一方，港湾区域などにおいては，港湾環境整備事業により，沿岸域の干潟や藻場の再生・創出などが行われている．また，埋立地などを利用した沿岸部における大規模な緑地の造成も行われており，水鳥の生息地として機能している例もある．

7） その他，留意事項

自然再生事業の対象地域に，過去，国の補助などを用いて整備した施設が現存しており，当該施設を撤去する必要がある場合，補助金などにかかわる予算の適正化に関する法律の手続きが必要となる場合もある．また，国直轄整備施設の場合は，国有財産法上の手続きも必要であろう．

また，各法律に基づき指定された地域内では，一定の行為規制が行われている場合があり，自然再生事業の実施に際して，木竹の伐採，土石の採取といった行為をともなう場合は，各法律に基づく許可などを得ることが必要な場合もあるので注意が必要である．

以上1）から7）のなかで，国庫補助制度などについても一部言及したが，補助金の改革，地方交付税の改革，税源移譲を含む税源配分の見直しの3点を内容とする「国と地方の税財政改革」，いわゆる「三位一体改革」によって，大きく制度が変更されている場合もあり得る．また，今後も制度の改正などもありえるため，事業実施にあたって，これらの事業の導入を検討する場合は，それぞれ所管省庁に問い合わせることが必要である．

5-6　自然再生推進法の意義と課題

1）　自然再生推進法の意義

自然再生推進法は，地域からのボトムアップによる自然再生事業の進め方を明らかにした法律である．法律を所管する環境省，農林水産省および国土交通省では，地域での取り組みに対応するため，各地方ブロック毎の出先機関に自然再生事業に関する相談窓口を設置しており，これらの窓口は日常的に情報交換を行い，連携して地域の取組を支援していくこととしている．

自然再生推進法については，国会での法案審議の段階から環境，農林水産，国土交通の三省の本省間で密接な連携が図られていたが，出先機関間での連携も進められている．自然や国土を対象に行政を行うこれら三省が，様々なレベルで密接な連携と情報交換を図るようになったことが，自然再生推進法がもたらした副次的な効果としてあげられよう．これも，自然再生推進法が議員立法というまさに国会主導で進められたことと，制度的に，国の定めた計画に基づいて自然再生事業を行うのではなく，地域の発意・ボトムアップに対応する必要性から生じたものである．

2）　自然再生推進法の課題

この自然再生推進法は，新たな規制や直接的な財政措置を含まない緩やかな法律である．しかし，

①地域住民やNPOなどが事業の初期の段階から参画するなど地域の自主性を尊重した仕組み，②地域における協議会や関係各省からなる自然再生推進会議など横の連携を確保する仕組み，③事業の着手後においても自然再生の状況をモニタリングしその結果を事業にフィードバックするなど息の長い取組が必要な仕組みを設けたのが特色である．

　この法律に基づいて国等の行政機関が自然再生事業を行おうとする場合についても，初期の調査や計画立案の段階から地域の住民やNPOなどの参画を必要とし，明確な再生目標や役割分担のあり方を合意形成により定めていくことが求められる．また，地域の住民などの発意による自然再生の取り組みに行政機関が参画し，地域の発意により自然再生事業が進められていくことも期待できる．

　しかし，数多くの主体がかかわり，科学的な調査と評価を行いつつ，合意形成をしながら，長期間をかけて地域の自然を再生していくという難しい課題を負う法律でもある．このため，実際の運用では，数多くの試行錯誤が生じ，制度面で改善を要する点も多々でてくるものと考えられる．この法律には，5年後の見直し規定が付加されている．運用実態を踏まえ柔軟に制度を見直していくことが必要となろう．

5－7　自然再生の現在（2013（平成25）年8月追補）

　2013（平成25）年3月時点で，自然再生推進法に基づく法定の自然再生協議会は，全国24地区で組織されている．自然再生全体構想は24協議会で作成済みであり，自然再生事業実施計画の作成は，19協議会の31実施計画となっている．

　自然再生推進法の施行状況については，2008（平成20）年4月に総務省行政評価局による「自然再生の推進に関する政策評価」が行われており，同法の制定により多様な主体による自然再生への取組・参加の増加など一定の効果がみられる一方で，法定の自然再生協議会の設置が進んでいないこと，行政機関主導による公共事業型のものばかりであり，NPO等主体の事業が進んでいないこと等が課題として指摘された．

　同年6月に策定された「生物多様性基本法」では，国による基本施策の一つとして「国は，地域固有の生物多様性の保全を図るため，・・（中略）・・過去に損なわれた生態系の再生その他の必要な措置を講ずる」（同法第14条第1項）旨を記しており，地方公共団体にも国に準じた施策の実施を求めている．このように，自然再生は，生物多様性保全のための基本施策として位置づけられていく一方で，地域における生物多様性の保全の実効を挙げていくためには，前述の行政評価にあるように地域の多様な主体，NPO等の参画の促進が課題である．

　2010（平成22）年12月に策定された「生物多様性地域連携促進法」は，地域の市町村とNPOが中心となって，里山の管理や外来生物対策など地域の特性に応じた生物多様性の保全活動を促進することを目指した法律である．自然再生事業についても，行政主導で大きな事業を行う段階から，地域主体の身近な取組を充実させていくことがより強く求められていると言えよう．

（則久雅司）

―― 参考文献 ――

1）環境省・農林水産省・国土交通省（2003）：地域の和，科学の目，自然の力　自然再生推進法のあらまし．
2）谷津義男・田端正広編著（2004）：自然再生推進法と自然再生事業，ぎょうせい．

第2編：各　　論

1．湿　　原……………　64
2．半自然湿地…………　84
3．二 次 林……………　95
4．田　　園……………　112
5．都市自然……………　124
6．湖　　沼……………　141
7．高山草原……………　152
8．自 然 林……………　162
9．半自然高原…………　171
10．た め 池……………　179
11．湧 水 地……………　187
12．大 河 川……………　198
13．中小河川……………　207
14．干　　潟……………　223
15．海岸砂丘……………　232
16．藻　　場……………　243
17．サンゴ礁……………　250

1. 湿　　原

1-1　湿原生態系の特徴と現状

1）　生態的特徴

　湿原生態系の最も基本的な特徴は，土壌が過湿状態であり，それに適応した特有の植生分布がみられる点である．したがって，湿原の発達や維持メカニズムを理解する上で，水文環境特性と植生分布の関係は非常に重要な情報となる．地表面の大小様々な凹凸や，湿原全体としての地形変化（湿原の中心部から縁への標高変化など）にともない地下水位や水位変動特性は多様に変化する．そして多くの場合，植生分布パターンはその水文環境変化と密接に対応する[1]．このことは，常に過湿土壌環境下におかれる湿原の植物が，嫌気ストレスに対する耐性や回避を最も重要な分布戦略の1つとして位置づけているために起こると考えられる[2,3]．これらの特徴は，湿地生態系と共通するものであり，特殊な湿地として位置づけられる湿原生態系の特徴は，さらに水質との関係によって理解されている[1]．湿原の土壌水は，養分が少ないこと，鉱物性の溶存物質が少ないこと，酸性であることのいずれか，あるいはいくつかの性質が特に際だっている．したがって，湿原は，湿地生態系の中でも植物にとって特に厳しい水質環境にあり，群落の生産性は比較的低く大型木本はほとんどみられない．このような湿原の水質特性は，水源となる雨水や湧水・河川水・地下水の水質に依存しているだけでなく，湿原土壌である泥炭自身の水質形成作用（特に酸性化や貧栄養塩環境の維持）による影響を強く受けている．湿原に分布する植物は，こうした酸性・貧栄養塩環境に対しても適応できる特殊な種群であり，過湿環境からくる嫌気ストレスだけでなく，酸性環境によるストレスや貧栄養ストレス等の程度によっても分布植生が変化する[4,5]．

　このように，湿原植物の分布は特殊な水文化学環境に強く規定されていることから，湿原生態系の保全，再生には，まず，水文化学環境の健全性を維持，回復することが非常に重要である．したがって，湿原を涵養する雨水，湧水，地下水，河川水の水量と水質の維持や，湿原から系外への排水をできるだけ低減させるための配慮が，最も基本的な対策として実施される必要がある．さらに，湿原は河川流域の下流部に形成されることが多く，集水域の影響を累積的に受けるため，持続的な保全や自立的な再生には，湿原内だけでなく流域や地域といったできるだけ大きなスケールでの対策が望まれる．また，泥炭土壌は湿原内での水質形成において非常に重要な役割を果たしており，泥炭がすでに失われた状況下では自立した湿原生態系の再生が著しく困難となるため，土砂の混入防止や泥炭土壌の確保についても格別の配慮が必要である．

2）　湿原の現状

　湿原生態系の劣化は地球規模で急速に進行している．特に20世紀初頭からの人間活動の急激な活発化によって，平野部にかつて広く分布していた低地湿原の多くが消失した[6,7]．さらに，現存す

1. 湿　　原

る湿原についても，富栄養化や乾燥化，酸性化など何らかの人為的な影響を少なからず受けており，欧米では深刻な植生変化やその保全と再生に関する調査研究が増えつつある[6,8-10]．

国内でも湿原生態系の劣化は深刻であり，湿地としての面積は明治・大正時代で全国2,111km^{2}だったものが，現在では821km^{2}にまで減少している[11]．現段階では，こうした劣化した湿原生態系に対する体系的な保全および再生技術はほとんど確立されておらず，各地で様々な試験的対策がなされている状況である．また，湿原生態系の劣化程度や劣化メカニズムについて，定量的データによる客観的評価や科学的解析がなされた例はまだ極めて少ない[12,13]．湿原生態系における劣化の程度や質は多様であり，その原因と対策もまた多様である．そのようななかで，現在まずは個々の事例について，データと解析に基づいた劣化評価，原因解明，対策評価の蓄積が求められている．

1-2　釧路湿原劣化の経緯と再生事業の背景

1)　釧路湿原の開発小史

釧路湿原流域では，明治以降の入植から開拓の歴史がはじまり，人口の増加とともに，硫黄・炭鉱業および林業が発展した．しかし，農業については，気候や土壌条件が水田や畑地としては不適であったこともあって，小規模に行われる程度であった．その後，1920（大正9）年に発生した大洪水による災害を受け，防災・農地開発を目的に，新水路（新釧路川）の掘削ならびに堤防の建設が始まった．これらにともなう釧路湿原を流れる河川の分断化，湿原の排水工事を皮切りにして，湿原の農地化が本格的に進んでいく．その後，1961年の農業基本法の制定，機械化にともなう土木技術の発展とあいまって，大規模な排水路整備が湿原周辺から内部へ伸展し，湿原の大部分は加速度的に農耕地・牧草地に置き換えられた．この時代，北海道東部は，特に酪農の重点区として位置づけられ，農地の多くは牧草地として利用され，乳用牛が急激に増加している．このようにして，釧路湿原は開発されてきたが，近年では，炭鉱の閉鎖，高齢化にともなう林家や農家戸数の減少が生じている．湿原内部では放棄された農地が増加し，社会的な問題にまで発展してきている．

写真-1　釧路湿原

2） 釧路湿原の劣化と保全・自然再生への道のり

このような開発の履歴を受けた結果，次のような変化が現れた．まず，農地・宅地開発による湿原面積の縮小をはじめとして，流域から集まる栄養塩や土砂などによる湖沼や河川水質の汚濁が確認され，湿原や湖沼の植生が変化していることがあげられる[14]．特に，釧路川の支流である久著呂川周辺では，上流域の農林地開発によって増加した浮遊砂が，増水時の氾濫により下流域である湿原内部に沈殿堆積し，次のような問題が生じている[15,16]．低層湿原のハンノキ林は萌芽形態を保ちながら滞水と貧栄養環境に耐えるのが一般的であるが，そのように土砂が氾濫堆積している立地では，萌芽形態から解放されて単幹化，高木林化している[17]．また湿原全体において，1970年後半からの20年間に，ハンノキ林面積が急激に拡大しており[11]，これにともなって，スゲやヨシの群落面積が縮小している[18]．これらは，河川から湿原への土砂流入が主な原因であると指摘されているが，土砂流入のほとんどない地域においてさえも樹林化の進行が報告されており，そのメカニズムの全貌はまだ明らかにされていない[19]．また，このような樹林化の弊害として，スゲやヨシ群落等の湿性草原に営巣，産卵するタンチョウやキタサンショウウオなどの繁殖地が制限されることが懸念されている[20,21]．

このように湿原の劣化が急速に進むなか，各時代に湿原の保全活動が全くなかったわけではない．古くは，戦後（1920年代）からタンチョウ保護を中心とする野生生物保護活動をはじめ，1960年代後半からの自然保護への関心の高まりとともに，湿原そのものの保護活動が活発化した．まず，1967年の天然記念物指定，続いて1980年の「特に水鳥の生息地として国際的に重要な湿地に関する条約」，通称「ラムサール条約」登録，さらに，1987年の国立公園指定と法的に保護政策が設けられ，地域住民・国民のみならず国際的にも注目されはじめた．その後，1992年の地球サミット開催によって国民の環境問題への関心や自然環境保全に対する要求が一気に高まり，環境に配慮した公共事業が検討されるようになった．こうした国内の動向を受け，釧路湿原では，2001年に「釧路湿原の河川環境保全に関する検討委員会」が発足し，当面20〜30年以内は2000年現在の釧路湿原の状況を維持，保全することを目標として，12にわたる施策が提案された[22]．それらは，①水辺林，土砂調整地による土砂流入の防止，②植林などによる保水，土砂流入防止機能の向上，③湿原の再生，④湿原植生の制御，⑤河川の蛇行復元，⑥水環境の保全，⑦野生生物の生息・生育環境の保全，⑧湿原景観の保全，⑨湿原の調査と管理に関する市民参加，⑩保全と利用の共通認識，⑪環境教育の推進，⑫地域連携・地域振興の推進である．その直後，関係省庁による具体的な湿原の保全と再生に関する事業が検討されはじめ，さらには2003年の自然再生推進法の施行によって拍車がかかり，蛇行河川の復元や湿原周辺の放棄農地の湿原再生事業が実施されるようになった．

前述したように，湿原や河川の生態系の劣化原因の多くは，流域・地域スケールで生じた水循環と物質循環の変化に起因していると考えられている．そのため，流域・地域スケールで現在生じている問題を整理しなければ，時として間違った保全や再生事業につながりかねない．しかし，流域スケールについては，複雑な土地利用あるいは各省庁の管轄区域の縦割りという社会的な制約に加え，科学的にも明らかにされていない現象が多い．加えて，流域全体で一挙に事業を展開することは困難であり，再生事業の対象は，少なくとも地域・局所的スケールに限定せざるを得ない状況にある．

そこで，釧路湿原の再生事業では，湿原を取り巻く25万haの流域全体を視野に入れ，生態系の劣化が顕著な地域，なおかつ，対処の緊急性が求められる地域という視点で対象を整理し，5つの

1. 湿原

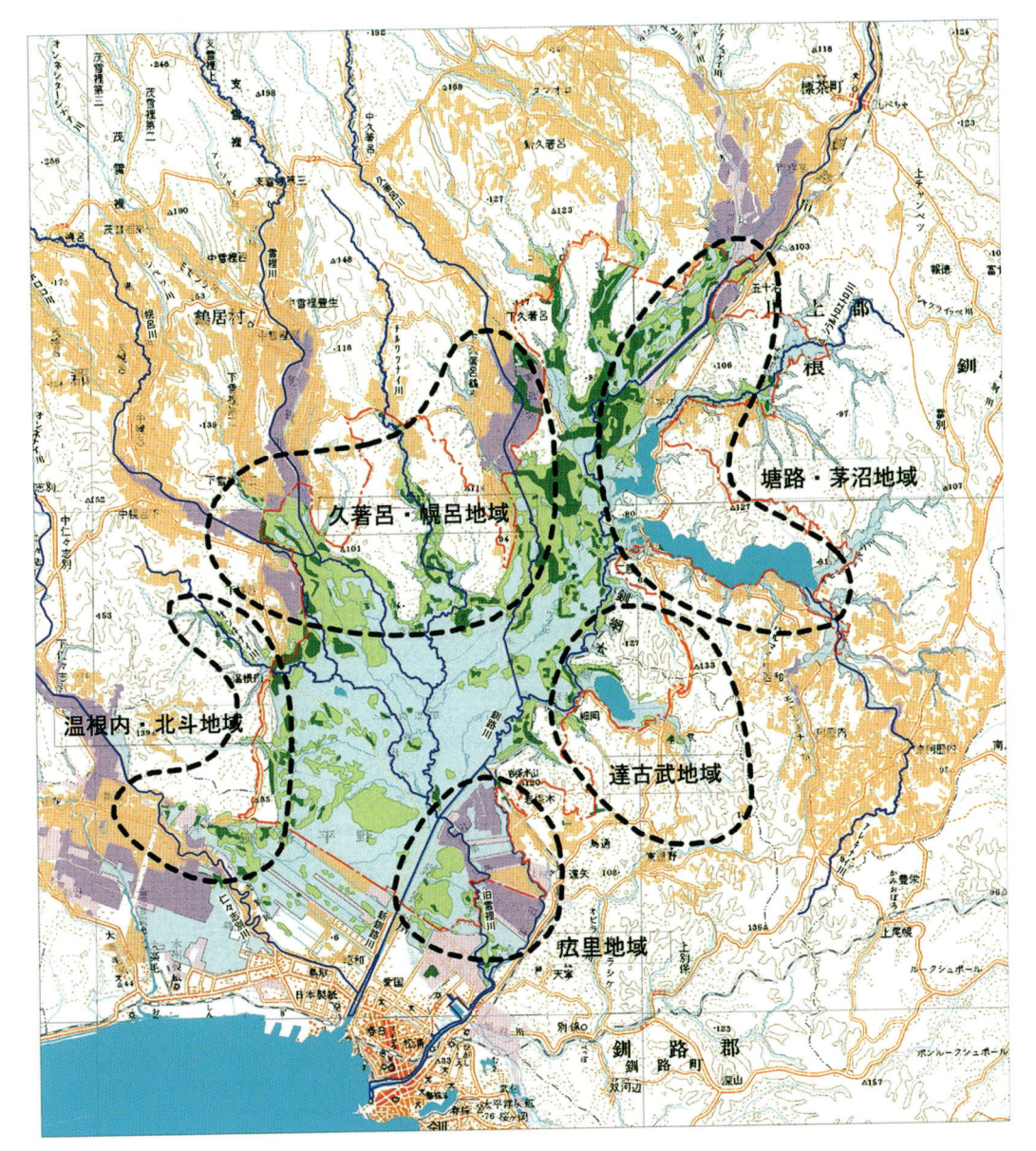

図-1 釧路湿原再生事業対象の5つのバッファーゾーン
(環境省東北海道自然保護事務所：提供)

事業地域が抽出されている(図-1)．そして，これらの事業対象地域で得られた再生事業の考え方や，最善の再生手法を流域全体に展開することにしている[11]．これらの事業対象地域のなかでも，特に先行して事業が進められてきた広里地域に焦点をあて，基本的な事業運営スタイルやこれまでの調査結果，ならびに2004年現在検討されている今後の事業展開について紹介する．

3) 広里地域の自然再生事業

広里地域は，新釧路川の下流部に位置し，新釧路川の左岸築堤・旧雪裡川および十二号支線川によって三方向を取り囲まれた総面積260haの地域である（図-2）．現在の旧雪裡川ならびに十二号支線川は，1921（大正10）年から1931（昭和6）年にかけて行われた釧路川流路切替え工事で，新

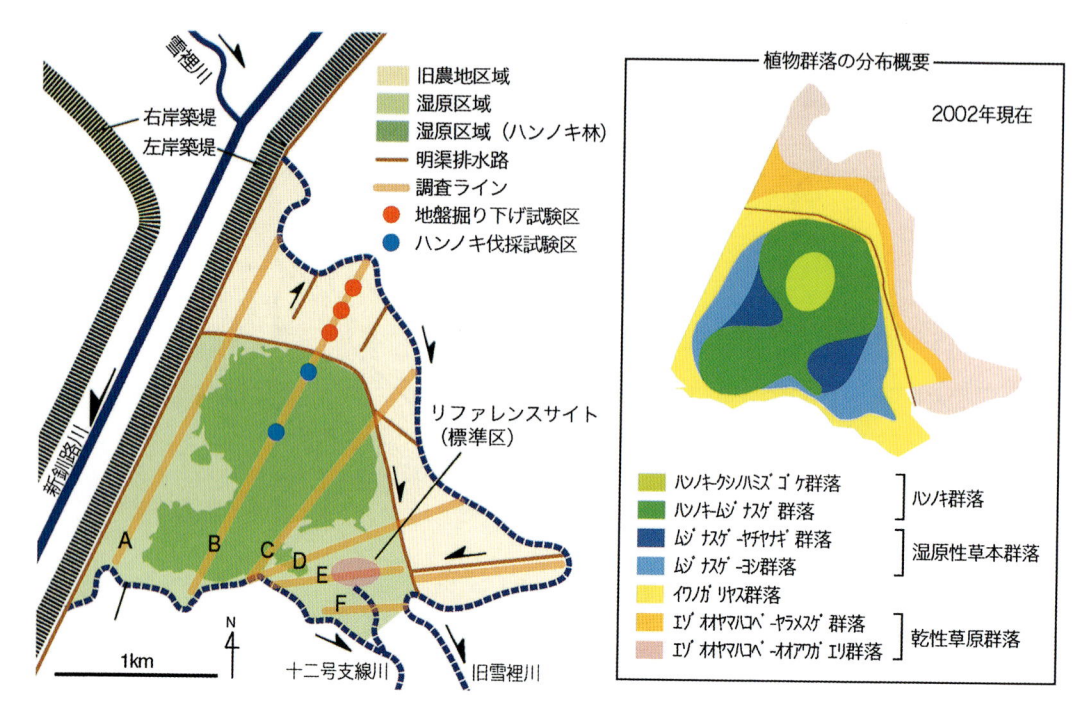

図-2 広里地域の概要

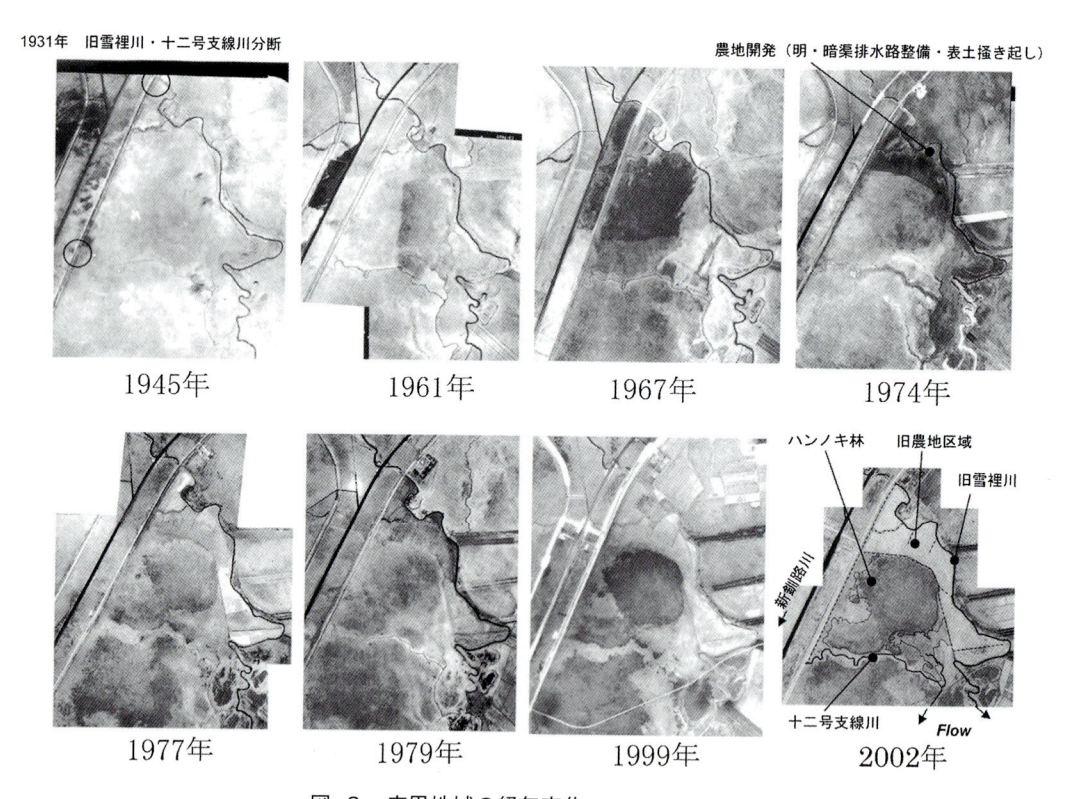

図-3 広里地域の経年変化
1945年写真中の円は河川分断地点を示す．

釧路川左岸築堤により分断され（図-3），河川流量・水位が大きく減少・低下した．1960年代後半には，旧雪裡川とその右岸の明渠排水路に囲まれた約80haの地域で農地開発が行われ（以後，旧農地区域と略す），表土の掻き起し，明渠・暗渠排水路の設置が行われた（図-3）．農地開発直後は牧草地として利用されていたが，現在では放棄農地となっており，生息地を失ったタンチョウが営巣地として利用している．

　この地域の標高は0～3m程度であり，十二号支線川から旧雪裡川に向けて緩やかに傾斜している．砂質土で構成される旧雪裡川沿いを除いて，土壌はスゲ・ヨシを主要構成種とした低位泥炭からなる．旧農地区域の西側に位置する直接的な人為撹乱を受けていない区域（以後，湿原区域と略す）の中心には，ハンノキからなる湿性低木林が広く分布し，ムジナスゲやヨシ，イワノガリヤス，ヤラメスゲなどで構成される湿性草原が低木林を取り囲むように分布している（図-2）．また，旧農地区域ではオオアワガエリなどの牧草種が出現する乾性草原も広く分布している．このハンノキ低木林は，1970年代以前の航空写真ではほとんど確認されないことから，以前はヨシあるいはスゲ類が優占する湿原草本植生が広がっていたのではないかと推定されている．現在では，ハンノキ林が円形に分布している様子が明確に現れている（図-3）．また，その分布域は1993年から2000年までの7年間で約13ha拡大し，さらにその一部では樹幹密度の増加も認められている[23]．

　このように広里地域では，釧路湿原全体で問題となっている放棄された農地やハンノキの拡大という2つの劣化要素が集約されている．そのため，放棄農地の湿原への再生と増加したハンノキ林の処置という2つの課題が設定され，効果的な再生手法の確立に向けた試験的事業運営を行うパイロット事業地として位置づけられている．

1-3　広里地域における再生事業の考え方

　広里地域の再生事業で重要なキーワードとなるのは，①健全性評価と劣化原因，②具体的再生目標，③受動的再生，④順応的管理，⑤BARCIデザイン[24]である．ここでは，それぞれについて具体例に触れながら解説する．

1）　健全性の評価と劣化原因の追究のための調査計画

　生態系の再生で重要なのは，何が健全な状態で，何が非健全な状態なのかを検討しておくことである．何故なら，生態系が非健全の状態にある（劣化している）ようにみえても，実際は，その地域や局所的環境に対応して形成された生態系，あるいは，自然に起こりうる遷移過程である可能性もあるからである．何らかのデータに基づいた健全性の評価において，明らかに劣化していると判断された場合には，劣化原因を追究する作業がはじまる．このようなプロセスを経て，劣化原因を排除できる事業を計画すべきである．そこで，こうした健全性の診断や，劣化原因の抽出における十分な信頼性を確保するため，対象とする生態系についての多角的かつ詳細な調査研究が必要となる．特に，劣化の因果関係において根幹をなす生物と環境との対応関係の把握を可能とするような調査計画を組むのが望ましい．これらによって，劣化のメカニズムを理解し，再生するには何をどのようにコントロールすべきかを検討することが可能となる．

　この考え方に基づいて，広里地域では，後の劣化要因の検討，生物と環境との対応関係に関する解析が極力可能となるように調査を行った．調査計画の策定や調査定点の設定では，具体的に以下のことを念頭においた．

　①　対象域全域の状況に関する面的な解析が行えること．

② 地下水流動状況を推測するための数値解析が実施できること．
③ 事業の評価を事業前後の比較によって統計的に解析できること．
④ 生物と様々な環境（地下水位や土壌水の水質）との対応関係が多変量解析によって整理できること．
⑤ 長期間のモニタリングが可能なこと．
⑥ 対象域に分布する典型的な植生タイプをできるだけカバーできること．
⑦ 劣化が予想される場所だけでなく，比較対象のための良好な自然が保たれている場所も対象とすること．
⑧ 周囲河川との関連性を考察できること．

これらを考慮して，約150ヵ所の調査定点を含んだ6本の調査ラインを設置した（図-2）．調査対象項目については，動植物から無機環境まで多岐にわたって実施したが，なかでも植生（種，被度）と無機環境（地下水位，土壌水・地下水の水質，地質特性）に重点をおいて調査を実施した．その結果により得られた健全性の評価と劣化要因については後に述べることにする．

2） 具体的な目標の設定

自然再生の最終的な目標は，ある特定の生物（例えば，希少種）の個体数や水質基準などではなく，人為的な影響が加わる以前の生態系とすべきである．しかし，人為的な影響が加わる以前のデータが残っているのは稀である．また，生態系の評価法についても確立されていないため，具体的に評価することは困難である．そのため，過去の自然史や社会史を検討し，生態系が正常に機能していたと考えられる時代の状態を目標として自然の再生（復元）が実施される場合が多い．ここで忘れてはならないのは，人間の活動を一切排除するといった非現実的な目標にならないためにも，地域の合意を得て，持続できる目標にすることである．

広里地域の再生事業を検討するにあたり，前に述べた現況調査に並行して，過去の航空写真などの資料を可能な限り収集し，開発の経緯と景観や環境条件の変化過程を整理した．こうした現地踏査や既存データ・資料収集，関係者との議論を繰り返し，湿原景観が大きく変化する以前である1960年代後半を最終的な目標として設定した．また，より具体的な目標を設定するために，以下のことに配慮して再生の目標像となる標準区を設定した．

① 再生予定区（旧農地区域）の近隣にあること．
② 現在までの直接的な人為的撹乱が小さいこと．
③ 再生予定区における1960年代の植生タイプや水文条件と類似していると考えられること．

これらの理想条件に最も近いと考えられたムジナスゲ－ヨシ群落分布域を標準区として設定し（図-2），その植生，地下水位や水質などの環境条件を具体的な目標とした．

3） 再生手法の検討とその評価法

前述したように，広里地域の再生事業では，「受動的再生」と「順応的管理」という2つの基本理念によって再生手法の模索が試みられている．受動的再生とは，まず生態系の劣化を引き起こした人為的要因を取り除き，その後はできる限り生態系の自己回復力によって再生を目指すスタイルを意味する[25]．積極的な土木工事や植栽などの能動的再生手段は，生態系に対し望ましくない副作用をもたらす可能性があるため，優先順位の低い選択肢として位置づけられている．

順応的管理とは，事業・実験着手後の継続モニタリングにより，実際の成果と予想していた効果（仮説あるいは目標）との比較を通じて手法や手順の評価・見直しを行い，より効果的な再生手法を取

1. 湿　原

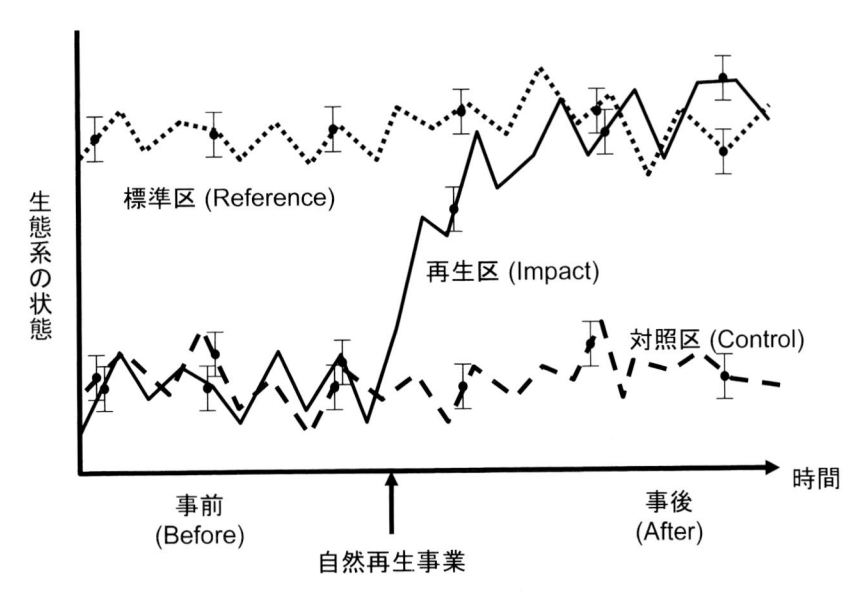

図-4　BARCIデザインによる自然再生事業の評価手法模式図
（中村，2003aより）

り入れながら柔軟に事業と実験を進めていくプロセスを意味する[25]．このプロセスでは，再生手段が投入された再生区と，何も手段を投じていない対照区，および再生の目標像となる標準区を設定する．そして，それぞれを客観的指標（例えば，植生・環境データ）で比較することによる再生成果の評価を目指している．この評価システムは「BARCI（Before, After, Reference, Control, Impact）デザイン」に基づいており，再生手段適用前（Before）から適用後（After）にかけての時間軸において，標準区（Reference）と対照区（Control）に対する再生区（Impact）の生態的位置づけを科学的に表現してゆくことで，成果の評価や仮説の検証を行うものである（図-4）．

広里地域における現在の進展状況は，現状調査・評価を基に複数の有効的な再生手段とその期待される効果を提示し，それらの手段のなかで技術的，政治的さらに社会的に可能なものから，小規模現場試験（地盤掘り下げ試験，ハンノキ伐採試験）を実施している段階である．このプロセスでは，上述のような基本理念とBARCIデザインを用いた評価システムが適用されており，統計解析による客観的評価ができるよう常に繰り返しのある調査・試験デザインが用いられている．以上の経緯や現段階での実験結果については後に詳述する．

1-4　現状把握と劣化原因の検討

これまでの報告によると，湿原生態系の劣化原因は，水循環や物質循環の変化に起因していることが多い[26-28]．そのため，水文化学環境に関する情報をできるだけ集積することが重要である．さらに，生物との対応関係を把握することは，生態系劣化メカニズムに関する理解の深化に強くつながることから，これらに関する情報についても詳細に収集する必要がある．

ここでは，1-3で述べたようなアプローチによって得られた調査結果を基に，水文化学環境の健全性評価や植物と環境要因の対応関係を解析し，生態系劣化原因ついて検討した．また，水文化学環境については，劣化原因の検討だけでなくシミュレーションによる検証を行い，植物と環境要

因の対応関係については，湿原保全上の大きな問題要素である「農地改変」と「ハンノキ林増加」という視点から整理した．

1） 地下水環境の健全性の評価と劣化原因の検討

　広里地域全域における地下水調査の結果，全体の地下水位（地下水位標高）分布は湿原区域中央部をピークとしたマウンド状を示した．湿原区域では，地表面水位（地表面を基準とした地下水位）が地表面近傍に現れ，地下水位変動も小さく，氾濫の少ない安定した湿原で一般にみられる水文状態が示された（図-5）．しかし，旧農地区域では，地下水位変動が大きく，地下水位が旧雪裡川に向かって急激に低下することが明らかになった（図-5）．さらに，湿原区域での地表面水位が0～-0.4m程度であるのに対し，旧農地区域の地表面水位は，旧雪裡川に向けて-2.0m程度まで大きく低下した．このように，旧農地区域では地表面水位が低く乾燥しており，湿原区域の水文状態とは全く異なる傾向を示した．そして同時に，旧農地区域での地下水位低下は，旧農地区域に残存する明渠排水路周辺よりも，むしろ，旧雪裡川周辺で顕著となることが明らかとなった（図-6）．したがって，分断され水位が著しく低下した旧雪裡川へ，旧農地区域から地下水が速やかに排水されることで，旧農地区域の乾燥化が進行していると考えられた．

　一方，広里地域全域における地下水水質の分布特性からは，湿原区域でナトリウムイオン，塩化物イオン，マグネシウムイオン濃度が高かったが，旧農地区域では顕著に低い傾向が得られた（図-7）．これは，旧雪裡川への一方的な排水が旧農地区域において卓越しているため，塩類が地下水とともに排出されているのではないかと考えられた[29]．また，旧農地区域では，湿原区域に比べ，カルシウムイオン濃度が高く，これは炭酸カルシウムなどの土壌改良資材が土壌に大量に残留しているためと考えられた．

　このように，旧農地区域では農地開発が行われておよそ30年経過しているが，現在も土壌改良資材散布の影響が残存している．さらに，約70年前に行われた旧雪裡川の分断の影響が，河川水位低下による水文条件の変化を通して，旧農地区域の地下水水質の変化に現れている．そのため，この河川の分断が旧農地区域における環境劣化の主な原因であると判断した．

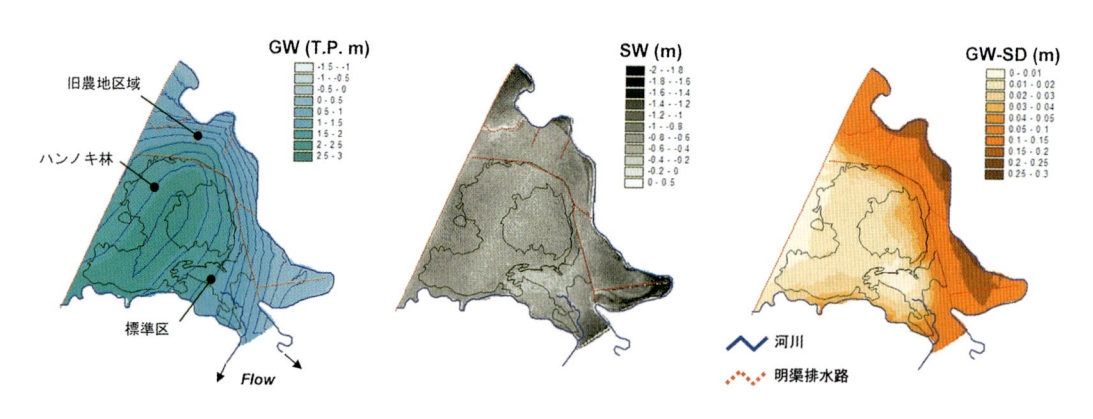

図-5　地下水位平均値（GW），地表面水位（SW），地下水位標準偏差（GW-SD）の分布
コンターは0.2m間隔を示す．（山田ほか，2004に加筆）

1. 湿　原

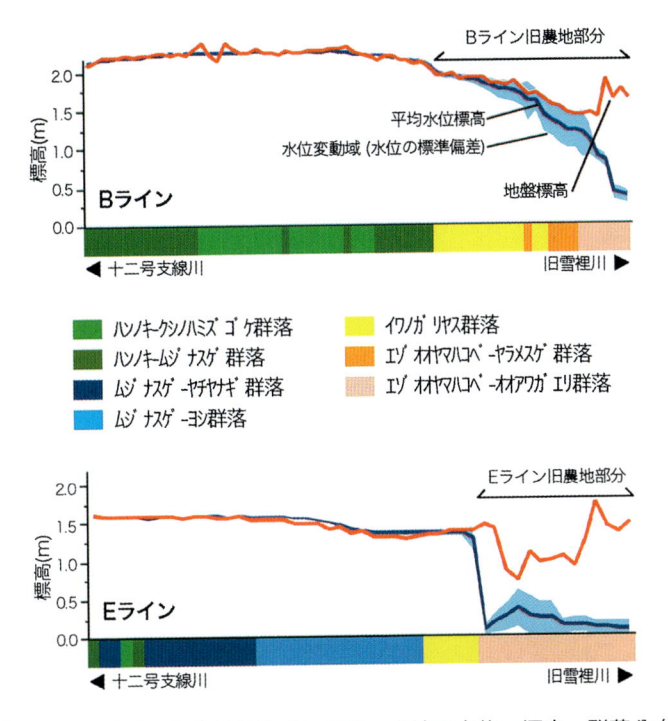

図-6　BラインおよびEラインに沿った地下水位・標高・群落分布

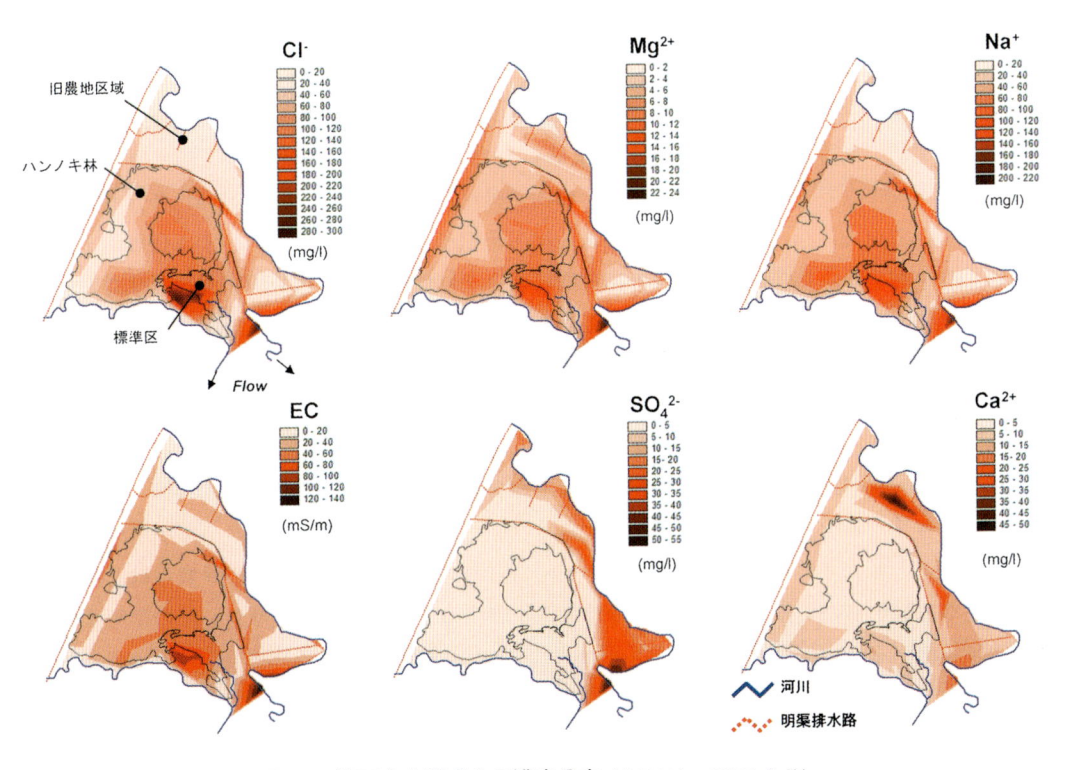

図-7　地下水水質成分の濃度分布（山田ほか，2004に加筆）

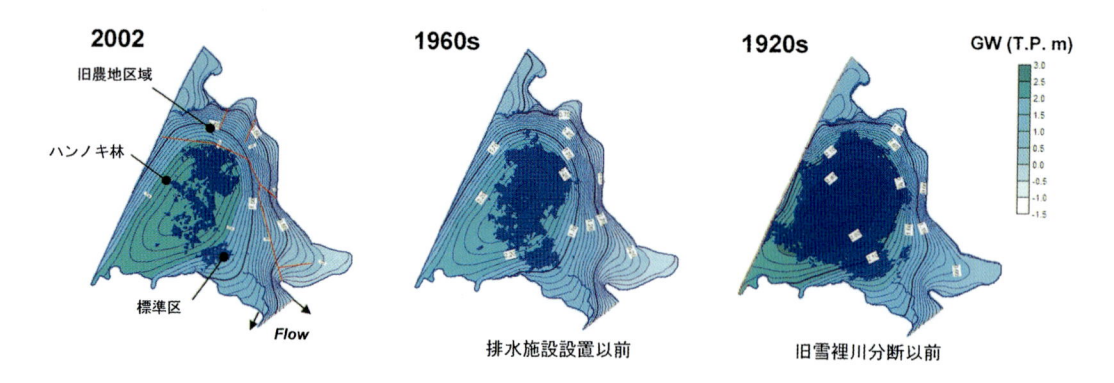

図-8　現況モデル再現結果（2002年6月時点）と1960年代・1920年代における地下水位のシミュレーション結果
　　　青色の網掛けは，地下水位が地表面位置にある範囲を示す．コンターは0.1m間隔．（山田ほか，2003に加筆）

2）シミュレーションを用いた劣化原因の検証

　ここまでは，現状の調査結果から水文環境の劣化評価とその原因を検討したが，ここでは，旧雪裡川分断以前，明渠排水路設置以前の各々の状態を地下水流動シミュレーションにより推定することで，劣化原因を再検討した例をあげる．

　現在の広里地域の準三次元の地下水帯水層モデルを作成し，地下水位の実測値と解析値との比較によりそのモデルの再現性を検討した．そのうえで，明渠排水路設置以前の状態と旧雪裡川分断以前の状態を推定するために，①　現在のモデルから明渠排水路を排除したモデル，②　①のモデルに分断される以前の旧雪裡川水位の推定値を与えたモデルの解析を行っている[29]．

　明渠排水路設置以前の地下水位を推定した結果，旧農地区域では，現在の状況に比べて地下水位がおよそ20cm高くなる傾向が得られた（図-8）．さらに，旧雪裡川分断以前の状態を推定した結果，旧農地区域では，現在の状況に比べて地下水位が約60cm高く，地下水位が地表面に現れる範囲が旧雪裡川および十二号支線川に向けて広がる傾向が得られた（図-8）．この範囲に着目すると，明渠排水路の設置前後に比べて，旧雪裡川分断前後の変化が大きいことから，1960年代の明渠排水路の設置よりもむしろ，1920年代の旧雪裡川分断による水位の低下が，現在の旧農地区域における地下水位の低下と乾燥化をもたらしていることが再確認された．

3）植物と環境との対応 ― 農地開発跡地の評価 ―

　湿原区域から旧農地区域への植生変化は，優占種が湿原性から乾性草原性へと大きく変化することから（図-2，図-6），湿原植生の範疇を外れるほどの著しい質的違いをともなっている．ところが，農地開発以前の航空写真では，両区域間における顕著な景観的違いは認められず（図-3），現在乾性草原が分布する場所でも泥炭土壌が存在することから[13]，旧農地区域ではかつて湿原植生が広く分布したと考えられている[30]．したがって，現在の旧農地区域における植生の異質性は，湿原植生から乾性草原植生への大きな経年的変化の結果を示唆するものであり，湿原としての深刻な植生的劣化を現している．

　このような状況にある広里地域の植生分布と対応する環境要因を解析するために，全調査定点の植生・環境データを用いてCCA（Canonical Correspondence Analysis）による多変量解析を行った（図-9a）．CCAでは，用いられたデータ集団から，主要な植生傾度とそれに対応する環境傾度

1. 湿　原

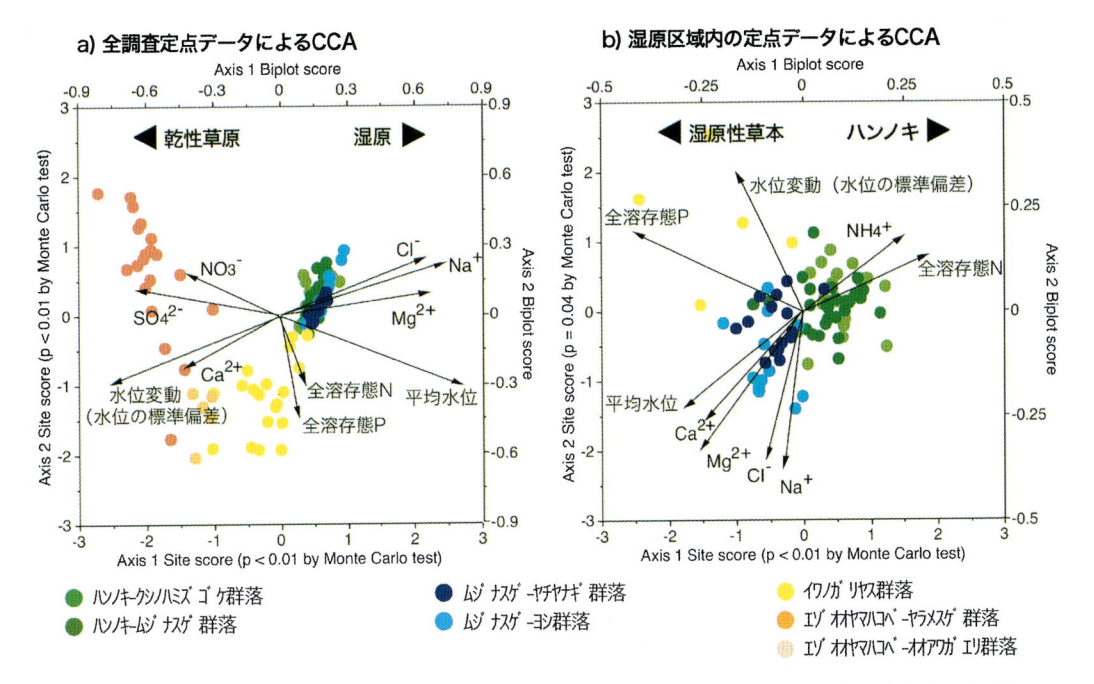

図-9 CCA（Canonical Correspondence Analysis：正準対応分析）による各調査定点の序列化
図中では，biplot scoreの高い環境要因だけを抽出し矢印によって表現した．（中村ほか，2004に加筆）

が統計的に抽出される．最も主要な傾向を抽出するCCA第一軸上では，湿原区域から旧農地区域へ至る現地での植生移行（図-2，図-6）とほぼ一致する植生配列パターンが示された．この配列パターンに対し，平均水位や水位変動，土壌水の塩類濃度（Na^+，Mg^{2+}，Cl^-）が大きなベクトルで対応した．これらの結果は，湿原区域から旧農地区域へ向かう植生の変化と，それに連動する水位，水位変動，塩類濃度によって生じる環境勾配が，この地域生態系における最も主要な特性変化であることを意味している．

CCA（図-9a）において，旧農地区域への植生移行に反応した環境要因のなかでも，平均水位，水位変動は特に強く対応しており，これらは広里地域における旧農地区域の環境的異質性を最も特徴づけている．前述のように，湿原区域側の群落では，地表面付近の安定した水位環境が保たれているのに対し，旧農地区域側の群落では，極めて水位が低いことに加え水位変動も大きく，両区域の様子は著しく異なっている（図-6）．湿原植物の存続には，十分な水供給を常に受けられることが最低限の条件となるため[31]，旧農地区域でみられるような地下2m（最低値）にまで低下する地下水位は，湿原植物の分布を極めて困難にしていると考えられる．また，旧農地区域の土壌水塩類濃度に関しては，湿原区域よりもむしろ低く，北海道内の他の低地湿原と同レベルの正常な値であったことから[32,33]，旧農地区域の植生劣化との関係は非常に薄いものであると判断された．以上のことから，旧農地区域における植生の乾性草原化，すなわち植生的劣化は，著しく低い地下水位によってもたらされたものであると結論できる．

前述のように，水文化学環境の健全性評価では,旧農地区域部分が,旧雪裡川分断による乾燥化や,土壌改良資材投入による水質変化などの様々な人為的撹乱を受けた地域であることを提示した．そしてCCAを通じて，それら人為的撹乱のなかでも，特に乾燥化による影響が植生の劣化につながっ

ていることを浮き彫りにした．これらのことから，旧農地区域における植生劣化の根本的な原因は旧雪裡川の分断であることが判明した．

4) 植物と環境との対応 ― ハンノキ林の評価 ―

湿原区域におけるハンノキ群落と湿原性草本群落は，ハンノキの有無により景観的に大きく異なるが，いずれも湿原種群から構成される植生タイプであり，主要出現種にはヨシやムジナスゲなど多くの共通部分がみられた[12]．したがって，現状をみる限り，湿原植生かどうかという基準においてハンノキ林が劣る要素はほとんどない．しかし，このハンノキ林は，周辺の人間活動活発化と共に急激に分布域を拡大した植生であり，その樹林化速度は自然状態の湿原における湿生遷移として自発的に進行する樹林化よりも著しく早い．生態系の保全・維持の視点に立てば，人為的撹乱の影響により本来の植生から変化することで生じた植生は，変化後の植生タイプにかかわらず劣化要素として捉える必要がある．それ故，自然状態では起こりえないような速度で急増した広里地域のハンノキ林は，本来の植生かどうかという基準において，少なくとも植生の劣化を示していると判断された．

湿原区域内での調査データに限定したCCAでは，ハンノキ林から草本湿原への生態系系列が湿原区域での最も主要な特徴であることが示され，この系列パターンに対し平均水位や土壌水の全溶存態リン濃度および全溶存態窒素濃度による環境勾配が強く対応することが明らかにされた（図-9b）．そして，ハンノキ群落では湿原性草本群落よりも低い平均水位，低いリン濃度および高い窒素濃度となる傾向にあることが特徴づけられた．

ハンノキ群落の土壌水で窒素濃度が高くなる傾向は，ハンノキ根部の共生菌が空中窒素固定を行うため，ハンノキ群落内でより多くの窒素が蓄積，流通した結果であると思われる．また，低いリン濃度を示す傾向については，ハンノキによる窒素富化が群落生産量を増加させると同時に，リン要求量も増加させるため，系外からの供給がないリンは流通量が低下したからではないかと推察される．すなわち，窒素とリンの挙動はハンノキの有無に大きく依存しており，ハンノキ林増加の原因を示唆したものではないと考えられる．

ハンノキ群落で平均水位が低くなる傾向は，湿原性草本群落に対し約5cm以内の水位差で表現されるにすぎなかった（図-10）．しかし，一般に湿原植物の分布と平均水位の関係は，そのような小さな水位差でも変化することが多く，特に地表面付近における水位の違いは植物の分布や生育にとって強い影響力をもつといわれている[3,34]．さらに，自記水位計の連続測定データによる詳細な解析から，わずかな平均水位の違いに内在する大きな挙動特性の違いが現れた（図-11）．約100日間の連続水位計測期間のうち，水位が5cm以上の比較的深い冠水状態となる期間は，ハンノキ群落ではほとんど認められないが，湿原性草本群落では約10～40日にもなり，最高水位についてもハンノキ群落の方が10cm以上低いことが示された．

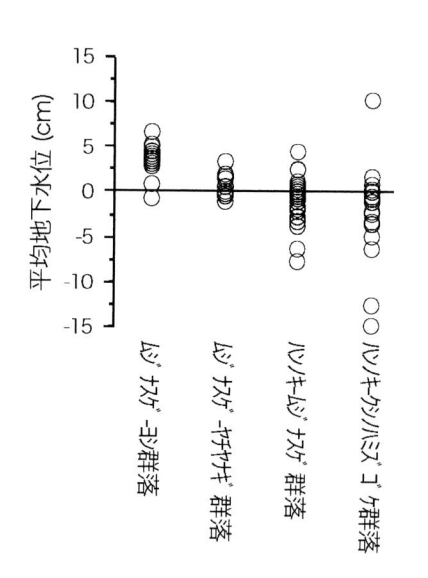

図-10 湿原区域内の各群落における平均地下水位

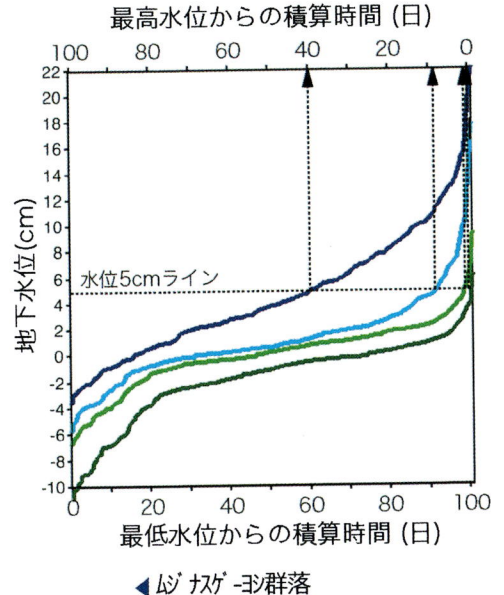

1. 湿原

つまり，ハンノキ林では明らかに最高水位が低く，なおかつ，高水位状態にある期間が非常に短い（大きな増水がない）ことが明らかとなった．このことから，湿原区域におけるハンノキ林の分布は，水文特性の違いに大きく影響されていると考えられ，増水期間や程度が小さく，嫌気ストレスを受けにくい立地環境の存在は，ハンノキ林の分布を可能にしている大きな要因であると判断された．

このような水文特性がハンノキ林部分で維持される背景には，湿原区域の地形的特徴が関与している．ハンノキ林が位置するBライン上の立地は，やや隆起した地形であることに加え，湿原性草本が優占するEラインよりも標高が高いため（図-6），極端な増水や長期の冠水状態は形成されにくいと考えられる．ハンノキ林の増加原因は何らかの経年的環境変化にあると推測され，築堤造成にともなう広里地域一帯の極めて大きな水文環境変化や，地盤沈下などの地形変化を通じた水文環境変化により，現在のハンノキ林でみられる水文特性が形成された可能性も考えられる．しかし，現段階でこれを判断できるデータは得られていない．したがって，最高水位が低く増水期間の短い水文環境が，ハンノキ林分布に影響を及ぼしている要因の１つであることは明らかにされたが，増加の引き金となった環境変化に関しては現在まだ特定されていない状態である．

図-11 湿原区域の主要群落における地下水位連続測定データから算出された水位の積算滞在時間（中村ほか，2004に加筆）

1-5 対策案と進行中の実験について

1）放棄農地をどうするか

旧農地区域の水文化学環境が劣化したのは，旧雪裡川分断による河川水位の低下や土壌改良資材の残留のためであること，なかでも河川水位の低下による乾燥化は，旧農地区域の深刻な植生的劣化の原因であることはすでに述べた．したがって，湿原の根本的な再生を目指すには，これらの原因を取り除くため，旧農地区域の地下水位の上昇を目的とした旧雪裡川の水位上昇を検討する必要がある．これは広里地域だけを対象として，再生事業を行うことが困難であることを意味している．この根本的な再生を検討するためには，①洪水に対する安全性など河川管理上の問題，②河川流量の確保にともなう水利権の問題，③河川流量の変化にともなう河川生態系の変化やそれが漁業に及ぼす影響，④旧雪裡川左岸側に広がる耕作地に対する地下水位上昇の影響など解決すべき課題は多い．

一方，湿原環境を再生（復元）あるいは代償（ミティゲーション）する際に，低下した地下水位を上昇させることを目的として，地盤掘り下げによる相対的な水位上昇[35,36]，周囲の河川や地下水の導水や堰上げ，ポンプによる給水がよく用いられている[37]．また，釧路湿原では細粒土砂をとも

なった河川水の氾濫によって湿原内に土砂が堆積することで，地表面の比高が高くなり乾燥化することが報告されていたこともあり[17]，放棄農地での湿原再生には，相対的な地下水位上昇を期待した地盤掘り下げによる再生手法が提案されていた[22]．

こうした経緯のもと，環境省釧路湿原再生事業に関する実務会合などで，広里地域の旧農地区域の再生手法として，次の3つの方法が検討されている．

① 分断された周囲の小河川を連結し，自然な河川水位の回復とともに湿原の地下水位を上昇させる方法
② 旧雪裡川を堰き止め，河川水位の人工制御を行い湿原の地下水位を上昇させる方法
③ 地盤の掘り下げにより相対的に地下水位を上昇させる方法

このなかで①，②については，前述した問題を解決するため利害関係者や関係省庁間との調整が進められている段階である．③については，この方法による効果が認められたとしても，これを旧農地区域全域に展開するのは，地形の大幅な改変という大きな負荷をともなう．特に，広里地域周辺では，泥炭層が薄いため，これまで蓄積されてきた泥炭の消失にもつながる．加えて，湿原の熱収支や水収支が変化する可能性も考えられ，さらなる生態系の劣化も懸念される．そのため，最終的に採用する「能動的な」再生手法としての認識のもと，2003年より旧農地区域の一部に掘り下げ区が設けられ，実際に試験開始されており，水文環境要因を含む無機環境と植生のモニタリングとともにその効果が検討されているところである．

この掘り下げ試験では，標準区であるムジナスゲ－ヨシ群落が優占する生態系への回復を最終的な目標としている．試験での具体的な目標は，まず，地下水位を標準区と同レベルにすることであり，そして，その環境下でどこまで標準区の植生（種組成・被度）に近づくことができるか，また，その再生にかかる時間について知見を得ることである．試験区は，旧農地区域における地下水位環境の異なる3区画（それぞれ0.1ha）に設定し，それぞれ地盤掘り下げを行った処理区と無処理の対照区を設置している．さらに，各掘り下げ区にはヨシ種子の播種を行った播種区が組み込まれ，様々な水位を再現可能な傾斜掘り下げ区も設定されており，掘り下げの効果を多面的に評価できるようデザインされている（図-12）．また，掘り下げ深度の設定は，掘り下げ処理後の年平均地下水位（ここでは，地表面を基準とした地下水位を意味する）が，標準区の年平均地下水位と等しくなるように，前年までに得られた標準区と対照区の地下水位データをもとに算出されている．

2003年度のモニタリング調査結果では，掘り下げ区での平均水位が標準区とほぼ等しくなり，地下水位を標準区に一致させるという目標は達成された．しかし，地下水位変動は標準区に比べ大きな値を示し（図-13），土壌水のカルシウムイオン，アンモニウムイオン，全溶存態窒素濃度が非常に高い値となった．さらに，非播種区では全くヨシが出現せず，播種区でもヨシ実生の生残率の低さ

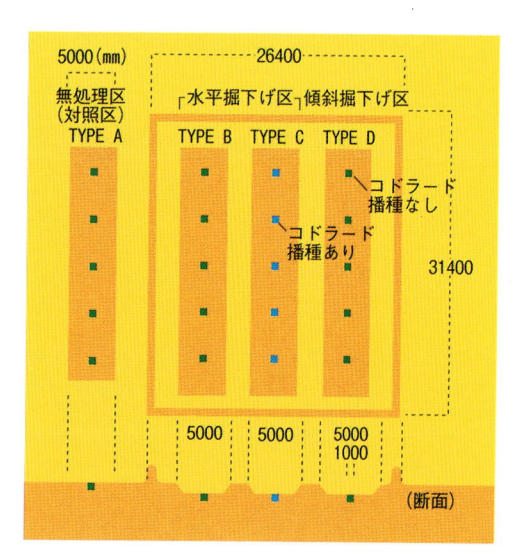

図-12 掘り下げ試験地の概要
（環境省／(社)自然環境共生技術協会，2004[11]より）

1. 湿　原

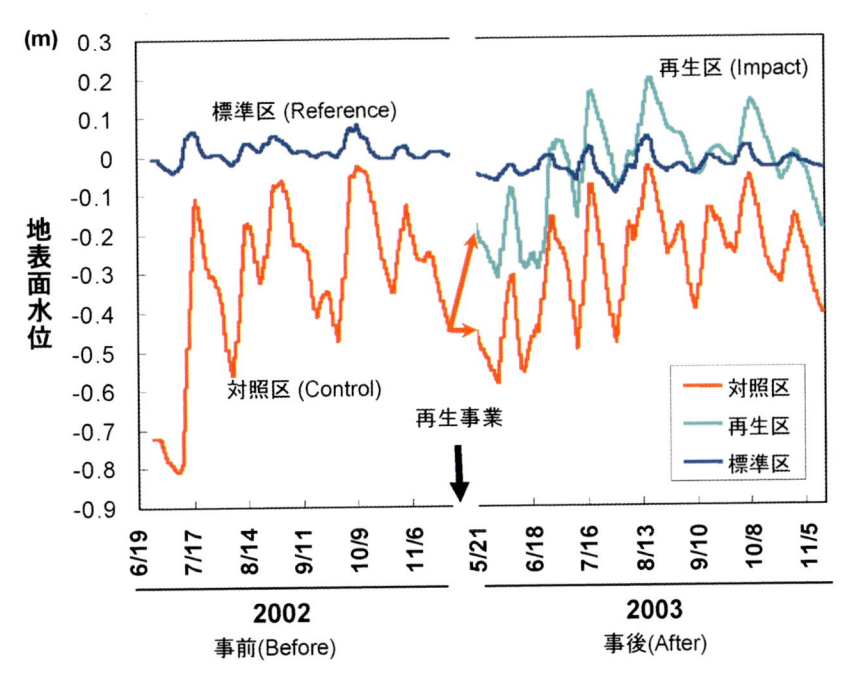

図-13　BARCIデザインを用いた掘り下げ手法の評価の実例
地表面水位は地表面を基準とした地下水位の7日間の移動平均を表す．

と初期生育の悪さが確認された．現在のところ，掘り下げ区と標準区の植生的共通点はほとんどなく，植生再生に関する評価にはかなり長期間のモニタリングを要することが示唆された．これらのことから，掘り下げにより地下水位を上昇させる方法では，副作用としての水質悪化や植生回復の著しい遅延など，様々な問題が生じることもわかってきた．

2)　ハンノキをどうするか

　ハンノキ林の分布に水文環境特性が強く関与していることが明らかとなったが，ハンノキ林の増加をもたらした決定的な環境変化や具体的な人為的撹乱との関連性はまだ明らかにされていない．釧路湿原各地で進行するハンノキ林の増加は，植生変化の規模からすれば今後保全上の大きな問題となり得るため，様々なスケールによる増加メカニズムの解明が早い段階でなされるべきである．したがって，増加したハンノキ林に対する再生事業の取り組みとしては，まず，増加をもたらした原因を突き止め排除することが当面の大きな課題となっている．さらに，湿原でのハンノキの増加が生態系に何をもたらすのか，科学的データをベースとしたそのモデル構築についても，保全管理と再生方針を考える上で今後必要となるだろう．

　増加したハンノキに対する再生および管理手段として，基本的には原因排除による受動的再生手段が最優先されるが，場合によっては能動的手段と組み合わされる可能性も考えられる．その能動的手段の1つとして，ハンノキの伐採による再生および管理法が従来提案されてきたが，伐採による生態系の反応は全くわかっておらず，予想外の副作用についても強く懸念されている．そこで，広里地域ではハンノキの小規模伐採試験によって，伐採後に起こり得る現象を捉えるべく植生，土壌，水質，微気象などの様々な視点から現在調査が行われている．まだモニタリングが開始されて間もないため，十分なデータは得られていないが，これまでに明らかにされた伐採の主な影響とし

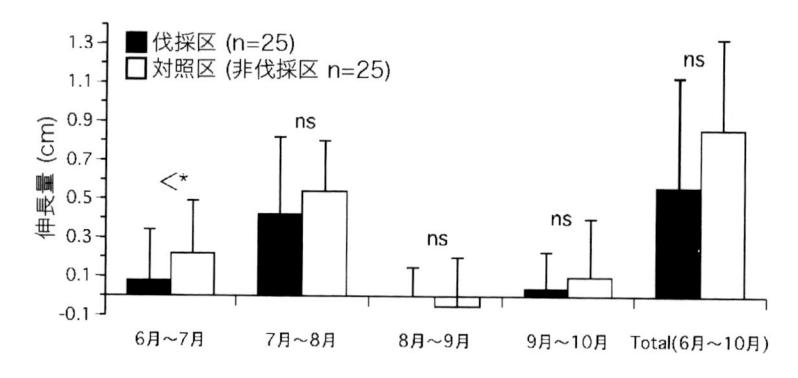

図-14 ハンノキ伐採試験区および対照区（非伐採区）におけるクシノハミズゴケの伸長量
図中の値は平均値±標準偏差を表し，両区の比較はMann-Whitney U-testを用いた．
* : p＜0.05

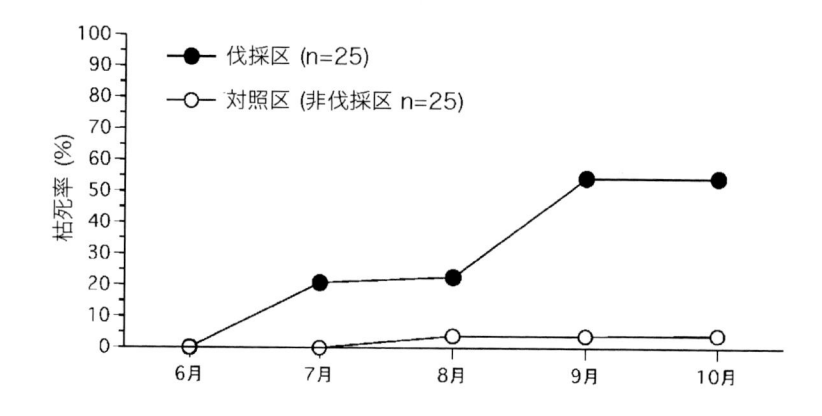

図-15 ハンノキ伐採試験区および対照区（非伐採区）における
クシノハミズゴケの枯死率

て，ハンノキ林床に生育するクシノハミズゴケの伸長抑制や枯死率の増加が認められている（図-14, 15）．

1-6 今後の自然再生事業に向けて

　広里地域の再生事業では，健全性の評価，劣化原因の追究を念頭において，現状を詳細に調査することで，劣化要因の把握ならびに具体的な目標の設定が可能となった．また，小規模ではあるが試験的に事業を行うことで，試験で用いられた再生手法の効果と問題点が明らかにされつつある．さらに，湿原生態系劣化の原因とそのメカニズムを解析しようとする調査研究によって，湿原の生態的・水文的機能に対する理解も深まっている．今後は，こうした知見を踏まえて，最適な再生手法を地域住民や関係省庁と議論を進める予定である．

（中村隆俊，山田浩之）

1. 湿 原

―― 引用文献 ――

1) Wheeler, B.D. and Proctor, M.C.F. (2000): Ecological gradients, subdivisions and terminology of north-west European mires, Journal of Ecology 88, 187-203.
2) Yabe K. (1985): Distribution and formation of tussocks in Mobara-Yatsumi marsh, Japanese Journal of Ecology 35, 183-191.
3) Nakamura T., Yabe K., Komatsu T. and Uemura S. (2002c): Reduced soil contributes to the anomalous occupation of dwarf community in N-richer habitats in a cool-temperate mire, Ecological Research 17, 109-117.
4) Malmer, N. (1986): Vegetation gradients in relation to environmental conditions in northwestern European mires, Canadian Journal of Botany 64, 375-383.
5) Nakamura, T., Uemura, S. and Yabe, K. (2002): Variation in nitrogen-use traits within and between five Carex species growing in the lowland mires of northern Japan, Functional Ecology 16, 67-73.
6) National Research Council (1992): Restoration of Aquatic Ecosystems: Science, Technology, and Public Policy, National Academy Press, Washington DC.
7) Vermeer J.G. and Joosten J.H.J. (1992): Conservation and management of bog and fen reserves in the Netherlands. In: Fens and Bogs in the Netherlands: Vegetation, History, Nutrient Dynamics and Conservation (ed J.T.A. Verhoeven), pp.433-478, Kluwer Academic Publishers. Dordrecht.
8) Beltman B., Van Den Broek T., Bloemen S. and Witsel C. (1996): Effects of restoration measures on nutrient availability in a formerly nutrient-poor floating fen after acidification and eutrophication, Biological Conservation 78, 271-277.
9) Verhoeven J.T.A., Keuter A., Van Logtestijn R., Van Kerkhoven M.B. and Wassen M.J. (1996): Control of local nutrient dynamics in mires by regional and climatic factors: a comparison of Dutch and Polish sites, Journal of Ecology 84, 647-656.
10) Budelsky R.A. and Galatowitsch S.M. (2000): Effects of water regime and competition on the establishment of a native sedge in restored wetlands, Journal of Applied Ecology 37, 971-985.
11) 環境省自然管理局・㈳自然環境共生技術協会 (2004): 自然再生 ― 釧路から始まる ―, 279pp., ぎょうせい.
12) 中村隆俊・山田浩之・仲川泰則・笠井由紀・中村太士・渡辺綱男 (2004): 自然再生事業区域釧路湿原広里地区における湿原環境の実態 ― 植生と環境の対応関係から見た撹乱の影響評価 ―, 応用生態工学 7(1), 53-64.
13) 山田浩之・中村隆俊・仲川泰則・神谷雄一郎・中村太士・渡辺綱男 (2004): 自然再生事業区域釧路湿原広里地区における湿原環境の実態 ― 酪農草地化および河川改修が湿原地下水環境に及ぼす影響 ―, 応用生態工学 7(1), 37-51.
14) Takamura N., Kadono Y., Fukushima M., Nakagawa M. and Kim B. (2003): Effects of aquatic macrophytes on water quality and phytoplankton communities in shallow lakes, Ecological Research 18, 381-395.
15) 水垣 滋・中村太士 (1999): 放射性降下物を用いた釧路湿原河川流入部における土砂堆積厚の推定, 地形 20, 97-112.
16) Nakamura F., Sudo T., Kameyama S. and Jitsu M. (1997): Influences of channelization on discharge of suspended sediment and wetland vegetation in Kushiro Marsh, northern Japan, Geomorphology 18, 279-289.
17) Nakamura F., Jitsu M., Kameyama S. and Mizugaki S. (2002b): Changes in riparian forests in the Kushiro Mire, Japan, associated with stream channelization, River Research and Applications 18, 65-79.
18) Kameyama S., Yamagata Y., Nakamura F. and Kaneko M. (2001): Development of WTI and turbidity estimation model using SMA ― Application to Kushiro Mire, eastern Hokkaido, Japan ―, Remote Sensing of Environment 77, 1-9.
19) 中村太士・中村隆俊・渡辺 修・山田浩之・仲川泰則・金子正美・吉村暢彦・渡辺綱男 (2003): 釧路湿原の現状と自然再生事業の概要, 日本生態学会保全生態学研究 8, 129-143.
20) 佐藤孝則 (1998): 希少野生生物種とその生息地としての湿原生態系の保全に関する研究報告書, ㈶日本鳥類保護連盟, 117-152.
21) 正富宏之・大石麻美 (2001): 湿原生態系及び生物多様性保全のための湿原環境の管理および評価システムの開発に関する研究調査報告書, ㈶日本鳥類保護連盟釧路支部, 3-4.
22) 釧路湿原の河川環境保全に関する検討委員会 (2001): 釧路湿原の河川環境保全に関する提言, 国土交通省北海道開発局.
23) 松原健二・山田浩之・中村隆俊・宮作尚弘・神谷雄一郎・渡辺綱男・中村太士 (2003): 航空機レーザー測量を用いた釧路湿原ハンノキ林の樹高推定と分布域の環境条件, 第114回日本林学会大会学術講演集, 160.
24) 中村太士 (2003a): 河川・湿地における自然復元の考え方と調査・計画論 ― 釧路湿原および標津川における湿地,

氾濫原,蛇行流路の復元を事例として—,応用生態工学 5(2), 217-232
25) 中村太士 (2003b):自然再生事業の方向性,土木学会誌 88, 20-24.
26) Conway V.M. and Millar A. (1960): The hydrology of some small peat-covered catchments in the N. Pennines, Journal of the Institute of Water Engineers 14, 415-424.
27) Burke W. (1975): Effects of drainage on the hydrology of blanket bog, Irish Journal of Agricultural Research 14, 145-162.
28) Nicholson I.A., Robertson R.A. and Robinson M. (1989): Effects of drainage on the hydrology of a peat bog, International Peat Journal 3, 59-83.
29) 山田浩之・中村隆俊・仲川泰則・濱　裕人・中村太士・渡辺綱男(2003):釧路湿原広里地区における地下水環境の実態および湿原再生手法の検討,応用生態工学会第7回研究発表概要集, 55-58.
30) 中村隆俊・中村太士 (2003):釧路広里地区における植生分布と無機環境要因,環境省自然環境局北海道地区自然保護事務所平成14年度自然再生事業広里地区自然環境調査(その1)業務報告書.
31) Wheeler B.D. and Shaw S.C. (1995): A focus on fens-controls on the composition of fen vegetation in relation to restoration. In: Restoration of Temperate Wetlands (eds. Wheeler B.D., Shaw S.C., Fojt W.J. and Robertson R.A.), pp.49-72, John Wiley & Sons Ltd. Ontario.
32) Hotes S., Poschlod P., Sakai H. and Inoue T. (2001): Vegetation, hydrology, and development of a coastal mire in Hokkaido, Japan, affected by flooding and tephra deposition, Canadian Journal of Botany 79, 341-361.
33) Nakamura T., Uemura S. and Yabe K. (2002b): Hydrochemical regime of fen and bog in north Japanese mires as an influence on habitat and above-ground biomass of Carex species, Journal of Ecology 90, 1017-1023.
34) Yabe K. and Numata M. (1984): Ecological studies of the Mobara-Yatsumi marsh: Main physical and chemical factors controlling the marsh ecosystem, Japanese Journal of Ecology 34, 173-186.
35) Farrell C.A. and Doyle G.J. (2003): Rehabilitation of industrial cutaway Atlantic blanket bog in County Mayo North-West Ireland, Wetlands Ecology and Management 11, 21-35.
36) Price J.S., Heathwaite A.L. and Baird A.J. (2003): Hydrological processes in abandoned and restored peatlands: An overview of management approaches, Wetlands Ecology and Management 11, 65-83.
37) Bardsley L., Giles N. and Crofts A. (2001): The wetland restoration manual, 250pp., The Wildlife Trusts, UK.

コラム

タンチョウの分布域拡大と自然再生

◆**タンチョウの分布域拡大**◆

　日本で繁殖する最大の鳥類であるタンチョウは，自然再生事業が行われている釧路湿原を中心とした道東地域に留鳥として生息している．海外では，中国北部，極東ロシアで繁殖し，中国南部や朝鮮半島で越冬する渡り鳥で，約1,000～1,500羽程度分布するとされている．日本のタンチョウは，かつては北海道全域～本州の東北，関東にまで幅広く分布していたが，明治時代に入ると激減し，一時は絶滅したと思われていた．大正時代に道東で33羽が再発見されて保護活動が始まり，越冬期の人工給餌により徐々にその数は増加し，現在は800羽を越えるにまで増加した．しかし，800羽という数字は安全な数字ではなく，絶滅の危機から脱したわけではない．しかも，近年，増加の伸びが鈍ってきており，また，大陸でも生息地の湿地の消失が増えて個体数の減少が懸念されている．越冬地が集中している釧路湿原周辺で病気が発生すれば全滅の可能性もある．

　一方，北海道では，これまでタンチョウは，釧路，十勝，根室などの道東地域にしか生息していなかったが，ここ数年，繁殖期にわずかだが道央や道北に出現する個体がみられるようになった．しかし，道東以外での繁殖の確認はなく，これらの分散個体も越冬期には釧路湿原周辺の給餌場に戻ってきており，越冬期の人工給餌なしでの個体群の維持には至っていない．このような増加の鈍化と個体の分布域拡大は，道東の繁殖適地における個体数の収容力が限界にきていることを示唆しており，繁殖地の分布が広がることは保全上望ましいことであるといえる．そのような状況のなかで，2004年の6月に道北のサロベツ湿原において，おそらく100年以上ぶりのタンチョウの繁殖が確認された．サロベツにきているのは僅か1つがいで，卵は2個確認されており，孵化してある程度まで育った雛は1羽だけであった．このつがいは2002年からサロベツに毎年現れていたが，2004年に初めて繁殖に成功した．しかし，その後この雛は姿がみえなくなってしまった．

◆**分布拡大を先取りした対応を**◆

　サロベツ湿原では，今後も，このつがいが繁殖活動を継続する可能性が高いが，運良く地元・環境省・北海道開発局が協力してサロベツ自然再生事業を進めているところであり，その一環として保護管理とモニタリングを行うことが検討されている．

　北海道ではかつては，ほぼ全域でタンチョウが生息していた．繁殖に適したヨシ原が多いことから，分布域拡大が進めば，いろいろな地域でタンチョウが確認される可能性がある．そのため，早くから対応を始めることが望ましい．日本には，生態系の上位種であり，その絶滅を防ぐには広域の生息環境の保全や再生が必要な鳥類が多く生息する．

　本来，国や都道府県がこのような種について広域の生息環境評価を行い，将来起こる可能性のある事態を想定し，その上で自然再生サイトなどを決めることが望ましい．そのために，これらの種の潜在的な生息適地の図化を行い，その保護管理・自然再生をどのようにするか，先手を打って検討しておくことが「自然再生の時代」の基本的な姿勢として必要である．

（逸見一郎）

2．半自然湿地
― 福井県敦賀市中池見の事例を中心に ―

2-1 半自然湿地の生態的特徴

　人為の影響を受けて発達する湿地をここでは「半自然湿地」と呼ぶ．その代表ともいえる水田では，生産を目的とした水管理や耕耘などの作業が毎年規則的に行われている．このような水田の水辺環境としての特徴は，「時空間的に安定した一時的な水辺」[1]といわれる．水田として維持されている水辺は，農作業の営みに応じて，多様な淡水生物によって生息地・生育地として利用されることが明らかにされている．一方，近年は水田の耕作放棄が進み，水田の改廃や植生遷移にともなう陸化による生物多様性の低下が懸念されている．半自然湿地には水田やため池などのほか，開発にともなう代償措置として人工的に造成された湿地も含まれるが，ここでは，放棄された水田の自然再生事例として中池見の取り組みを紹介する．

2-2 中池見の概要と自然再生実施の背景

　中池見は，福井県敦賀市の市街地東部に位置する約25haの山間盆地である．昭和30年代頃の中池見は，全域が泥深い水田で，稲刈りには田舟や田下駄が用いられていた．しかし，昭和40年代から，米の生産調整と作業困難な水田立地であることを背景に，次第に耕作放棄が進んだ[2]．その結果，かつて水田耕作が営まれていた大半のエリアはヨシやマコモなどが優占する湿地となった．
　一方で，1992年に敦賀市議会は，中池見へ液化天然ガス（LNG）基地を誘致することを決議し，これを受けて1993～1994年にかけ環境アセスメントの調査が行われた．
　環境アセスメントの調査が実施されるなかで，中池見には多様な水生・湿生植物や水辺の動物が確認され，このなかには多数の希少な種が含まれていた．そのため，環境影響評価書では，事業予定地の一部に環境保全エリアを設定して必要な整備を行い，自然環境を保全する計画が示された．また，福井県知事からは，環境保全エリアの整備にあたって，次の点に配慮するよう意見が出された[3]．

① 事前に生物と環境条件の十分な調査を行うこと．
② 工事の着手にあたってはこれらの調査結果を十分に踏まえること．
③ 地域住民が自然に親しむ場，環境学習・調査研究の場として利用できる施設として整備すること．
④ 環境保全エリアの適切な維持管理と生物の変化の記録を実施すること．

　このような過程を経て，1997年から環境保全エリアの整備が開始された．事前調査を含めた整備期間は3年を要し，環境保全エリアの一部は，2000年5月に「中池見　人と自然のふれあいの里」として一般公開された．2002年には中池見におけるLNG基地建設計画は中止されたが，2004年現在も自然環境保全のための維持管理作業とモニタリングは継続されている．写真-1に中池見に整

2. 半自然湿地

写真-1 環境保全エリア全景

備された環境保全エリアの全景を示す．

　筆者らは，環境保全エリアの整備にあたり，整備計画やモニタリングなどにかかわってきた．その経緯を踏まえ，事業実施の代償措置として整備された環境保全エリアの整備プロセスと，その成果と課題を紹介する．

2-3　環境保全エリアにおける自然再生の目標設定

1）保全目標の考え方

　環境保全エリアの整備にあたっては，ミズニラ，デンジソウ，イトトリゲモなどの植物24種，モリアオガエル，サラサヤンマ，チュウサギなどの動物16種の動植物種（表-1）が保全目標として

表-1　環境保全エリア整備における保全対象種一覧[3]

区　　分		種　　名	
植　物 （24種）	保全分級Ⅱ	ミズニラ デンジソウ イトトリゲモ ミズアオイ ミクリ ナガエミクリ ナツエビネ サンショウモ ヒツジグサ	マツモ ヒメビシ ミズトラノオ ミツガシワ トチカガミ ミズオオバコ カキツバタ ショウブ ヤナギヌカボ
	保全分級Ⅲ	ミズワラビ マアザミ ヨコグラノキ	イヌタヌキモ ハナゼキショウ ミズトンボ
動　物 （16種）	保全分級Ⅱ	モリアオガエル ハッチョウトンボ	ゲンジボタル サラサヤンマ
	保全分級Ⅲ	カワセミ チュウサギ ヒクイナ ヨシゴイ ヘイケボタル アオヤンマ	ネアカヨシヤンマ オオコオイムシ キベリクロヒメゲンゴロウ クロゲンゴロウ ゲンゴロウ ジュウサンホシテントウ
分級Ⅱ～Ⅲの植物群落（5群落）		ミズトラノオ群落 ミツガシワ群落 ミズアオイ群落	

注：保存分級Ⅱ：レッドデータブック記載種や福井県内で希少とされる種
　　保存分級Ⅲ：地元学識経験者などにより注目されている種

◀河原宏幸氏撮影

写真-2 デンジソウ，ミズアオイ，サラサヤンマ，ゲンゴロウ

設定された（以下，保全対象種）．これらは，レッドデータブックに記載されたり，福井県内で希少であることを基準に選定された種のうち，事業の実施により影響を受けると評価された種である．

　これらの種のうち，デンジソウ，サンショウモ，ミズアオイなどは，水田雑草として位置づけられるものである[4]．同様に，ゲンゴロウやチュウサギなども，水田やその周辺環境を主な生息地とする動物である（写真-2）．このように，保全対象種の多くは，絶滅の恐れのある希少な種であると同時に，水田耕作地に依存した種である．また，保全対象種は，水田に生息・生育するもの，水路や池などの開放水域に生息・生育するもの，ヨシ原などの高茎草本群落に生息・生育するものなど，要求される環境条件は多岐にわたる．

　このように，環境保全エリアでは，主として二次的自然を主要な生息・生育環境とする種群が保全対象となった．

2) 保全手法の考え方

　上記のような二次的自然を主要な生息・生育環境基盤とする種群を保全するため，環境保全エリアの整備では，次の2つの保全方針を設定した．

2. 半自然湿地

(1) 営農作業に準じた維持管理の実施

　保全対象としている生物種の多くは，水田耕作が営まれているサイトを主要な生息・生育基盤としている．維持管理を停止すると，高茎草本群落に植生遷移が進行し，これらの種群の多くは生息・生育できなくなると考えられたため，継続的な維持管理作業を行うこととした．

(2) 新たな生息・生育環境基盤の整備

　環境保全エリアには，耕作されている水田（現行田）や放棄後間もない水田，ヨシなどの優占する高茎草本群落など，中池見全域の代表的な環境類型をほぼ含んでいた．しかし，保全対象としている種群の一部は，その生息・生育環境が環境保全エリア内に不足していると考えられたため，池沼・水路などを中心に，補完的な環境基盤の整備を行うこととした．

2-4　環境保全エリアの計画プロセス

1) 事前調査

　環境保全エリアの整備計画を立案するため，すでに実施されていた環境アセスメント時の調査とは別に，計画地内の自然環境調査を行った．ここでは，保全対象とする種の詳細な分布状況や，生息・生育環境を調査した．保全対象とする種は，1/1,000地形図上に生息・生育範囲をプロットした．また，生息・生育環境の調査では，水田（現行田，放棄田）ごとに，水温，水深，水素イオン濃度（pH），電気伝導度（EC）などを計測した．また，計画地全域の現存植生図についても新たに作成した．

2) ゾーニング計画

(1) 前提条件の整理

　環境保全エリアでは，動植物種を保全し，さらに，地域住民が自然に親しむ場，環境学習の場として整備することが求められている．すなわち，保全と利用の両立の検討が必要となった．後者の実現のためには，観察道や休憩・展示を備えた設備が必要と考えられた．

　一方で，環境保全エリアでは，希少な動植物種が生息・生育する二次的自然を保全することが目的である．そのため，自然環境保全上の配慮を優先して，環境保全エリアの整備計画を立案することとした．

(2) 環境保全エリアのゾーニング

　上記の条件を満たすため，環境保全エリアでは，次の情報を整理しながら，ゾーニング計画を立案した．

① 現地調査により得られた保全対象種の分布図
② 水田一筆ごとの環境特性図（水深，pH，ECなど）
③ ②と保全対象種生息・生育環境データベースから得た潜在的分布可能域図

　環境保全エリアの平地部は，もともとは全面が水田であることから，保全対象種や環境特性図は，10a/区画程度の放棄田一筆（一区画のこと）ごとに整理した．一般的に，水田は，一筆ごとに維持管理が実施されるため，一筆の水田内の環境条件は比較的均質であるとらえられる．したがって，環境保全エリアの整備検討において，自然環境の空間的な特徴を捉えるためには，水田一筆を1グリッドとして認識して環境特性を整理・解析することは合理的であると考えた．

　①および③で整理された保全対象種の分布図（現存分布図および分布可能域図）について，すべての分布図を重ね合わせ，保全と利用を空間的に配置するための指針となるエリアに区分した（図-1）．そこに環境学習など，利用に求められる事項（観察道，管理棟などの整備）をインプットし，

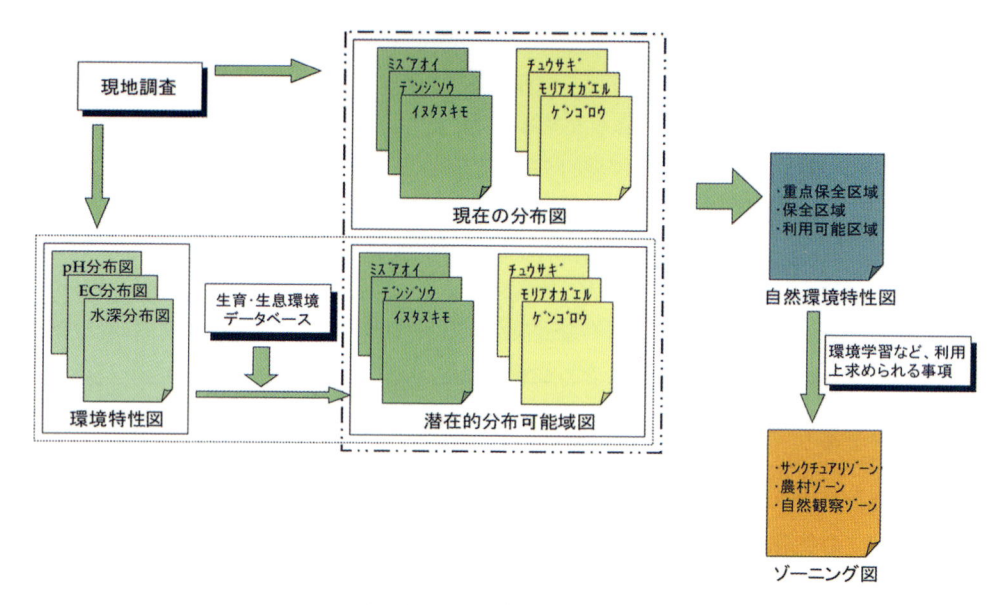

図-1 環境保全エリアゾーニング計画のプロセス

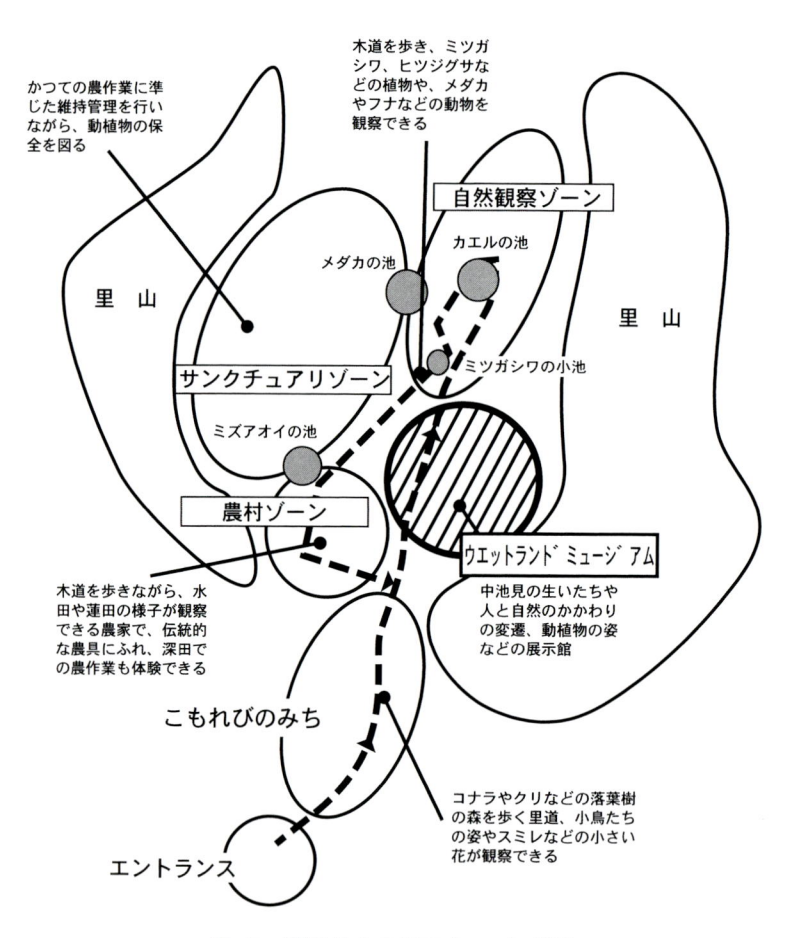

図-2 環境保全エリアゾーニング図

最終的なゾーニング図を立案した（図-2）．

(3) 環境保全エリアの整備計画

ゾーニング計画で検討した内容をもとに，最終的に描かれた環境保全エリアの整備計画平面図を図-3に示す．この計画では，平地部の西側に保全を優先的に実行するゾーンを配置し，保全しながら環境学習などに利用できるゾーンを東側に配置した．また，環境学習などに活用する主要な施設として，観察用木道，管理棟（ウエットランドミュージアム）や，二次的自然の保全シンボルとして，農村景観を創出するための茅葺農家を配置することとした．

さらに，保全を優先するゾーンと，環境学習に利用するゾーンは，その間に配置された高茎草本群落（ヨシ原）により視線が遮られ，両者が1つの集水域で並存できるよう配慮した．

2-5 自然再生のためにとられた具体的手法

1) 維持管理

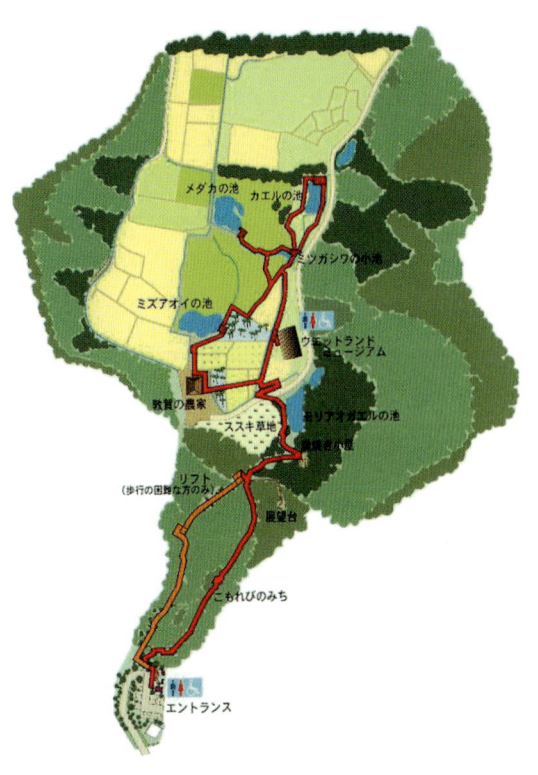

図-3 環境保全エリア計画平面図

保全を優先するゾーンでは，営農作業に準じた維持管理を継続的に実施することにより，保全対象種の保全を図ることとした．維持管理作業は，多様な環境類型を維持するため，現行田，休耕田，低茎草原，高茎草原などに区分し，それぞれの環境類型ごとに異なる維持管理作業を実施している．保全対象とする動植物は，水田耕作に依存している種群であるため，従来の営農作業に準じた維持管理作業の導入が必要と考えられる．環境保全エリアで実施されている維持管理項目（表-2）は，これまで中池見で耕作にかかわってきた農

表-2 維持管理作業工程表

作業内容		3	4	5	6	7	8	9	10	11	12
水管理	江堀り・池掃除		▨			▨					
	水管理水路等補修		▨▨▨▨▨▨▨								
除草	草刈り（機械）		▨		▨	▨		▨	▨		
	草刈り（手作業）			▨		▨			▨		
	ヨシ・ガマ抜取					▨					
	ヒエ穂・ヨシ抜取							▨	▨		
	堆肥作り								▨		
耕起作業	畦作り		▨								
	田起こし・代かき		▨	▨							
	肥料散布		▨								
	畦の補修								▨		
収穫作業	田植え			▨							
	稲刈り							▨			
	稲脱穀							▨			

写真-3　田起こし，田植え，草刈り，稲刈り

家にヒアリングしながら，一方で保全対象種の生態調査から得た情報をもとに，それぞれ項目と手法を選択した．

　維持管理作業のなかで，最も重視している作業は，休耕田管理である．休耕田管理は，主に一年生草本から構成される草丈の低い植生を維持することを目標として管理している．そのため，春季の田起こし，高茎草本が進入した際の選択的除草と，春季から秋季までの間の水管理を実施している（写真-3）．田起こしは，土壌の撹乱による多年生草本の進入防止と埋土種子からの草本類の出現が期待できる．

2）　生態系基盤の整備

　環境保全エリアでは，保全目標とする多様な動植物の保全のため，維持管理作業の導入とは別に，池沼・水路などの生態系基盤を新たに創出することとした．池沼の詳細計画立案にあたっては，保全目標とする種の生息・生育環境に必要な構造を盛り込んだ．

　池沼は，多様な環境を創出するため，貧栄養な水質を保つ池沼，富栄養な水質を保つ池沼の2タイプを2ヵ所ずつ整備した．1つのタイプを2ヵ所ずつ整備したのは，仮に1ヵ所が何らかの原因で損傷を受けた際のバックアップを確保するためである（写真-4）．

　なお，水路・池沼の整備や，その他の施設を整備する作業を実施する際には，以下の点に留意した．

①　濁水を下流に流さない．
②　コンクリート製品は極力使用しない．

2．半自然湿地

写真-4　池沼の整備（整備直後，整備後3年）

③　中池見の外部から植物の種や土をもちこまない．
④　新たな緑化が必要な場合には，表土を活用する．
⑤　保全対象となる動植物の生息・生育に配慮した工程管理を導入する．

3）　環境基盤整備・維持管理作業実施後の成果と課題

(1)　成　果

　環境保全エリアの整備に関連し，整備前，整備中，整備後に自然環境に関するモニタリングを継続的に実施している．モニタリングでは，保全目標とした動植物種の出現状況（保全対象種個々の確認位置と，個体数または分布面積）を調査している．

　また，モニタリングは，保全対象種だけではなく，水辺に結びつきの強い昆虫類としてトンボ類の出現種についても経年的に把握している．その他，植物については，外来種の出現の有無についても記録している．

　このモニタリングによって，保全目標とした動植物種の大部分の保全が確保され，かつ，多様な水生・湿生植物が環境保全エリア内に出現していることが明らかになった[5]．

(2)　発生した問題点と対策

①　アメリカザリガニの発生（写真-5）

　環境保全エリアの整備により，全体的に良好な保全状態が得られたが，予期しなかった課題も発生した．その1つが，アメリカザリガニ（昭和初期に北米よりもちこまれた外来種）の増殖である．中池見全域において，アメリカザリガニは環境アセスメントの調査時にはほとんど確認されておらず，環境アセスメント以降に爆発的に増殖したと考えられる．アメリカザリガニは，雑食で，水生昆虫の幼虫や水生・湿生植物を捕食しているようである．保全対象種の，特に植物の被食被害は著しく，トチカガミ，ヒツジグサやイヌタヌキモなどの草質の柔らかなものは，食べつくされてしまった．

　2004年現在，環境保全エリアでは，すべてのアメリカザリガニの個体駆除は困難であるため，造成した池沼の一部で徹底的な除去作業を行い，アメリカザリガニの生息密度を低く維持するような対策をとっている．

| 設置直後 | 2日後 |
| 1週間後 | 採食状況 |

写真-5 アメリカザリガニによるトチカガミの食害実験

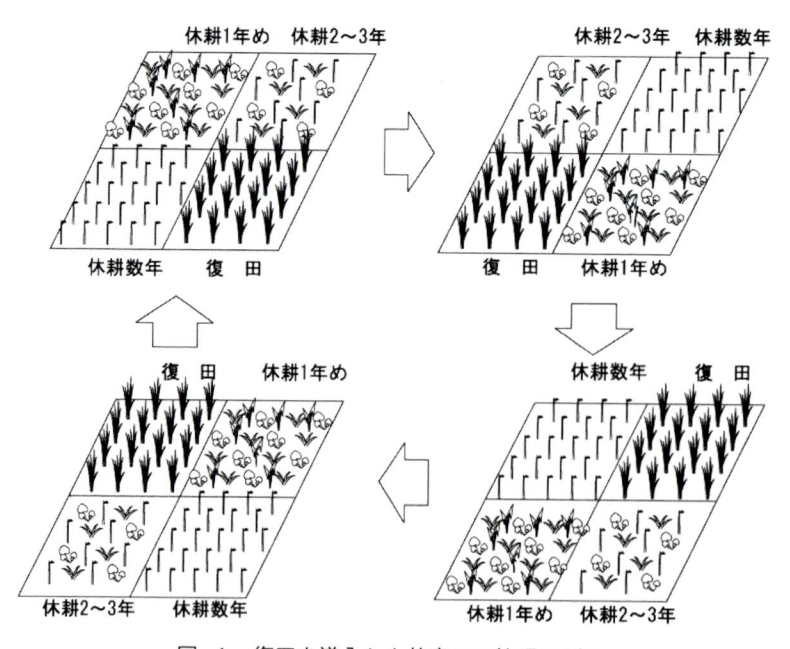

図-4 復田を導入した放棄田の管理モデル

2．半自然湿地

② 休耕管理植生の多年生草本群落化

　環境保全エリアの整備計画当初に想定できなかったことのもう1つは，休耕田管理を実施している放棄田において，多年生草本の割合が次第に増加してきたことである．休耕田管理は，一年生草本を中心とする草丈の低い植物から構成される植物群落を維持するために実施する管理であるが，田起こしを毎年実施していても，サンカクイなど多年生草本の割合が増加する傾向がみられた．モニタリングを続けるなかで，サンカクイをはじめとする多年生草本が優勢になると，希少な一年生草本は生育しなくなることがわかった．そこで，環境保全エリアでは，田起こしの継続に加えて数年に一度の復田を組み入れるシステムを取り入れた（図-4）．この作業により，一年生草本が主体となる草丈の低い植生を再生することができることを確認した[6]．そのなかには，ヤナギヌカボなどの保全対象種が含まれることも確認した．現在は，その長期的な効果について確認を進めているところである．

2-6　モニタリングと維持管理の重要性

　2004年秋現在，環境保全エリアにおいて，希少な動植物の生息・生育する環境を維持するための一連の取り組みを開始して8年が経過した．環境保全エリアの整備を開始した当時は，水田雑草の防除に関しての研究報告は数多くあったものの，主として水田雑草から構成される植生を再生する試みはほとんど行われていなかった．そのため，トライ＆エラーの連続であったが，この取り組みにより，従来の営農作業に準じた維持管理作業や多様な環境基盤の整備が，水生・湿生の希少な動植物を保全することに有効であることがわかった．

　環境保全エリアに維持管理作業を導入し，また，環境基盤整備が行われている間，現地には生物に関する専門の職員が常駐し，作業員との調整やモニタリング調査にあたってきた．アメリカザリガニによる食害や休耕管理植生の多年生草本群落化の問題は，モニタリングを継続しているなかで確認したものである．中池見に設置された環境保全エリアで行われた取り組みにより，二次的自然の保全に取り組むにあたっては，保全にかかわる事前の調査と周到な計画・設計も重要であるが，一方で，モニタリングを継続しながら，その結果を維持管理に速やかに反映させることがさらに重

写真-6　敦賀市池河内の放棄田の植生変化（1997年（左）と2003年（右））

要であることも明らかとなった．

　筆者らは，環境保全エリアでこの取り組みを開始した1997年に，中池見とは別に，敦賀市池河内の放棄田において，ごく簡易なモニタリングを開始した．その中で，池河内の放棄田では，放棄後から3～5年でハンノキの優占する植生に変化することが確認された（写真-6）．この植生遷移の過程で，放棄後間もない頃にみられた多様な植物はみられなくなった．このことからも，放棄田に成立した水生・湿生の植生の変化は著しいことがうかがえる．保全の必要性の認識と作業の取り組みには，速やかな判断も求められると考える．

(関岡裕明，中本　学)

―― 引用文献 ――

1) 日高一雅（2000）：水辺環境の保全 ― 生物群集の視点から ―，水田における生物多様性とその修復，p.125-149，朝倉書店．
2) 藤井　貴（2000）：農村ビオトープ ― 農業生産と自然との共存，農村ビオトープの保全・造成管理 ― 敦賀市中池見での事例，p.83-107，信山社サイテック．
3) 大阪ガス株式会社（1996）：敦賀LNG基地建設事業に係る環境影響評価書．大阪ガス株式会社．
4) 下田路子（2003）：水田の生物をよみがえらせる，p.40-42，岩波書店．
5) 関岡裕明・下田路子・中本　学・水澤　智・森本幸裕（2000）：水生植物および湿生植物の保全を目的とした耕作放棄水田の植生管理．ランドスケープ研究 63，491-494．
6) 中本　学・関岡裕明・下田路子・森本幸裕（2002）：復田を組み入れた休耕田の植生管理．ランドスケープ研究 65，585-590．

3. 二次林

3-1 二次林再生の考え方

1) 二次林

「二次林」とは，人為的な影響によって二次的に成立した林のことで種組成などにより分類される．日本国内ではミズナラ，シラカバ，コナラ，クリ，クヌギ，アカマツ，クロマツ，シイ，カシ類などが優占する群落がある．関東地方において代表的な二次林は，いわゆる雑木林といわれているかつての薪炭林であり，定期的な伐採や下刈りなどによって維持されてきた林である．クヌギやコナラをはじめ，イヌシデやヤマザクラ，カスミザクラなど様々な種類の落葉広葉樹から成り立っているが，その構成種は，ひとつづきの林の中でも地形や，土壌によって少しずつ異なり，さらに，大きな気候や地史的な違いによって異なる[1]．例えば，関東地方の二次林の代表である，クヌギとコナラは，関西以西ではアベマキとコナラとなる．また，関東地方でも北部になると，クリが多く混生するようになり，南部になるとアラカシなどの常緑樹が多く混じるようになる．これらの共通の特徴としては，生育が早く，薪や炭としての利用に適した樹木が優占していることで，薪炭林として優れた性質をもっている．また，もうひとつの特徴としては，管理によって遷移が一時的に停止した状態にあることで，管理を行わずに放置すると，その地域の極相林といわれる樹林へと変化する．例えば，武蔵野台地の場合では，シラカシ，アカガシなどが増加し，乾燥地ではモミが侵入するなど常緑樹が多くなり，植生の変化が進むことが観察されている．

このような二次林は，人為的な影響を強く受けていることから，1975年に発表された自然環境保全基礎調査の中では自然度が7に分類され，自然林の自然度9より低い値に分類された[2,3]．さらに，1970年代から80年代までは，自然度の高い林の保全が優占されるという自然度重視の風潮があり，二次林は自然林よりは保全や再生の必要が低いと評価されがちであった．しかし，里山と呼ばれる落葉広葉樹林について，様々な分野からの研究が進むにつれ，多様な動植物のハビタットとしての生態的な重要性が見直されつつある[4,5]．また，伝統的な農村生活に支えられた自然との共生のシステムが再認識され，民俗文化の保全の場として，またレクリエーション活動の場や，自然観察などの学習の場としても，二次林の価値が見直されている[6,7,8]．

2) 二次林再生の背景

かつて，日本の農村と里山の二次林は切っても切れない関係にあった．二次林から採取される落ち葉は農耕地の肥料として，また，枝は煮炊きの燃料として，太い枝や幹は炭や薪に，フジやアケビのツルは篭などに，アカマツやモミなどは用材として利用された．そのほか，様々な木の実やキノコ，植物あるいは動物が食物や薬として，生活や祭事に必要な様々な資源として利用されてきた．しかし，昭和30年代半ばを最後に，農村の生活においても燃料や堆肥の必要性は低くなり，里山が生活から遠ざかってしまった．その結果，わが国の農村や山村から，山の管理技術や自然を利用し

た暮らしを継承する人々がいなくなり，里山を利用する文化そのものが消失の危機にある．そのため，ほとんどの里山において，二次林の定期的な管理や利用が行われず，ササやツル植物が生い茂るなど，多様な自然と豊かな山の恵みが消えつつある．

　里山の林（二次林）の再生という課題は，二次林の再生技術であると同時に，昔からの山の管理の技術や，自然を利用した暮らしの技術を，いかに受け継ぎ，次の世代へ伝えるかという課題でもある．現代においては，二次林の再生の労力と費用を誰が，どのように負担し，市民の生活の中に山の管理と利用をどのように位置づけるかということから考えなければならない．

　また，二次林の自然に対する動植物のハビタットとしての重要性の認識からは，土地の開発によって樹林が壊されてしまった，造成地やのり面などの人工的に造られた環境においても，二次林を復元する技術が必要とされている．

　このようなことから，ここでは，二次林の再生について，「二次林を造り，育てる」という課題ととらえ，市民とのかかわりも含めて事例を紹介する．

3） 二次林の再生と林の遷移

　二次林の再生を計画する場合には，その地域における樹林の遷移の系列と，遷移と外的な要因との関係，および二次林が成立している機構を把握しておくことが必要となる．図-1は関東地方南部における樹林の遷移の例である[9,10]．この図で，コナラ林やアカマツ林は，遷移が進むと林床にシラカシなどの実生が生育し，シラカシやスダジイなどの優占する樹林になって安定する．しかし，定期的な下刈りや伐採によって，その遷移の進行を止めることで二次林が維持される．また，1960年頃までは，コナラ林を伐採した後に，その根株からの萌芽によって更新することや，伐採後に現れるヌルデやアカメガシワの優占する樹林から，コナラの実生を選択しながら樹林を再び育成するという循環的なシステムによって，薪や炭に適した大きさの，若い樹齢の二次林を薪炭林として維持することが行われていた．

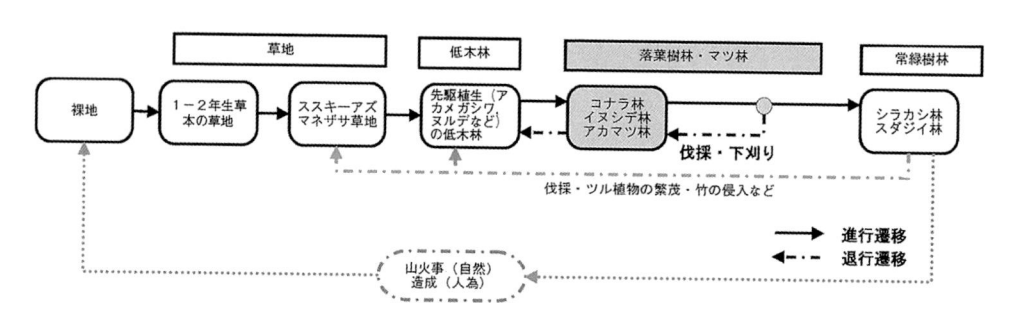

図-1　樹林の遷移と二次林の位置（千葉県の事例）

4） 二次林の再生と目標設定の考え方

　再生に先立って，地域の樹林をモデルにしながら基礎的な項目を調べ，そのうえで目標とする樹林を設定し，樹林の機能について検討を行う（図-2）．また，設定された機能は，その構造や空間的な配置，整備・管理のあり方にフィードバックされる[11]．

　例えば，樹林を炭焼きの場として利用する場合には，炭焼きに適した樹木を10～20年で伐採して更新するが，落ち葉をとるために利用するのであれば，40～50年，あるいはそれ以上の樹齢の林へ

3. 二 次 林

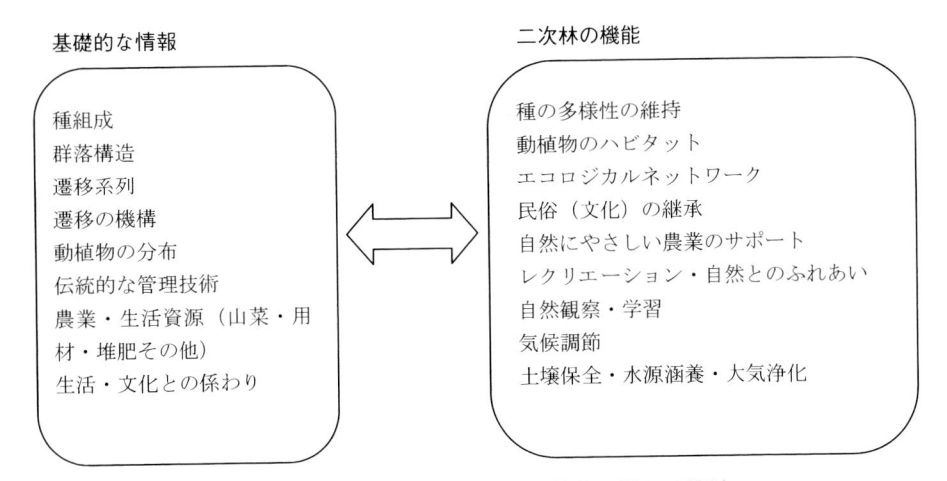

```
基礎的な情報                    二次林の機能
┌─────────────┐              ┌─────────────┐
│ 種組成        │              │ 種の多様性の維持    │
│ 群落構造       │              │ 動植物のハビタット   │
│ 遷移系列       │   ⟷          │ エコロジカルネットワーク│
│ 遷移の機構      │              │ 民俗（文化）の継承   │
│ 動植物の分布     │              │ 自然にやさしい農業のサポート│
│ 伝統的な管理技術   │              │ レクリエーション・自然とのふれあい│
│ 農業・生活資源（山菜・用│              │ 自然観察・学習     │
│ 材・堆肥その他）   │              │ 気候調節        │
│ 生活・文化との係わり │              │ 土壌保全・水源涵養・大気浄化│
└─────────────┘              └─────────────┘
```

図-2 目標樹林の設定と樹林の機能に係わる検討

の育成も目標となる．また，林床の植物の開花を期待する場合と，タヌキやアカネズミの生活を考慮する場合では，草の刈り方や回数を変える必要がある．このように，二次林の機能は多様で，さらにその管理や維持の方法においてもいくつもの選択肢がある．したがって，実際の計画においてはできるだけ，多くの管理段階や管理方式の樹林をモザイク状に配置することによって，多様化を図ることが考えられる．また，モニタリングは重要で，これにより計画目標の達成の程度や予期せぬ変化をいち早く知り，予測されなかった変化に対して，必要に応じた対策や計画の変更を行うことが可能となる．

3-2 ドングリからの里山づくりと樹林の管理 ─ 鶴田沼緑地 ─

宇都宮市の鶴田沼緑地は市街地の西端に位置し，都市化の進む中に保全された約30haの面積で，内部に湿原をもつ谷戸であり，周辺の樹林地も含めた保全と再生が課題となっている緑地である．二次林の再生は，池や流れの水源林としての機能を保全すること，かつての里山の森林と水と生物のつながりである生態系を取り戻すこと，残された林を補強して動植物のハビタットとしての面積やつながりをもたせることなどを目的とする[12,13]．

1） 目標の設定

自然再生において市民の参加を広く求める場合には，計画や作業を実行する前に，どのような林をつくりたいのか，目標をどこに設定するのかという話合いや勉強会を行い，共通のイメージをもつことが大切である．例えば，スギ林からコナラ林に樹種の転換を行う場合には，その理由が共有される必要がある．

目標設定では，対象となる地域とその周辺の里山から将来のイメージとなる林を探し，群落構造，群落組成を調べることができる．このような作業を行い，それらの特徴や機能を検討してみると，将来の目標となる樹林としては，「利用のための樹林」と「生物相保全のための樹林」の2つのタイプに大きく分類されると考えられた（図-3）．前者は管理の行き届いた，林床に光が差し込み，草本植物層が多様で安定している群落で，後者は管理頻度の低い，階層構造の発達した，林内に低木の多い樹林である（写真-1）[14]．これら2つのタイプの目標樹林を，敷地全体の中で人々の利用の観点での評価，生物相からの評価を組み合わせながら，バランスよく配置していくことが求めら

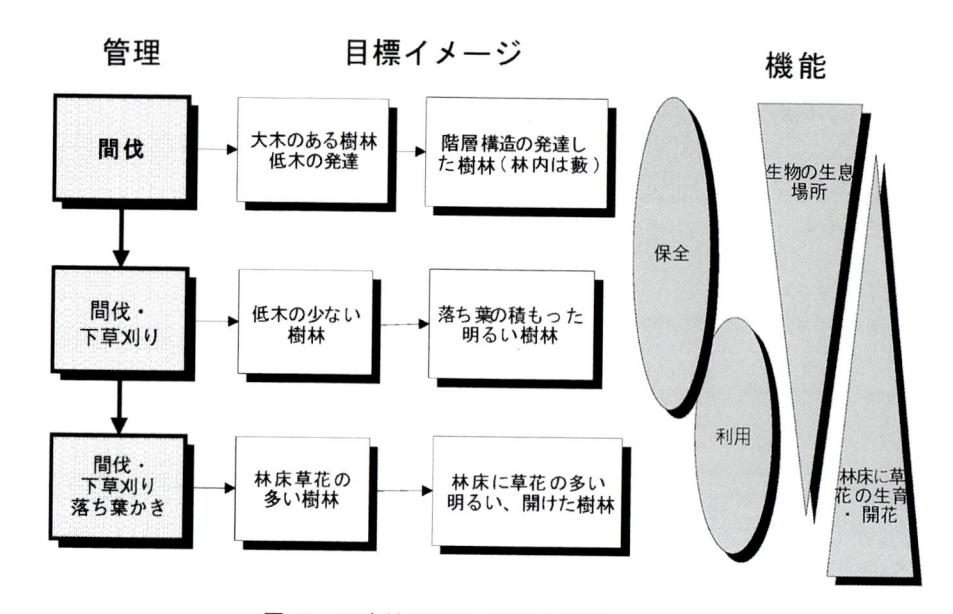

図-3　二次林の管理・機能と目標イメージ

林床に草花の多い明るい樹林
機能：明るい林内は多くの草本植物の開花する場所となる．また，開けた空間は，鳥類の飛翔，採餌空間として利用される．散策や鑑賞の場としても好まれる．
概況：間伐と下草刈りに加えて落ち葉かきが毎年行われている．明るい林床ではクロヒナスゲがカーペット状に広がる．タチドコロ，チゴユリ，オクモミジハグマなどの草花の個体数も多い．低木は管理されているため，30cm以下のコアジサイ，ヤマツツジ，オトコヨウゾメなどがみられる．コナラの実生個体が多い．
樹木密度　高木（樹高18〜20m）　4本/100m^2
　　　　　亜高木（樹高3〜8m）2.2本/100m^2
　　　　　実生など2,200個体

生物のハビタット保全のための樹林
林床に低木の多い樹林
機能：樹林内と林縁の環境はタヌキ，ニホンリスなどの野生動物，シジュウカラ，ホオジロなどの樹林や林縁を好む動物の隠れ場所，休息場所，繁殖場所などとして利用される可能性が高い．野生動植物のための保全環境としての機能が高い．
概況：利用と管理を行っていない樹林では低木が茂り暗い林床となる．出現種数は比較的多い．林床に生育する植物の被度は低く，開花する個体も少ない．林内は暗く実生の個体は少ない．ガマズミ，コナラなどが多い．
樹木密度　高木（樹高12〜14m）　6本/100m^2
　　　　　亜高木（樹高4〜8m）　2本/100m^2
　　　　　低木（樹高2〜4m）147本/100m^2
　　　　　実生など590個体

写真-1　二次林の管理目標となる2つのタイプ

3. 二次林

れる.

2) 再生手法

鶴田沼緑地では現在の樹林の管理や育成と同時に，スギ林や草地を二次林に転換して育成してゆくことが課題となった．しかし，対象地には萌芽更新も，シードソースからの更新も期待できないことが予測された．そこで，二次林を造る方法として，近くに現存する林から集めたドングリ（カシ属などの堅果）などの種子から苗をつくることを計画した．これは，他の地域の異なった系統の遺伝子を持ち込まないという点から選択された方法である．実際には，苗をつくり，定植するなどの整備のステージごとにいくつかの選択肢が考えられたが（図-4），これらから，与えられた時間や費用，場所，管理体制などの条件によって，可能な範囲で，適切な方法を選択した[14,15,16]．

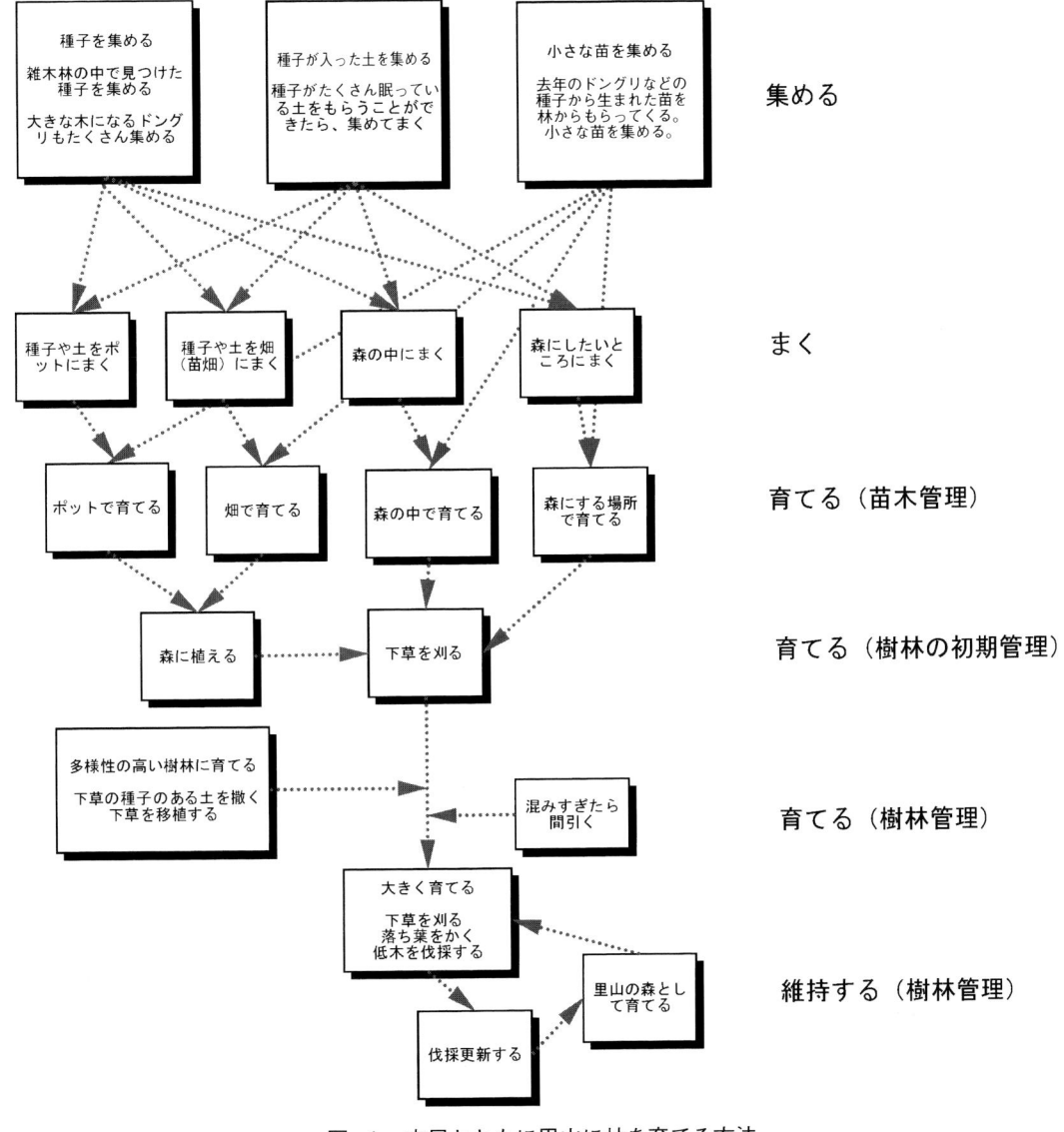

図-4 市民とともに里山に林を育てる方法

また，一方で，現在ある落葉広葉樹林をどのように管理し，維持していくかということも，樹林づくりと並行して考えていく重要な課題である．ドングリからつくられた森も，将来は他の樹林と同様に管理し，同時に更新していくこととなる．

(1) 種子や苗を集める

　集めるものとしては種子や苗木とした（図-5）．ドングリを集めることは，小さな子供でもできる作業で，小学校の総合学習としても利用しやすい．ドングリ以外にもいろいろな種子があるので，それらも集めて一緒にまいてみるという目標を設定した．しかし，実際は，ドングリより小さい種子は探すのも集めるのも，特に子供には難しいことがわかった．また，昨年のドングリから芽生え

森のどんぐり
- どんぐりって、なあに？
- 森にはこんなどんぐりがあります。
- 春になると、ドングリから小さな葉っぱがでてきます。

そこで・・・まず、どんぐりを集めよう
- どんぐりは、ツヤのある新鮮なものをひろおう。
- 割れたり腐ったり、スカスカのもの、虫の穴があいているものはダメ。
- 根っこが出はじめていれば、バッチリ大丈夫。

どんぐりを丘のうえにうえてみよう
●床まき
- どんぐりをまく場所の草や石ころをとります。
- 土に指で２～３cmの深さの穴をあけ、どんぐりを入れて土をかぶせよう。
- 刈り取ったススキやヨシをどんぐりのうえに敷いて（寒さよけ）、荒縄で風にとばされないようにおさえ、芽がでるのを待とう。
- 水やりはしなくてもだいじょうぶ。
- うまく育つと１年で７０cmくらいになるけれど、大きくなるまでは草取りが必要。

どんぐりを持って帰って育ててみよう
●ポットまき／学校か家で育ててみよう
- ３０cm～１.０mくらいまではポットのほうが育てやすく、植え替えもしやすい。
- 牛乳１パックでポットの作ってみよう。
- 発芽しないかもしれないので、１つのポットに１，２個植えよう。
- ポットまきはでは乾燥に注意。水やりが必要。だけど植木鉢と同じように、底の穴も必要。

●プランター（トレー）まき／学校にプランターがあればやってみよう。
- まき方は「床まき」と同じ。
- ポットと同じように、乾燥に注意しよう。水やりが必要。

来年の秋には植え付けだ
- １年たって大きくなったら、植え替えをしよう。
- 植え替えは、秋から冬の休眠期に。多少、根を切っても大丈夫。
- １mくらいに成長していれば、山に植えても大丈夫。草に負けることもなくなるよ。
- 山に植えた苗は、うまく育てば３、４年で２～３mくらいになる。

図-5　ドングリから森をつくるためのガイド（ドングリから森をつくる方法（鶴田沼緑地活動資料））

3. 二次林

小学2年生によるドングリ拾い．落ち葉の下も探すと芽を出したものもみつかる．主なドングリはクヌギとコナラ．

1つずつ小さな穴に入れて土をかぶせる．残ったドングリはもってかえってポットに植えて育てる．

写真-2　ドングリを拾い，苗床にまく

た苗が，林縁の明るい場所などに生えていることがある．そのような場合，夏の終わりに苗に印をつけるなどしておけば，秋から冬の落葉時期に苗木を採取することができる．この時期は落葉樹は休眠しているので，根を痛めることなく移植しやすい．これをポットなどに移植しておけば，翌春には2年生の苗になる．これらは，市民参加に適した作業である（写真-2）．

(2) 苗木を育てる

集めたドングリや苗木はポットなどに植えて，しっかりとした苗になるまで育てるか，あるいは森にしたい場所に直接植えたり，まいたりする．苗畑に植えて育てる方法もある．森にしたい場所に直接まいた場合は，翌春からの下草刈りなどの管理に手間がかかることに加え，ウサギなどの食害にあいやすく生存率は低い．ポットや苗畑で30cm～70cm程度の大きさになるまで2～3年育

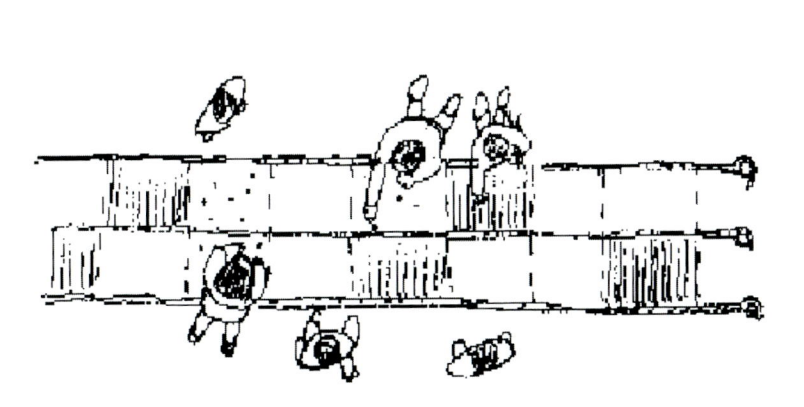

図-6　子供たちによるドングリの種まき
1つ1つていねいに埋める．埋めたあとは刈り取ったヨシでマルチングをする．
（1区画は50cm×30cm）

図-7　牛乳パッケージでつくるドングリの発芽育成ポット．市販の草花用のビニールポットより深めにつくることができる．

101

てることでこの問題は回避できる．しかし，苗木の水やりなどの一般的な管理が必要となる（図-6，7）．事例では，まいた後の管理の手間が少ないことを重視し，苗畑に直接まくこととした．

(3) 苗を植えて林を育てる

　苗木を定植したあとの初期の管理は樹林を育てるためには欠かせない作業である．苗木がススキや，セイタカアワダチソウなどの高茎草本と競争できる高さに育つまでは，年1～2度の下草刈りが必要である．特に土壌の栄養分が多く，草本植物の生育が旺盛である場合にはその管理が必要となる．年に1～2回の下草刈りが行われて樹木がある程度育った後も，定期的な下草刈りとクズやフジなどのツル切り管理は，林の育成のためには必要な作業となる（写真-3）．

2001年6月に採集した苗（2000年秋の種子）を2003年2月に植樹．小さな苗は2回の夏を過し，平均34cmにまで成長していた．

発芽後4回目の夏になり，樹高は1mを越えた．（2004年8月）

苗木を定植した後は，ツル切りや下草刈りの作業が行われている．放置するとクズやススキ，ナワシロイチゴなどが繁茂する．（2004年8月）

写真-3　採取した苗から育てたコナラ

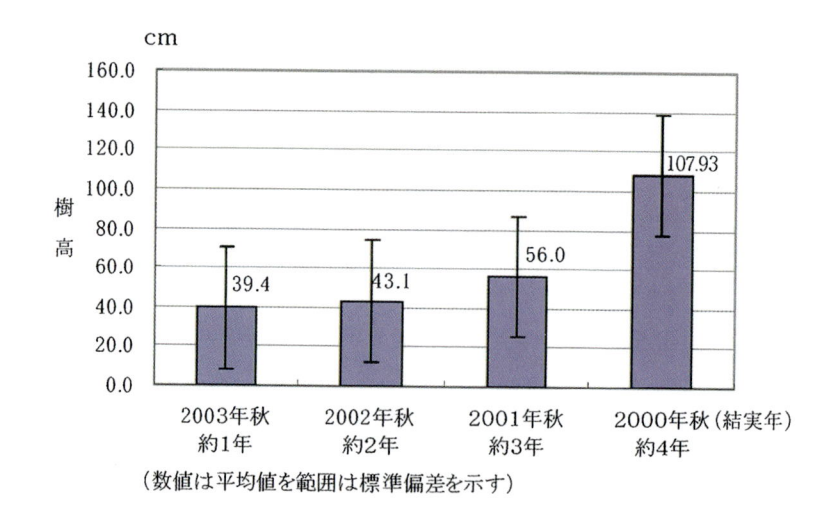

図-8　種子の結実（播種）年と樹高
2000年秋の種子は2001年に苗として採集，育成したものである．その他は直まきによる．（2004年10月測定）

3. 二次林

　コナラ種子からの生育速度は個体によって，大きな差が生じるが，それらの平均をとってみると，約4年で4回の夏を越した苗木は平均で1mを越す大きさに育っている（図-8）．

(4) 樹林の管理

　鶴田沼では，㈶グリーントラスト宇都宮と市民を中心とした「鶴田沼を育てる会」の活動により，既存の樹林を対象に，ツル切り，間伐，下草刈り管理や落ち葉かきが行われている．落ち葉は堆肥として緑地内の畑で利用される．間伐材は椎茸の栽培に利用するなど，樹林と農地による循環システムがつくられつつある．管理を継続するようになってから，樹林の林床はササが少なくなり，手入れの行き届いた樹林となりつつある．今後，ドングリから再生する樹林が大きくなれば，同様に管理を継続することが行われる．

　樹木を育てるためだけであれば，下草刈りは必要ないが，林床の草花や低木を育て，里山の二次林として親しまれてきた林をつくるためには，定期的な下草刈りが必要となる．ツル切り管理は林を育てるための重要な作業であり，高木となった樹木であってもクズなどに覆われて生育が不良となり，枯れることもある．また，太いツルがまきつくことで間伐管理の作業がむずかしくなる．

(5) 管理の長期的な継続

　二次林の管理は長い時間と労力を要すると同時に，長期的な視点で森を育てることが必要である．これからは若齢林の育成，スギの過密林の林分転換，老齢化した落葉広葉樹林の更新の問題など，多くの課題が残されている．管理を行う人々やリーダーの養成に加えて，次世代の育成を継続してゆくことが求められている．森や畑の管理技術をもち，それを継承する市民と，アドバイスや方向付けを手伝う専門家や技術者によるサポートなど，多くの人々の経験を生かすことのできる体制が必要である．今後も，林を核とした多様な関係の継続が鍵となる（写真-4）．

小学生を対象にした総合学習のための観察会．市民ボランティアによる説明に聞き入る子供たち

落ち葉かきは林の管理であると同時に市民農園で良い作物をつくるためにも役立つ．

写真-4　市民による活動と管理の継続

3-3　武蔵野の森づくり ― 国営昭和記念公園「こもれびの丘」―

1) 背景と概要

　国営昭和記念公園（東京都立川市）では，1980年代に丘のある地形と武蔵野の森の復元を目標と

してクヌギやコナラを優占種とする二次林の再生をはじめた．再生ゾーンは「こもれびの丘」と呼ばれ，米軍基地の跡につくられた昭和記念公園の中に，自然を再生する試みのひとつの中心となっている[17, 18]．

2） 復元方法

「こもれびの丘」は，基盤の造成，植栽，管理という3段階の手順でつくられた．

「こもれびの丘」の造成は，平坦な場所に高さ約30mのなだらかな低い山を造成することからはじまった．造成は昭和記念公園の整備工事によって発生した建設残土，多摩ニュータウンから発生した下層の残土，さらに公園内から採取して積み置きした表土を用いた（図-9）．その際に，表土の重機による圧密を避ける目的で，湿地用のブルドーザーが使用された（写真-5）．

その後，武蔵野の二次林の構成種をモデルにして苗木が植栽された．また，地形にも配慮し，尾根部分にはモミが植栽されるなど，立地によって異なる樹林の復元が目指された（表-1）[19, 20]．「こもれびの丘」の植栽にはおよそ6年の歳月がかけられた．最初の植栽は1989年の5月に行われ，5年後の1994年に植栽が完了した．それから，およそ7年間，未開園区域として養生され，2001年に一部が開園して利用可能となっている．

3） 市民参加

「こもれびの丘」では，1993年から市民参加による苗木植樹が継続されており，その後，野草ボランティア組織がつくられ，2002年からは雑木林の手入れ全般について，「こもれびの丘ボランティ

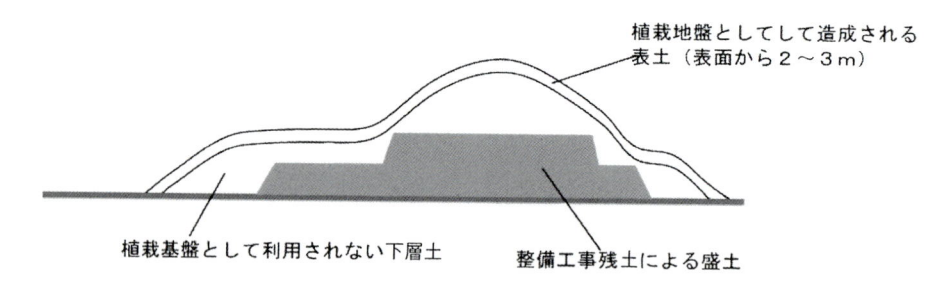

図-9　表土の復元方法
「こもれびの丘」の基盤では整備工事などによって発生した残土の上に多摩ニュータウンの下層土を積み，さらにその上に表土を2〜3m盛土している．

山の造成　　　　　　　　　　1990年12月　（北斜面－植栽直後）

写真-5　「こもれびの丘」の造成と植栽
なだらかな小山が湿地用ブルドーザで造成された．植栽直後は苗木が立ち並んでいた．

3. 二 次 林

表-1 「こもれびの丘」の植栽設計における主な植生タイプと主要構成樹

タイプ	植生タイプ	機能・アクティビティ	主要構成種	植栽密度（本/100m²）植栽時	植栽密度（本/100m²）完成時	目標樹林
A1	クヌギ林	林間あそび	クヌギ・コナラ・ヤマザクラ・コブシ・エノキ・ケヤキ	H=2m 13本 ポット苗 12本 合計 25本	H=8〜10m 12本	クヌギーコナラ林（コブシ・サクラ混生林）
A2	クヌギ林	林間あそび 景観	クヌギ・コナラ・ヤマザクラ・コブシ	H=2〜3m 合計 16本	H=8〜10m 12本	クヌギーコナラ林（クヌギ優占林）
B	クヌギーコナラ林	ドングリ拾い・落ち葉あつめ	クヌギ・コナラ・シラカシ・アラカシ	H=2m 16本 ポット苗 20本 合計 36本	H=8〜10m 13本	クヌギーコナラ林（常緑樹混生林）
C	カヤ林	スカイライン・観察会	カヤ・コナラ・ネジキ	H=2m 27本 ポット苗 3本 合計 30本	H=8〜10m 20本	カヤ林
D	ヒノキ林	防風林	ヒノキ・クヌギ・エゴノキ	ポット苗 49本 合計 49本	H=10〜12m 24本	ヒノキ林
I	モミ林	スカイライン・展望	モミ・ネズ・コナラ	H=2m 26本 ポット苗 4本 合計 30本	H=8〜10m 18本	モミ林
J	イヌシデ・コナラ林	体験フィールド・自然観察	イヌシデ・コナラ・ケヤキ・アカシデ	H=2m 12本 ポット苗 24本 合計 36本	H=8〜10m 12本	イヌシデーコナラ林

（植栽基本設計における目標樹林と植栽密度と構成種）

ア」が組織され，活動を行っている．これらの活動は公園の管理者と市民との協働によって運営されている[18,19]．

4）「こもれびの丘」の変遷

　1989年に高さ2mの苗木を主として植栽をはじめた「こもれびの丘」の樹林は，寒さや乾燥に耐え，下草刈り管理が行われながら育成された結果，2003年の7月には最上層の高さが8mを越す樹林として育った[21]．

　「こもれびの丘」のコナラの成長は図-10のようであった．植栽後4〜5年間の成長は遅く，その後に急速に樹高成長が起きる．最上層を占めていた苗木（高さ2m）はより早く成長して，8年間

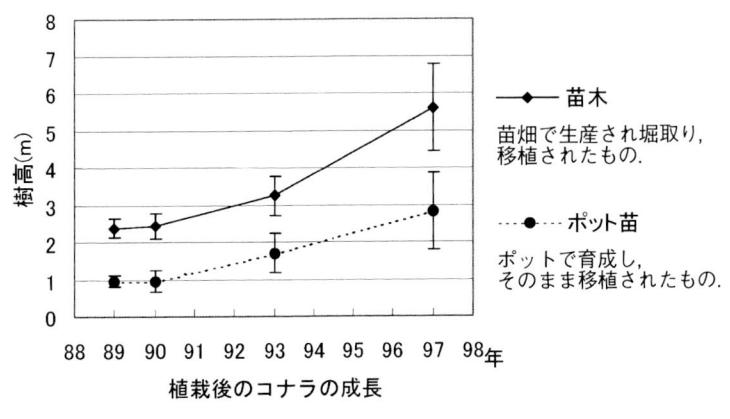

図-10 コナラの成長

1989年5月に植栽した0.8mのポット苗と2mの苗が混植されている．初期の1〜2年では成長量の差は目立たないが，ある程度大きくなった1993年以降は，最上層を占める苗木のほうが成長が早く，約9年間で3m以上の伸びを示した．

植栽当年1989年11月（1989年5月植栽）　　　　1年後（1990年10月）

8年後（1997年2月）　　　　12年後（2001年7月）

14年後（2003年10月）

写真-6　「こもれびの丘」の変遷
植栽直後には草地の様相であったが，8年後（1997年）には森らしくなってきている．
14年後の2003年に林床に光が差し込む明るい林になっている．

で5m以上になるが，ポット苗（0.8m）は8年間で約3mであった．植栽の開始から約14年で「こもれびの丘」は林らしさを達成している（写真-6）．

5）生物相の変遷

2003年に行われた植物，昆虫類，鳥類の調査[21]は，植栽後10年を経て，「こもれびの丘」地区が，樹林性の生物相の生育環境となりはじめたことを示した．もともと樹林環境が全くなかった場所においても，飛来し，地上を歩き，あるいはもちこまれた植物の根土にひそんで，ここにやってきたことがわかる．今では昭和記念公園の中では最も落葉広葉樹林に近い環境となっている．

3. 二次林

　2003年の調査では高さ約8mのコナラが高木層で優占している（表-2）．高木層，亜高木層の構成種は植栽によるものであるが，草本層の構成種は土壌中の種子や根茎から発生したものと，風や鳥，あるいは人や動物によってもちこまれた種子からのものと考えられる．出現した植物の種子散布の様式をみると，エノキ，ナワシログミ，ネズミモチ，ヤマグワ，ガマズミ，ウワミズザクラをはじめとして，主に鳥類や動物に食べられて運ばれるものが15種類と半数以上を占める．この他，コチヂミザサのように動物に付着して移動するものもある．造成後，約15年を経過して，林床植生は動物（主に鳥類）と風によって復元しつつあるといえる．

　このような変遷は動物相にも反映しており，2003年の昆虫調査の結果では，「こもれびの丘」は

表-2 「こもれびの丘」の植物群落

昭和記念公園北の森			調査年月日	2003/10/9	
方位：S10W	傾斜：5°				
高木層	コナラ	8.0m	85%	5種	
亜高木層	コブシ	6.5m	20%	3種	
草本層	ハルジオン	0.3m	10%	30種	

層	被度・群度	種名	種子散布	層	被度・群度	種名	種子散布
T1	5・4	コナラ	植	H	+	ヤマグワ	食
	1・2	クヌギ	植		+	ノブドウ	食
	1・2	カスミザクラ	植		+	コチヂミザサ	着
					+	ツルウメモドキ	食
T2	1・2	コブシ	植		+	ツタ	食
	1・2	ケヤキ	植		+	ウグイスカグラ	食
	1・2	コナラ	植		+	クヌギ	貯食
					+	シラカシ	貯食
H	1・2	ハルジオン	風		+	ヒメヨツバムグラ	重
	+・2	ナワシログミ	食		+	ヤマノイモ	風
	+・2	エノキ	食		+	ウワミズザクラ	食
	+・2	ヘクソカズラ	食		+	コナラ	貯食
	+	クズ	風		+	ガマズミ	食
	+	ホトトギス	風		+	ニガナ	風
	+	スギナ	風		+	ヒメジョオン	風
	+	オニドコロ	風		+	アオツヅラフジ	食
	+	ケヤキ	風		+	フジ	自
	+	ネズミモチ	食		+	イネ科の一種	
	+	シュンラン	風		+	スゲ属の一種	

注）種子の散布様式は「千葉県植物誌」（2004）[22]によった．
　植：植栽
　風：風散布　翼や毛によって風に乗るもの，極めて微細な種子，親個体が風にゆれて種子が放出されるもの．
　食：食散布　種子が動物に食べられて散布　貯食：貯食散布　食べ残された種子で散布
　　自：自動散布　自力で種子を飛ばすもの．重：重力散布　重力による落下　着：付着散布　動物に付着して散布

樹林性の種の出現に特徴がみられた．表-2の植生調査地点で行った昆虫調査では，アオマツムシやナナフシなどの樹上性の種が確認されたほか，ツクツクボウシ，ミンミンゼミなどのセミ類，センチコガネやオオクチキムシなどの樹林性の種が確認された．

越冬期の鳥類相については，定点調査により，コゲラ，ヒヨドリ，シジュウカラ，メジロなどの樹林性の種が確認された．しかし，森林環境として機能するには，低木の密度や高さ，林床植物の発達の不足などが課題となる．繁殖期に樹林性の種の出現が少ないことが確認された．隠れ場がないためと考えられる．今後，低木や草本の高さや密度の増加が期待される．

このような生物相の変遷は，動物の移動や，植物種子の移動によって起きるが，この移動の流れにとって極めて重要なのがエコロジカルネットワークの存在である．都市近郊の残存し，孤立した緑地はもとより，新たに再生した自然は，エコロジカルネットワークによって，周辺の自然とつながることで，多様性を獲得し維持することが可能になる．

昭和記念公園では，このことを重視し，公園内でのエコロジカルネットワークの形成を計画し，整備してきた（図-11）[17,18]．図-11で示す「こもれびの丘」の中心部は，北の森サンクチュアリとして水鳥の池サンクチュアリにつながるものとして位置づけられている．また，このネットワークを強化する計画も提案され[21]，その有効性のモニタリングを実施している．

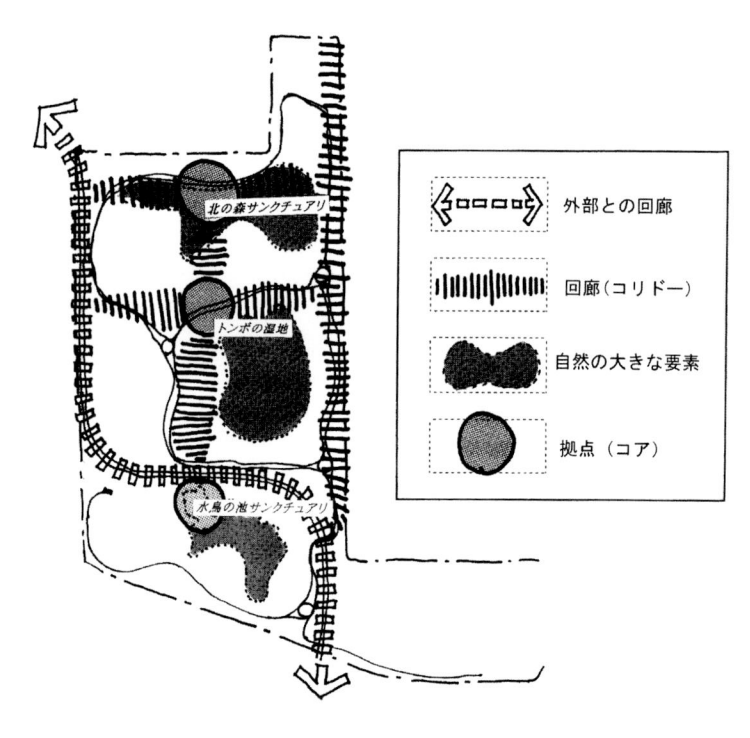

図-11 昭和記念公園のエコロジカルネットワーク構想
主要な自然要素を南北につなぐ生物のための緑地が，ネットワークを形成する

3. 二次林

3-4　二次林の造成と管理の課題

　二次林の造成や管理にかかわる課題は多いが，自然や生態系を再生するという視点において特に重要となる3つの課題をあげる．

1）　生態系の再生と広域的なエコロジカルネットワーク

　再生の目標とする生態系が近隣にみられない場所に，目標となる動物相と植物相，そして群集を再生することはどこまで可能であろうか．昭和記念公園では低いながらも山をつくり樹林とその生態系を再生することを試みた．しかし，「こもれびの丘」の現在の生物相の特徴は，自然の再生や生態系の復元の困難さを表すものであり，移動性の少ない種をどのように復元するかという問題を提示するものである．

　昭和記念公園ではエコアップを目標として，公園内部にエコロジカルなネットワークが計画され，このネットワークを外部につなげるために残堀川の岸辺の改修が試みられた．しかし，このネットワークは，周辺の緑地と連続したコリドー（生態的回廊）の形成には至っていない．公園から北の約4kmに狭山丘陵があり，西には約3kmで多摩川があり，東京西部の丘陵地帯へとつながっている．しかし，そこに至るには市街地が広がり，河川や道路を渡らねばならない．また，緑地をつなげる水路は，多くの動物にとっては通路として利用できる構造をもっていない．つまり，鳥類などの移動性の高い動物を除いては，新たな移入や生息が極めて困難な状態にある．

　このような生態的な分断の結果をよく表すものとして，この公園において確認されるネズミの種類がある．この公園で小型哺乳動物の調査を行ったところ，小型のネズミ類としては移入種であるハツカネズミのみが確認され，アカネズミやハタネズミなどの東京都西部の丘陵地や台地に生息している種類はみつからなかった[21,23]．タヌキは確認されているが，それらが周辺の緑地とどのように行き来をしているかは今後の調査の課題とされている．将来的には，複数の種を指標とした広域的なエコロジカルネットワークの把握と連続の確保が，小動物の多様性，ひいては動物が持ち込む種子からの発芽による，植物の多様性を増すためにも重要なことである[24,25,26]．

2）　材料の育成と種子資源の保全

　もうひとつの課題としては，あらたに環境をつくるために必要とする植物材料の問題がある．「こもれびの丘」において使用された樹木は，自生種であることに十分な注意が払われた．しかし，1980年代後半では，自生の種を利用するということの生態系的な意味がまだ十分に認識されていない時期であり，産地や系統への配慮までは至らなかった．また，計画の意味が工事や施工の担当者には十分に認識されることは難しく，材料の選定についての混乱も少なくなかった．

　今日では，種類が間違って選択されることは少なくなったが，異なる産地の自生種をもちこむことによる遺伝子の撹乱の問題については，多くの現場において材料の確保に際しての課題となっている．遺伝子レベルの撹乱を避けながら，生態系を復元するための方策としては，もちこむ材料の産地を明確にするシステムや，種子や根茎から栽培し植栽することを可能にする，長期をみすえた設計や工事工程の検討が望まれる．

　一方で，表土の保全は，土壌中の様々な養分や成分を保全できると同時に，土壌中の小動物や菌類はもとより，多くの埋土種子[27,28]を利用できるということから，生態系的な多様性を保つことが可能な手法として注目されている．昭和記念公園においても表土の保全が行われたが，種子の保全に対する効果は林床植生をみる限りにおいては明確ではない．一般に，種子が多く含まれるのは表

面から2～3cmから5cm程度の浅い層であり，表土とともに撒き出された種子が5cm以上の地下で発芽することは少ないといわれる．生育基盤としての土壌を保全するのか，種子の保全を行うのかで，表土の保存や復元の手法が異なることは明らかである．

もとあった土壌層位の状態を，土壌のA層全体としてそのまま戻すことが実験的に行われた事例もある[29]．工程の管理や費用の課題があるとはいえ，機械的なはぎ取りと移植の技術が表土ブロックとして開発されている[30]．これに加え，樹林の構成種も含めて移植することで，より総合的な樹林の再生が行われるものと考えられる．このような土壌層全体の保全は今後の課題である．

3） モニタリングと樹林の管理

二次林の再生では，再生後の初期のモニタリングと管理が極めて重要な作業であり，そのための管理と監視制度の計画を入念に行う．

土地造成によって生まれる大規模なのり面緑地では，このような組織づくりや初期の管理がうまく行われないことがあり，樹林の衰退を招くことがある．鳥取市郊外に位置するニュータウンののり面は1986年頃から大規模な表土の復元とポット苗による密植が行われた[31]．その結果1988年には植栽後2～3年で2m近くに育ったコナラ，シラカシ，エノキなどが枝を接して低木林となっており，森を育てる試みとして期待されるものであった．しかし，その後10年を経過した現在，そのほとんどがクズに覆われ，樹木の成長はほとんどみられない（写真-7）．この樹林衰退の直接の原因は明確ではないが，過密植栽と管理の不足，周辺からのクズの侵入が主要な要因として推測される．初期管理（2～3年）の後の継続的な管理計画の重要性が示される事例である．

二次林の管理が成功している事例では，事業者，管理者，利用者という異なった立場の人々の柔軟な共同体制が樹林を支えている．また，定期的なモニタリングや自然観察会がその樹林の植物相，動物相を明らかにし，管理の継続への方向性を知る手がかりになると同時に，管理を継続する動機ずけとなり，子供たちや若い世代の人々が林にかかわるきっかけともなっている．今後，市民に見守られ，活用されることで管理を行う仕組みが必要とされている．

（井本郁子）

1988年（左）では植栽した苗が健全に育ち，コナラを中心とした落葉樹林の形成が期待された．しかし，2004年（右）では一面がクズに覆われ，植栽木は一部に低木のまま，やっと生きのびている状態である．

写真-7　管理の不足した事例

3. 二 次 林

―― 引用文献 ――

1) 石塚和雄 (1976)：主な群落名リスト，沼田　真編；自然保護ハンドブック，p.21-240，東京大学出版会.
2) 伊藤訓行 (1976)：保護区の設定のための基礎調査，沼田　真編；自然保護ハンドブック，p.127-156，東京大学出版会.
3) 環境庁 (1975)：第１回自然環境保全基礎調査，http://www.biodic.go.jp/J-IBIS.html
4) 亀山　章編 (1996)：雑木林の植生管理：ソフトサイエンス社，303pp.
5) 倉本　宣・園田陽一 (2001)：里山における生物多様性の維持，武内和彦，鷲谷いづみ，恒川篤史編「里山の環境学」，p.83-123，東京大学出版会.
6) 中川重年 (1996)：再生の雑木林から，205pp.，創森社.
7) 倉本　宣 (2001)：市民運動から見た里山保全．武内和彦，鷲谷いづみ，恒川篤史編 (2001)：里山の環境学，p.19-32，東京大学出版会.
8) 深町加津枝，井本郁子，倉本　宣編 (1998)：里山と人・新たな関係の構築を目指して，造園学会誌 61(4)，275-324.
9) 日本緑化センター編 (1982)：柏総合公園（仮称）植生調査報告書，87pp.，千葉県都市部計画課.
10) 住宅・都市整備公団 (1993)：千葉北部地区印西総合公園自然環境基礎調査・自然環境保全活用計画報告書，346pp.
11) 井本郁子 (2001)：生物空間の保全・創出における目標環境の設定，造園技術報告集１，p.6-9，日本造園学会.
12) 宇都宮市 (1999)：鶴田沼自然環境調査報告書，271pp.
13) 宇都宮市 (1998)：(仮称) 鶴田沼緑地保全整備基本構想策定業務報告書，102pp.
14) 宇都宮市 (2001)：宇都宮市鶴田沼における自然環境保全活用のための植生改良実験平成12年度報告書，174pp.
15) 宇都宮市 (2002)：宇都宮市鶴田沼における自然環境保全活用のための植生改良実験平成13年度報告書，130pp.
16) 宇都宮市 (2003)：宇都宮市鶴田沼における自然環境保全活用のための植生改良実験平成14年度報告書，106pp.
17) 井上康平 (1999)：エコロジカルパーク，増補応用生態工学序説；応用生態工学序説編集委員会，p.265-289.
18) 国営昭和記念公園工事事務所 (2003)：国営昭和記念公園における自然再生，公園緑地 63(6)，25-30.
19) 国営昭和記念公園工事事務所 (1995)：市民参加型公園運営計画調査報告書，95pp.
20) ㈶公園緑地管理財団 (1998)：北の森植栽計画検討報告書，141pp.
21) ㈳日本造園学会 (2004)：平成15年度国営昭和記念公園生物関連情報収集・整理検討（その２）業務，171pp.
22) 千葉県史料研究財団編 (2003)：千葉県植物誌，千葉県の自然誌　別編４，1181pp.
23) 生態計画研究所 (1998)：平成10年度国営昭和記念公園エコアップ調査業務報告書，601pp.，国営昭和記念公園.
24) 井手　任 (1992)：生物相保全のための農村緑地配置に関する生態学的研究，緑地学研究(4)，1-120.
25) 井本郁子・井上康平・川上智稔・井手　任 (2002)：生命系ランドスケープを計画する生物情報地図，ビオシティ (24)，65-73.
26) 井本郁子・川上智稔・寺尾晃二・井手　任：(2002)，ニホンリス (*Sciurus lis Temmminck*) およびアカネズミ (*Apodemus speciosus Tmminck*) を指標とした樹林性動物の生息環境ネットワーク地図の作成，景観生態学会日本支部会報 7(2)，51-56.
27) Borman, F.H., and Likens, G.E. (1979)：Development of Vegetation After Clear-Cutting: Species Strategies and Plant Community Dynamics: Pattern and process in a forested ecosystem, p.103-137, Springer-Verlag.
28) Crime, J.P. (1979)：Regenerative Strategies, Plant Strategies and Vegetation Processes, p.79-119, John wiley & Sons.
29) 中村俊彦 (1996)：生態園から都市における自然環境の保持・復元へ，中村俊彦・長谷川雅美編「都市につくる自然」，p.171-186，信山社.
30) 日本道路公団緑化技術センター・西武造園 (2002) 森のお引っ越し：西武造園資料，西武造園㈱企画開発部
31) 地域振興整備公団鳥取新都心開発事務所 (1985)：鳥取新都心植生・緑化調査報告書，63pp.

4. 田 園
― コウノトリの野生復帰と田園の自然再生 ―

4-1 ハビタットとしての田園景観の特徴

　「瑞穂の国」という言葉に示されるように，イネは現在に至るまでわが国の農業の基幹作物である．2003年における水田面積は259.2万haあり，面積は年々減少傾向にあるものの全耕地面積の54.7％を占めている[1]．田園生態系は水田に加え，水路，畑，その周辺を取り囲む森林などを含む総体であるが，その中で水田は生態系を特徴づける主要な構成要素である．イネが1年生作物であることと耕作期間中に多量の灌漑用水を使用する点から，水田の環境は1年を周期とした大きな季節変化をもつ．すなわち，水が引き入れられる田植え前後は湿地さながらの景観を呈するが，収穫前後は水がなくなり陸地に変わる．そこでは水路によって連結された水系のネットワークが生物群集の成立の鍵を握っており，生活史の一時期を水中で過ごすトンボ類やカエル類，あるいは一時的な水域で産卵し稚魚期を過ごす淡水魚類などの生息場所として機能してきた[2-3]．さらに，二次林や半自然草地と比較して田園生態系は人間による管理・影響の度合いが一層大きく，農地の構造，耕作する作物の種類や営農スケジュールなど営農形態を規定する様々な要素によって生態系の質が大きく変化するという特徴を有している．

　ここでは，わが国から一度絶滅した後，現在野生復帰の計画が進められているコウノトリ（*Ciconia boyciana* Swinhoe）の生息環境を復元する試みを例に，田園生態系における自然再生を取り上げる．対象地は兵庫県北部を流れる円山川の下流に位置し，平場の水田が広がる豊岡盆地（写真-1）である．

4-2 コウノトリの野生復帰と自然再生

1） 日本から絶滅したコウノトリ

　コウノトリは現在ロシアと中国の国境地帯を繁殖地とし，個体数が世界に約2,500羽と推定される絶滅危惧鳥類である．翼を広げると2mに達する大型の鳥で，ドジョウ，フナなどの淡水魚やカエル，昆虫などの小動物を餌とする．本来は渡り鳥であるが，わが国に生息していた個体群の少なくとも一部は渡りをせずに留まっていた．しかし，コウノトリの野生の繁殖個体群は1971年に日本からは絶滅したが，最後まで生息していたのが豊岡盆地である．豊岡ではコウノトリが絶滅寸前となった1965年から，人工飼育による保護増殖の試みをコウノトリ飼育場（後のコウノトリの郷公園附属コウノトリ保護増殖センター）がはじめていた．1989年以降は毎年繁殖に成功し，2004年9月現在115羽を飼育し，野生復帰（再導入）を目指した研究が行われている[4-5]．2003年3月には「コウノトリ野生復帰推進計画」[6]によって再導入への方針が決定され，2005年に飼育個体数羽の試験放鳥が計画されている．

4. 田　園

写真-1　円山川の下流側からみた豊岡盆地

2）採餌場所としての水田の重要性

　ロシアと中国の国境地帯に広がるコウノトリの生息地は広大な湿原地帯である．一方，原生自然がほとんど残っていない日本での生息環境は人里の身近な自然であり，豊岡盆地においてもコウノトリは採餌場所として水田・水路や河川などの開けた水域を主に利用し，営巣にはマツの大木の樹上を利用していた[7]．すなわち，生息地全体で捉えれば，水田，河川，森林など田園生態系の様々な構成要素をセットで必要とする．盆地中央に円山川が緩やかに流れ，その両側に水田地帯が広がり，それを森林が取り囲む豊岡盆地の地形は潜在的にはコウノトリの生息に好適な環境であったと思われる．このことは過去の記録や保護に携わってきた関係者によって示唆されていたが，2002年8月，1羽の野生のコウノトリが31年ぶりに豊岡盆地に飛来したことで，どのように行動し，どこで採餌するかを追跡することができた．また，繁殖個体群の絶滅以降もコウノトリが単独で日本に飛来することは年間1～2例あるが，今回飛来した個体の特徴は2年以上豊岡盆地に留まっていることで，行動追跡の記録からコウノトリの採餌ハビタットの季節変化を知ることができた．コウノトリの採餌ハビタットを滞在時間の比率からみると，6月には採餌時間の80％程度を湛水した水田で費やしており，7月と5月がそれに次いでいた．8月から10月にかけては牧草地での採餌時間が増加し，10月以降冬にかけては河川をよく利用していた．なお，5月から7月はコウノトリの育雛時期にあたるので，繁殖個体にとっては通常よりも多くの餌資源を必要とする．したがって，田植え後イネが成長して開放水面がなくなるまでの間，水田およびそれに隣接する水路はコウノトリの採餌場所として重要な位置を占めていると考えられる．

　しかし，コウノトリの絶滅に前後して水田環境の改変が進み，生息地としての機能は以前と比較して著しく損なわれてしまった．昭和20年代から使用されはじめた農薬による水田の生物への直接的影響は大きかったと思われるが，生物への影響が強い農薬が減ってからは，次に述べるように，

113

写真-2 圃場整備によって水田との間に高低差ができた排水路

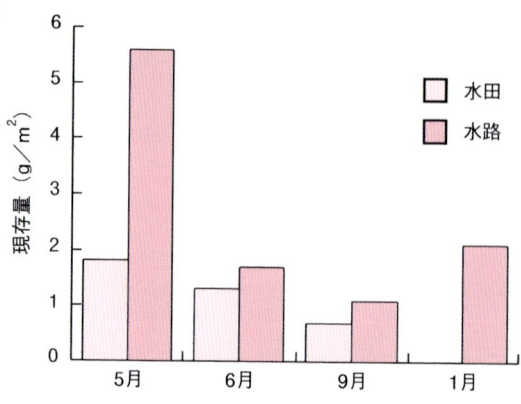

図-1 水田と水路における餌生物の現存量の変化
（内藤・池田[7]）

乾田化などの構造改善による環境変化が水田の生物に大きな影響を与えたと考えられる．

3） 自然再生が必要とされた理由

豊岡盆地は，地形的には円山川下流域の氾濫原に広がる標高数m程度の低湿地である．そのためこの地域の水田はかつては排水されにくい湿田であった．一帯に生息していたコウノトリの個体数は昭和初期には約100羽と推定されている．その当時コウノトリはごく身近に自然にいる鳥であり，農作業の際には害鳥として追い払う対象ともなったので，湿田とコウノトリを対にして当時の様子が語られることも多い[8-9]．しかし，圃場整備の進行により現在ではほぼ全域がある程度乾田化されている．一般に圃場整備では，客土によって田面をかさ上げすると同時に，用排水を分離することによって排水路との高低差を大きくする工事を行う（写真-2）．それは大型の農業機械を使用した耕作や，畑作への転換を行うためには必要な基盤整備である．一方，水路に生息している生物や普段は河川に生息するが水田まで遡上して産卵を行う魚類[10-11]などにとっては，水路と田面との間に落差ができるために水路から水田への移動ができなくなることを意味する．さらに，イネの生育期間以外には速やかに排水することが可能になるため，水田内で生活史を完結する生物にとっても圃場内は工事前と比べて生息に適さない環境になってしまう．豊岡盆地の水田と水路で行ったコウノトリの餌生物調査では，単位面積当たりの餌生物量は年間を通じて水田よりも水路のほうが大きく（図-1），特に水田内は魚類の現存量が小さいことが明らかになった[7]．

さらにいえば，用排水を分離し排水路を深く掘り下げたために構造的にコウノトリが中に入って採餌しにくい水路も多い．コウノトリが利用できる水路を，幅2m以上または深さが50cm未満の水路と仮定すると，豊岡盆地一帯の水路の延長比で約30％，面積比でも約32％が不適と推定された（著者ら未発表データ）．素堀りの水路は限られた地区にしかなく，水路の中には非灌漑期には水がなくなる場所もあることから，圃場整備が本格的に行われる以前と比較して餌生物の生息環境としての水路の質は低下していると思われる．

このような状況から，田園生態系を採餌場所とするコウノトリを野生復帰させるために，水田や水路の餌生物量を増加させると同時に採餌しやすい環境を復元する自然再生が望まれた．

4） 目標設定

本地域では自然再生はコウノトリの野生復帰のための環境整備の一環として考えられている．その基本的考え方は次のとおりである（図-2）．コウノトリが生息していた当時の環境は絶滅前と比

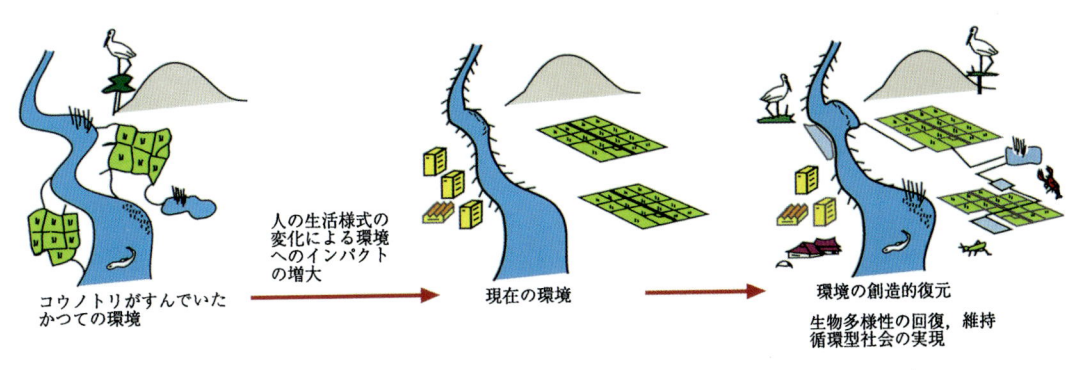

図-2 コウノトリの野生復帰のための環境整備の基本的考え方 (内藤・池田[5])

べれば同種の生息に好適であったと考えられる．しかし，生活様式の変化によってハビタットの改変が進み，コウノトリを頂点とする生態ピラミッドも損なわれてしまったのが現在の状態である．本地域における自然再生は昔の状態に回帰して復元を行うのではなく，現在の社会経済基盤やシステムを改良しながら，コウノトリの生息環境を整えることを方針としている．「コウノトリ野生復帰推進計画」[6]では，コウノトリを自然との共生の象徴として位置づけており，野生復帰のための自然再生を総合的に進めることが決められている．すなわち，広域の生息圏を必要とし，生態ピラミッドの頂点に立つアンブレラ種としてのコウノトリが野生で生息できる田園環境の構築に資することが自然再生の短期的な目標である．その成否は導入したコウノトリの定着と繁殖により端的に評価される．この目標のために，農業分野では水田魚道の設置などによる餌生物の生息条件の確保といったハード面の整備と，水田の湛水期間を長くすることや農薬の使用量を減らすこと，休耕・転作田を採餌場所として活用することなどのソフト面の整備が検討された．また，農業分野に限らず，河川や森林管理の視点からもコウノトリの野生復帰に応じた環境整備が進められつつある．これらを通じた究極目標として推進計画の副題には「コウノトリと共生する地域づくりをめざして」と掲げられ，コウノトリを核にした共生型・循環型の地域社会を実現することを目指している．

4-3 水田魚道の設置と転作田ビオトープ

このような状況を踏まえ，豊岡盆地では自然再生のためのいくつかの試みが行われてきた．まず，水田の構造を生物に配慮したものに改良した代表的な例として，水田面と排水路との落差を解消する魚道の設置がある．前述したように，水路や河川に生息する魚類には水田まで遡上して産卵する種群がいるため，効果の高い魚道を設置すればそれらの生物の生息地としての質を高めることができる[12]．豊岡盆地には2004年8月現在で計52ヵ所の水田魚道が設置されている（表-1）．設置してからの経過年数が短いため，その効果についてはまだ評価が定まっていない部分もあるが，設置の経緯とモニタリングの結果を紹介する．

1) 間伐材を活用して設置された魚道

魚道のうち最も早く設置されたのは，兵庫県立コウノトリの郷公園に隣接する豊岡市祥雲寺地区において2002年度に設置された2本である（写真-3）．この地区の水田は圃場整備ずみであり，上流の川から取水する用水系統と水田からの排水系統が分離している．水田面と排水路との間には2m程度の落差があるので排水路から水生生物が水田に遡上することは不可能である．営農面では，

表-1 豊岡盆地に設置されている水田魚道の数

地区名	設置のきっかけ	間伐材	コンクリート	波付ポリエチレン 明渠	波付ポリエチレン 暗渠	**併用	計
豊岡市祥雲寺	水田ビオトープなど	2	−	−	*2	−	4
豊岡市赤石	圃場整備	−	23	1	7	−	31
出石町中川	圃場整備	−	−	−	8	−	8
豊岡市六方	水田ビオトープなど	−	−	−	−	9	9
計		2	23	1	17	9	52

(2004年8月現在).
* 水田の一辺につくられた水路と排水路とをつないだもの．
** 魚道の上流側が明渠，下流側が暗渠になっている．

写真-3 豊岡市祥雲寺地区に設置された魚道．水田部分は転作田ビオトープとして管理されている．

表-2 祥雲寺地区に設置した水田魚道における遡上調査の結果

種名＼調査日数	5月 4.5	6月 9.0	7月 4.5	8月 0.5	全体 18.5
ドジョウ	0.67	15.11	10.22	30.00	10.81
タモロコ	1.11	12.89	6.44	8.00	8.32
ギンブナ	−	0.67	0.44	−	0.43
ドンコ	0.44	0.11	0.44	−	0.27
ヨシノボリ類	−	0.33	−	−	0.16
ウナギ	−	−	0.22	−	0.05
シマドジョウ	−	−	0.22	−	0.05
スジシマドジョウ	−	−	0.22	−	0.05
フナ類	0.22	−	−	−	0.05
魚類種数	4	5	7	2	9
ミナミヌマエビ	36.67	6.22	4.22	6.00	13.14
アメリカザリガニ	−	−	0.22	−	0.05
モクズガニ	−	0.11	−	−	0.05
全種数	5	7	9	3	12

豊岡土地改良事務所の報告資料に基づく．単位は遡上個体数／日

アイガモ稲作などの無農薬，あるいは低農薬稲作や転作田の常時湛水によるビオトープ化などの取り組みが精力的に行われている．魚道の1つは，常時湛水された転作ビオトープ水田として管理されている場所に，もう1つは低農薬稲作水田として管理されている場所に設置された．設置された魚道は，幅60cmで右岸側の半分はプール式の階段状で，残りの半分は斜路になっている．勾配は最大11%で延長はそれぞれ10.8mおよび7.2mである．視覚的な景観に配慮して間伐材を用い，底面に遮水シートが埋設されている．なお，間伐材を使用したため設置費用は高額となり，維持管理のコストや耐久性の面で課題が残った．

これらの魚道では2002年5〜8月（低農薬水田では中干しが行われた7月9日まで）にかけて上流端に捕獲用のトラップを設置し，遡上のモニタリング調査が行われた（調査は豊岡土地改良事務所による）．その結果，9種の魚類と3種の甲殻類の遡上が確認された（表-2）．特に6月から7月にかけてドジョウとタモロコの遡上個体が多く1日当たり6.4〜15.1個体であった．

また，中干し期には逆に排水口にトラップを設置し降下する個体の調査が行われた．その結果，ギンブナ，タモロコ，ドジョウ，ミナミヌマエビの4種が確認された．これら4種はいずれも5月から7月にかけて水田への遡上が確認されている種である．個体数はドジョウが最も多く全体の70.4％（1,477個体）を占めた．これらのことから設置した魚道は，水田と排水路をつなぐ回廊としての役割を十分果たしていると考えられた．

2) 圃場整備に合わせて設置された魚道

　祥雲寺地区で設置された魚道のモニタリングからは，適切な構造の魚道を設置すれば魚類が遡上することが確かめられた．しかし，魚道の設置場所を面的に広げていくためには，設置費用が安価で維持管理しやすい構造とする必要がある．豊岡市赤石地区では2000年度から圃場整備が行われていた．すでに換地計画も決定していたが水路部分を再検討し，国と県による「生態系保全型水田整備推進事業」として魚道を設置し，水生生物の生息に配慮した水路の構造を採用することになった．

　圃場整備は工区を分けて段階的に行われるため，まず異なる構造の魚道を試験的に設置し，その効果を比較・検討した上で残りの魚道の構造を決定することにした．確保できる水路幅がすでに決定しているなかで，水田面と水路との落差を確保して水はけを改善するという圃場整備の目的，維持管理のコスト，水路が長期間維持できず崩壊する可能性などから，工法として土水路を採用することは見送られた．最終的に，流路の傾斜が10％以下で延長7mから8m程度，開水路については維持管理を容易にすると同時に鳥類が魚道で待ち伏せて捕食するのを防ぐためにグレーチング（金属製の溝蓋）を設置するという同一条件の下，次の4タイプの構造の魚道（表-3および写真-4）を2002年に施工し遡上効果を比較することにした．

① 半丸太スロープ型：コンクリート張り側溝の底部に，半分に割った丸太を流路を横断する方向にジグザグに設置した魚道．
② ハーフコーン型：コンクリート張り側溝の底部に，コンクリート製のハーフコーン（円錐を半分に割った形状）を流路を横断する方向に互い違いに設置した魚道．
③ 波付ポリエチレンU字溝：角形の波付ポリエチレン管でスロープを設置した魚道．
④ 波付ポリエチレン暗渠溝：③と同様の素材のポリエチレン管を地下に埋設した魚道．

3) 魚道の遡上効果と改良

　圃場整備にともない水路も全面的に改修されたため，調査開始時点では水路に生息する魚類の個体数が十分には回復していないと思われた．そのため4種類の魚道の遡上効果は生息個体の遡上によってではなく，ドジョウの放流実験によって調査された（調査は豊岡土地改良事務所による）．それぞれの魚道の下流側において，体長4～10cmのドジョウ10個体を放し遡上させる実験を行っ

表-3　赤石地区に設置された4タイプの水田魚道の概要とドジョウの遡上個体数

タイプ	内部構造	*設置費用 （千円）	実験による 遡上個体数
半丸太スロープ型	コンクリート，半切り丸太	400	17
ハーフコーン型	コンクリートのハーフコーン	400	35
波付ポリエチレンU字溝	ポリエチレンの波状	150	4
波付ポリエチレン暗渠溝	ポリエチレンの波状	100～200	**4

* 概算値，波付ポリエチレン暗渠溝に関しては改良前と後の値を示した．
** 中干しが早く行われたため翌年に調査を行った．

①　　　　　　　　　　　　　　　　②

③　　　　　　　　　　　　　　　　④

⑤　　　　　　　　　　　　　　　　⑥

⑦　　　　　　　　　　　　　　　　⑧

写真-4　赤石地区に設置された4タイプの水田魚道
①,②：半丸太スロープ型　③,④：ハーフコーン型　⑤,⑥：波付ポリエチレンU字溝　⑦,⑧：波付ポリエチレン暗渠溝

た．魚道の上流側にはもんどり式籠網を設置し遡上した個体を捕獲した．2003年7月10日（中干し時期が早かったため実施できなかった波付ポリエチレン暗渠溝については翌年6月8日）の17時から翌日7時までの間，2時間ごとに確認し，遡上した個体は再び遡上できるように下流側に戻した．

調査の結果，ハーフコーン型の魚道において遡上個体数が最も多く（表-3），体長の大小にかかわらず遡上していた．遡上個体数はハーフコーン型に次いで半丸太スロープ型が多かった．波付ポリエチレンU字溝および同暗渠溝では最も低い値を示し，遡上できる個体の体長の幅も限定される傾向があった．

2004年6月には，中干しによる落水時に降下する魚類が調査された．これによってもハーフコーン型の魚道からは，ドジョウ，ナマズ，タモロコなどの降下個体数が多く確認され，この型の魚道が有効であることが明らかになった（表-4）．波付ポリエチレン溝からの降下個体は少なかったがフナ類とコイ科の稚魚が確認された．魚道を設置していない水田では魚類としてはドジョウがわずかに降下しただけで，全く生物が降下しなかった水田もあった．

これらの結果から，遡上効果に限っていえばハーフコーン型が最適であり，半丸太スロープ型との比較においては，木材の代わりにコンクリートで流路を形成しているために維持管理と耐久性の点からもハーフコーン型の方が望ましいと評価されたので，基本的にはこの型を採用することにした．一方，波付ポリエチレンU字溝は遡上効果は低かったが，ハーフコーン型の半分から4分の1という比較的少ない費用で設置でき，暗渠型にした場合には，のり面の草刈りなどの管理がしやすい点が評価された．試験施工した魚道は，勾配が一定であるために流れの変化がなく，流量が多いときは遡上個体が流されやすい一方，流量が少なくなれば水深が保てなくなることが懸念された．そこで，遡上の可能性を向上させるために使用するポリエチレン管の直径を太くし，勾配を途中で変化させて水が溜まる場所を設け，さらに十字継ぎ手を用いて途中に休息場を設けるなどの改良を施した上で，波付ポリエチレン暗渠溝型として一部の魚道に採用することにした．

表-4 中干し時の魚道および一筆排水口からの降下個体数

地点番号	1	2	3	4	5	6	7	8
魚道	あり	あり	あり	あり	なし	なし	なし	なし
タイプ	ハーフコーン型		波付ポリエチレン					
			U字溝	暗渠溝				
ドジョウ	52	−	−	−	5	1	1	−
ナマズ	8	82	−	−	−	−	−	−
フナ類（稚魚）	1	1	5	1	−	−	−	−
タモロコ	3	19	−	−	−	−	−	−
コイ科（稚魚）	1	−	6	−	−	−	−	−
メダカ	2	−	−	−	−	−	−	−
オオクチバス	1	−	−	−	−	−	−	−
魚類種数	7	3	2	1	1	1	1	0
ミナミヌマエビ	>10	2	−	13	−	6	3	−
アメリカザリガニ	−	−	−	1	−	−	−	−
全種数	8	4	2	3	1	2	2	0

調査は豊岡土地改良事務所による．値は2日間の合計個体数

写真-5　コンクリート製のスロープを設けた一筆排水桝

　魚道本体の形状だけでなく排水桝にも改良が施された．当初は一筆排水口（個々の水田から水路への排水口）と魚道を別に設けたが，一筆排水口の堰板を調節して水位を下げるときに，魚道側の排水口を同時に調整しなければ魚道に水が流れず機能を果たさない可能性があった．これは耕作者にとっては維持管理の手間が増えることを意味する．そこで一筆排水口を別に設けず，魚道そのものを一筆排水口と兼ねることにした．この際，一筆排水口に水位調節のための堰板をおくと，その下流には段差が生じるので，魚道を遡上した個体が堰板を乗り越えて水田内に入れない可能性がある．そこで，堰板と接する水路側に水流方向と水流と直角方向の両方に向かって下るコンクリート製のスロープを設け，堰板を上下させても常に水面の連続性が保たれるようにした（写真-5）．底部にはパイプが設置され堰板をはずしたときにはパイプから直接排水できる構造になっている．

4）　圃場整備にともなう水路の改修

　魚道について詳しく述べたが，赤石地区では別に水路本体についてもいくつかの工夫がなされている．水路自体は大型フリューム（コンクリート製の水路式側溝）を用いて，維持管理をしやすい構造を採用し，一方で水生生物の生息に配慮した施工が行われた．具体的には，水路底の深み，水路中心線の蛇行と魚巣，水路壁面のスロープの3つである．水路底の深みは，部分的に水路底が20cmほど深い場所を設けたもので，これにより土砂が溜まりやすく，幹線排水路の水位が低下したときにも部分的に水面を保つことができる．結果として，底生魚や水生昆虫が生息しやすく，水生植物もある程度生育することが期待される．なお，水路底がコンクリートであるので堆積した土砂や繁茂した植物は必要に応じて取り除くことができる．次に水路中心線の蛇行は，水路の中心線を左右にずらした場所を作り流れがよどむようにしたものである．この部分では通常は50cmである水路の幅を100cmに広げ，幅の半分は割石を入れた魚巣としてあるため，水生生物の隠れ場や増水時の逃げ場となりえる．また，水路壁面にはところどころにカエルなどがはい上がれるスロープが設けられている．これらはいずれも，排水上必要な水路断面と深さを維持しながら，単調なコンクリート水路の構造を複雑化し水生生物のハビタットを創り出すためのものである．今のところ施工後の年数が短いので，水路内への土砂の堆積が少なく目立った効果は確認されていないが，年数が立つとともにこうした施工がハビタットの複雑化を促進するものと思われる．

5）　水生生物の生息環境に配慮した水田管理

　豊岡市では1996年に豊岡あいがも稲作研究会が結成され，環境保全型の稲作としてアイガモ水稲同時作（アイガモ農法）が展開されている．この農法ではアイガモが逃げないように，また，鳥獣

害からアイガモを守るために，水田を電気柵で囲み防鳥ネットなどを設置するので，水田自体がコウノトリの採餌場所として利用される可能性は低い．農薬をできるだけ使わないことにより環境負荷を軽減し生産物の付加価値を高め，結果的にコウノトリの生息環境も整えようという考えで取り組みが進められている．

　コウノトリの採餌場所創出へのより直接的な取り組みとしては，2001年に市民団体であるコウノトリ市民研究所（2004年からはNPO法人）と豊岡市が地元農業者の協力によってはじめた水田5枚，計約0.73haでのビオトープ転作試験があげられる．その基本的な発想は，「全国の水田面積の4割が転作田になっている．この転作田をできるだけ手間をかけず，いつでも水稲作へ復元可能な状態で，ビオトープ化できないだろうか」というもので，必要に応じて耕耘，草刈りをしながら常時湛水を行うものであった．常時湛水による圃場の泥濘化や畦畔の崩壊などが懸念されたので小面積での試験から行われた．これを契機に，翌年には兵庫県が実施する水田自然再生事業(転作田ビオトープ型）が事業化された．この制度は，豊岡盆地の平地部でおおむね1ha以上のまとまった面積を活用できる場合を対象に，3年以上の長期間にわたり常時湛水を行う転作田に対して県と市町の予

表-5　豊岡盆地における転作田ビオトープと常時湛水中干し遅延水田の推移

年	転作田ビオトープ 実施地区数	面積（m²）	常時湛水中干し遅延 実施地区数	面積（m²）
*2001	1	7,250	—	—
2002	5	53,422	1	11,404
2003	6	67,182	1	11,461
2004	6	74,126	2	54,598

*コウノトリ市民研究所と豊岡市により実施．他は兵庫県と豊岡市により実施

写真-6　豊岡市福田地区の転作田ビオトープで採餌する野生のコウノトリ

算によって農家に委託料を支払うというものである．以後対象面積を少しずつ増やし，2004年度には6地区の合計7.4haが転作田ビオトープとして管理されている（表-5）．その中のひとつである福田地区に設置されたビオトープでは，田植え後イネが成長するまでの期間，飛来した野生のコウノトリが頻繁に訪れ採餌する様子が観察された（写真-6）．

　また，稲作を行っている水田に関しても，常時湛水型稲作や中干し遅延などを取り入れた営農方法への補助制度が2002年度に創設された．これは耕作を行いながらも，湛水期間を延長することで水生生物の生息に適した水田環境を維持することを狙ったものである．2004年度には2地区の5.5haが常時湛水型稲作田として管理されている．ビオトープ転作は作付けをしない水田で行うもので，農業生産そのものからは離れて位置づけられる．一方，豊岡市では前述したアイガモ水稲同時作で生産されたコメを学校給食に取り入れたり，環境保全型農業によって生産された作物を統一ブランドとして展開するなど新しい農業の振興に力を入れている．このような施策が魚道の整備など保全型の基盤整備と結びつくことで，経済活動を行いながらコウノトリの野生復帰も実現する道が模索されている．

4-4　残された課題と今後の方向性

　コウノトリの野生復帰という大きな目標があるために，豊岡盆地における自然再生は比較的順調に行われているように思われるが，この取り組みの過程でいくつかの課題が明らかになった．それを踏まえて今後の方向性について考察する．

　まず，自然再生を行う場所を選定する際の問題がある．例えば，用排水系統が分離した圃場整備ずみの水田を常時湛水型のビオトープや冬期湛水田として活用するときには，水源の確保が課題となる．というのも，これらの水田は揚水機場を通して給水されていることが多く，稲作に必要な時期以外はポンプが停止し給水ができないからである．これまでのところ，いずれの事業も先駆的取り組みとして行っているために，潜在的な適地かどうかだけではなく，地域の農業組織や耕作者が意欲的かどうかが実施の有無の鍵を握っていた．魚道などの基盤整備や環境保全型稲作，転作田ビオトープ化などの実施には地元農家の合意が事実上不可欠であるが，これらの新しい農業への評価には地域や個々の農家により温度差があるために，コウノトリの行動圏と採餌場所の分布や配置といった生態学的な観点と実際に事業が行われる場所とは必ずしも整合しない．今後，対象とする場所や面積を広げていく際には，費用対効果を検討して候補地を戦略的に決めていくことも必要だろう．

　費用面での課題もある．圃場整備にともなって魚道を設置した場所では，土地改良法が2002年に改正され，土地改良事業を行う際の基本原則に「環境との調和への配慮」が位置づけられたこともあって予算措置が講じられた．一方，既に圃場整備が終了した場所に新たに魚道を設置する文字通りの自然再生を行うためには，工事のための費用を公的に，あるいは地元負担によって確保しなくてはならないが，現在のところそのための予算は限られ，魚道の設置場所を増やすにあたり障害となっている．魚道の設置場所を今後増やすためには，魚道の効果を定量的に測定して示すだけでなく，自然再生として行う魚道設置の費用をどこがどのような仕組みで負担するのか，さらに，設置後の維持管理を誰が担い，その費用をどのように負担するのかといった検討課題がある．

　最後の課題は自然再生のハードとソフトの一体化である．魚道などの設置は水田の構造を変更するものでいわばハード面の整備といえる．それに加えて，水田ビオトープ，冬期湛水や中干し遅延

などのソフト面での措置を同じ水田で行うことによって相乗的な効果を発揮し，田園生態系に多様な生物を生息させることができる．地元自治体の組織も同様に考えて両者をかみ合わせるように調整を進めているが，圃場整備にともなって魚道が設置された場所では地盤が落ち着くまでは慣行的な農業を行いたい，整備後の水田を有効に使って生産性の向上を図りたいといった耕作者の希望などによって，今のところ必ずしも上手くいっていない面もある．

　総合的にみて，コウノトリの野生復帰のための施策は，計画に基づいて施工すれば終了する従来の事業とは大きく方向性が異なっている．行政施策としての措置だけでは済まない事柄を多数含んでいるので，地域全体として施策に取り組むためのインセンティブを創出する必要がある．また，結果を評価して次の計画に反映させる順応的管理を取り入れることが不可欠である．

（内藤和明，大迫義人，池田　啓）

―― 引用文献 ――

1) 農林水産省大臣官房統計部 (2003)：農林水産統計，http://www.maff.go.jp/toukei/sokuhou/data/kouchi2003/kouchi2003.pdf
2) 片野　修 (1998)：水田・農業水路の魚類群集，水辺環境の保全 ― 生物群集の視点から ―，江崎保男・田中哲夫編，p.67-79．朝倉書店．
3) 上田哲行 (1998)：水田のトンボ群集，水辺環境の保全 ― 生物群集の視点から ―，江崎保男・田中哲夫編，p.93-110．朝倉書店．
4) 池田　啓 (2000)：コウノトリを復活させる，遺伝 54(11)，56-62．
5) 内藤和明・池田　啓 (2001)：コウノトリの郷を創る ― 野生復帰のための環境整備 ―，ランドスケープ研究 64，318-321．
6) コウノトリ野生復帰推進協議会 (2003)：コウノトリ野生復帰推進計画，コウノトリ野生復帰推進協議会，87pp.
7) 内藤和明・池田　啓 (2004) 自然と共存する農業　コウノトリを支える農業，農業と経済 70(1)，70-78．
8) 菊地直樹 (2003)：兵庫県但馬地方における人とコウノトリの関係論 ― コウノトリをめぐる「ツル」と「コウノトリ」という語りとのかかわり ―，環境社会学研究 9，153-168．
9) 菊地直樹 (2004)：多元的現実としての生き物，兵庫県但馬地方におけるコウノトリをめぐる「語り」から，生き物文化誌Bioストーリー 1，110-122．
10) 端　憲二 (1998)：水田灌漑システムの魚類生息への影響と今後の展望，農業土木学会誌 66，143-148．
11) 齋藤憲次・片野　修・小泉顕雄 (1988)：淡水魚の水田周辺における一時的水域への侵入と産卵，日本生態学会誌 38，35-47．
12) 鈴木正貴・水谷正一・後藤　章 (2000)：水田生態系保全のための小規模水田魚道の開発，農業土木学会誌 68，1263-1266．

5．都市自然

5-1　都市生態系の特徴

　都市は人口密度が高く，1人当たりの緑地や水辺の面積は総じて狭い．そのため，ヒートアイランド現象や各種の排気ガスの影響が強く，大気環境および熱環境が，生物の物質生産や持続性に大きな影響を与える．また，建築物の高層化，ならびに地表を被覆するアスファルトやコンクリートは，一次生産をになう陸上植物に照射する光エネルギーや土壌水分の低減，ならびに無機物質含有率の変化をもたらし，物質やエネルギーの流れを自然の状態とは違うものにする．また，自然現象として生じる水や土のダイナミクスは抑制され，乾燥化や栄養塩の偏在がみられる．さらに，騒音は主として動物の生息に抑制的に働き，夜間照明は動植物の生活に影響を及ぼすことが少なくない．このようなことから，一般に都市域に生息する生物種は限定され，都市地域に特有な生物相が形成される．そして，人の快適かつ安全な生活に有害な生物は，発生を抑制されるとともに，その生息を許容しない方策が進められてきた．一方，人の趣味的活動のために，人為的に導入された生物が生態系に占める比率が高い．

5-2　樹林地の自然再生技術

1）樹林地の面積と形状

　都市の自然再生においては，樹林地の再生を目的とすることが多い[1]．保全生物学の観点からの樹林地の創出では，大面積を確保し，コアとなる部分を可能なかぎり拡げるために円形に近い形状を目指すことが原則である．実際には，用地の面積および形状は，その他の観点からの多面的判断で決定する必要がある．例えば，都市部の緑地の周縁長を長くすることは，緑地に接する人々や緑視率の増加に結びつくとともに，一部の動物群集の種および個体数の増加を許容することが示されている[2]．一方，火災時の延焼被害の危険性は周縁長を長くするほど増大する関係にあるといわれる．保全，保護すべき生物相または種が明確な場合で，それが主要な目的であれば，その持続を許容する規模や形状を満たすことを前提とし，その他，防災や利用圧などを勘案した現実の都市計画との整合性を図ることとなる．

　都市内の樹林地の再生においては，コアとなる環境の確保を目指し，コアとなる環境を含まない帯状の緑地の形成や，不用意に複雑な形状の緑地の形成を計画することは避けることが賢明である．したがって，コリドーを創出する必要性が高い場合には，ステッピングストーン型のコリドーを優先的に検討すべきである．小規模な帯状の緑地はエッジ空間としての機能のみを発揮し，有害鳥獣虫や外来生物の生活場所としての機能を発揮することが知られている．そのため，コアとなる環境を含まない帯状の緑地を利用する生物を都市内で高いコストを投入して保存する意義は一般的に高くない[3]．都市内では帯状緑地が自己更新して長期存続することは生態学的に困難である．

5. 都市自然

　実際に，コアとエッジの面積や形状をどのように計画するかは重要な課題である[1]．エッジの役割は生物相や環境などの相対的な相違によって判断されるため，その幅を画一的に決定することはできない．例えば，北アメリカの事例では，落葉樹林におけるエッジ幅は12～15m，針葉樹林においては60mであり，最小コアをふくむ面積はそれぞれ452～707m^2と11,310m^2といわれている．北アメリカの鳥類を対象とした研究では，エッジ幅は600mに及び，コアの確保には最低113haの面積が必要という結果も得られている．熱帯林のエッジ幅は178m～5,000m程度で，コアを確保するには79km^2の面積が必要と試算されている．

　自然再生事業として，わが国の都市内で樹林の自然性を確保しようとする場合，エッジ幅は15～60m，必要面積は0.1～1.0ha程度以上で，価値のある水準が確保されると考えられる（後述する岡山市の神社林の事例を参照）．これよりも狭い敷地で自然再生の理想を追求することは難しい．例えば，100m^2のコアエリアを想定した計画では，必要な外周エッジを12mと見積もっても約1,000m^2＝0.1haの円形が最小用地面積となる．ダイサギやカルガモといった鳥類の警戒距離が約110m，ニホンリスの生息許容樹林地が10～20haとされることなどを勘案すると1.0ha前後以上の敷地を確保することが望ましい．

　樹林が持続的に更新するには，その構成員となりうる樹種を絶やすことのない緑地の形状や規模を用意することが好ましい．京都市の社叢林を含む樹林地においては，エッジ幅が30mで，面積が1ha未満では木本植物種構成の点で全空間がエッジとみなされるという[4]．ただし，この解釈は十分ではなく，多面的解析が必要なことが以前より指摘されている点には注意を要する[5]．また，宮崎県の社寺照葉樹林における樹林面積と照葉樹林要素植物種数との関係[6]から，樹林面積の狭小化によって欠落する樹種が存在し，その閾値が200m^2と1,000m^2周辺にある可能性が指摘されており，さらに，1ha程度以上の大規模樹林にのみ高頻度で生育する樹種が認められ，2ha前後から出現種数は頭打ちになることが示されている．0.1ha程度の規模と1ha程度以上の規模とでは，許容できる再生自然の質が異なるため，事業目標や管理内容は敷地面積に応じて異なると考えるべきであろう．0.1haと1haの中間の規模では，土地利用の変遷などの周辺環境や事業対象地の地形や気候などによって再生自然の質が決定づけられる可能性が高い．宮崎県の例では，照葉樹林相を完全に満たすには理論上では28～2,900haの面積が必要となり，地域を特徴づける照葉樹林構成植物種の多様性を保存するには，単一の自然再生事業地ですべての要件を満たすことは難しい．

　都市域の残存および形成された樹林地の生物多様性保存の状況については，オサムシ類やゴミムシ類といった移動能力が低い比較的大型の昆虫に関する調査結果が一般的な原則を導いたり，個別の意思決定を行う際の参考になる．オサムシ類やゴミムシ類を材料とした都市孤立林（0.1～1.2ha）とその周辺の研究においては，①河畔林を本来の生息場所とする種の過去の消失は著しく，現状では種構成の修復に高い効果は約束できない．しかし，そういった場所やそこに依存する種には希少で固有的価値が高いものが含まれるため，なお重要なビオトープとして格別の配慮が必要である．②孤立林周辺の土地利用状況やその変遷が，孤立林に生息する個体数や種組成の保持のために重視されるべきであり，この点で，都市域に河畔林や孤立林，または防風林が点在していることは，それぞれが直接的に生物多様性保存機能の核とはならなくても，長期的には個体群の分散に機能し，結果として多様な群集を維持すると推察できる．③生息種数は孤立林の規模が大きいほど多い傾向があるため，既存孤立林の規模拡大を図る意義は大きい．

2） 樹林の更新

都市域に生息する動物，特に鳥類は木本植物の自然更新に少なからず影響を及ぼす．種子が鳥によって運ばれる外来種の侵入の問題は都市林では避けられない問題であり，エッジやギャップではその影響を無視できない．一般に，都市環境での鳥による種子散布距離は100〜300mといわれている．実際に，札幌市の市街地では，動物散布種子は周辺100m以内にある樹林から主として供給される[7]．また，京都市の市街地では，鳥散布種子の分布拡大範囲は概ね150mであり，鳥と植物種子の組み合わせによって50m程度のばらつきのあることが示されている[8]．東京都内における外来種，トウネズミモチの分布拡大には，植栽された個体が多いこと，これが鳥散布されること，生育に好適なエッジ環境の面積が広いこと，が寄与しているといわれている[9]．近年，都市林で問題が顕在化しているといわれるシュロ類の分布拡大にも，鳥散布の寄与度が高いと思われる．九州北部の都市近郊の社叢林では，周辺の二次林に由来するシロダモの侵入が著しく，自然更新のプロセスを変化させてしまう可能性が指摘されている[10]．なお，鳥散布型の種が断片化または孤立した樹林ほど増加するとの研究報告は多いが，自然林と二次林，階層構造の相違などの要因について十分な追及はなされておらず，一般化するには今後の研究に待つところが大きい．

樹林構造の安定性を示す1つの指標として，出現樹木の個体サイズの頻度分布の検討がある．岡山市の市街地の3つの社叢林で調査された結果[11]を図-1に示した．面積が大きく，構造が安定した社叢林では出現個体のサイズが指数関数的な分布を示し，逆J型であることが多い．これに対して，面積が小さいと，稚樹および低木が出現しにくい状況になることが示唆される．後者の場合，樹林の持続的な構造は維持されず，自己更新による再生は容易でないと判断できる．

社叢林の樹林の更新特性に関しては京都市街地の下鴨神社の糺の森の保護林（約1.5ha）における先駆的な優れた研究があり，それを踏まえた保全管理手法が提案されている[11-14]．樹林の再生更新は，樹冠ギャップの形成を契機として生じる．ギャップは単木の枯死で生じたり，枝折れ，幹折れ，そして複数の倒木などによって生じる．これが，林内の光環境，水環境および栄養条件の変化をもたらし，構成樹種の成長特性の差異によって持続的な群落の形成に至り，再生更新される．林縁もまた林内と異なる環境条件をもつ空間であり，その状態は森林の再生更新に大きく影響する．そこ

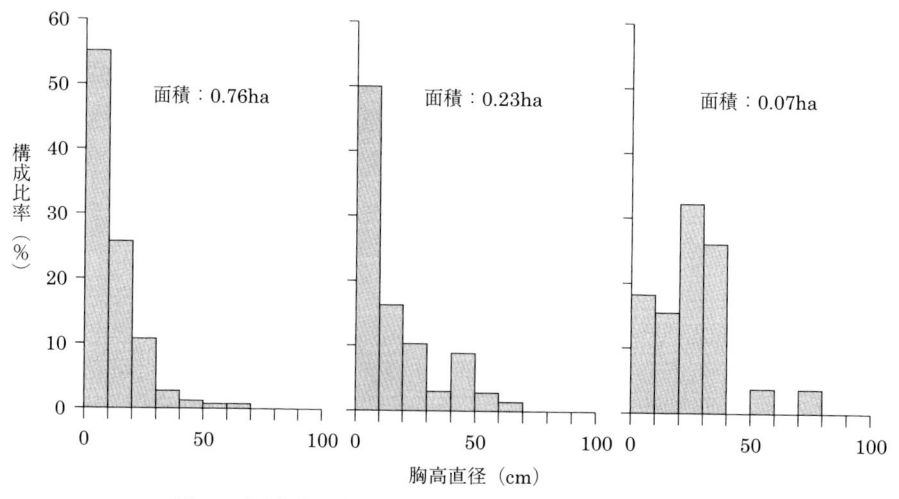

図-1 岡山市の市街地の神社林における樹木の直径分布[11]

で，糺の森では，至近的な更新状況の指標としての林冠層，下層，および稚樹層を形成するが，閉鎖林冠，林冠ギャップおよび林縁のそれぞれの空間に占める密度を相対化して把握することで，構成樹種の存在様式を明らかにして，樹林の自己維持的構造の評価がなされた．糺の森の保護林では，シイ（*Castanopsis cuspidata*）が林冠を形成する極相優占樹種であり，下層と稚樹層にも出現したが林縁には少なかった．つまり，シイの後継個体は林縁を除く林内に用意されており，林内環境に依存した更新が継続すると考えられた．このことは，同時に，シイのような極相優占樹種となる高木は樹林面積の縮小で消失しやすいことを示唆する．エノキは閉鎖林冠と林縁の林冠層を優占するが，林内の下層と稚樹層には存在せず，林縁のみで稚樹層に出現した．これは，エノキが林内においてシイの後継木と同所的に分布せず，その更新は林縁のみに依存していることを示す．シュロ類は，閉鎖林冠，林冠ギャップおよび林縁のいずれの空間でも下層と稚樹層における優占度が高かった．つまり，林床の優占度は高く，空間を選ばず更新頻度が非常に高いと解釈できる．このような解析を構成種ごとに加えることで明確化された当地の管理における要件は，以下の4点であった．

① エノキなど途中相の優占樹種を維持するには，広い樹林面積と撹乱強度の大きい大規模なギャップが恒常的に発生するモザイク構造が必要である．これらが確保されない場合には，人為的にシイなどの極相優占樹種の更新個体を減らし，該当樹種個体の自然更新を期待するか，または幼苗植栽や播種を行って更新を誘導する．

② シュロ類のような外来種が下層で優占する環境は，本来の樹林の更新を阻害する可能性を高めている．これを検討し，目標に照らし合わせて必要に応じて除去する．

③ クスノキのような植栽木はいずれの樹冠環境下においても後継個体が存在しないが，樹冠層を優占している．このことはクスノキの更新はなされず，エノキなどの途中相の優占樹種の更新を阻害していることを示唆する．該当地では，台風被害後の植生回復の目的で植栽されたが，その妥当性を今一度再検討し，目標に照らし合わせ必要に応じて除去する．

④ 低密度で出現する在来樹種は残存林から消失しやすく，その可能性は重力散布型種子の種で高い．これらの種の確保には種子移入源の確保と，人為的な更新の用意を要する．

なお，近年，糺の森に植栽された国内移入種となるクスノキが，社叢林の自己更新に悪影響を及ぼしていると改めて報告されている[15]．

このように，都市内の樹林の管理においては，樹林で生じる撹乱の特徴と構成樹種の更新様式の関係を把握し，目標に応じて除伐や補植を実施することが必要といえる．また，日本の極相林またはそれに近い老齢林の成熟林分においては，種組成や構造とは無関係に，林木の枯死率および新規加入率は，1年当たり0.6～4.3％および0.5～3.8％の範囲とされている[16]．これを参考にすることも樹林地の更新状況の目安となろう．

3） 樹林の管理

樹林環境を構成する植物種の多様性は環境の相異や遷移の進行，ならびに周辺環境や過去の土地利用を示唆する指標でもある．近年になって，林床植生の種構成を詳細に検討し，これと周辺環境や利用圧の関係を検討し，その結果を樹林管理や利用圧（踏圧・侵入）の調整に反映させることの有効性も検討されている．踏圧は根圏の損傷，林床の乾燥化，外部からの種子の移入ならびに，その発芽や定着といった事象に直結する．都市林においては，樹林が周辺環境の干渉を強く受け，利用ポテンシャルも高いことから，林床植生の質に関して検討することも，管理方法の有益な適用を促すものと考えられる．

写真-1　東京都代々木に計画的に創出された明治神宮の社叢林
造成後80年を経過して林相は森林状であるが，生態学的な視点からの問題も指摘される．

　一方，入念な計画のもとに，造園および造林の技術を駆使して人為的に創出された社叢林もある．例えば，奈良県の橿原神宮の社叢は1940年に107種，76,118本を23haに植栽した人工林であり，東京都の明治神宮の社叢は1920年に365種，122,572本を70haに植栽した人工林である．明治神宮の社叢林は，わずか80年余り経過した現在，その人工的植栽が森林に類似した様相となっている（写真-1）．近年，この社叢林では，①上層の閉鎖ならびにシュロ類とアオキの繁茂によって，中下層に後継樹となりうる稚幼樹が少ないこと，②総じて中小径木に高木性の極相構成樹種が少なく，ヒサカキやサカキといった下層木が多いため上層構成樹木の更新障害が認められるなど，生態学的な問題が指摘されている[17]．一方，上層木の後継本数が相対的に少ない状況は，安定した階層構造を有する成熟林に特有の状態とみる見方もあり，実際に，アオキ，ヤツデ，シュロ類の生育状況も旺盛でなくなってきているとの経過報告もある[17]．今後，自然の遷移によって，長期的には順調な更新が進展する可能性もある．しかし，都市林としての機能達成や，周辺環境の変化との関係から，例えば，現在の林相を大きく変化させることなく更新を促進するために，低木層を形成するシュロ類の強度の除伐とアオキの弱度の除伐，ならびに高木樹種の苗木の補植が提案されている[17]．

　なお，実際に社叢林の修復再生を実施している事例もある．京都府相楽郡山城町の和伎座天乃夫岐売神社の荒廃した社叢林の部分の約500m^{2}では，1992年にタケ類を根絶した後，沖積土壌で表土造成を実施して，イチイガシ，サカキ，アラカシなどを植栽する手法で再生を試み，良好な経過を経ている[18]．京都市の糺の森では，土壌改良，稚幼樹生育促進のための立ち入り防止柵の設置，落葉広葉樹の植栽，乾燥低減のための流路の復元などを10年余り前から実施し，近年，その成果が現れつつある（写真-2）．これらの社叢林の歴史的経過には，都市再生林の先駆的事例として学ぶべき事項が多い．

　樹林内の故損木や樹勢の弱った樹木の放置はキクイムシ類，カミキリムシ類，シロアリ類の発生を誘発する要因となる．和歌山市のある社叢林では，周辺に二次林や農地など昆虫の飛来源が潜在的にあったことも要因となったため，薬品散布を余儀なくされるほどの甲虫類が発生したことがある．枯損木の放置で生じる昆虫類の発生は順調な遷移の過程ではあるが，都市域においては新たな問題を発生する可能性を高めているため，搬出や形状の加工などの管理が必要であろう．また，これら昆虫類の発生が見込まれない場合には，枯損木が長期にわたって原形をとどめることにもなる．樹勢の弱った小立木は甲虫類の多発生を許容し，また，枯死した立木は樹冠火災を誘引するた

5．都市自然

写真-2 「糺の森」の更新育成の管理
後継木の確保のため，下層樹木や稚樹の保護を行っている．

め都市域においては許容すべきではないであろう．これらは，樹木のサイズや周辺環境との関係から一概にはいえないが，安全確保および樹林の更新促進の点からみても問題となることがあるため，やはり一定の管理が前提と考えるべきである．そして，対象地全体の遷移の大部分を自己補償にゆだねることが理想であろう．ただし，倒木の存在による林床植生被覆の低減やリター厚の低減といった環境がつくり出されることが，実生による樹林の更新に好ましい影響を与える場合もある[19]ことから，これには順応的管理を前提として取り組むことが重要である．既述した明治神宮の社叢林では，現在，落葉落枝については概ね放置する管理となっているが，枯木枯枝の処理は実施している．

5-3 自然再生の事例

都市の自然再生の事例として2つの都市公園を紹介しながら，近年の再生技術の実際[20-24]を紹介する．事例の概要を表-1に示した．管理や運営ならびに調査のために有志の市民団体や専門家集団が形成され，それらが主体となって活動している点が重要である．

1) 東京都北区赤羽自然観察公園

赤羽自然観察公園では敷地内に自然保護区域を設け，都市における自然再生を試みている（写真-3, 4）．同所は陸上自衛隊駐屯地跡地で，1995年に公園の基本計画検討会が設置され，翌年に基本構想を決定し，1999年から2001年にかけて段階的に開園し，現在も一部整備中である．その間の1998年には運営会議準備会がもたれ，1997年から造成が並行して進められている．構想から開園まで約3年をかけて準備された事業である．敷地5.4haの内訳は，保護区域0.8ha，観察区域1.0ha，交流区域1.1ha，緩衝区域など2.5haとなっている（図-2）．本公園は武蔵野台地の北東部に位置する，台地を開析する小谷を原形とし，これを全域にわたる切り盛り工事で大きく改変した場所であった．公園の設計にあたっては，当地を特徴づける崖線につらなる開析谷の地形を核とした．古環境調査では縄文晩期の湿地（池沼）地層も確認され，公園予定地には湧水の湧出点が6ヵ所存在し，その水質および湧出量は非常に価値の高いものであることを確認した．このようなことから，公園のコンセプトの1つに，元来の地形と水環境を有効に活用して自然の自律的な回復を目指すことが含まれた．すなわち，「かつての当地」が目標のモデルとなった．整備計画においては，谷地形と水環境の改善やポテンシャルの活用をねらって，新たな水系を創造した．湧水を下水道へ排水していた導水管を取り壊して地表面に新たな流路を出現させて，新たに創出する窪地の池にその水を

表-1 赤羽自然観察公園と「いのちの森」の自然再生事業の概要

	赤羽自然観察公園	「いのちの森」
事業区域面積	8,000m²	6,150m²
敷地面積	5.4ha	約10ha(梅小路公園)
敷地周辺利用様態	緩衝区域としての緑地を別に確保 自然観察区域や広場など	園路または庭園および鉄道軌道に隣接(自然再生事業区域内が事実上の緩衝帯を含む)
着工時期	1999年(ただし、1998年には調査・造成)	1995年
開園時期	2001年(ただし、1998年以降市民参加)	1996年
基本構想検討時期	1995年	1994年都市緑化フェア終了時
土地利用前歴	陸上自衛隊駐屯地	JR貨物列車操車場
土壌基盤	敷地内切り盛り造成を基本理念 ただし、不足分搬入	搬入盛土(京都市内・滋賀県)
地形	谷	平坦
植栽	業者購入、表土移植、撒きだし 市民による「どんぐり植栽」 木本約70種	業者購入 街路樹移植 木本 100種以上
水系	湧水・ポンプによる循環 自然流路、池	地下水のポンプアップ ポンプによる循環 固定流路、池
動物	非意図的導入	意図的導入・非意図的導入
園芸植物	意図的導入	意図的導入・非意図的導入
管理運用	赤羽自然観察公園ボランティアの会(周辺住民などを主とする「いなほクラブ」「草刈り楽しみ隊」「どんぐりクラブ」「月例自然観察会」「自然写真クラブ」「子どもの遊ぶ場をつくる会」「ビオトープの会」「多目的広場利用者連絡会」などの部会の連合組織) 東京都北区建設部河川公園課	京都ビオトープ研究会いのちの森モニタリンググループ(大阪府立大学および京都大学などの教員や学生、ならびに地域の有志市民および専門家による試行調査:「観察会」開催) 財団法人京都市都市緑化協会
再生自然目標	過去の地域性の自律的回復	糺の森(約12.4ha、主要木本40種程度の落葉広葉樹主体の樹林地、保護林は約1.5ha)
管理	あり(主としてクズの刈り払い)	あり(灌水など不定期)
入園	無料	有料

写真-3 東京都北区の赤羽自然観察公園
土地本来の地形および水系の復元で自然再生を誘導している。都市化された環境では、周辺から様々な木本の種子が主として鳥類により散布される。

5．都市自然

写真-4 赤羽自然観察公園の自然環境保護区域
サインで「自然再生」の意図を説明し，理解を求める．また，自然の遷移による樹林化を意図し，最低限度の植栽にとどめている（フェンスの奥が自然環境保護区画）．

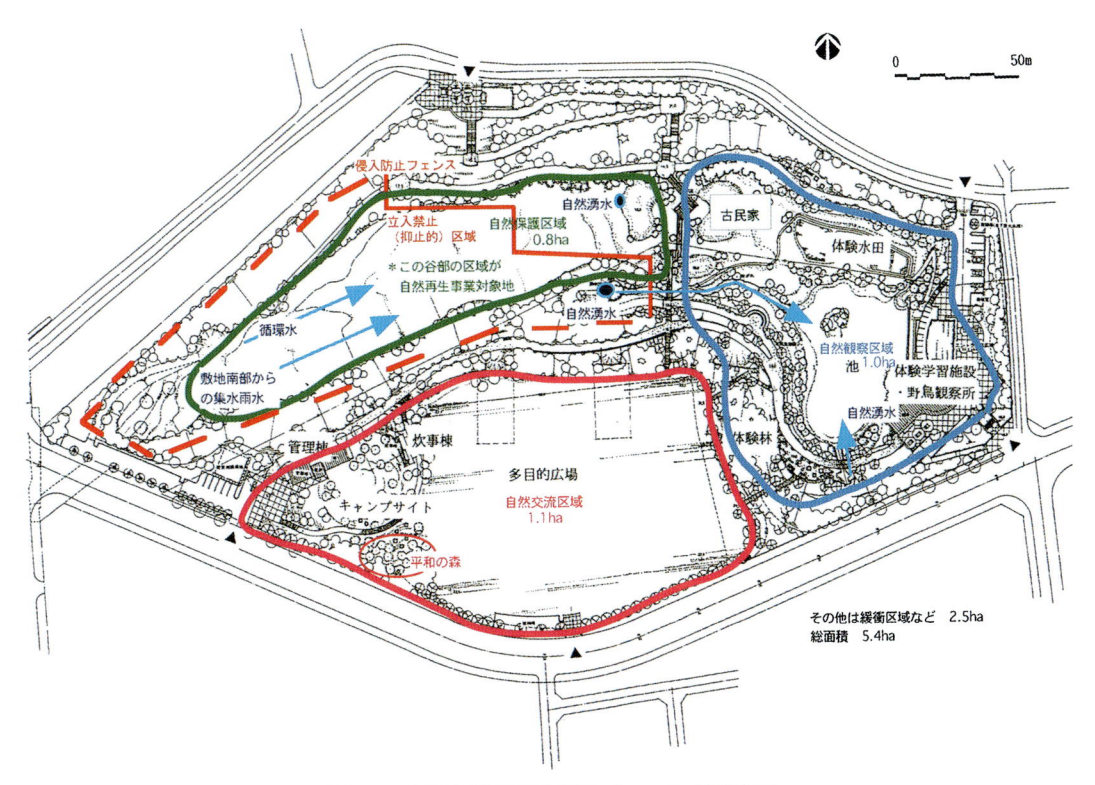

図-2 赤羽自然観察公園のゾーニング概念図

集積し，流下した湧水をポンプで汲上げて新たに造成する谷の上流側から自然流下させることとした．

　公園内に降った雨水は集水して，谷の別の場所に直接放水することで循環水の供給を実施した．一連の水系整備では，母材の移動や再堆積などで形成される地形や植生の回復の進行を促した．湿生植物や水生生物の移入ならびに堆積土砂の除去は行わず，伐採木を置いて流速を低下させ，複雑な流路の形成を促した．また，実際の造成工事においては谷底部に予想を超える残土の処理層が発

写真-5　赤羽自然観察公園における都市での自然再生の諸相
自然観察区域や交流区域では自然保護区域とは異なる利用がされている（図-2参照）．左は，地域住民によって植栽された雑木の林．右は，観察区域で水域上の「道」で散策する人たち．「自然再生」は都市のコミュニケーションを築く足場として進展の過程にある．

見された．これを盛り土に使用することを回避するために，谷底の掘削は最低限にとどめた．そのため，水の地下浸透が悪かった谷底部では予定外の湿地環境が創出された．一方，当初は敷地内の切り盛り造成で基盤を整備する予定であったが，盛り土が不足するためやむなく園外から土壌を搬入した．造成工事の最中には，水路上に出現した湿性植物を表土ごと剥ぎ取って，造成工事対象外の湿地に移植したり，既存の草原性の植物の多かった斜面では「表土撒きだし」を実施し，既存資源の保全を図った．自然保護区域では，潜在自然植生とその先駆群落の構成種の若木を斜面地の外周にのみ植栽した．公園全域の植栽木本植物は約70種である．

　自然観察区域には雑木林として整備し，林床を明るくした管理を行う体験林を配置している（写真-5）．これは，住民が管理作業などを通じて自然とふれあう機会を提供するとともに，将来，自然回復樹林やその前駆相が鬱閉または暗所となった際も，開放的な樹林環境を園内に維持するための配慮である．このように，人と生物の持続的関係や多様性に配慮し，空間と時間の連続性を明確に意識して設計された点は優れた試みとして評価される．同様に，湧水と一部の細流は自然保護区域に確保し，自然観察区域に親水空間や水田を準備するなど，自然復元と利用との接点を空間的に明確に区分している．上流へ歩みを進める子ども達が「見える」場所が「届かない」場所（自然保護区域）にある湧出点が起源となっている清麗な流水が，自然観察区域に供給される演出は心憎いほどである．

2）　京都市下京区梅小路公園「いのちの森」

　「いのちの森」は，1994年に開催された都市緑化フェアの跡地であり，それ以前はJRの貨物列車操車場として利用されていた（写真-6, 7）．公園は1995年に設計され，1996年に開園された．敷地は約0.6haである．本公園は京都駅に近い平坦地に位置し，埋蔵文化財との関係性から搬入盛り土による基盤工事が実施された．搬入した盛り土は主として同市内の地下鉄の路線整備で発生した土壌であり，これを基礎としてさらに滋賀県から休耕農地の壌土を搬入して上層の土壌改良を実施した．当地は「復元型ビオトープ」とされているが，地下から水を電動ポンプで汲上げ，それを流下させて，さらにそれをポンプアップして水循環を維持している．流路には玉石などを配し，ヒメガマなどを植栽するとともに，意図的にメダカを放流した．湧水などが存在しない敷地において水系を創出した背景には，市内左京区の鴨川河畔に現存する糺の森を目標モデルにしたことがあろ

5. 都市自然

写真-6 現在「いのちの森」がある梅小路公園周辺の昭和62年の状況
枠内は貨物操車場，矢印は京都駅．都市化によって河畔林などの残存林は現存しない．

写真-7 京都市の梅小路公園内に創出された「いのちの森」
貨物操車場跡地の自然再生で糺の森のような都市林を創出することが目標である．林冠パスで樹冠周辺を散策でき，右写真遠方にみえる京都タワーで都市中心にいることを思い出す．

う．糺の森は下鴨神社の社叢林で，かつて賀茂川の氾濫が頻繁に生じて維持されていた河畔林であるといわれている（写真-8, 9）．糺の森はエノキ，ニレ，ムクノキなどニレ科の落葉樹木を主体とする概ね12haの森で樹齢約600年未満の主要木本植物約40種で構成されている．当地でこのような落葉樹林が維持された背景には，氾濫が頻繁生じて撹乱されること，そのため土壌が成熟しないこと，局所的に低温に曝される立地であること，など諸説が唱えられている．社叢林内を流れる細

133

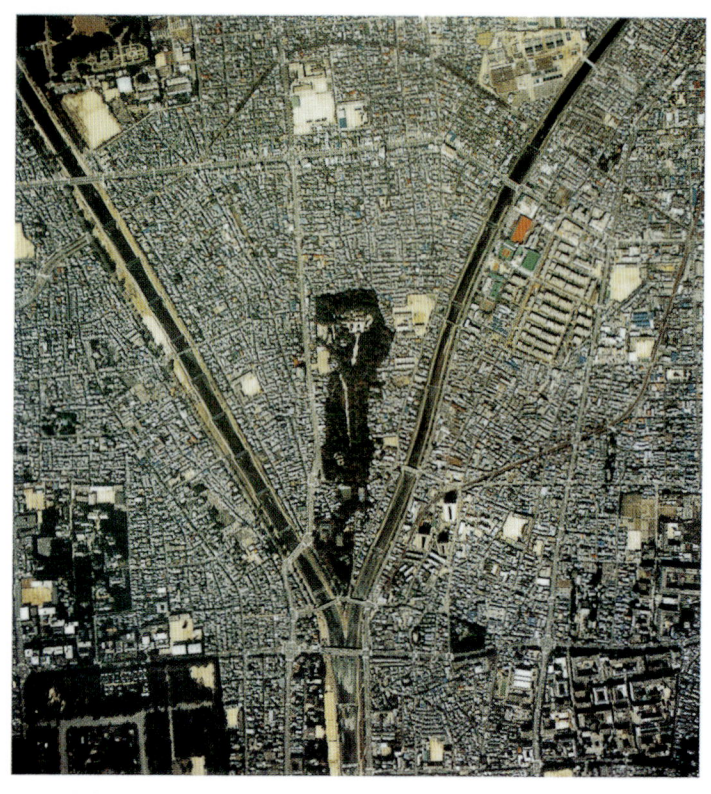

写真-8　京都市に残存する社叢林（下鴨神社の「糺の森」）
「いのちの森」の自然再生モデルとされている．左下の京都御所がまとまった都市緑地として現存する．

写真-9　京都市の残存林であり，再生林でもある下鴨神社の「糺の森」
境内には複数の流路もあり，周囲と比較して冷涼湿潤な環境を維持している．

流も林内乾燥の抑制などの点で生態学的に意義をもつと推察される．この森は，過去の人為的撹乱後に再生した森であり，1470年の応仁・文明の乱では特に壊滅的な被害があったとされている．「いのちの森」は，この再生社叢林を再生の目標とし，流路を整備して，落葉樹の大径木を含む106種の木本植物（草本を含め約170種以上）を植栽した人工林といえる（写真-10）．そのなかには，照葉樹であるクスノキ，アラカシ，シラカシ，スダジイ，コジイ，シリブカガシなども含まれている．いのちの森の流水はダイナミクスの点，間隙水の土壌浸透の点で自然水系とは大きく異なり，生態

5. 都市自然

写真-10 「いのちの森」の植栽
様々な樹種，樹高，樹齢の木々が植栽されており，照葉樹林に類似した林相や雑木林の様相を呈する空間が狭い敷地内に散在する．そのため短期間で多様な動物の移入や生息がみられる．カメムシ類，甲虫類，チョウ類の生息数は，都市内の公園としては豊富である．

学的には遷移の進行によって照葉樹が優占し，長期的にはかつての「糺の森」とは趣を異にする環境が出現する可能性も高い．立地環境が異なる狭小な場所で，かつての糺の森が経たプロセスに基づく夏緑樹林の林相を持続的にするには，順応的管理を前提とした管理がなされるものと予想される．当地は都市の自然再生事業によって出現する環境変化の生態学的プロセスを把握する野外試験地としての機能も担うことができる．

5-4 課題と展望

都市の自然再生事業は，都市林の整備として実施されることが多いと思われる．樹林地の維持および都市林の景観および防災上の観点から，林縁は非常に重要である．また，それは，再生される生態系やその構成生物を規定する重要な環境でもある．しかし，そのような観点から，わが国の緑地の林縁の管理や創出に関して，その目標や計画に言及したり，評価がなされた事例はわずかしかなく[25]，今後の重要な課題である．

社叢林では，マント群落を欠いた林縁から枯損が拡大する状況がよく観察される．そのような部分は，潮風や強風の被害を受けやすく，そこから林内の乾燥化や外来種の侵入が顕在化することも多い．公園では，林縁植生の欠落によって林内の生物が露呈し，人の撹乱，ならびに踏圧や採集圧を助長する．「いのちの森」においては，林縁部の植生の未発達が理想的な林内環境の形成を妨げる課題として顕在化している[23]．都市樹林地の林縁の樹木は，剪定によって意図的に整形し，強風の被害を未然に防ぐことが推奨されている[2]が，林縁空間のもつ固有機能（例えば，生物保全や美観）の確保との調整には課題が残っている．林縁とギャップの相違や類似を生態学的に把握解析し，好適な環境へ誘導育成していくための今後の研究が期待される．

埋土種子や森林表土の移植による緑化技術はある程度の成功を収めており[26,27]，今後，標準的工法として定着すると思われる．しかし，ある種の工法では，土壌の移植にともなう有機物（微小生物を含む）の移植を行うため，種子の供給と肥料分や有機物の供給の効果を区別して評価することはできていない．搬出元と移植先の環境条件の相違によっては，意図しない種子の供給がある場合や，初期の遷移の方向が予想外となる場合も生じるであろう．例えば，土壌養分の好適化で，従来は周辺から種子が供給されても十分に成長できなかった撹乱依存性の高い先駆性草本が異常に旺盛

な成長をとげ，あらたな種の侵入や定着，成長を阻害してしまうことも起こりうる．そのため，移植土壌に含まれる種子相ばかりでなく，周辺からの種子供給の予測など，十分な危険予測を怠らず適用すべき技術であるといえる．また，移植した土壌は事業地周辺の環境の影響を受け，搬出先の土壌とは異なる理化学的性質となっている．このため，遷移の状況が搬出元の植生の遷移進行と常に同様になることは必ずしも約束されないと考える必要がある．

「いのちの森」は，樹高の異なる多種多様な樹種や枯死木を初期導入したことで，移入した鳥類や昆虫類の種数や個体数は都市域にしては非常に多い傾向にあり，一定の成果をあげた．しかし，一方では，滋賀県から搬入した土壌や，植栽樹木の根圏土壌，水生植物に混入して移入した維管束植物，蘚苔類，シダ植物，菌類，小動物類も多数あるようにみうけられる（写真-11，12）．このような事態は大径木の移入など理想の環境の出現を急いだ場合に高頻度で生じる可能性があり，モニタリング体制を準備しておく必要性が高い．本事例は，都市域での新規の自然再生事業地が，数多くの外来生物の発生の温床となる危険性を証明したとも解釈できる．一方，意図的導入生物で早期に消滅したものも認められている．「いのちの森」では開園直後から生物相の調査を中心とした事後監視が実施されており，都市部における自然再生事業における基盤土壌や植栽の選定，ならびに導入や配置のあり方に重要な情報を提供するものと期待される．今後，モニタリングの成果が整理され，順次公表されるであろう．そこでの成果を今後の事業に活用するためには，類似の情報を他の場所でも収集し，事実を集積し，一般化できる部分を明確にすることが必要である．

紹介した2つの事業地とも，開園後に動物および植物の人為的な導入がなされ，それに対する賛否がある．赤羽自然観察公園に投入された国外移入魚は公園を利用する人々とすでに関係性を生じている．「いのちの森」では関東で養殖したホタルを放つとともに，園芸植物を追加植栽して，これに散水管理を施すなどの過程を経ている．定着する移入種が敷地内または周辺の環境や生物群集，ならびに人の感覚に与える影響が問題視される場合には，その問題を解決する責務を果たすことが必要となる．都市の温暖化や快適性に対する考慮も欠いてはいけない．

土木分野および造園分野に携わる専門職には，市民や愛好家の要望に応えるばかりでなく，真の

写真-11 「いのちの森」で造成された水系

様々な植物種が導入された．生息する大型動物の大部分は，高い移動能力を備えたトンボ類，鳥類，非意図的導入と思われるウシガエルとアメリカザリガニである．短期で飛来した動物にはそもそも行動圏内に生息場所があるため，一般に自然「再生」の象徴とはみなせない．自然の「移動」による「分散」である．都市の水系および河畔林の「再生」は，重要な課題である．閉鎖的水系では有機物や土壌の集積が生ずることが多い．「自然」とは，渇水ならびにフラッシュによる洪水や洗掘などの現象を含む．運動エネルギーと物質の挙動を許容しない場合，かならず「管理」が必要になる．水を電動で循環させる運動では，「自然」再生は不自然となる．

5. 都市自然

写真-12 「いのちの森」に導入設置された枯木
菌類ならびに腐食性・菌食性小動物が生息し，土壌形成や観察材料として貢献する．ただし，植生および土壌の遷移の速度と同調しない突発的な生態機能がその後の遷移にどのような影響を与えるかは定量的に調査されておらず，費用対効果は不明である．ヒートアイランドなど温暖化が進行する環境下においては，小動物，胞子（コケ，シダを含む），菌糸の随伴導入の影響も勘案した評価も行うことが課題であろう．

意味で社会や市民に価値の高い空間デザインおよびシステムの構築に向かって情報を発信する姿勢が要求されている．その際には，教育をになう識者や専門的立場の役割も重要であろう．ただし，個々の専門分野の立場からの意見（緑化，造園，鳥，昆虫，植物，人間社会）を積み重ねても，正解が唯一出現することは希有である．これらを調整し，望ましい環境やコミュニティーを持続させる方向での説明責任を果たせる上位専門職能が要求されている．

「いのちの森」と赤羽自然観察公園は，植栽樹木の生育状況や新規加入個体を経時的に記録している．これに先行する既存樹林の更新状況に関する研究では，実生個体や移入個体の初期成長ばかりでなく，庇陰樹木が隣接樹木の生存に及ぼす影響の把握も着手されている[28]．これらの調査結果を総合的に解析することで導かれる成果は，目標に応じた順応的管理体系を具体化したり，意思決定の判断材料として長期的な維持管理コストや林相の変化の状況の予測をする際に活用でき，説明責任をより明確化することに貢献すると考えられる．

従来より，農林業または保健衛生で有害になる可能性がある生物については，関係機関や研究者が管理対象地での生息状況や分布拡大状況の調査を実施するとともに，防除に関わる試験研究を実行してきた．一方，固有でシンボリックな空間としての機能が期待される都市緑地においては，そのような監視やリスク管理を実施することの重要性はあまり意識されてこなかった．近年，外来種問題，ならびに文化や景観に関わる価値観の固有性や多様性といった生物多様性保全の意義が認識されるにつれて，緑化や造園といった分野においても，外来生物によって生じる問題を未然に防いだり，解決しようとの視点にたった研究[29]や提案がみられるようになっている．都市景観の保全における外来生物の問題は，多数の人に直接的に影響を及ぼす点で特に重要であり，生物科学的および生態学的問題とは異なる問題を包含するため，独自に社会的責任を果たす制度や公正な責任を果たす姿勢とその啓発，それを支える独自の情報整備や技術開発，ならびに関係する専門分野に関する情報の把握や関係分野との調整協力体制の確立が望まれる．それに基づく総合的生物多様性管理（Integrated Bio-diversity Management）の概念を都市景観計画と融合させる意義は高いものと推察される．

そのためには，広域なゾーニング計画が必須となる．流域など広域スケールでの計画に基づき，

個別の自然再生事業が高い機能を発揮するには，その上位計画が策定されねばならない．その際には，自然環境の連続性や異質性などを評価するばかりでなく，人の空間分布や産業構造，人口変動の予測など多様な視点に基づいた計画が必要となる．それによって，自然再生地の管理コストの算出や利用圧の推定が可能になり，計画の妥当性や意義が評価される．現在，その端緒となる試みがなされはじめている[30-36]．さらにそこでは，再生空間と人との関係やその時間的推移も重視されるべきで，この文脈に沿った視点の研究[37-41]の充実や体系化が期待される．

(中尾史郎)

―― 引用文献 ――

1) Goldstein, E.L. (1991) : The ecology and structure of urban greenspaces, *In* Habitat Structure: the physical arrangement of objects in space, S.S. Bell, E.D. McCoy and H.R. Mushinsky eds., p.392-411, Chapmann & Hall.
2) Agee, J.K. (1995) : Management of Greenbelts and Forest Remnants in Urban Forest Landscapes, *In* Urban Forest Landscapes: Integrating Multidisciplinary Perspectives, G.A. BRADLEY ed., p.128-138, University of Washington Press.
3) Raedeke, D.A.M. and K.J. Raedeke (1995) : Wildlife Habitat Design in Urban Forest Landscapes (in Urban Forest Landscapes: Integrating Multidisciplinary Perspectives), G.A. Bradley ed., p.128-138, University of Washington Press.
4) 村上健太郎・森本幸裕 (2000)：京都市内孤立林における木本植物の種多様性とその保全に関する景観生態学的研究，日本緑化工学会誌 25(4), 345.
5) 坂本圭児・石原晋二・千葉喬三 (1989)：岡山における社寺林の研究(1)：市街地およびその近郊における全体構造，日本緑化工学会 15(2), 28.
6) 服部 保・石田弘明 (2000)：宮崎県中部における照葉樹林の樹林面積と種多様性，種組成の関係，日本生態学会誌 50(3), 221.
7) 矢部和夫・吉田恵介・金子正美 (1998)：札幌市における都市化が緑地の植物相に与えた影響，ランドスケープ研究 61(5), 571.
8) 故選千代子・森本幸裕 (2002)：京都市街地における鳥被食散布植物の実生更新，ランドスケープ研究 65(5), 599.
9) 吉永知恵美・亀山 章 (2001)：都市におけるトウネズミモチ (*Ligustrum lucidum* Ait.) の分布拡大の実態，日本緑化工学会誌 27(1), 44.
10) Manabe, T., H. Kashima and K. Ito (2003) : Stand structure of a fragmented evergreen broad-leaved forest at a shrine and changes of landscape structures surrounding a suburban forest, in northern Kyushu, *J. Jpn. Soc. Reveget. Tech.* 28(3), 438.
11) 坂本圭児・青木淳一 (1999)：都市林の保全と管理，環境保全・創出のための生態工学，岡田光正・大沢雅彦・鈴木基之編著，p.32-42, 丸善株式会社．
12) 坂本圭児・小林達明・池内善一 (1985)：京都・下鴨神社の社寺林における林分構造について，造園雑誌 48(5), 175.
13) 坂本圭児・吉田博宣 (1988)：都市域におけるニレ科樹林（木）の残存とその形態，造園雑誌 49(5), 131.
14) 坂本圭児 (1988)：都市域におけるニレ科樹林及び孤立林群の残存形態に関する研究，緑化研究 別冊2号，1-129.
15) 田端敬三・橋本啓史・森本幸裕・前中久行 (2003)：糺の森におけるクスノキおよびニレ科3樹種の成長と動態，ランドスケープ研究 67(5), 499.
16) 後藤義明・玉井幸治・深山貴文・小南裕志 (2004)：京都府南部における広葉樹二次林の構造と5年間の林分動態，日本生態学会誌 54(2), 71.
17) 濱野周泰・近藤三雄 (2001)：平成13年度日本造園学会全国大会分科会報告，造園における「森づくり」の理念と技術―"明治神宮の森づくり"の先見性と科学性を学び，現在に活かす―，ランドスケープ研究 65(2), 143.
18) 菅沼孝之 (2001)：鎮守の森は甦る～社叢学事始～，上田正昭・上田篤編，p.133-154, 思文閣出版．
19) 丸山立一・丸山まさみ・紺野康夫 (2004)：北海道の針葉樹林におけるトドマツ・エゾマツ実生の定着に対する林床植生とリターの阻害効果，日本生態学会誌 54(2), 105.
20) 亀井裕幸・岡沢元雄 (1999)：赤羽自然観察公園整備事業（上）：公園の整備・運営方針の検討，都市公園 (146), 29.

5. 都市自然

21) 亀井裕幸・岡沢元雄 (2000)：赤羽自然観察公園整備事業(下)：公園の整備計画とその修正経緯, 都市公園(148), 14.
22) 亀井裕幸 (2001)：赤羽自然観察公園におけるボランティアのかかわりかたと自然の回復への影響, 造園技術報告集, (1), 132.
23) 京都ビオトープ研究会いのちの森モニタリンググループ (1996～2003)：いのちの森(1)-(8).
24) 駒井 修・立花正充・杉本 亨・宇戸睦雄 (2000)：梅小路公園「いのちの森」, 造園作品選集(5), 54.
25) 門田有佳子・井上密義 (2001)：社叢縁部マント群落の復元・創出について ― 初期段階の植生差 ―, 日本緑化工学会誌 27(1), 279.
26) 山辺正司・小倉 功・山本正之・河野 勝 (2003)：表土移植工法を用いた森林復元の試み, 造園技術報告集(2), 132.
27) 高 政鉉・上田 徹・笹木義雄・森本幸裕 (2004)：造成地における森林表土を用いた自然回復緑化に関する実験研究 (2002)：日本緑化工学会誌 30(1), 15.
28) 田端敬三・橋本啓史・森本幸裕・前中久行 (2004)：下鴨神社糺の森において樹木の枯死に隣接個体が与える影響, 日本緑化工学会誌 30(1), 27.
29) 本田裕紀郎・伊藤浩二・加藤和弘 (2004)：種子の永続性に着目した我が国への植物の帰化可能性 (2002)：日本緑化工学会誌 30(1), 9.
30) Settele, J., C. Margules, P. Poschlod and K. Henle (1996) : Species Survival in Fragmented Landscapes, 381pp., Kluwer Academiuc Publishers.
31) 竹末就一・杉本正美・包清博之 (1998)：都市における樹林地の保全・活用に向けた価値評価に関する研究, ランドスケープ研究 61(5), 711.
32) 山田浩行・増山哲男・雨嶋克憲・東 克洋・横山隆章・岩間貴之 (2001)：「まちだエコプラン」策定における自然環境の小流域評価, 造園技術報告集(1), 120.
33) 中瀬 勲・服部 保・田原直樹・八木 剛・一ノ瀬友博 (2003)：兵庫県におけるビオトープ地図・プラン作成について, 造園技術報告集(2), 42.
34) 井本郁子・大江栄三・川上智稔・半田真理子・韓 圭希・鳥越明彦 (2003)：安曇野地域を事例とした広域レベルにおける動物の生息環境図化, 造園技術報告集(2), 46.
35) 井上康平・田中利彦・川上智稔・半田真理子・鳥越明彦・韓 圭希 (2003)：日野市を事例とした都市域レベルにおける動物の生息環境図化, 造園技術報告集(2), 50.
36) 大澤啓志・山下英也・森さつき・石川幹子 (2004)：鎌倉市を事例とした市域スケールでのビオトープ地図の作成, ランドスケープ研究 67(5), 581.
37) 木下 剛・宮城俊作 (1998)：港北ニュータウンのオープンスペースシステム形成過程における公園緑地の位置づけ, ランドスケープ研究 61(5), 721.
38) 田中伸彦 (2000)：流域レベルの森林観光・レクレーションポテンシャルの算定, ランドスケープ研究 63(5), 60.
39) 宮城俊作 (2001)：ランドスケープデザインの視座, 206pp., 学芸出版社.
40) 岩村高治・横張 真 (2002)：公園計画策定時における住民参加がその後の公園管理運営活動に与える影響, ランドスケープ研究 65(5), 735.
41) 今野智介・村上暁信・渡辺達三 (2003)：市街地における水辺とのふれあい行動について, ランドスケープ研究 66(5), 739.

コラム

都市の草庭と自然再生

　向島百花園は，文化2（1805）年に佐原菊塢が開創したとされる東京都墨田区にある国指定の史跡・名勝の東京都立公園である．前島康彦氏は，この庭園を「草庭」と呼んでいる．草庭は，石を主体とした庭とは異なり，主にわが国原産の草本類を群落的に植栽して，それらが景観の主体となっている庭のことである．ここには，春秋の七草や，詩経や万葉集など中国や日本の古典に詠まれている著名な植物が集められており，四季を通じて花が咲き，月見の会や虫聞きの会などが開かれ，多くの人々に親しまれている．第二次世界大戦の戦災によって，庭のほとんどが消失したが，向島百花園を親しむ人々の努力によって復元され，開設から現在まで約200年に至っている．

　近年つくられた草庭の事例として，神奈川県川崎市に，都市再生機構の建替団地のアーベインビオ川崎がある．この団地の庭には，川崎市周辺の在来の草本類を主体とした草地植生が取り入れられ，50年前の川崎市にみられた農家の庭先をモチーフとした草庭がつくられている．都市における自然環境の保全と，人が自然を身近に楽しむことの2つの面が見事に配慮されている．植物のモニタリング調査も行われており，草地植生の定期診断がなされている．

　草庭を構成する草本類は，一般的に，田畑や畦，農家の庭先，河川の土手などにみられるが，都市化が進んだところではこれらの緑地が急速に失われてきた．多様な草本類によって構成される草地植生は，人が手を入れることで維持されてきたことから，手入れが施されなくなると消失することが多い．また，都市部では，セイタカアワダチソウやオオアレチノギクなどの大型で侵略的な外来種によって，在来種が駆逐され，生態系の「ゆがみ」が生じて，生物多様性の低下をもたらす．そのため，都市部で残された多様な植物によって構成される草地植生は，貴重なものとなっており，適切な手入れによって，保全や再生を行うことが求められている．

　約200年の歴史をもつ向島百花園の草庭の存続は，自然環境保全の視点のみでは，説明できないものがあるように思われる．それは，適切な手入れによって，ゆかりのある草花を愛で，虫の鳴き声や月見を楽しみ，それらを包含した文化に親しむことを通じて培われた価値がそこにあるからであろう．

　草地植生の保全や再生の継続には，このような人と自然との「文化」の熟成が要になる．

（八色宏昌）

写真-1　向島百花園の春の訪れを告げるフキノトウ

写真-2　アーベインビオ川崎の草庭

写真-3　草庭に生えるミズヒキ（アーベインビオ川崎）

6. 湖　　沼

6-1　湖沼生態系とその特異性

1）湖沼とは

　湖は「周りを陸地に囲まれた窪地に静止貯留している水塊で，直接海洋との交通関係のないもの」と定義される[1]とともに，沈水植物などが全域にわたって存在できる程度の深さのものは池や沼，さらに浅くて抽水植物によって覆われるものは湿地と呼ばれる[2]．また健全な湖沼の場合，岸から沖に向かうに従って増加する水深に対応して，湿性植物，抽水植物，浮葉植物，沈水植物，シャジクモなどの各植生帯が順次分布しているのが認められる．特に水中部分では透過光が種の入れ替わりの主要因となる．こうした固着植物のみられる部分を沿岸帯，それより沖の部分を沖帯と呼ぶ．沖帯では植物プランクトンが第一次生産者となる．主要因となる透過光の多少は水深だけでは決まらず，湖水の透明度によっても大きく左右される．そのためセストン（プランクトンおよび無生物の浮遊物質）の少ない貧栄養な湖沼では，水生植物は富栄養な湖沼に比べ深くまで分布する．

2）湖沼生態系の現状

　霞ヶ浦，諏訪湖，琵琶湖といった日本の主要湖沼では1960年代後半から1970年代にかけて富栄養化が進行し，湖沼生態系が大きく変化した[3]．これは集水域での人間活動の変化にともない排出されるリンや窒素などの栄養塩が増加したことが原因となっているが，さらに沿岸帯での，埋め立てや護岸工事などが水生植物帯の減少に拍車をかけた[4-7]．

　築堤が行われた当初は，諏訪湖などを代表として，内部生産を抑えるためと称して，沿岸部を掘り下げて沈水植物の積極的な排除までが行われた[8]．

　築堤は湖岸植生に対していくつかの点で大きな影響を与えたと考えられる．工事が行われることによって埋設され失われた群落があるのは当然であるが，湖岸にできたコンクリートの垂直護岸で生じる反射波で洗掘が進行し，植物の生育地となる浅瀬が減少したと考えられている[9]．さらに陸側では治水面での改善が進み，湿地の開発が促され水生植物群落の二次的な消失が進行した．開発されないにしても，かつては不定期にみられた増水による撹乱がなくなり，植物群落の遷移が進行し，原野の植物が失われた[10]．湖水の氾濫を生物の側からみると，一時的な湖面の拡大であり，春の増水時にみられるフナやコイのヨシ帯などでの産卵のみならず，沈水植物や浮葉植物にとっても種子や殖芽などの散布体を陸側へ送り届ける重要な役割を担っている．そして，水生植物の分布域は氾濫によっても拡大され，水田や水路などが一時的なレフュージアとなっている．しかし，水陸を区分した湖岸堤の建設は，水生植物を湖内に閉じこめ，減少方向のみに向かわせる結果となってしまった．築堤にともなう湖水側での影響では，利水と治水を目的とした人為的な水位操作が可能となり，湖面の水位変動のパターンが自然条件下のそれと異なるものになった．これが霞ヶ浦ではアサザ群落を減少させたと考えられている[11]．一方，琵琶湖では，唯一の流出河川である瀬田川に

設けられている洗堰の操作規則が1992年4月1日から実施され，6月16日から10月15日までの期間の水位が低く保たれるようになった．そのため，かつては融雪水による4，5月の増水と梅雨による増水の2つのピークがみられたが，1992年以降は梅雨期のピークがほとんどなく，夏の低水位の傾向が顕著となっている．特に空梅雨の年には記録更新をするほどの低水位になることも稀ではなくなった．こうした夏の低水位傾向は，沈水植物を繁茂させる結果となった[12]．

抽水植物帯以上の陸上部を除く沿岸帯の湖沼生態系は，水生植物，植物プランクトン，動物プランクトン，魚類，底生生物（貝類や水生昆虫など）といった多くの生物群集から構成されている．陸上生態系と湖沼生態系との大きな違いは，こうした各構成要素が容易に繁殖・繁茂，あるいは逆に消失し，水界環境や他の生物要素に影響を与え，生態系をしばしば大きく変化させることである．単一種の優占状況の例として，例えば，砂地に砂利を敷き詰めたように生息するヤマトシジミ（*Corbicula japonica*），底泥の堆積した湖底を覆う沈水植物のコカナダモ（*Elodea nuttallii*）の純群落，富栄養化が進んだ湖沼の湖面を覆う浮葉植物のホテイアオイ（*Eichhornia crassipes*），そして，過栄養な湖沼の湖面を覆う緑のペンキを流したような植物プランクトンのアオコのブルームなどをあげることができる（写真-1）．

こうした湖沼生態系の特徴が大きく現れた現象が，琵琶湖の南湖（琵琶湖は琵琶湖大橋以北の主湖盆（平均水深44m）の北湖と以南の副湖盆（平均水深3.5m）の南湖とに便宜的に分けられる）で1994年の大渇水の後，顕著に起こってきている．これを例に複雑な湖沼生態系の構造と回復目標とを考えてみよう．

写真-1　湖沼における単一種の優占状況
① 砂利を敷き詰めたように生育するヤマトシジミ（小川原湖水深3m：1996/7/26）
② 湖底を覆うコカナダモの純群落（琵琶湖北湖水深5m：1990/5/22）
③ 湖面を埋め尽くしたホテイアオイ（中国雲南省滇池：1990/9/11）
④ 緑のペンキを流したようなアオコのブルーム（諏訪湖：1992/10/26）

3） 生態系回復の事例

(1) 琵琶湖南湖での沈水植物群落の回復

琵琶湖の沈水植物群落の面積については，これまでに滋賀県水産試験場をはじめ多くの機関などが報告をしている（表-1）．しかし，それらの調査においてとられた手法が，ソナーによるライントランセクト（④⑥⑦⑧），航空写真判読（③④⑥⑦），潜水・刈り取りなどの直接観察（①②⑤⑥⑧）など，同一ではないため詳細な比較はできないが，最近50年間に及ぶ植生面積の変化の傾向を読みとることはできる（図-1）．特に南湖の変化は顕著で，戦後から1970年代にかけて減少し，1994年

6. 湖 沼

表-1 琵琶湖における沈水植物群落の分布面積の経年変化

調査年	沈水植物群落面積（ha） 北湖	南湖	合計	文献と調査法	
1953	3,570	2,344	5,914	滋賀水試(1954)[13]	①
1969	2,229	710	2,939	滋賀水試(1972)[14]	②
1974～75	−	327	−	谷水・三浦(1976)[15]	③
1994	3,383	623	4,006	浜端(1996)[16]	④
1995	2,111	947	3,059	滋賀水試(1998)[17]	⑤
1997～98	4,647	2,381	7,029	水資源開発公団(2001)[18]	⑥
2000	4,144	2,927	7,071	HamabataとKobayashi(2002)[19]	⑦
2001	−	3,200	−	大塚ほか(2004)[20]	⑧

いずれも被度評価をしていない値を示す．

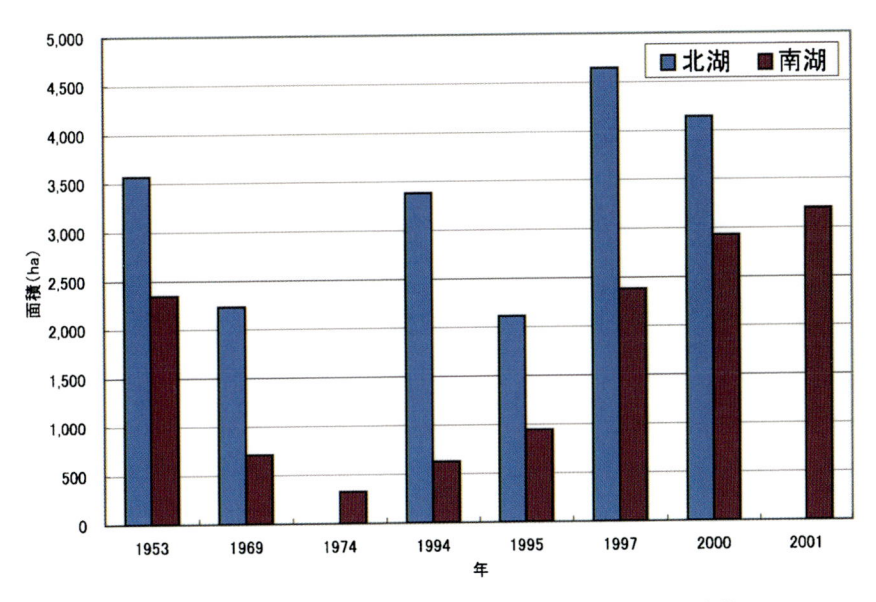

図-1 北湖と南湖での沈水植物群落の分布面積の経年変化

以降急速に増加してきている．1974年から1994年の20年間の報告はないが，筆者は1985年から琵琶湖での沈水植物の調査をはじめ，スキューバを用いての潜水調査とソナーとによる分布域の把握を行ってきた．この1980年代後半から，1993年までの南湖の透明度はひどいもので，手を伸ばして届くほどの距離になっても目の前の水草がみえないという場合もしばしばあり，沈水植物が分布する最大水深は北湖に近い南湖北部を除くと，たとえ生育していたとしても3m止まりで，しかも湖岸にごく近い部分に限定されていた．そうした状況にあった南湖の沈水植物群落が1994年以降急速に拡大し始め[16]，2000年には南湖面積の50％を越え[19]，増加傾向は2004年になっても続いている．

1994年以降の回復の原因は十分に明らかにされたとはいえないが，1994年夏の小雨と河川流入負荷の減少による湖水の透明度の上昇，1m以上にも及ぶ水位低下（史上最低の−123cmを記録），そして，晴天日による日射量の増大などによって，水中での光条件が大幅に改善したことがあげられる．それは生育期にあった沈水植物には有利に働き，湖岸に近い比較的浅い水域では湖底に眠っていた種子などからの発芽が促進され，群落の現存量が増加するとともに，その年の夏から秋にか

けて種子や殖芽などの繁殖体が大量に生産されたためと考えられる．次年度以降は，このようにして生産され湖底に散布された種子などの発芽と，夏の低水位傾向，後述する沈水植物群落の繁茂にともなう環境の改善とによって，沈水植物群落が分布域を拡大し続けていると思われる．

(2) 群落の回復と水質

沈水植物群落の繁茂にともなって，南湖の水質にも改善がみられるようになってきた．1993年以前の南湖では，とても船上から水草が見えるという状態ではなかったが，2000年の夏には南湖の南部でも水は澄み，水草帯の中を泳ぐ魚が見える状態にまでになるとともに（写真-2），月1回行われている水質の定期観測の結果[21]にも改善傾向が現れてきている．南湖の北部は比較的良好な水質の北湖の水が流れ込むため渇水以前から透明度が高く，また植物プランクトンを指標するクロロフィルaや全リン，全窒素などの濃度は低かったが，渇水以降は南湖南部でも特に透明度や全リンでは改善傾向が著しく，またクロロフィルaは全体に低くなるとともに，全窒素では2000年付近から低下傾向がみられるようになってきている（図-2）．

(3) 浅水湖沼の2つの安定系と管理目標

一般的に湖沼は濁った状態や逆に透明度の高い状態がかなり安定的に維持され，変化には時間を要するが，沈水植物が生育できる程度に浅く，また全リンなどの栄養塩がある程度の濃度レベル（例えば，ノルウェーでは全リンの平均濃度が20μg/l以上としている[22]）にある湖では，ある条件が整うと，濁った状態から透明な状態に戻る，あるいはその逆が急激に起こることが近年知られるようになってきた[23,24]．

Schefferら[24]は(I)栄養塩濃度の増加にともない濁りが増

写真-2 琵琶湖南湖浜大津港沖のクロモ・ホザキノフサモの群落 (2000/10/13)

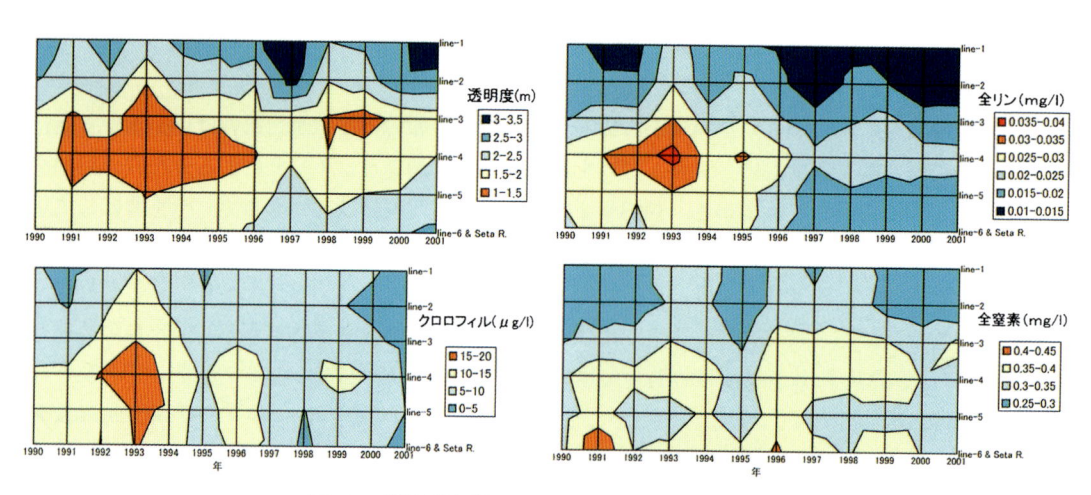

図-2 琵琶湖南湖における10年間の水質の変化
左上から透明度，クロロフィルa濃度，右上から全リン，全窒素の各濃度．各図の横軸は年を縦軸は南北方向（下が南）を示す．南湖および瀬田川における各水質測定点での水質を，水草が繁茂する7月から10月までの4ヵ月で平均し，さらに東西方向での複数点（大部分は3点）について平均し，南湖の南北方向（縦軸）での水質の経年（横軸）変化を示す．

す，(Ⅱ)沈水植物は濁りを低下させる，(Ⅲ)濁りがある閾値を越えると水草は生育できない，という3つの仮説をもとにしたモデルから，こうした急激な湖沼生態系の変化を説明しようとしている．このモデルを仮定すると，南湖の水草の繁茂にともなう短期間での水質改善についても説明が容易となる．すなわち，これまでの流入負荷削減努力の結果，栄養塩濃度が水草の生育レベルに低下していたが(A)，1994年の水位低下で水中での光条件が改善し，水草が繁茂した結果，上の回帰線から下のそれへの乗り換えが起こり(B)，同じ栄養塩レベルにありながらも濁りが大きく低下した，というものである（図-3）．

沈水植物群落の発達が濁りを低下させる機構としては，沈水植物の存在が波浪を抑え，底泥の巻き上げを少なくする，沈水植物の栄養塩をめぐる植物プランクトンとの競争，沈水植物がアオコなどを抑制する有機化合物を放出する，などが考えられているが[22,25,26]，近年注目されているのは，沈水植物が一定密度以上（沈水植物によって占拠された水体の体積の比率：PVI（percentage volume infestation）が＞15～20%[27]になると，魚の感受性が低下し，動物プランクトンの被食圧が低下，そして動物プランクトンの増加，動物プランクトンの採食圧の増加，植物プランクトンの減少といった生物間の相互作用である．こうした沈水植物群落が一度形成されると，植物プランクトン密度が低く抑えられ，一層透明度を増す方向へと進み，それがさらに沈水植物群落を増加させ，より安定的なものへと導く．

逆に，植物プランクトンが優占することによる濁った状態は，魚の増加，動物プランクトンの減少，植物プランクトンの増加，透過光の減少，沈水植物の最大分布水深の上昇（浅化），水草帯の消失へと続くことによって形成される．そして植物に覆われていない湖底は沈降物の巻き上げが容

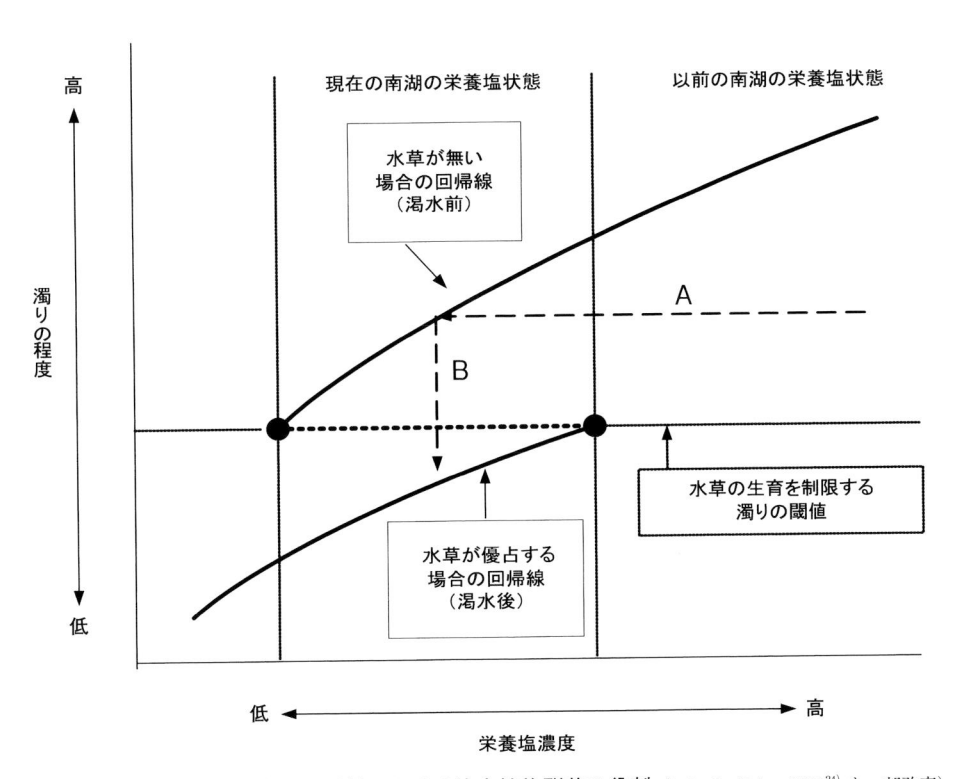

図-3 栄養塩濃度と濁度との関係における沈水植物群落の役割（Schefferほか，2001[24]を一部改変）

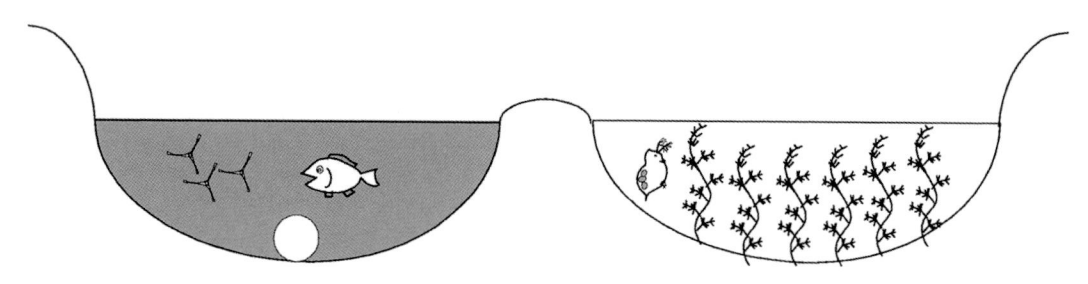

図-4 浅水湖沼における2つの安定系．魚が優占し濁った系（左）と沈水植物が優占し透明度の高い系（右）は魚や水草を取り除くことによって反対の系に一気にシフトする場合がある．

易に起こり，濁りを増し[22]，その濁った透明度の低い状態が一層加速され，その植物プランクトンが優占した状態で安定してしまう．

透明な状態で最も重要な働きをしているのが沈水植物であり，濁った状態でのそれは動物プランクトンを制御している魚である[24]（図-4）．それ故，透明な状態と濁った状態といった二者択一の一方の状態へ湖をシフトさせる人為的な要因としては，前者から後者へは，水草の除去があるだろう[26]．水草の除去を目的とした除草剤の投入や草魚の導入が，クロロフィルa濃度を増加させる結果となった例はよく聞かれる[28]．そして後者から前者への要因としてSchefferら[24]は，湖全体を対象にした魚の生物量を一時的に強く減少させる'ショック療法'（shock therapy）をあげており，もし栄養塩レベルが高すぎさえしなければ，永続的に透明な状態を取り戻すことができるとしている．

琵琶湖の南湖で起こった沈水植物の繁茂と水質改善についての湖沼生態系の主な構成要素間の関係は図-5のように整理することができる．量や速度についての情報はまだ十分ではないが，湖沼生態系がこのように複雑な相互作用から構成されていることは確かで，単一の構成要素の大繁殖を避け，こうした相互作用系をいかに安定的に保つかということが，湖沼生態系の管理目標となるだろう．

6-2 湖沼生態系の再生手法

1）埋土種子を用いた群落の再生

湖沼生態系の自然再生にとって最も必要となるのは，対象とする湖沼の環境改善であり，それには水質の改善のみならず，複雑な湖岸形状の回復，より自然な水位変動の回復，さらには湖沼と他の水界生態系との連続性の確保などが，基本的な要件としてまず整えられなければならない．そして，南湖の例からも明らかなように，安定的な湖沼生態系を回復させるためには，沈水植物群落の再生が最も重要となる．

植物群落の再生のためにとられる具体的手法としては，陸上の植物群落のみならず湖岸植生についても，地域固有の遺伝的特性の撹乱が危惧されるにともない，これまでのヨシ苗などの植栽に代わって，現地の埋土種子の利用が検討されるようになってきた．

霞ヶ浦の湖岸では，沖合に消波柵など（写真-3，左，中）を設け，湖底の浚渫土を投入し，沈水植物群落等を復元する試みが行われており，霞ヶ浦では近年生育が確認されていなかった沈水植物のオオササエビモ（*Potamogeton anguillanus*）（写真-3右）やササバモ（*Potamogeton malaianus*）などの発芽がみられている[29]．

6. 湖　沼

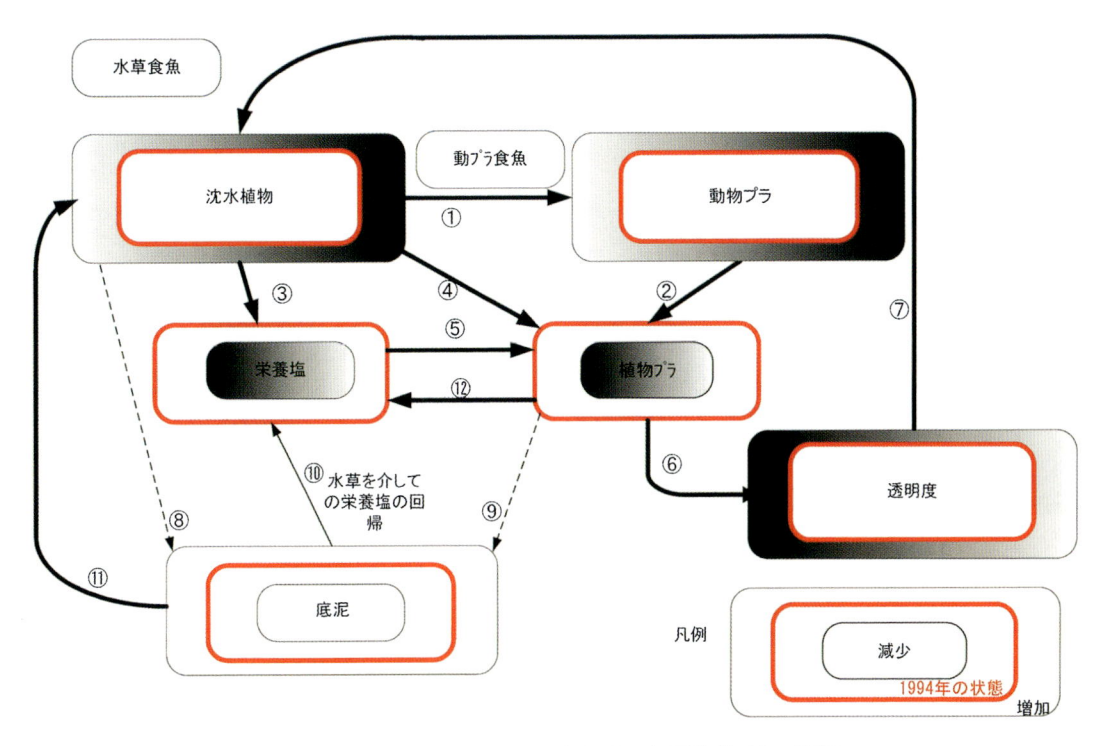

図-5　沈水植物を巡る湖沼生態系の主要構成要素の関係

南湖での1994年以後の各要素の変化を枠の大きさと濃淡とで示す．また不確かな部分については波線で示す．①沈水植物の増加は，群落構造の構築により動物プランクトン食の魚採食圧を抑制し，動物プランクトンを増加させる．②動物プランクトンの増加は植物プランクトンを減少させる．③沈水植物の増加は水中からの窒素等の栄養塩の吸収により，湖水における栄養塩の濃度を低下させる．④沈水植物は群落構造を発達させる（キャノピー（樹冠）を発達させる）ことにより，キャノピー以下への光を制限する．それにより植物プランクトンの増殖を抑制する．⑤栄養塩の低下は植物プランクトンの増殖を抑制する．⑥植物プランクトンの減少は透明度を増加させる．⑦透明度の増加は沈水植物を増加させる．⑧沈水植物の増加はリター供給により底泥を増加させる．⑨植物プランクトンの増加は底泥を増加させる．⑩底泥の増加は沈水植物などを介して，湖水への栄養塩の回帰量を増加させる．⑪底泥の増加は沈水植物を増加させる．

写真-3　霞ヶ浦での湖岸植生帯再生事業

石積み突堤を設けて砂の流出を防止するとともに（左），杭柵を設け湖底浚渫土を蒔き出す（中）とオオササエビモなどが芽生えた（右）（いずれも2002/8/25撮影）．

　また，琵琶湖では北東部にかつて存在した早崎内湖（89.1ha）の復元手法を検討する目的で，2001年11月から内湖跡地の水田17haを湛水する実験を行っているが，2002年にはシャジクモ（*Chara braunii*）やタコノアシ（*Penthorum chinense*）などの貴重種の生育が確認された[30]（写真-4）．

　早崎内湖での貴重種の出現は表土層種子バンクからの発芽と考えられるが，1990年代に千葉県にある手賀沼付近で行われた掘削工事にともない，相次いで出現したガシャモク（*Potamogeton*

写真-4 琵琶湖における貴重種の生育確認実験
① 琵琶湖北部早崎内湖跡地水田での湛水実験地（2003/8/2）
② 湛水実験開始翌年に生育が確認されたシャジクモ（2002/10/18）
③ 湛水実験開始翌年に生育が確認されたタコノアシ（2002/10/18）

dentatus) やオトメフラスコモ (*Nitella hyaline*)[31,32]などは深土層種子バンクによるものであろう.

　表土層種子バンクが利用できるのは，現在あるいは近年までの立地の自然性がある程度高い場合である．その利用の適否の判断には，復元対象地が，琵琶湖の内湖などの場合は，内湖状態がいつ頃まで維持されていたのか，水田は湿田状態で維持されていたのか，圃場整備がいつ頃行われ，乾田化したのはいつ頃なのか，本湖と水路などによってどの程度有機的に結ばれているのか，といった立地の評価が必要となる．深土層種子バンクの利用にあたっても同様の立地評価をしなければならないが，利用する堆積土層の古さがより重要性をもつ．保存状態も関係するので一概に何年前の種子なら利用できるとはいえないが，手賀沼の埋土種子の発芽実験から，百原[32]は，50年以前に埋設された種子でも植生再生に利用可能と考えている．折目ら[33]が琵琶湖東部の近江八幡市にある津田内湖跡地の畑の表層から30cm以深で採取した土壌からもシャジクモ (*Chara braunii*) と沈水植物のマツモ (*Ceratophyllum demersum*) の発芽をみたが，この内湖から水が抜かれ畑地として利用されてから30年を経ており，数十年程度以前に埋設された種子なら，現実的な利用も可能であるようだ（写真-5）．また，どの土層を利用すべきかという点では，百原[32]や折目ら[33]は，還元的でしかも有機物を大量に含むシルト質の土層が望ましいと考えている．

2） 連続性の確保と湖沼群としての保全

　早崎内湖の湛水実験では，湛水を開始した翌年の春には沈水植物のオオササエビモやヒロハノエビモ，そして外来種のコカナダモ (*Elodea nuttallii*) の生育も確認された．その後コカナダモの大繁茂（写真-6）によって在来の2種は消失したが，これらの沈水植物が出現したのは埋土種子（少なくともコカナダモは日本では雄株しかなく種子は作られない）ではなく，水鳥による持ち込みと考えられる．写真-4からもわかるように早崎内湖の実験地は琵琶湖岸と湖岸堤を挟んで接しており，しかもその琵琶湖岸は沈水植物の豊富な分布地であるとともに，わが国有数の水鳥の飛来地でもあり，2001年から2002年の冬には湛水化した実験地にコハクチョウをはじめ多くの水鳥が飛来し

6. 湖 沼

写真-5　琵琶湖東岸近江八幡市の津田内湖跡地での蒔きだし実験

① 土壌の採取（2002/3/8）
② 内湖跡地の土壌断面（2002/3/8）．上部30cmの耕起土壌は利用しなかった．その直下の30～65cmの有機質を多く含むシルトの土壌層からの発芽が最も多かった．
③ 有機質を多く含むシルト土壌からの発芽状況（2002/6/28）．左隣の芽生えの少ない水槽にはシルト層の下の65～110cmの粘土層の土を敷いている．

写真-6　コカナダモの繁茂

早崎内湖の実験地では2年目にはコカナダモが優占し，在来水草は消失したが透明度は増した．（2003/6/29）

た．これらの点から水鳥によって水草がもちこまれ繁殖したと考えられる．水草の移動とそれにおける鳥類の役割については古くから知られているが[34-36]，その定量的な把握は甚だ困難である．しかし，神谷ら[37]は，水鳥の糞にリュウノヒゲモ（*Potamogeton pectinatus*）やイバラも（*Najas marina*）の種子が含まれていることとともに，糞の蒔きだし実験では発芽も確認しており，水草の移動媒体として水鳥は無視できない存在となってきている．

　1994年の渇水後，南湖で大量に沈水植物が繁茂するようになったが，その回復当初は北湖から流れこむ水草の繁殖体も重要な役割を担ったに違いない．それ故，埋土種子などを用いて単独に各湖

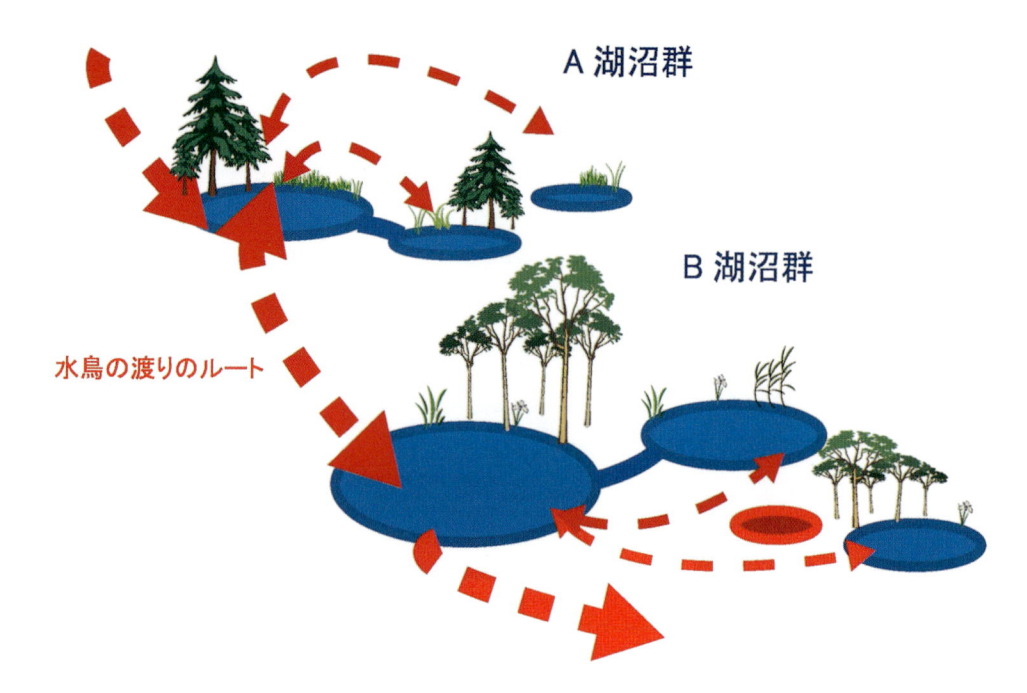

図-6 生物の移動を考慮に入れた湖沼・湿地の保全の模式図
水系や水鳥による移動を前提に，大湖沼を中心に湖沼群として保全を図るとともに，湖沼群と他の湖沼群との水鳥の渡りのルートの健全な確保が望まれる．

沼の植生復元を進めることは重要ではあるが，他の水体との連続性の確保は必要不可欠であろう．その場合，単なる水系ネットワークのみならず，水鳥の移動を考慮にいれた湖沼群としての連携，さらには渡りのルートであるフライウェイによる湖沼群間の有機的連携を高め，国境をも越えた湖沼生態系の保全という大きな視点を持つ必要があるだろう[19]．こうして有機的連携を高め，種を供給しあうことができれば，種の消失に対する補完がなされ，湖沼生態系がより安定的に維持できるようになるに違いない（図-6）．

（浜端悦治）

—— 引用文献 ——

1) Forel, F.A. (1901) : Handbuch der Seenkunde: allgemeine Limnologie, 249pp. Bibliothek geographishe Handbücher, Stuttgart.（直接の引用はできなかった．）
2) 上野益三（1935）：陸水生物学概論，276pp., 養賢堂．
3) 門司正三・高井康雄（1984）：陸水と人間活動，310pp., 東京大学出版会．
4) 倉沢秀夫・沖野外輝夫・林 秀剛（1979）：諏訪湖大型水生植物の分布と現存量の経年変化，「環境科学」研究報告集 B20-R12-2 諏訪湖水域生態系研究経過報告第3号，7-26.
5) 桜井善雄（1981）：霞ヶ浦の水生植物のフロラ，植被面積および現存量 — 特に近年における湖の富栄養化に伴う変化について —，国立公害研究所研究報告第22号 陸水域の富栄養化に関する総合研究(Ⅵ)霞ヶ浦の生態系の構造と生物現存量，p.229-279，環境庁国立公害研究所．
6) Nohara, S. (1993) : Annual changes of stands of *Trapa natans* L. in Takahamairi Bay of Lake Kasumigaura, Japan, *Jpn J. Limnol.* 54(1), 59-68.
7) 後藤直和・大滝末男（1994）：霞ヶ浦の水生植物の現状と過去，水草研究会会報 54, 13-18.
8) 沖野外輝夫（1984）：諏訪湖 — 湖の回復と下水道，「陸水と人間活動」，門司正三・高井康雄編，p.103-166，東京大学出版会．
9) 西廣 淳・川口浩範・飯島 博・藤原宣夫・鷲谷いづみ（2001）：霞ヶ浦におけるアサザ個体群の衰退と種子に

よる繁殖の現状，応用生態工学 4(1)，39-48.
10) 藤井伸二（1994）：琵琶湖岸の植物 ― 海岸植物と原野の植物，植物分類，地理 45(1)，45-66.
11) 鷲谷いづみ（1994）：絶滅危惧種の繁殖／種子生態，科学 64(10)，617-624.
12) 浜端悦治（2003）：琵琶湖における夏の渇水と湖岸植生面積の変化 ― 2000年の渇水調査から ―，琵琶湖研究所所報 20，134-145.
13) 滋賀県農林部水産課（1954）：水位低下対策（水産生物）調査報告書，61pp.，滋賀県．
14) 滋賀県水産試験場（1972）：琵琶湖沿岸帯調査報告書，121pp.，滋賀県水産試験場．
15) 谷水久利雄・三浦康蔵（1976）：びわ湖における沈水植物群集に関する研究 Ⅰ．南湖における侵入種オオカナダモの分布と生産能，生理生態 17，1-8.
16) 浜端悦治（1996）：水位低下時に計測された湖岸植生面積，琵琶湖研究所所報 13，32-35.
17) 滋賀県水産試験場（1998）：平成7年度 琵琶湖沿岸帯調査報告書，178pp.，滋賀県水産試験場．
18) 水資源開発公団琵琶湖開発総合管理所（2001）：琵琶湖沈水植物図説，92pp.，国土環境株式会社．
19) Hamabata, E. and Kobayashi, Y. (2002) : Present status of submerged macrophyte growth in Lake Biwa: Recent recovery following a summer decline in the water level, Lakes & Reservoirs: Research and management 7, 331-338.
20) 大塚康介・桑原靖典・芳賀裕樹（2004）：琵琶湖南湖における沈水植物群落の分布および現存量 ― 魚群探知機を用いた推定 ―，陸水学会誌 65(1)，13-20.
21) 滋賀県．1990-2001．滋賀県環境白書 ― 資料編．
22) Faafeng, B.A. and Mjelde, M. (1998) : Clear and turbid water in shallow Norwegian lakes related to submerged vegetation In: *The Structuring Role of Submerged Macrophytes in Lakes* (eds E. Jeppesen, M. Søndergaard, M. Søndergaard & K. Chistoffersen), p.361-368. Springer-Verlag, New York.
23) Timms, R.M. and Moss, B. (1984) : Prevention of growth of potentially dense phytoplankton populations by zooplankton grazing, in the presence of zooplanktivorous fish, in a shallow wetland ecosystem. *Limnol. Oceanogr.* 29(3), 472-486.
24) Scheffer, M., Carpenter, S., Foley, J.A., Folke, C. and Walker, B. (2001) : Catastrophic shifts in ecosystems. *Nature* 413, 591-596.
25) 宝月欣二・岡西良治・菅原久枝（1960）：植物プランクトンと大型水生植物との拮抗的関係について，陸水学雑誌 21，124-130.
26) Wetzel, R.G. (2001) : Limnology. lake and river ecosystems. third edition, 1006pp., Academic Press.
27) Schriver, P., Bogestrand, J., Jeppesen, E. and Sondergaard, M. (1995) : Impact of submerged macrophytes on fish-zooplankton-phytoplankton interactions: large-scale enclosure experiments in a shallow eutrophic lake. *Freshwater Biology* 33, 255-270.
28) Canfield, D.E. Jr., Shireman, J.V., Colle, D.E., Haller, W.T., Watkins, C.E. II and Maceina, M.J. (1984) : Prediction of chlorophyll a concentrations in Florida lakes: importance of aquatic macrophytes, *Can. J. Fish. Aquat. Sci.* 41, 497-501.
29) 西廣 淳・鷲谷いづみ（2003）：自然再生事業を支える科学，自然再生事業 ― 生物多様性の回復をめざして，鷲谷いづみ・草刈秀紀編，p.166-186，築地書館．
30) 湖北地域振興局環境農政部田園整備課（2003）：早崎内湖ビオトープネットワーク調査，8pp.
31) 浜端悦治（1999）：湖沼における水草の現状と保全，淡水生物の保全生態学 ― 復元生態学に向けて ―，森 誠一編著，p.171-183，信山社サイテック．
32) 百原 新・上原浩一・藤木利之・田中法生（2001）：千葉県手賀沼湖底堆積物の埋土種子の分布と保存状態，筑波実験植物園研報 20，1-9.
33) 折目真理子・西川博章・浜端悦治（投稿中）：畑地化していた湿地の植生復元は可能か ― 滋賀県近江八幡市津田内湖での事例 ―．
34) Arber, A. (1920) : Water plants. A study of aquatic angiosperms, 436pp., Cambridge University Press, Cambridge (Reprint, 1972, Verlag von J. Cramer, Lehre).
35) Sculthorpe, C.D. (1967) : The biology of aquatic vascular plants, 610pp., Edward Arnold, London (reprint, 1985, Koeltz Scientific Books, Königstein).
36) Hutchinson, G.E. (1975) : A Treatise on Limnology. Vol. Ⅲ Limnological Botany, 660pp., John Wiley & Sons, New York.
37) 神谷 要・矢部 徹・中村雅子・浜端悦治（2004）：フライウェーイ湿地の生態系に水鳥が果たす影響．水草研究会第26回全国集会（秋田）．講演要旨．

7. 高山草原
― 新潟県巻機山(まきはたやま)の雪田草原復元を事例として ―

7-1 雪田草原の特徴と植生破壊

　多雪地帯における山岳の高山帯ないしは亜高山帯には，雪田植生（以下，雪田草原と呼ぶ）が分布している．この植生は季節風の風下側の吹き溜まりの斜面に発達し，多量の積雪による強い雪圧や，融雪時期の遅れによる短い生育期間に適応した地形的極相としての高山草原[1]といえる．雪田草原を構成する群落として，ヌマガヤ－イワイチョウ群集，ヌマガヤ－ショウジョウスゲ群集などが報告されている．

　雪田草原の破壊の多くは，登山者の踏み付けによって発生する．大部分が傾斜地に分布するうえに，雨天時や融雪期の登山道はぬかるんで大変滑りやすくなるために，登山者はやむなく裸地と草地の境界付近を歩いてしまう．その部分が完全に裸地化すると，さらに外側の植生帯に踏み込む．この繰り返しによって雪田草原の裸地化は急激に進行し，急傾斜地では登山道の幅が10m以上にも及ぶところもみられるようになる．さらに裸地化によって豪雨時の侵食作用が活発化し，表土が流失して心土や岩礫が露出するだけでなく，洗掘溝が発達して，そこから運び出された土砂による植生や池塘の埋没といった二次的な破壊も発生する．このようにして破壊された植生を復元するためには，多雪地帯の環境の特性に対応した緑化の手法が求められることから，以下に，新潟県巻機山における雪田草原の復元の方法とその回復過程について概説する．

写真-1　多雪地帯の山岳にみられる雪田草原（新潟県巻機山）

7. 高山草原

7-2 巻機山における雪田草原復元に向けた取り組み

　新潟県と群馬県の県境に位置する巻機山（1,967m，魚沼連峰県立自然公園）の頂上付近には広く雪田草原が広がっている（写真-1）．昭和40年代の第一次登山ブームの時期に登山者の踏み付けにより大規模な植生破壊が発生し，侵食土砂による池塘の埋没など，美しい山岳の景観が大きなダメージを受けた．1976（昭和51）年に本格的な調査が行われ，翌1977年から筆者らのボランティアを中心とした植生復元活動がスタートした．その後，県や地元との良好なパートナーシップを築きながら今日に至っている[2]．

　巻機山では一連の復元活動を，破壊された植生の回復だけでなく，登山道整備や土砂で埋まった池塘の浚渫など，景観的な側面の修復にまで拡大し，景観保全活動と称して総合的・継続的な環境管理活動を展開してきた．

　一連の活動のなかで，植生復元に関係する項目を，事業の推進に関わるシステム全体を含めて整理すると表-1のようになる．

表-1　雪田草原復元に向けての検討項目

```
A．表土残存地の緑化対策
  ①播種（材料と方法）
  ②移植（材料と方法）
  ③自然回復の促進（踏み込み防止対策など）
  ④表土流失防止対策（緑化ネットなどによる被覆）
B．表土流失地の復元対策
  ⑤緑化基盤工（工法，客土材料）
  ⑥客土にともなう外来種対策
C．復元システム全体
  ⑦材料の量産化・供給体制づくり
  ⑧効率的な施工方法（植生マットなどの開発）
  ⑨復元事業の実施方法（ボランティアの体制，行政とボランティアの連携など）
```

1）植生復元の方法

　巻機山の植生復元活動は27年の歳月のなかで，試行錯誤を重ねながら以下の囲みに表示の6つの方法で植生復元を実施してきた．このような多種の方法をとった理由は，復元対象地の表土の有無，地形，傾斜度合いなどの条件が複雑なこと，復元材料に限りがあること，その間に手法の新たな開発があったことなどによる．

　復元の方法には移植と播種があり，使用する草種は，雪田草原構成種の移植および播種実験や復元活動を通じて得られた観察結果[3]をもとに選定した（表-2）．ただし，移植は材料の調達に限りがあるために，常時行えるわけではなく，現在は播種が主流になっている．

(1) 移植による植生復元

表土残存地・植生株埋め込み型

　移植の場合は，自然を再生するために，他の自然を犠牲にするという矛盾を解決しないと実施は困難である．巻機山の場合は，人為により土砂で埋まった池塘に繁殖したヤチカワズスゲを用いることでこの問題を解決した．ヤチカワズスゲは先駆種としての性格があり，裸地の復元材料として適している．

表-2 植生復元材料としての評価および特性

材料名（主な方法）	個体採取の難易度	活着難易度	活着後の成長	外観	植被度	特性
1．ヤチカワズスゲ （播種・移植） （*Carex omiana*）	◎	◎	◎	△	○	種子の採取が容易で（8月下旬），発芽率は高い．播種による緑化材料として最も使いやすい種である．移植後はよく活着し，成長は湿潤地で旺盛．緑化材料としては使いやすい種であるが，緻密な泥炭土壌での植被の広がりに難点がある．比較的早期から葉の枯れ込みが目立つ．
2．ヌマガヤ （播種・移植） （*Moliniopsis japonica*）	○	◎	○	◎	○	雪田植生の極相種の1つで優占種になり，最も普通にみられる．移植は容易で，移植後の成長もまずまずである．種子の熟期は遅いが（9月中～下旬），播種による緑化材料としても優れている．
3．ヒゲノガリヤス （播種） （*Calamagrostis longiseta* Hack.）	◎	◎	◎	○	○	土壌が流失した場所に広く生育する先駆植物である．8月中に種子が熟し，播種すると年内の9月には発芽する．表土流失地の緑化材料として有用である．
4．ミヤマイヌノハナヒゲ （移植） （*Rhynchospora yasudana*）	△	◎	○	◎	○	種子は細かく熟期も遅い（9月下旬）．葉は明緑色で繊細な感じを呈する．移植も容易で，池塘周辺などの湿潤地に生育し緻密な泥炭土壌での成長も旺盛．
5．エゾホソイ （移植・播種） （*Juncus filiformis*）	○	◎	◎	×	◎	池塘内や水辺に生育し，移植後の成長が旺盛である．湿潤地での緑化材料として適している．播種も可能．早い時期に葉の先端から枯れてくる．
6．ワタスゲ （移植） （*Eriophorum vaginatum*）	×	◎	◎	◎	△	生育地が水辺地に限られていて，種子や苗の採取にやや難点があるが，成長は湿潤地できわめて旺盛で，乾燥地でもヤチカワズスゲを上回るほどである．
7．ミヤマホタルイ （移植） （*Scirpus hondoensis*）	△	◎	◎	◎	○	池塘内や水辺に生育し，移植後の成長は旺盛である．実験では分けつ数の増大はそれほどではないが伸長量は大きい．濃緑色を呈し，緑化材料として使えるが，個体数が少ないのが難点である．
8．イワイチョウ （移植） （*Fauria crista-galli*）	△	△	○	◎	×	水辺では群落を形成し，草丈も高くなるが，雪田植生中ではそれほど成長は旺盛ではない．緑化材料としてはあまり適当ではないが，補植用として利用可能．
9．イワショウブ （*Tofieldia japonica*）	×	×	×	◎	×	白色の花と赤い実をつける．個体数が少なく，移植後の活着も良くない．
10．ショウジョウスゲ （*Carex blepharicarpa*）	×	×	×	◎	×	雪田植生の極相種の1つで個体数も多いが，移植は困難である．種子は細かく，緑化材料としては不向きである．

評価の順：良い＝◎　○　△　×＝不良

7. 高山草原

【復元の手順】 泥炭土が露出した裸地に約25cmの間隔で20×15cm程度の穴を掘り，池塘跡から掘り取ったヤチカワズスゲの株を植え付けた（写真-2）．穴と株の大きさが一致しない場合は，株を整形したり，指先や突き棒で隙間に土を入れながら根元を固める．

【成　果】 この方法を実施した時期は20年以上前のことで，移植株間の裸地部分を十分養生しなかったためその部分の表土が流失し，移植株が谷地坊主状に浮き上がってしまった．この場合は，コモや緑化ネットで被覆（マルチング）し，養生管理を怠らなければ，時間はかかるが植生回復は期待できる．ここでは，10年以上経って移植株のなかにヌマガヤが進入し，ヌマガヤが優占するかたちで回復に向かっている（写真-3）．ただし，外見上は草原に戻ったが，構成種を調べると完全には復元していない（図-2を参照）．

写真-2　移植直後のヤチカワズスゲ

写真-3　移植18年後．進入したヌマガヤが優占

|表土流失地・植生株客土型|

泥炭土壌が流失し，心土や砂礫が露出した立地に植生株を含めて客土する方法である．本来，移植による復元は表土残存地に限られるが，新たな手法として開発したものである．

【復元の手順】 埋まった池塘の堤部を嵩上げして水が溜まったところに繁殖したエゾホソイの株を粘土質の土壌をつけたまま掘り出し，表土流失地に運搬して隙間なく客土する．客土は乱雑に行っても，雪圧のためか，ひと冬越すときれいにならされる．

【成　果】 2年後にはヌマガヤが進入し，数年で優占した．好成績の要因は，運ばれた土壌に養分や種子が含まれていること，植生株の土が軟らかく進入植物の根が伸長しやすいこと，植生株の土が含水しやすいことなどが考えられる．

この方法は速効性，実効性ともに最も優れているが，材料調達に難があり，広範囲には行えない．しかし，このような条件が合えば小規模な植生復元に向いているうえ，池塘復元という，失われた景観の復活も期待できる利点がある．

(2) 播種による植生復元

|表土残存地・種子埋め込み型|

植生復元を簡便に継続して行うには，現地産の種子を播種する方法が最も現実的といえる．その方法として，ヤチカワズスゲの種子を用いた．この種子は大きさはゴマ粒大で採取のしやすさが優れており，発芽率も高い．

【復元の手順】 採取した種子を粘土質の土と混合して増量し，裸地面に深さ約1cmの穴を数cm間隔であけて，種子が混じった土を少量摘んで穴に埋め込む（図-1）．このあとに光合成バクテリアと栄養活力剤を散布し，緑化ネット[*1]で被覆する．

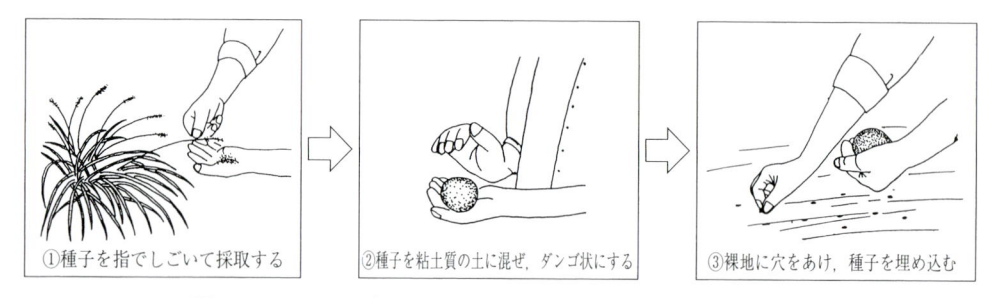

図-1 ヤチカワズスゲの播種の手順（イラスト：成瀬あすか）

①種子を指でしごいて採取する
②種子を粘土質の土に混ぜ，ダンゴ状にする
③裸地に穴をあけ，種子を埋め込む

【成　果】 この工法の利点は，土で増量することで作業効率が高まり，傾斜地でも種子が流れず，発芽後も定着しやすいことである（写真-4）．水分条件の悪い立地では活着しにくかったが，緑化ネットの被覆で改善し，光合成バクテリア[*2]などの散布で植被も早まった（写真-5）．

写真-4 ヤチカワズスゲの播種17年後

写真-5 ヤチカワズスゲの播種1年後．緑化ネットなどの効果が大きい

表土流失地・客土＋直播型

　表土流失地での植生復元は，心土や砂礫上にどのような基盤を造るかが問題になり，使用する草種によっても対応が異なる．この客土＋直播型は，収量が比較的多く確保できるヌマガヤを用いた場合の方法で，景観的にも早期に雪田草原への回復が期待できる．
　対象地はほとんどが傾斜地で，侵食が強く土壌も動くため，約1mおきにコンターに沿って丸太

[*1] 緑化ネット：緑化ネットは黄麻（ジュート）の繊維を撚ってネット状に編み込んだ緑化資材であり，光を透過しやすいため植物の初期成長に有利で，水分保持，土壌保護，種子流失防止，耐風などの効果がある．数年で風化し，景観的にも優れている．
[*2] 光合成バクテリア：巻機山では緑化を促進させるため，光合成バクテリアとバクテリアのエサとなる栄養活力剤を散布している．光合成バクテリアは土壌中の有用細菌類を活性化して植物の成長を促すもので，実践のなかで実効性は確かめられている．ただし，両者を用いた植物の生育実験[4]によると，貧養地では光合成バクテリアの効果より栄養活力剤の効果が大きいという結果が出ており，まだ未解明の部分が多い．

7. 高山草原

筋工を施している．この工事は新潟県が受け持っている．

【復元の手順】 地盤にピートモスを約10cm厚で客土し，先に光合成バクテリアと栄養活力剤を散布する．ヌマガヤを播種し（写真-6），ピートモスで覆土する．最後に緑化ネットで被覆する．ピートモスは120℃の蒸気で24時間燻蒸したものを使用した．

【成　果】 発芽は良好で，客土による柔らかい土壌が根の伸張を促し，成長，植被ともに早く進む（写真-7）．緑化ネットや光合成バクテリアなどのサポートも大きい．表土流失地で早期に本来の植生に戻す方法として効果的だが，大面積の場合，客土材の調達，運搬，資金などの事業の前提的な問題をクリアする必要がある．

写真-6　ピートモス客土後にヌマガヤを播種し，さらにピートモスで覆土する

写真-7　ヌマガヤの播種4年後

表土流出地・直播型

　これは，心土や砂礫上に客土せずに直接播種する方法である．保全活動で沿道の環境が安定し，これまで個体数が少なかったヒゲノガリヤスが増加し，採取が容易になったことで実用化した．ヒゲノガリヤスは表土流出地に最初に侵入する先駆植物の性格が強い．

【復元の手順】 丸太筋工で土壌の移動を抑えたうえでヒゲノガリヤスを播種，緑化ネットで被覆する．土壌がないため光合成バクテリアなどは使用しない．ヒゲノガリヤスの種子は小さく，しごき取ることが困難なため穂ごとちぎり取り，そのまま播く．

【成　果】 発芽力が強く，播種後1ヵ月以内で発芽する．成長も驚くほど早い（写真-8）．

　収量が確保されれば，土壌流出地を客土せずに緑化する方法として有効である．基盤整備を除けば低費用でできるのも利点である．

表土流出地・丸太マルチング＋直播型

　登山道の再整備や補修に際して生じる丸太階段の廃材を，リサイクルを兼ねて表土流出地にマルチングし，ヒゲノガリヤスを播種したところ，効果が高いことがわかり実用化した．

【復元の手順】 丸太をランダムに敷き，丸太の周囲にヒゲノガリヤスを播種する．緑化ネットの被覆は丸太が移動しやすくなるため行っていない．

【成　果】 極めて良好に発芽し，成長も早い（写真-9）．丸太筋工などの土留め処理がされていない傾斜地でも，廃材があれば有効な方法である．これは砂漠緑化で用いられるストーンマルチと同様な作用が働くものと考えられ，巻機山での実験[5]でも，蒸発抑制効果，保水効果，表土流出抑制効果が

写真-8 ヒゲノガリヤスの播種2年後

写真-9 丸太マルチング効果で旺盛に成長するヒゲノガリヤス

認められている．

2）植生復元工事後の回復とまとめ

表土残存地における植生復元工後の回復のプロセスを示すと図-2のようになる．条件の良いところでは2～3年で優占種のヌマガヤが侵入し，15年程度でそれらが優占して外見上は本来の植生と同じような状況を呈するようになる．しかし，20年以上経っても構成種やその割合をみると，本来の植生と同じまでには回復せず，さらに数十年を要するものと考えられる．

今後の課題として2つの点を指摘しておきたい．1つは外来種問題である．表土流出地を復元するためにピートモスを主とする客土を行ったが，その薫蒸やその後の管理が不十分であったため，シロ

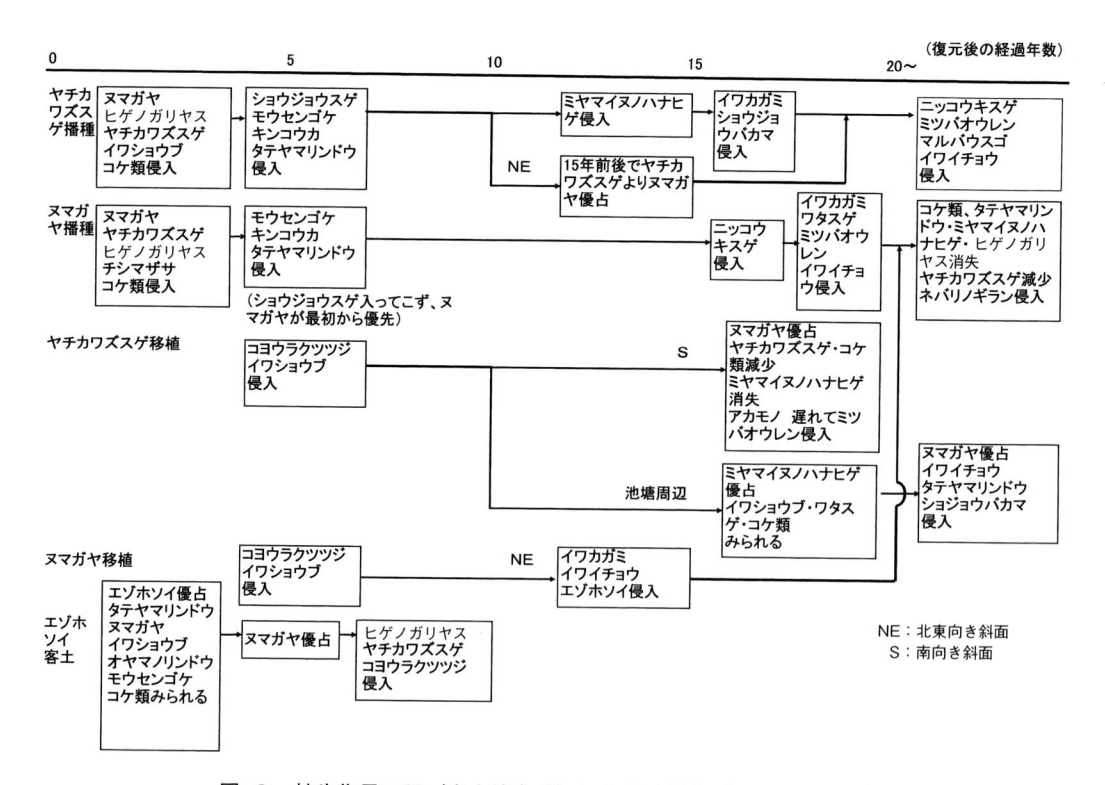

図-2 植生復元工区（表土残存地）における回復プロセス（木村）[6]

ツメグサ，スズメノカタビラなどのかなりの量の外来雑草が侵入してしまった．現在，これらへの対処方法が大きな課題となっている．一方，ヒゲノガリヤスは表土が流出した土地でも生育し客土を必要としないことから，外来雑草の侵入を防止するという観点からその有効性を検証する必要がある．

また，効率的な植生復元システムの確立も重要な課題である．現場での復元材料の供給には限界があり，それが1シーズンの作業量を決める制限要因となっている．山麓での材料生産供給体制の確立や，過酷な山岳の環境下で短期間に作業を終えるための植生マットなどの効率的な施工方法の開発も今後に残された課題である．

7-3 全国の山岳地における植生復元事例

山岳植生の復元は1966（昭和41）年に尾瀬で始められたのが最初であるが，全般的に普及は遅く，1980年代中頃から各地で実施されるようになってきた．しかし，山岳植生の復元は独自の手法で行われることが多く，他の事例が生かされることは少ない．ここでは各地の植生復元事例を表-3に紹介する．効果的な手法の導入や開発の参考とされたい．

（麻生　恵，松本　清）

表-3　全国の山岳地における植生復元事例

八甲田山大岳～井戸岳[7] 植生：風衝高山草原 土壌：火山岩類風化土 方法：挿木，播種 施主：青森県 期間：1984年～1998年	・植栽はミネヤナギの挿木．初期は採取した挿穂をポット植栽した後，翌年春に挿木．中期は挿穂を低温保管した後，翌年春に挿木．後期は秋に採取しそのまま挿木．挿穂の長さは30～40cm．1m²当たり7～12本植栽．乾燥，凍上などの影響で活着率は10%以下． ・播種は高山植物10数種を混播．既存の連柴柵工の間にピートモスを20cm厚で客土（土壌流失を抑えるため前後にピートモス入り麻袋を固定）し，被覆材としてスダレを伏せる．
八幡平八幡沼 植生：湿原，雪田草原 土壌：泥炭土，心土 方法：播種 施主：八幡平自然植生研究会 期間：1993年～	・基盤土壌を耕起し，高山植物の種子を混播（一部単播）．播種後は覆土せず，耕起した土と混ぜ合わせる．被覆材は当初コモを使用したが，後に緑化ネットおよびそれに類するものに移行． ・土壌がほとんど失われているところや泥炭土でも植物が活着しにくいところは周辺から集めた土砂を客土し，基盤をつくる． ・採取した種子は乾燥させた後，揉みほぐす． ・播きムラを防ぐため，種子は増量剤としての焼き籾殻と混合する． ・この事業は行政の直接関与はなく，ボランティア主体で行われている．
月山姥ヶ岳[7] 植生：雪田草原 土壌：泥炭土，心土 方法：播種 施主：山形県 期間：1988年～1993年	・施工地の外周をピートモス入りの土嚢で囲い，木杭で固定．さらに雪圧による土嚢の移動や崩れを防止するため石で押える．基盤にピートモスを客土し，高山植物の種子20種余を混播した後，肥料を散布してコモを伏せる．コモはワラ縄で固定する． ・施工地への雨水流入を防ぐため，上部で水回し（水切り）する． ・客土厚は泥炭土残存面で6cm程度．心土露出面は10cm以上を目安にする． ・施肥は高度化成肥料（15-15-15）を100m²当たり30～40kg散布．
栗駒山 植生：雪田草原 土壌：湿性ポドゾル土壌，火山砕屑物未固結土壌 方法：挿木 施主：宮城県 期間：2001年～2004年	・事前策として，エリアに集まる流末水を管渠により排水処理する．途中，侵食凹地面を利用してため池を造成し，表流水の集水効率を上げる． ・植生復元の基盤整備として木柵工を施し，この間に人工土壌を客土（客土厚は平均20cm前後）する．人工土壌は山砂と畑土を同率混合したもので，土壌の凝結力を高めるため，つなぎ剤としてコンニャク芋の澱粉を土壌1鮠あたり15kg加える．なお，侵食が基層に達している部分では礫を充填する．被覆材は使用せず． ・植生復元は挿木のみで，約9割はミネヤナギを使用．採取したものを林業試験場で2年育成し移植．3年間で約1万本育成（歩留まり約7割）した．

会津駒ケ岳〜中門岳 植生：湿原，雪田草原 土壌：泥炭土 方法：播種 施主：桧枝岐村(福島県) 期間：1985年頃〜	・基盤にピートモスを客土し，ヤチカワズスゲ，ミノボロスゲ，エゾホソイなどを播種．被覆材としてヤシマットを伏せる． ・ヤシマットは腐食性の化繊糸で編んだ荒いネットにヤシの繊維を挟んだもの．繊維の密度が荒いため発芽しやすいようだが，繊維が抜け落ちやすい． ・施工地は緩傾斜地〜平坦地が多く，植生回復は進んでいる．植生破壊の程度が軽微でまわりの植生からの水分供給があることも大きい．
尾 瀬 植生：湿原，雪田草原 土壌：泥炭土，心土 方法：播種，苗移植 施主：群馬県，福島県，尾瀬林業，尾瀬山小屋組合 期間：1966年〜	・【アヤメ平】[8] 泥炭土が露出した基盤を耕耘し，泥炭と木炭の混合粉末で土壌改良した後，ミタケスゲを播種．被覆材としてコモを伏せ，板枠で施工地を囲う．初期は植生ブロックの移植が主流だったが期待した成果があがらず，播種に切り替えた． ・【尾瀬ヶ原，尾瀬沼周辺】 泥炭土が露出した基盤にヌマガヤ，ヤチカワズスゲ，ミヤマイヌノハナヒゲの種子をミズゴケの切片と混ぜて播種．併せてヌマガヤなどの種子をピートポットで育成した苗を移植．被覆材としてヌマガヤなどの葉茎を全体に敷きつめる． ・ミズゴケの切片散布は，ミズゴケの増殖による植物の成長促進と裸地面の被覆化が早まることが認められている． ・【至仏山】 雪田草原が破壊され蛇紋岩の心土が露出した基盤に表流水誘導，土留めなどの処理を施し，現地産の土を客土（近くの小沢から運搬）．ジョウシュウオニアザミ，ヤチカワズスゲなど苗の移植と，ミタケスゲ，ミヤマナラなどの種子を播種する．被覆材は緑化ネットあるいは同質の資材を使用． ・苗移植は腐食性ポットで育成した苗をポットごと植え付ける．ポットの土はピートモスにミズゴケを混合したものを使用．
白馬岳[7] 植生：風衝高山草原，湿性高山草原 土壌：心土 方法：播種，移植 施主：白馬村(長野県) 期間：1981年〜1990年	・基盤整備として，石積みにより施工地を囲う方法と，地盤を掘り下げて周辺から集めた石を大礫から小礫の順に積み上げ，上面に肥料を混ぜた掘出土をのせる方法がある． ・播種は施工地周辺で収量が多く見込める高山植物の種子を使用．施肥後，化繊のネットで被覆． ・移植は現地産の植生株と下界で育てた実生苗を移植．実生苗の場合は，苗を腐食性ピートポットに入れ，ポットごと植え込む方法と，移植穴に砂利を敷き，根回りをミズゴケで包んだ株を埋めて表面に再び砂利を敷く方法をとる．基本的に1個体単位で移植し，一部ブロック移植も実施．
立 山[9, 10] 植生：湿原，雪田草原，湿性高山草原，崩壊地性砂礫地 土壌：泥炭土，粘土，心土，砂礫 方法：播種，移植，挿木 施主：富山県 期間：1969年〜	・【弥陀ヶ原】 基盤整備として，基層露出部は砂利充填のうえ，ピートモス客土，表土流失部はピートモス客土，泥炭残存部は耕耘し，肥料と養生剤散布後，現地産の種子8種類余を播種．移植はミヤマハンノキ，ダケカンバの実生苗を使用．挿木はミネヤナギ，オノエヤナギを使用．被覆材は織り糸に麻糸（通常はナイロン糸）を用いたコモを使用． ・【天狗平】 表土流失部にピートモス客土，泥炭残存部は耕耘し，肥料を混入して10種類の高山植物を播種．移植はハイマツ，ミヤマハンノキなど，挿木はミネヤナギを使用．コモで被覆． ・【室堂平】 施工は播種のみで，方法は天狗平と同じ．
伯耆大山[7, 11] 植生：山地高茎草原，風衝草原 土壌：火山灰土 方法：挿木，移植 施主：鳥取県，大山の頂上を保護する会 期間：1985年〜	・基盤整備として丸太筋工による土留め．稜線の崩壊部分は丸太法枠工で固定する．洗掘溝は土石で埋め戻す． ・植栽による復元のため，先にコモを伏せて間伐材やアンカーピンで固定し，その上から穴を開けて植え込む．穴開けは削岩機を使う．挿木はダイセンキャラボク，ヤマヤナギの苗を，山麓に設けた挿木床で育成して植栽．移植はヒゲノガリヤス，ヒトツバヨモギを現地で採取し，株分けして植え付ける．仕上げに肥料を散布． ・この事業はボランティアの組織的な活動に負うところが大きい．

7. 高山草原

―― 引用文献 ――

1) 石塚和雄・齋藤員郎・橘ヒサ子 (1975)：月山および葉山の植生「出羽三山（月山・羽黒山・湯殿山）・葉山」別刷，山形県総合学術調査会，p.59-124.
2) 松本　清 (2000)：よみがえれ池塘よ草原よ，山と渓谷社.
3) 栗田和弥・麻生　恵 (1995)：多雪山岳地における雪田植生の復元方法に関する研究，日本緑化工学会誌 20(4), 223-233.
4) 原田幸史 (2004)：雪田植生復元を目的とした光合成細菌資材による土壌環境改良効果の検討，東京農業大学地域環境科学部森林総合科学科卒業論文.
5) 中里太一 (2004)：マサ土斜面におけるストーンマルチ効果の実験的検討，東京農業大学地域環境科学部森林総合科学科卒業論文.
6) 木村江里 (1999)：雪田植生復元の回復プロセスに関する研究，東京農業大学地域環境科学部造園科学科卒業論文.
7) 高山植生保全セミナー実行委員会 (1996)：植生回復の技術と事例.
8) 東京電力株式会社 (1998)：アヤメ平湿原回復のあゆみ.
9) 立山黒部観光株式会社 (1974～1997)：中部山岳国立公園立山ルート緑化研究報告書，第1報～第3報.
10) 財団法人国立公園協会 (1997)：立山の植生復元施設，国立公園No.553.
11) 大山の頂上を保護する会 (1996)：大山の頂上保護活動10年のあゆみ.

8. 自 然 林
― 神奈川県丹沢山地を事例に ―

8-1 自然林の新しい問題

自然林では，これまで伐採や林道開発などによる改変が問題となってきたが，近年，新しい問題の1つとして，ニホンジカ（*Cervus nippon* Temminck；以下，シカ）の採食圧や踏圧などの影響により，植生が劣化することが指摘されている[1-9]．例えば，高木の樹皮剥ぎによる更新阻害や林床植生の退行，希少植物の減少などである．

このような問題が発生してきた背景には，多くの要因が考えられる．それらは，明治時代以降の100年余りで平野部を本来の生息地とするシカを山地上部の自然林に閉じ込めてきたこと，森林伐採によりシカの餌植物を増加させたこと[10]，暖冬による越冬可能地域の拡大[5,11]およびそれにともなう死亡率の低下[5]，捕食者の減少，例えば明治時代以降のニホンオオカミの絶滅など[12]，狩猟圧の低下[13]，人間活動の退潮によるシカの生活圏の拡大とメスジカの密猟の減少との相乗効果[14]などである．これらの要因の多くは人為的なものである．

国内では栃木県日光，奈良県大台ヶ原とともに神奈川県の丹沢山地では比較的早期にシカ問題が発生した．そこで，神奈川県丹沢山地を事例にして，これまでに実施してきた植生回復の取り組みと今後の課題について述べることにする．

8-2 生態系の概況

丹沢山地は神奈川県の北西部に位置し，東西40km，南北20kmにわたる山塊である．周囲は小仏山地，道志山地，富士山，箱根山地に連なるが，大河川や国道に囲まれているため島状に孤立化している．最高峰は山地中央部に位置する蛭ケ岳で標高1,673mである．

丹沢山地の地形的な特徴は，ユーラシアプレートとフィリピン海プレートの境界に位置するため地震が多く崩壊が発生しやすいこと，また，氷河時代の侵食のはげしさを反映して山腹は急斜面が多いこと，しかしながら，侵食前線の達していない標高1,300m以上の尾根や山頂部は緩斜面が現れることである．山頂緩斜面については化石周氷河斜面の可能性が指摘されている[15]．1923年（大正12年）の関東大震災により，山腹で崩壊が多く発生し，土石が峡谷を埋めてゴーロ状（石や岩がゴロゴロしたところ）の河原になっている場所もある．

丹沢山地には，多くの生物が生育・生息しており，これまでに維管束植物約1,550種，哺乳類約30種，鳥類約160種が記録されている[16]．大型哺乳類ではシカの他にツキノワグマ，カモシカが生息している．

植生は標高700～800mを境にして暖温帯林と冷温帯林に区分される．暖温帯林にはスギ・ヒノキ植林が多く，一部にシイ・カシ類の常緑広葉樹自然林が残存している．冷温帯林にはブナやカエデ類の落葉広葉樹自然林が多く，沢筋にはシオジ・サワグルミ林やフサザクラ林が発達する．また，

写真-1 崩壊地に生育するフジアザミ
写真-2 渓流の岩壁に生育するサガミジョウロウホトトギス 
写真-3 樹幹に着生するマツノハマンネングサ 

　丹沢山地東部の大山，札掛地区には中間温帯林のモミ林が成立している．標高が高いところにはコメツガやダケカンバなどの亜高山性樹木が生育しているが，亜高山針葉樹林は存在しない．冷温帯林の林床は主にスズタケが広範囲にわたり生育しているが，高標高の山頂緩斜面ではスズタケに代わりヤマトリカブト，シロヨメナ，オオバイケイソウなどの高茎草本が，沢筋ではテンニンソウ，モミジガサ，テバコモミジガサ，ムカゴイラクサなどの草本が生育している．高木の発達しない斜面ではミヤマクマザサ草原になっているところもある．

　植物地理学的にみると，冷温帯林にはフォッサマグナ要素，北方要素，ソハヤキ要素の混在した植物がみられ，山麓の人工林では南方系植物，特にシダ類で分布の北限，東限になっている種がある．これらのうち，フォッサマグナ要素植物は丹沢山地を特徴づけるもので，その生育地は崩壊地，渓流の岩壁，樹幹など特殊な環境に適応してきた種が多い（写真-1～3）．

　このように景観と生物相の多様性が高いため，1965年に山地の大部分が丹沢大山国定公園に指定され，東京や横浜などの大都市に近いため，毎年100万人以上のハイカーが訪れている．

8-3　自然林再生を行う背景・理由

　大都市に近いにもかかわらず自然の豊かな丹沢山地において，1980年代以降に森林構造の著しい変化，すなわち，上層木の立ち枯れと林床植生の衰退がみられるようになった．主稜線のブナの立ち枯れ（写真-4）やスズタケなどの林床植生の退行である（写真-5）．

　当時はその原因が不明であったため，実態調査を目的に，1993年から3年かけて丹沢大山自然環境総合調査が行われた．その結果，ブナなど高木の枯死要因として，オゾン，土壌乾燥化，ブナハバチなどの複合要因が指摘された．また，林床植生の退行はシカの累積的な採食影響によることが指摘された．林床植生の退行の例としては，クルマユリ，オオモミジガサなど多年生高茎広葉草本の減少[17]，スズタケの減少[18]，後継樹の減少[19]，その一方で不嗜好植物[20]や一年生草本の増加[21]がみられる．また，ウラジロモミ，アオダモなどの枯死にはシカの樹皮食いが直接的に関与していることもわかってきた．

　これらに加え，近年では土壌流出による水源涵養機能および生物多様性保全機能の低下も指摘されている．その一方で鳥獣保護区内のシカ個体群も低質化，すなわち，栄養状態が悪化していることがわかってきた．そのため植物とシカの問題というよりも，生態系全体の問題として捉えることが重要になっている．

写真-4　ブナなどの樹木の立枯れ

写真-5　スズタケの退行途上では，枯死桿が目立ちはじめる．

このように丹沢山地の生態系の保全・再生にはキーストーン種であるシカの保護管理の実施が優先事項であると認識されるようになった．それと同時に緊急対応策として，林床植生の衰退の著しい丹沢大山国定公園の特別保護地区で植生保護柵の設置が提言された．

8-4　自然林再生の目標設定の考え方

　ブナなどの立枯れ，シカの樹皮食いによるウラジロモミの枯死，スズタケなど林床植生の退行といった問題に対して，県は丹沢大山自然環境総合調査の結果を受けて，1999年に『丹沢大山保全計画』を策定した[22]．そのなかでは「丹沢大山の生物多様性の保全・再生」が目標に掲げられている．これは，1993年に締約された生物多様性条約に即したものである．目標の実現に向けて次の4つの基本方向，①ブナ林や林床植生の保全，②シカなどの大型動物の個体群の保全，③希少動植物の保全，④オーバーユース対策，が打ち出された．また，実施にあたり，次の3つの基本方針，①自然環境の科学的な管理，②生物多様性保全の原則にもとづく管理，③県民と行政との連携，が述べられている．
　2003年には『神奈川県ニホンジカ保護管理計画』が策定され[23]，このなかでも「生物多様性の保全・再生」が目標に設定され，その他に地域個体群の維持，農林業被害の軽減を合わせた3つがシカ保護管理の目標にされている．この計画の特徴は，地形や植生を考慮して丹沢山地を56の管理ユニットに区分し，各ユニットの自然環境の情報，シカ個体群の情報，農林業の被害状況にもとづいて，「自然植生回復地域」，「生息環境管理地域」，「被害防除対策地域」の3地域にゾーニングしたことである（図-1）．「自然植生回復地域」は主に丹沢山地の高標高域に位置する丹沢大山国定公園の特別保護地区が対象で，現状は上記のとおり，自然林の林床植生がシカの採食影響で衰退している地域である．「生息環境管理地域」は，シカの生息環境を保全・整備する地域に位置づけられている．主に中標高域を対象として，シカ被害を防除しつつ，人工林の整備により林床植生を豊かにしたり，シカの越冬地を造成する地域である．「被害防除対策地域」は，主に低標高域を対象として，被害防除対策を主な目標とする地域である．
　自然林における植生回復の具体的な目標として，短期的には，1960年代の自然林の状態，あるいは現在でもシカの採食影響が顕著でない丹沢山地西部の自然林の状態をあげることができる．1960

8. 自 然 林

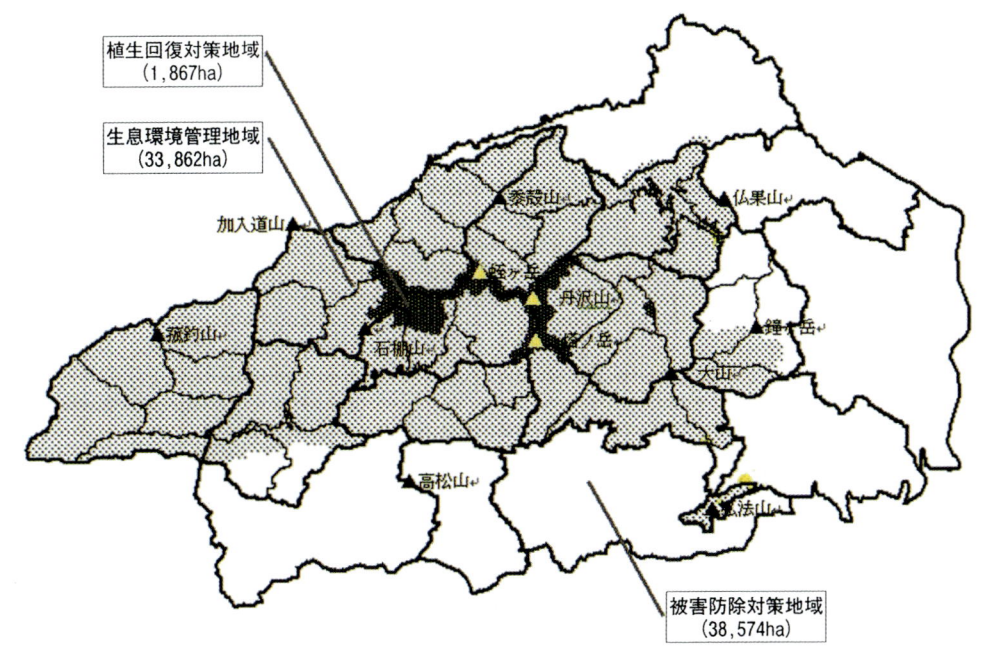

図-1 ゾーニング区域図[23]

年代当時はシカが生息しつつもスズタケなどの林床植生が密生しており，現在，県絶滅危惧種となっている草本類も生育していたことが報告されている[24]．長期的な目標は，必要最低限の人為的手段を講ずるだけで自然林の生態系が自律的に存続し，そこの生物が絶滅せずに生育・生息し続けることである．

8-5 自然林再生のためにとられた具体的手法

シカの採食圧により衰退した植生を回復させる手段は，大きく分けて2つある．第一は植生保護柵や樹皮食い防護ネットなどで物理的にシカ採食を防止する方法，第二は個体数管理でシカを捕獲する方法である．

シカ問題が頻発している地域では個体数管理を積極的に実施しているところが全国的に多いが，丹沢山地では人工林で防鹿柵，自然林で植生保護柵の設置をシカ防除策としてきた．これは1960年代後半に幼齢人工林で被害が発生し，それに対して防鹿柵を1970年に設置したことをはじまりとする．

その後，1980年代から鳥獣保護区で自然林の林床植生が衰退しはじめ，丹沢大山自然環境総合調査においてシカが林床植生退行の主要因とわかった際も，防鹿柵の経験を生かした植生保護柵（写真-6）や樹皮食い防護ネット（写真-7）を1997年から設置してきた．これは鳥獣保護区のため個体数管理ができなかったという理由だけではなく，個体数管理を実施する体制ができていなかったこと，および鳥獣保護区においてシカを捕獲することに対して県民との合意形成が行われていなかったことによる．丹沢大山総合調査の結果，丹沢自然環境管理センターの設置が提言され[25]，2000年に5つの機関を統合して自然環境保全センターができ，これによりシカの保護管理体制が整った．さらに『神奈川県ニホンジカ保護管理計画』[23]を策定する過程で鳥獣保護区でのシカの捕

165

写真-6　植生保護柵　　　　　　　　　　　　　写真-7　樹皮食い防護ネット

獲についての合意形成を図ってきたことにより，2003年度から自然林の衰退の著しい地域で管理捕獲を実施している．

　実行にあたっては，神奈川県独自の自然環境管理システムを基本としている．これは次の3つの管理，すなわち，個別事業や行政界を越えた「統合型の管理」，科学的なモニタリングを基礎とした「順応型管理」，行政と県民との共働と連携による「パートナーシップ型の管理」からなる．
　次に各対策の実施状況についてみていく．

1)　植生保護柵
　植生保護柵は主に林床植生を保護する目的で設置され，シカの採食を防ぐことで木本・草本類の生活環を全うさせ，種を保護する狙いがある．1997年から林床植生の衰退の著しい丹沢大山国定公園特別保護地区を中心に県の事業により設置されてきた．2003年3月時点で総延長18km，総面積15ha，設置柵数170基の実績がある．当初，丹沢山地の特別保護地区1,867haの約3割に相当する620haを範囲とし，そのうち，シカの移動経路，エサ場などを考慮して約3割程度の175haを植生保護柵設置の目標値とした経緯がある[22]．現時点までの進捗率は1割に満たないが，現場を知る筆者からすると，設置できそうな緩傾斜地にはおおむね設置済みで，新規に設置できる箇所は少ないという感がある．
　植生保護柵の大きさは一辺40m四方を標準として，同一地域に複数個設置している．これは地形の起伏，破損による全面退行の回避，および動物の移動経路を考慮したことによる．植生保護柵の大きさは，現地の微地形や樹木の成立状況に合わせているため，小さい柵では一辺10m，大きい柵では一辺50mに及ぶものもある．なお，柵の色は景観に配慮して茶色に着色されている．

2)　樹皮食い防護ネット
　樹皮食い防護ネットは，ウラジロモミなどの樹皮食いされやすい樹木の高木から低木までの個体の保護を目的として設置されている．樹皮食いを防ぐことで森林の階層構造を維持し，また，種子の供給源を確保する狙いがある．
　丹沢山地の自然林において，シカの樹皮食い木として確認できた樹種は高木種から低木種まで22科39種ある．このなかでシカに頻度高く樹皮食いされている樹木にはウラジロモミ，ミズキ，リョ

8. 自然林

ウブ，アオダモがある．特にウラジロモミは，胸高直径1m以上の大径木が環状剥皮によって枯死する個体が1990年代に目立ちはじめたため，1997年から県民ボランティアの協力により樹皮食い防護ネットを巻いている．これまでにウラジロモミを中心に約1,000本に樹皮食い防護ネットを巻いてきた．

3） 個体数管理

個体数管理は猟区における狩猟と鳥獣保護区における管理捕獲により実施している．自然林の林床植生の衰退が著しい地域では，植生の回復を目的にシカの生息密度を現状の5割または8割へ誘導することを目標としている．開始した2003年度は100頭を捕獲目標とし，猟友会の協力で実施した．

8-6 対策実施後の評価・現況

1） 植生保護柵

植生の回復を評価する方法は，シカによる自然植生への影響として指摘されている5項目，すなわち希少植物の減少，スズタケの退行，後継樹の減少，不嗜好植物の増加，一年生草本の増加，を指標として，各項目の変化から回復の程度を評価するのが適当と考えている．以下に植生保護柵設置後におけるそれぞれの指標の変化について概観する．植生保護柵設置前のデータがない場合は，設置後の柵内外の差異から評価した．調査結果の一部には1993年と1994年に試験的に設置された小規模植生保護柵（1辺2m高さ1.5m）のものを含む．

(1) 希少植物

ある地域の植生保護柵約30ヵ所で設置後4～5年目に希少種の生育状況を調べたところ，14種の県希少種の草本を確認できた[26]．内訳は『神奈川県レッドデータ生物調査報告書』[26]による絶滅種3種，絶滅危惧種3種，減少種4種，稀産種2種，県新産種2種である．これらのうち絶滅危惧種のクルマユリ，ハルナユキザサ，オオモミジガサ3種と減少種のクルマバツクバネソウ1種はシカ採食が減少要因とされている．

過去の当該地域における植物目録[28,29]や群落調査結果[24,30]と比較すると，14種のうち4種はシカの採食影響が発生していない1980年代までの記録はあるものの，その後，採食影響の強まった1990年代には記録のなかった種であり，稀産種の2種はどの時点でも記録があった種，残りの8種は当該地域において今回の調査で新たに発見できた種であった．14種のうち，柵外でも生育を確認できた種は稀産種2種のみである．

シカの影響が強まった1990年代から消失したと思われていた希少種4種が出現したのは，いずれも多年生草本であることから，地上部が矮小化した状態で生育していたこと，あるいは地下部の貯蔵器官である根茎や鱗茎が残存していた可能性が高い．4種ともに調査時点で開花・結実を確認できたことは，植生保護柵を設置して採食圧を除去したことで生活環がつながったことを示している．

植生保護柵を設置して絶滅種を含む希少種を確認できたことは，植生保護柵の効果を示していると考えられる．しかし，植生保護柵内の希少種の個体数は少ない種で1個体，多い種でも10^2オーダーしかないことから，他種との競争，環境のゆらぎや近交弱勢による絶滅化が危惧され，予断を許さない状況である．

(2) スズタケ

植生保護柵設置後3年目と7年目の時点で柵内外のスズタケの稈長を調べた結果，3年目では柵

内の平均桿長は15.5〜17.6cmであったのに対して，柵外では10cm内外であった[31]．さらに，7年目では柵内の平均桿長は約70cmであった一方で，柵外は10cm内外で葉のサイズも小さかった．そのため，柵内外の現存量の差が顕著になっている．これらのことから，柵内のスズタケは着実に回復していると考えられる．ただし，スズタケの桿長は一般に1.5〜2.0mになることから[32]，その程度の長さになるにはさらに長期間を要するであろう．

(3) 後継樹

冷温帯自然林に自生する高木性木本16種を対象に，植生保護柵設置時点と設置後5年経過した時点で稚樹の樹高の変化を調べた[21]．その結果，どの樹種も樹高が有意に高くなっていた．その一方で，柵外では有意な成長を示す樹種はなかった．柵外では，5年経過して樹高が有意に低くなっている樹種が4種あった．

植生保護柵の設置後に樹高が高くなったのは，シカ採食圧の除去に加えてスズタケの退行も一因と考えられる．すなわち，スズタケなどのササ類は樹木の更新阻害要因である[33]ため，シカの採食圧が低かった時代にスズタケが密生していた地域では稚樹は定着できなかった可能性が高い．その後，シカの採食圧の高まりとともにスズタケが退行したことで林床の光環境が改善され，実生が定着できるようになったと考えられる．

今後の動態はスズタケと稚樹との競争関係により，少なくとも2つの方向が考えられる．第一はスズタケが密生した林床へ戻る方向，第二は後継樹群が成立する方向である．いずれへと変化するかは，今後の継続的な観察が必要である．

(4) 不嗜好植物

丹沢山地において不嗜好植物と考えられる種には，冷温帯林ではマルバダケブキ，オオバイケイソウ，フタリシズカ，マツカゼソウ，テンナンショウ属植物などが，暖温帯林ではナツトウダイ，ハダカホオズキ，ナガバヤブマオ，シソ属植物，テンナンショウ属植物などがある．

冷温帯自然林で植生保護柵設置時点と設置後5年経過した時点で出現頻度を比較したところ[21]，柵内では変化はみられなかったが，柵外でフタリシズカ，マルバダケブキが増加した．このことは，採食圧に耐性のある種が一度成立すると，シカの採食圧を除去しても林床に長くとどまることを示唆している．

(5) 一年生草本

丹沢山地においてシカの採食影響の強い地域でみられる一年生草本には，イラクサ科のミズ，ヤマミズ，タデ科のミヤマタニソバ，ハナタデ，タニソバ，イネ科のアシボソ，ササガヤなどがある．

植生保護柵設置前後あるいは設置後の柵内外で調べた結果，これらの種は林床植生が繁茂すると減少する一方で，シカの影響が持続する地域では増加ないし維持される傾向がみられた[21]．

以上の結果から，植生保護柵はシカの影響で減少しやすい種群を回復させ，その一方でシカの影響で増加しやすい種群の増加を食い止め，場合により減少させる効果があることがわかった．しかし，柵内の希少種や後継樹は今後の林床植生の繁茂の仕方によっては減少する可能性もある．そのため，今後も継続的な追跡調査が必要である．

2) 樹皮食い防護ネット

樹皮食い防護ネットを設置して7年経過した時点で，環状剥皮による枯死を防ぐ目的は達成されつつある．しかし，その一方で新たな問題も生じてきている．それは，これまで樹皮食いされなかっ

た樹種が食べられるようになったことである．また，樹皮食い防護ネットを設置しても強風による幹折れで枯死する個体が生じてきたことである．こうした枯死個体はネット設置前に樹皮の一部が剥皮されていることから，剥皮部から腐朽菌が侵入して樹体を弱めたことが幹折れにつながったと推定される．

3） 個体数管理

個体数管理は鳥獣保護区での実施ということもあり，他の動物への影響を考慮して猟犬を使わず人間の勢子によりシカを追い出して捕獲する手段，およびヘイキューブなどの給餌により誘引捕獲する手段をとった．捕獲頭数は，2003年度は100頭を目標としたが，45頭にとどまった．その原因として，過去に捕獲の経験のない地域での実施だったこと，捕獲地点の多くが急傾斜地であったために勢子の行動が限られたことなどが考えられる．今後，安全面を考慮しながら，わな，猟犬の使用，ハイシート方式など考えられる手段を検討する必要がある．

8-7 自然林の保全・再生の課題と展望

植生保護柵の設置など自然林の保全・再生のために実施してきた事業は，実施期間が短いながら一定の効果をあげてきたと考えられる．しかし，長期的目標を達成するには多くの技術的・制度的な課題がある．技術的な課題の例として，植生保護柵の場合，柵の大きさ，個数，配置といった設置方法，また，個体数管理の場合，効果的なシカの捕獲手法の検討などがあげられる．制度的な課題としては，県の自然環境管理を軌道に乗せて継続実施していくことがあげられる．また，丹沢山地の自然林の問題はそこだけで完結しているものではなく，水や大気などの物質循環により，平野部の都市にもつながる問題である．そのため，丹沢山地だけではなく，流域全体を視野に入れたプロジェクトが必要であると指摘されている[34]．

2004年度より2006年度までの3年間で新丹沢大山総合調査が実施される．これは，水と生きものと経済の循環の再生，保全・再生の具体的目標の明確化，市民に開かれた調査の3点を基本的な視点としている[35]．これらの基本的な視点を踏まえて，新しい丹沢大山保全計画を策定し，丹沢の保全・再生ビジョンを描くことを目標としている．調査はこれまでの総合調査でみられた生物目録を作成することに主眼をおいたような調査だけではなく，問題解決に向けた分野横断的な調査とすることを特徴としている．そのため，生物多様性の保全・再生を目指した「生きもの再生チーム」だけではなく，土，水，大気の健全な循環を目指した「水と土再生チーム」，地域資源を活用した循環型地域社会づくりを目指した「地域再生チーム」，丹沢大山の保全再生の基盤となる情報の蓄積・共有化を目指した「情報整備チーム」の4チームを編成している．また，4チームとは別に政策検討ワーキンググループをつくり，調査結果を報告書だけで終わらせずに保全・再生ビジョンを実現する制度の検討と，資金の導入方法も検討している．

この新総合調査により，今後の丹沢山地の自然・再生への道筋がつくものと期待される．

(田村 淳)

―― 引用文献 ――

1) 井上 健 (2003)：シカ植食防止要望書について．日本植物分類学会ニュースレター **9**, 10-11.
2) 梶 光一 (2003)：エゾシカと被害：共生のあり方を探る．森林科学 **39**, 28-34.
3) Takatsuki S. and Gorai T. (1994): Effects of Sika deer on the regeneration of a Fagus crenata forest on Kinkazan Island, Northern Japan. *Ecological Research* **9**, 115-120.

4) Takatsuki S. and Hirabuki Y. (1998): Effects of Sika deer browsing on the structure and regeneration of the Abies firma forest on Kinkazan Island, Northern Japan. *J. Sustainable Forestry* **6**, 203-221.
5) 小金沢正昭（1998）：県境を越えるシカの保護管理と尾瀬の生態系保全．林業技術 **680**, 19-22.
6) Nomiya H., Suzuki W., Kanazashi T., Shibata M., Tanaka H. and Nakashizuka T. (2003): The response of forest floor vegetation and tree regeneration to deer exclusion and disturbance in a riparian deciduous forest, central Japan. *Plant Ecology* **164**, 263-276.
7) 櫻井裕夫（2003）：栃木県におけるシカの保護管理について．森林科学 **39**, 41-45.
8) 長谷川順一（2000）：ニホンジカの食害による日光白根山の植生の変化．植物地理・分類 **48**, 47-57.
9) Akashi N. and Nakashizuka T. (1999): Effects of bark-stripping by Sika deer (*Cervus nippon*) on population dynamics of a mixed forest in Japan. *Forest Ecology and Management* **113**, 75-82.
10) 古林賢恒ほか（1997）：ニホンジカの生態と保全生物学的研究．丹沢大山自然環境総合調査報告書，319-421.
11) 山根正伸（1999）：丹沢山地におけるニホンジカ個体群の栄養生態学的研究．神奈川県森林研究所研究報告，**26**, 1-50.
12) 古林賢恒（2003）：特集の総括にかえて ― 野生動物との共存を探る ―．森林科学 **39**, 46-51.
13) 三浦慎悟（2003）：獣害特集によせて ― 生態系の管理と試行錯誤．森林科学 **39**, 2-3.
14) 古田公人（2002）：ニホンジカ個体数増加の背景と原因．林業技術 **724**, 2-6.
15) 棚瀬充史（1997）：丹沢山地のマスムーブメント．丹沢大山自然環境総合調査報告書，64-73，神奈川県環境部．
16) ㈶神奈川県公園協会・丹沢大山自然環境総合調査団企画委員会（1997）：丹沢大山総合調査報告書 丹沢山地動植物目録．389pp., 神奈川県環境部．
17) 勝山輝男・高橋秀男・城川四郎・秋山 守・田中徳久（1997）：植物相とその特色Ⅰ 種子植物・シダ植物．丹沢大山自然環境総合調査報告書，543-558，神奈川県環境部．
18) 古林賢恒・山根正伸（1997）：丹沢山地長尾根での森林伐採後のニホンジカとスズタケの変動．野生生物保護 **2**, 195-204.
19) 星 直斗・山本詠子・吉川菊葉・川村美岐・持田幸良・遠山三樹夫（1997）：丹沢山地の自然林．丹沢大山自然環境総合調査報告書，175-257，神奈川県環境部．
20) 村上雄秀・中村幸人（1997）：丹沢山地における動的・土地的植生について．丹沢大山自然環境総合調査報告書，122-167，神奈川県環境部．
21) 田村 淳・山根正伸（2002）：丹沢山地ブナ帯のニホンジカ生息地におけるフェンス設置後5年間の林床植生の変化．神奈川県自然環境保全センター研究報告 **29**, 1-6.
22) 神奈川県（1999）：丹沢大山保全計画 ― 丹沢大山の豊かな自然環境の保全と再生を目指して ―．138pp＋1app., 神奈川県環境部自然保護課．
23) 神奈川県（2003）：神奈川県ニホンジカ保護管理計画．35pp., 神奈川県環境農政部緑政課．
24) 宮脇 昭・大場達之・村瀬信義（1964）：丹沢山隗の植生．丹沢大山学術調査報告書，54-102，神奈川県．
25) ㈶神奈川県公園協会・丹沢大山総合調査団企画委員会（1997）：丹沢大山自然環境総合調査報告書，635pp., 神奈川県環境部．
26) 田村 淳・入野彰夫・山根正伸・勝山輝男（印刷中）：丹沢山地における植生保護柵による希少植物のシカ採食からの保護効果．保全生態学研究．
27) 神奈川県レッドデータ生物調査団（1995）：神奈川県レッドデータ生物調査報告書．257pp., 神奈川県立生命の星・地球博物館．
28) 神奈川県植物誌調査会（1998）：神奈川県植物誌1988．1442pp., 神奈川県立博物館．
29) 神奈川県植物誌調査会（2001）：神奈川県植物誌2001．1580pp., 神奈川県立生命の星・地球博物館．
30) 大野啓一・尾関哲史（1978）：丹沢山地の植生（特にブナクラス域の植生について）．丹沢大山総合調査報告書，103-121，神奈川県環境部．
31) 田村 淳・入野彰夫（2001）：丹沢山地の特別保護地区に設置された植生保護フェンス内の植生 ― 2000年の調査結果 ―．神奈川県自然環境保全センター研究報告 **28**, 19-27.
32) 鈴木貞夫（1978）：日本タケ科植物総目録．384pp., 学習研究社．
33) Nakashizuka T. and Numata M. (1982): Regeneration process of climax beech forests Ⅰ. Structure of a beech forest with the undergrowth of Sasa. *Jap. J. Ecol.* **32**, 57-67.
34) 羽山伸一（2003）：神奈川県丹沢山地における自然環境問題と保全・再生．自然再生事業，p.250-277，築地書館．
35) 丹沢大山総合調査実行委員会（2004）：丹沢大山総合調査調査計画書．

9．半自然草原

9-1　生態系の概況と特徴

　植物の生育に適した温暖多雨な気候条件に恵まれた日本列島では，一般的には極相として森林植生が成立する．極相として草原植生が成立するのは，高山帯や海岸風衝地，湿原など，植物の生育条件が特に厳しい場所に限定され，これらを自然草原と呼ぶ．

　一方，ここで対象とするススキ草原（写真-1）やシバ草原を代表とする半自然草原は，自然条件下で成立する自然草原とは異なり，極相として森林植生が成立する場所において，刈り取りや放牧，火入れなどの人為的圧力が加えられる条件下で成立してきた草原植生である．わが国を代表する半自然草原には，阿蘇くじゅう国立公園（熊本県，大分県）のシバ草原やネザサ草原・ススキ草原，三瓶山（島根県）のシバ草原，霧ヶ峰高原（写真-2）や車山高原（長野県）のススキ草原などがあり，これらの草原は山間地にあっても，長年の人との関係によって成立，維持されてきたものである．

　現在，都市に暮らす私達が日常的に接する草地植生は，都市公園やゴルフ場の芝地と河川敷や堤防の草地がほとんどであろう．河川敷を除き，これらの草地のほとんどは造成後に緑化材として園芸種や外来牧草が播種または植え付けられて成立している人工草地であり，半自然草原とは異なる．

写真-1　ススキ草原（大阪府岩湧山）　　写真-2　八島ヶ原湿原から霧ヶ峰高原をのぞむ

　半自然草原はかつて採草地や放牧地としての生産的な目的で利用，維持管理されてきた．1960年代以前は，採草地は田畑の肥料や家畜の飼料，屋根を葺く材料を生産するため，放牧地は家畜の飼育場，餌場として使われてきた．しかし，高度経済成長期以降，これらの機能は急速に失われ，現在では，半自然草原として利用され，維持管理されている場所は少ない．多くの半自然草原は植林

地や人工草地，住宅地，工場地などの他の土地利用に変えられるか，放置されたままの荒地や森林に遷移して，異なる植生に変化してきた[1]．また，1991年からの牛肉輸入自由化はわが国の畜産業に大きな打撃を与え，放牧地としての半自然草原の利用は経済的にもますます厳しい状況にある．現在も残されている半自然草原は少なく，個々の面積規模も年々縮小される傾向にある．半自然草原を所有する地域では，生産的な機能が失われてしまったため，草原景観を観光資源としてとらえることで，草原に経済的な価値をみいだそうとしているが，維持管理コストとの収支バランスや管理技術の未確立が問題となっている．

半自然草原は二次林と同じく，人為的な影響下で成立する二次植生であるが，これらの群落は在来の草原性植物で構成されており，動物相を含む多くの草原性生物の生息地であり，日本の草原生態系の核として機能してきたと考えられる．日本の植物相を形成する重要な種群要素として，大陸の温帯草原（写真-3）を起源とするオキナグサやキスミレ，また，秋の七草で親しまれてきたオミナエシ（写真-4）などの満鮮要素と呼ばれる草原性植物種群があり，これらは九州北部，中国地方から中部地方の半自然草原を主な生育地としている[2]．

満鮮要素種群は，最終氷期に陸続きになっていた朝鮮半島を経由して，大陸から日本列島に渡り，火山活動が激しく，草原環境が維持されやすかった阿蘇久住の火山灰台地などの地域に定着したと考えられている[3]．その後，満鮮要素は人間活動の影響によって生じた半自然草原や二次林の林床などの草原環境に生育地を徐々に広げて，本格的な農耕が開始される前の縄文前期には，すでに山焼きや焼畑によって草原環境がつくりだされ，これらは長い時間をかけて満鮮要素をはじめとする草原性植物を育んできたと考えられる．その後，弥生期からはじめられた水田稲作農耕は草原環境が提供してくれる緑肥によって支えられてきたが，このような草原利用はつい数十年前まで継続されてきた長い歴史をもつ．

しかし，前述したような理由による半自然草原の変質や減少から，草原性植物の多くは，現在では絶滅が危惧されるまでに至っている．

動物相では，植物における満鮮要素に相当する，大陸の温帯草原を起源とするチョウ類の生息地

写真-3　中国内蒙古自治区の温帯草原（ステップ）

写真-4　オミナエシ（大阪府岩湧山）

として，半自然草原の存在の重要性が指摘されている[4,5]．環境省の絶滅危惧種に指定されているオオウラギンヒョウモン（タテハチョウ科）は，1960年代までは日本各地にふつうにみられたが，幼虫の食草であるスミレの一種が生育するシバやススキの優占する半自然草原が減少した結果，急激に減少し，現在では西日本の山地草原にわずかに生息地が残っているだけである．同じく絶滅危惧種に指定されているオオルリシジミ（シジミチョウ科）は，本州ではほとんど絶滅し，阿蘇の半自然草原でのみ生息している草原性のチョウである．オオルリシジミの絶滅原因は，幼虫の食草であるクララの生育する半自然草原が減少してしまったため[6]と考えられている．草原性草本植物であるクララは，適度な採草によって遷移の進行が抑制される草原の環境を生育地としてきた．しかし，草原の利用がなくなり，放置による遷移の進行によって，本種は絶滅していった[6]．温帯草原を起源とするチョウ類では，他にも，生息地である半自然草原の減少によってホシチャバネセセリ（セセリチョウ科）やヘリグロチャバネセセリ（セセリチョウ科），ヒメシロチョウ（シロチョウ科）の減少していることが報告されている[7]．シジミチョウ科のクロシジミは草原性植物との直接的な関係はないが，本種の幼虫は，草原環境でしか生息しないアブラムシやクロオオアリから餌資源を提供されるという特殊で強い種間関係をもつことから，同様に絶滅に瀕している[5]．このようなチョウ類の例からも，半自然草原は草原性植物の生育地のみならず，草原との密接な関係にある動物の生息地として重要であることが指摘される．

　昆虫類の他にも，草原を生息地とする鳥類や哺乳類げっ歯目の減少が指摘されている．半自然草原の生物学的価値が評価されるようになってから日が浅く，それぞれの分類群について群集の現状解析も不十分な段階にあることから，草原やそこに生息する生物のこれ以上の絶滅を回避するために，これらの研究に早急に着手されることが望まれる．

9-2　半自然草原の再生

1）再生計画前の留意点

　これまで述べてきたように，半自然草原はかつての生産的機能が失われたために，その面積規模は減少してきた．半自然草原を生息地としてきた生物の減少や絶滅が問題になっており，草原生態系の復元を行う必要がある．草原生態系の復元に着手するためには，生態系の基盤となる一次生産者である半自然草原植生を再生させることが第一の目標となる．

　しかしながら，半自然草原植生を再生させる手段として，無用に造成裸地を造り出し，その土地の由来ではない植物の種子や株を導入することは避けなければならない．これまで行われてきた自然再生的な事業のなかには，残された貴重な半自然草原に重機が入り，大規模な裸地を造成し，そこへ園芸種（種名は在来種であっても，明らかに園芸品である種子を導入している場合もある）や他地域由来の種子を導入しており，結果的には自然破壊を行っている例がある．このような事業は，自然再生の理念から外れることを事業担当者は理解しなければならない．新たな裸地を造成したり，土壌を撹乱することは，外来植物の侵入と定着を促進させる原因となりやすい．ある地域に成員帰化や優占帰化する可能性のある外来植物が一端定着してしまうと，これらを駆除することは難しく，その後の植生管理に問題を残す結果となる．また，裸地の造成や土の撹乱は外来植物が既存の半自然草原に侵入定着する原因となり，在来生態系に与える影響は大きい．さらに，自然再生事業に用いられる緑化材などの植物材料は，園芸種や他地域産地のものは使用せず，対象地域を産地とする種子や株，個体が用いられるべきである．しかし，これらの植物材料の調達は非常に困難なため，

業者まかせにしてしまう傾向にあり，近隣の山野から自生種の種子や株などを無秩序に採取することのないように注意する．さらに，自然再生事業に用いられる植物材料は，長期にわたる圃場での植物材料育成期間を設定し，対応する．また，自生地から植物を採取することによって，残された自然を破壊する影響のないように細心の注意をもって進められなければならない．最近は園芸品を扱うホームセンターで，手軽に家庭でビオトープをつくるための水生植物や，山野草の名称で園芸種のフジバカマやオミナエシなどの植物材料が販売されているが，これらの植物材料は園芸品として扱われるべきで，原則的には自然再生の材料として用いられるべきではなく，これらはできるだけ野外に逸出させるべきではない．

　以上述べてきたように，事業担当者は自然再生事業が目的とは正反対な自然破壊を招く結果につながらないのかについて，専門家の意見を参考にしながら慎重に計画を検討する必要がある．自然性の高い地域や人的撹乱の影響を受けやすい地域，例えば，自然公園内や山岳地域，島嶼などにおいては，特にこの点に注意しなければならない要点である．

　草原植生は森林植生と比較して，裸地から比較的短期間で再生させることのできる植生であると理解されがちである．かつての半自然草原を彷彿させるススキやオミナエシ，キキョウなどの象徴的植物種を花壇などで栽培する状態は，本来の意味での自然再生ではない．草原植生が生態系として機能するためには，再生された植生と微生物や動物相との相互関係が長い時間をかけて修復されなければならない．

　そのためには，以前に半自然草原が成立していた場所を拠点として再生事業を行うことが効率的である．草原が成立していた場所の土壌には，草原植生の構成種の埋土種子や微生物相が保存されている可能性があり，光環境などの環境条件を回復させることで，植生のみならず，これらの生物間での相互関係の復元がなされやすい．

2) 再生の目標設定と方法

　再生計画の検討は，対象地域に成立していた半自然草原に関する資料を収集し，分析することからはじめる．過去の気象データ，草原植生の植物相や相観植生図，群落構造に関する学術的資料があれば，これらを参考にして，対象地域に再生可能な目標とされるべき草原植生やその場所を検討することができる．しかし，目標とされる草原植生は，過去のものではなく，現在の立地条件のもとで成立可能な植生でなければならない．

　草原生態系を復元する際には，動物相などに関する学術的資料を収集することも重要である．しかし，参考とされるべき学術的資料や環境調査資料は，過去に専門家による調査が行われていない限り，収集が難しい場合が多い．対象地域での資料が存在しない場合には，周辺地域で同様な環境条件（気候条件や標高，土壌条件など）に成立する半自然草原の資料を参考にすることも可能である．

　一方では，古文書や古地図などの郷土資料，地形図，空中写真を収集解析し，さらに，聞き取り調査などを行うことによって，過去に半自然草原の分布していた範囲や面積，採草地や放牧地，焼畑などの生産地としての用途や管理方法と慣行，所有者や所有形態の変遷を知ることも重要である．過去に半自然草原の成立していた場所が放置されて低木林化していても，経過年数が短かければ，草原性草本植物の競合種となる木本種の伐採や，ササ類やツル性植物を除去する刈り取り管理などを行うことによって，遷移を退行させ，再び草原化させることは可能である．前述したように，過去に草原であった場所を探し，強度の人為的撹乱を避け，土壌中に保存された生物相を活かしな

がら草原植生を復元させることは，最も効率的な方法である．この場合，過去に草原であった低木林を草原植生として復元できるかどうかを判断するには，現存植生や群落の現状を把握するための専門家による調査を行い，小面積の草原化実験区を設定して，その結果をもとに検討する．実験結果から草原化が可能であると判断された場合も，一時期に大面積の低木林を伐採したり，その過程で無用な土壌撹乱が生じるならば，外来植物の侵入定着を促進させたり，自然破壊につながる可能性が高くなる．実際には，草原を復元する作業が周辺の生態系にどのような影響を及ぼすかは，事業ごとに異なり，予測することは難しい．そのため，作業を行う際には周辺への影響をモニタリングしながら，長い時間をかけ，徐々に小面積単位で進める必要がある．

対象地域の草原の過去の用途や管理方法を知ることは，当時の草原植生を知る手がかりとなる．半自然草原は植生遷移の途中相に成立するため，維持するには常に人為的な管理によって遷移の進行や偏向を抑制する必要がある．すでに生産的機能が失われていたり，目標とする植生が異なる場合には，過去の管理方法をそのまま適用することはできない．しかし，一般的には，過去の管理方法は新たな管理を検討する際の参考となる．また，草原の過去の用途や管理方法を知ることは，地域のなかでの半自然草原の文化的な位置づけを把握するためにも重要である．かつては，集落ごとに緑肥用や屋根葺き用，家畜の飼料用としての採草地や放牧地など多くの種類の半自然草原があり，それらは人家や田畑，周辺の二次林と関係をもちながら成立していた．地域における半自然草原を含めた土地利用や生産活動，生活の変遷は，地域文化が形成されてきた過程でもある．半自然草原の再生は単なる自然再生ではなく，人と自然とのかかわりである自然共生文化を見直すことでもある．

半自然草原が残されている地域においても，同様に過去の資料の収集解析を行うことが重要である．また，植生や管理についての現状を把握するため，植生調査や聞き取り調査を行う必要もある．残された草原植生が目標として設定すべき植生かどうかを検討する必要がある．現状の草原植生と現在および過去の管理との関係を考察することから，対象地域の立地条件に成立しうる目標植生を設定し，それに応じた管理方法を検討することができる．

自然再生を目的とした事業の計画においては，対象地域に現存する自然を可能な限り，残し，活かす必要がある．しかしながら，実際には計画上，自然を破壊しなければならない場合もあり，これは大きな問題である．例えば，半自然草原が成立している場所には構造物を建てるため，草原を破壊し裸地を造成し，他の代替地にこれを再生させるような計画の場合である．このような計画は可能な限り回避されるのが望ましいが，一時的にでも自然を破壊しなければならない場合には，代替地に再生させる資料とするため，もとあった自然（植生，植物相，動物相，立地環境など）の現状を専門家による調査で正確に把握しておく必要がある．埋土種子などが保存されている現地の表層土壌（表土）は，一時的に保存しておき，代替地での表土播きだし法による植生再生を行うなど，長い時間をかけて現存する生物資源を活かした計画が検討されなければならない．一方，現在では表土播きだし法は植生を再生させるために多用される方法となったが，保存中の埋土種子の生存条件は異なるし，全ての植物種が再生するわけではなく，決して万能な方法ではないことを認識しておく必要がある．

周辺に利用できる自然植生がまったく残されていない地域や臨海埋め立て地などで，自然を再生する事業を進めることは，自然再生の理念からは外れているかもしれないし，新たな問題を引き起こす原因にもなりかねない．これまで半自然草原の成立してこなかった条件の場所，例えば，臨海

埋め立て地に見本園的な半自然草原をつくろうとする場合には，その場所から遠く離れた自生地で生育している植物種（特に，絶滅危惧種などの希少種については大きな問題である）の種子や株を無用に採取し，植物材料として使用することは自然破壊につながるかもしれない．このような場合は，できるだけ周辺地から植物材料を調達することのできる普通種を中心とした草原植生を目標植生とすべきである．周辺地近くに，開発で破壊されてしまうような半自然草原があれば，前述した代替地に表土播きだし方法によって植生を再生することも検討できる．しかし，あくまで対象地域での立地環境条件において成立することのできる植生でなければならない．

3） 継続的な植生管理とモニタリング調査

植生遷移の途中相に位置する半自然草原を再生する事業では，継続的な植生管理が不可欠である．刈り取りや放牧，火入れなどの植生管理は，半自然草原の遷移を進行または偏向させると考えられる木本類などの競合種を抑制，除去するために必要とされる[8]．草原性植物として維持，保全する種と，競合種として抑制する種をいかに設定するかは，目標植生から判断される[8]．さらに，現在行っている植生管理を継続するか否かは，定期的なモニタリング調査をもとにして検討される．

草原の生産的な機能が失われている場合は，管理費やモニタリング調査の費用を捻出することが難しく，自然再生事業に環境保全としての価値をみいだす市民の新たな認識が必要とされる．

9-3 半自然草原の再生事例

1） 阿蘇の半自然草原

熊本県では，阿蘇の半自然草原のみならず，森林や農地をグリーンストックとして，広く国民共有の生命資産に位置づけている．農村と都市に住む市民と行政とが互いに連携することにより，このグリーンストックを後世へ引き継いでいくことを目的として設立された財団が草原の維持管理事業を実施している．半自然草原を維持管理するため，野焼きと呼ばれる火入れや輪地切りと呼ばれる防火帯の草刈り作業がボランティアにより実施されている．畜産と結びついた草原の機能が残されている地域でもあり，自然再生と生業の両立が期待されている．ボランティア作業の安全性を高めるための研修なども実施されている．

2） 三瓶山の半自然草原

島根県三瓶山麓のシバ型草原は，放牧によって維持されてきた生物学的にも貴重な半自然草原であったが，生産地としての機能が失われて放置され，荒れ地化や森林化していた．しかし，1996年から畜産農家や市民団体，研究機関が協力して，草原の保全活動が行われ，一部が放牧地として復活することとなった[9]．市民団体を中心とした火入れへのボランティア参加，牛を放牧することによる防火帯つくり，研究機関による植生や希少植物の動態についてのモニタリング調査が行われており[9]，自然再生の取り組みとして水準が高い．

3） 岩湧山のキトラ

キトラとは茅山の意味で，屋根を葺く材料を採るための半自然草原である．大阪府南部にある岩湧山の頂上には地元集落がキトラとして利用していた半自然草原があったが，1960年代には生産的機能が失われて放置され，低木林化が進んでいた[8]．しかし，1980年代になって地元集落からキトラが荒れてきたので，昔の姿に戻したいという声があがり，地元と森林組合，電鉄会社，観光協会を中心とした岩湧山茅山保全協議会が発足し，刈り取り管理を実施し（写真-5，6），草原の再生

写真-5　ススキ草原の刈り取り作業（大阪府岩湧山）　　写真-6　刈り取り後のススキ草原（大阪府岩湧山）

に成功した[8]．刈り取られたススキは重要文化財の屋根の葺き替え材料として文化庁に購入されている．頂上にはハイキングルートが設定されており，草原への踏み入れや植物採取による草原植生への影響が懸念されている．

4）霧ヶ峰高原における外来植物の除去

長野県の霧ヶ峰高原では，外来植物の侵入と定着が問題になっており，特に，ヒメジョオン類の繁殖の問題が大きい．そのため，一部の地元自治体では観光資源を守るために市民らの手を借りた引き抜き除草作業を行ってきた[10]．しかし，除草効果はみられず[10]，これは引き抜き作業によって新たな裸地がつくり出されることが，外来植物への新たな種子発芽のセーフサイトとなったためであるとも考えられている．近年，地域を横断する観光道路であるビーナスラインが無料化され，今後の利用者増加にともなう，新たな外来植物の侵入定着や，草原の過剰利用が問題となっている．

5）千葉県立中央博物館生態園のススキ草原

千葉県立中央博物館にある生態園は，千葉県を代表する植物群落を再現し，展示する目的でつくられた野外展示施設である．ススキ草原の他にはスダジイやタブノキから構成される照葉樹林からイヌシデ，コナラなどの落葉広葉樹林，海岸植生などの植物群落が展示されている．ススキ草原は造成した土地にススキの株を植栽する方法で育成されている．詳しい経緯は，生態園の記録書でもある「都市につくる自然」[11]を参考にされたい．

（大窪久美子）

―― 引用文献 ――

1) 大窪久美子・土田勝義（1998）：第Ⅱ編7 半自然草原の自然保護，自然保護ハンドブック，p.432-476，朝倉書店．
2) 村田 源（1988）：日本の植物相―その成り立ちを考える17，大陸要素の分布と植物帯．日本の生物，p.2-6, p.21-25．
3) 我が国における保護上重要な植物種および植物群落の研究委員会植物分科会編（1989）：我が国における保護上重要な植物種の現状，320pp.，日本自然保護協会・世界自然保護基金日本委員会．
4) 日浦 勇（1978）：現生生物の分布パターンとウルム氷期，第四紀（第四紀総合研究連絡誌），p.7-25．
5) 柴谷篤弘（1989）：日本のチョウの衰亡と保護，やどりが特別号日本産蝶類の衰亡と保護第1集（浜 栄一・石井 実・柴谷篤弘編），p.1-15，日本鱗翅学会．
6) 室谷洋司（1989）：青森県におけるオオルリシジミの衰亡，やどりが特別号日本産蝶類の衰亡と保護第1集（浜 栄一・石井 実・柴谷篤弘編），p.90-97，日本鱗翅学会．
7) 清 邦彦（1988）富士山にすめなかった蝶たち，p.180，築地書館．
8) 大窪久美子（2001）：刈り取り等による半自然草原の維持管理，生態学からみた身近な植物群落の保護（大澤雅

彦監修・日本自然保護協会編），p.132-139, p.142-145, 講談社サイエンティフィク.
9）高橋佳孝（2001）：島根県三瓶山の放牧草原の維持・回復, 生態学からみた身近な植物群落の保護（大澤雅彦監修・日本自然保護協会編），p.140-141, 講談社サイエンティフィク.
10）土田勝義（2001）：長野県霧ヶ峰高原の半自然草原の維持・管理, 生態学からみた身近な植物群落の保護（大澤雅彦監修・日本自然保護協会編），p.146-147, 講談社サイエンティフィク.
11）大窪久美子（1996）：自然草地の復元―ススキ植栽群落の初期の変化と今後の課題―, 都市につくる自然―生態園の自然復元と管理運営―（沼田眞監修・中村俊彦・長谷川雅美編），p.65-71, 信山社.

10. ため池
― 新潟県中魚沼郡「義ノ窪池」整備事業を事例として ―

10-1　ため池の自然再生の目的と対策

　ため池は，農地に安定して水を引くため，人工的に造成された水域であり，谷に土堤を築造した「谷池」と，平野部で築堤して雨水や用水を溜める「皿池」に大別される．全国には無数に近いため池があり，大阪府と兵庫県内の面積1ha以上のものだけをみても5万5千個にものぼる．

　竣工後長い年数が経過すると，ため池の土堤，谷水の流入部，沿岸には，希少な動植物が定着していることが多い．これら動植物が定着したため池は，それ自体が生物多様性を継承する拠点ビオトープであり，水を流す小川やこの水を引く農地に対しては動植物の供給源である．

　ため池の土堤は，長年経過するとのり尻や樋門の隙間などから漏水するようになり，放置状態では安定した貯水が難しく，沿岸の水生生物や水生植物の定着にも支障をきたす．このため，普通，土地改良組合などの営農者組織や都道府県の農地事務所，市町村が漏水をなくすため，土堤改修工事を実施することが多い．

　しかし，従来の土堤改修では，ため池に定着した希少な動植物の存在などは無視され，大半の改修されたため池で，絶滅危惧種をはじめ，多様な水生の動植物が姿を消してきた．今や農業基本法，土地改良法も「環境」重視の内容に改正されている．「漏溜」の改修を予定している各種の機関では，地域の自然環境を本当に大切にするため，是非ここで述べる事例を参考にされたい．ため池の動植物に対する配慮は「漏溜」のみの問題だけではない．貯水容量を増やすための堤体の嵩（かさ）上げや過剰堆積した落葉落枝，砂泥の掃除など多様である．いずれの場合も適切な対策が求められる．

10-2　水生動植物に配慮した「ため池」堤体改修工事

　生息する動植物に配慮した漏水土堤の改修事例として，ここでは，新潟県中魚沼郡津南町の国営圃場整備事業「義ノ窪池」堤体改修工事（北陸農政局）を取り上げる．場所は，標高約460m，苗場山の北方山麓に位置し，年平均気温11～12℃，年降水量2,500mmに達し，ブナ帯に属する．付近には，魚沼産コシヒカリを生産する圃場整備ずみの広大な水田が広がっている．

1)　事前調査

　改修前に希少種をはじめとする生態系の現地調査を実施し，その結果をもとに専門家の意見を交え，実施計画を立案し，実行に移すことがまず重要である．現地調査を行わなければ，方針や保全計画を立てることができない．実施時期は春夏秋冬の4期，動植物の活動が最も活発となる春から初夏の現地調査は，できれば複数回行うことが望まれる．積雪の多い地方では冬期調査を外すことも可能である．

2)　施工時期

　動植物に対する配慮のなかで，改修の施工時期の調整も重要である．春から盛夏のため池の日干

しは，活動最盛期の動植物に大きなダメージを与える．このため，普通，動植物の活動が鈍って冬眠期に入る秋から，ヤマアカガエルやカスミサンショウウオなどが産卵に集まる前までの冬期が施工の適期である．このため，西日本では産卵がはじまる2月までに施工を終えるなど，早めの対応が求められる．

しかし，津南地方は，わが国でも屈指の豪雪地帯であり，例年11月に降りはじめた雪は翌年4月末まで残り，積雪量は平野部でも最大2〜3mに達する．このため，数ヵ月に及ぶ施工期間が要求される整備工事の場合，施工時期は，動植物が活動する初夏から秋を外すわけにはいかない．当地の土堤改修ではやむをえず7月から11月までの工期が設定されたため，水生の動植物に対し夏越対策がとられた．

3） モニタリング調査と補足施工，育成管理

施工の後には，対策を実施した動植物を中心に定着状況をモニタリング調査すること．この結果をもとに，補足工事と育成管理の内容，計画を検討する．

各地のため池では，通常，定期的に堤体や沿岸の刈払いや水底に堆積したヘドロの掃除（かい掘り）が行われる．この育成管理は，水生の動植物にとっても，植生の遷移を調整して，生息環境を更新維持する重要な役割を果たしてきた．絶滅危惧種等，希少な動植物が定着している場合には，個体群の存続に配慮した育成管理の工法を検討する必要がある．

10-3 動植物に対する配慮工事

「義ノ窪池」の土堤改修では，施工に先立ち，ため池とその周辺の生態系調査が実施された．その結果，ため池には，ウグイやドジョウ，ギンブナなどの魚類に加え，トノサマガエルやイモリなどの両生・爬虫類，ゲンゴロウやオオルリボシヤンマ，タイコウチなどの昆虫類が数多く確認された．トノサマガエルやゲンゴロウ，タイコウチは新潟県の絶滅危惧種である．植物でも，県指定の絶滅危惧種であるミツガシワやヒツジグサ，トモエソウが確認された．これらの絶滅危惧種をはじめ多種の動植物を絶やさないため，土堤改修時において水生生物の一時避難と水生植物の現地保護が実施された．

1） 魚類や水生生物への対応

水生生物一時避難のフローは，図-1に示したとおりである．

(1) 生け簀の設営

塩ビ管で骨組みをつくり，これに編み目2〜3mmの漁網を外れないように固定し，塩ビ枠にウキをつける（写真-1）．この生け簀を別のため池沿岸に固定し，もとの池へ再放流するまでのあいだ魚類などを避難させる．

生け簀1個の大きさや深さ，設置する水深は，水生生物の種類やサイズにより異なる．この写真-1は，成魚を中心とした生け簀のため，5m^{2}で深さ80cm程度である．編目が大きすぎると，小魚が編み目から逃げ出し，ブラックバスなど肉食性帰化生物が生息するため池では，生け簀に侵入して一時避難した水生生物を捕食する．生け簀の設置数は，サイズの異なる魚や肉食性の水生生物の共食い，相互の摂食を抑えるために複数とする．

(2) ため池の減水

底生生物や魚類の流出を防ぐため，ため池の水は，底樋を抜いて一挙に減水するのではなく，上段から下段のコマへと，日数をかけて減水する．また，ため池のヘドロには，水生植物の埋土種子

10. ため池

```
①  生け簀の設営
      ↓
②  改修対象ため池の減水
      ↓
③  魚，水生生物等の捕獲
      ↓
④  運搬用水槽への魚・水生生物の放流
      ↓
⑤  運搬，生け簀・水槽へ放流
      ↓
⑥  生け簀の生きもの生育状況巡視
      ↓
⑦  生け簀の生きもの回収
      ↓
⑧  土堤改修ため池の湛水
      ↓
⑨  運搬・改修竣工後の魚の池へ放流
      ↓
⑩  ため池の生きものモニタリング調査
      ↓
⑪  補足施工・育成管理
```

図-1　水生生物一時避難のフロー

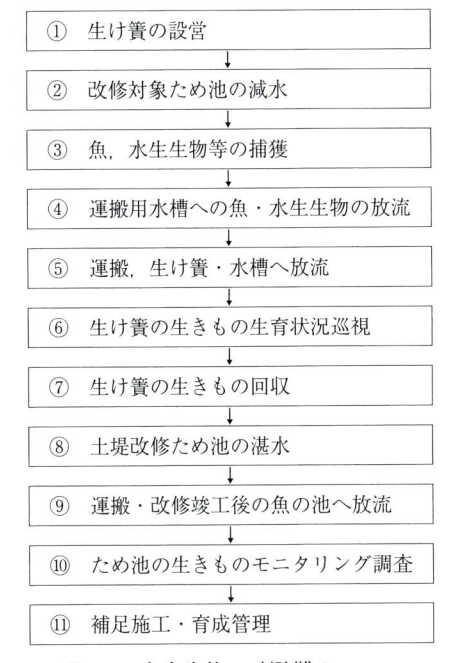

写真-1　水生生物一時避難用生け簀

に加え，水生生物の卵や幼虫が含まれているため，土堤の改修時にすべてを排水すると資源が大幅に減少する．土堤の改修前に，これらの生きものをすべて捕獲することは不可能に近いことから，うわ水だけを排水する方法が取られた．

(3) 改修ため池での魚，水生生物の捕獲

　水底につり下げた水中ポンプで池水を吸出し，水位を下げながら，たて網やボートで魚を追い込み，ボート上や沿岸から，水生生物を水網ですくい取る（写真-2）．泥中に潜り込んで採集できない個体も多数いるため，次項の水生植物への対策で述べるように，減水後のため池では，底土を乾燥させない対策を取ることが重要である．

　沿岸から手網などで水生生物を捕獲する場合には，池底に砂泥やヘドロが溜まっているため，胴

写真-2　ボートや沿岸からの水生生物の捕獲

写真-3　捕獲したコイは捕食圧が強いため池には戻さない

長やゴム長を着用する．泥にめり込み身動きが取れなくなる危険があるため，深入りしないことが重要である．また，捕獲した魚類のうち，コイについては，肉食性が強く，トンボやゲンゴロウの幼虫など，底生の水生生物を食べ尽くし，ため池の生態系に対する負荷が大きいことから再放流しない．また，ため池のコイやフナは，かつてはタンパク源であり，池掃除の際，食用に採取された経緯がある（写真-3）．

(4) 魚・水生生物の運搬から一時避難，改修後の再放流

捕獲した水生生物については，サイズや種類別に水を1/3程度張ったタンクに移し，生け簀を設けた別池まで運搬し放流する．このとき，魚の鼻打ちを防ぎ，ゲンゴロウやトンボの幼虫など，肉食性の水生生物に対しては，共食いを抑えるために刈り草を入れ，隠れ家となる大小の空間構造を形成する．また，運搬時と同様に，生け簀にも刈り草を入れると，小魚や水生生物の隠れ家を形成し，サギやカワセミなどが捕食しにくくなり，一時避難の効果が高まる．

この生け簀では，6月中旬から土堤改修後に湛水する11月上旬まで一時避難させ，あいだ10日に1回程度，異常確認のため，見回りを実施した．改修後のため池へ放流する際には，生け簀を引き上げ，網中にいる魚や水生生物をバケツなどでタンクに移し替え運搬する（写真-4）．ギンブナやウグイなどの成魚は，堤付近の開放水面に放流しても支障はない．しかし，移動力に欠けるゲンゴロウやトンボ幼虫，稚魚は，堤付近の開放水面に放した場合，適した生息環境まで移動するのに時間を要し，捕食圧や水温低下によって移動困難となる可能性もある．このため，もとの生息環境である抽水植物が散在するエコトーンなどを選んで放流する．

(5) 改修後のモニタリング調査

魚類を一時避難させることなく池水を排水すると，魚道がないため池では池まで戻ってくる保障はない．移植しないと，改修後は魚の生息しないため池になる可能性がある．生け簀のなかで死亡する個体，捕食される個体もいる．しかし，適切な管理下では，全個体が消滅することはない．

水生生物についても，ゲンゴロウは絶滅危惧種であり，地域個体群に負荷を与えないことが重要である．オオルリボシヤンマやオオヤマトンボなど幼虫は，卵から成虫になるまで2～3年を要する．これらの生きものがため池の排水時に流れきり，底土の乾燥で死亡すると，改修後に1～2年生の幼虫が減少し，翌年，成虫が発生しない可能性がある．また，一時避難中，成虫に羽化するト

写真-4　タンクによる移植魚類の運搬　　写真-5　モニタリング調査での水生生物の定着・繁殖状況

10. ため池

ンボも確認されている．ほぼ水位のない状態で6〜10月まで5ヵ月も干したため池では，幼虫が成長することは困難である．生け簀での羽化は，一時避難の効果として理解される．

「義ノ窪池」では，土堤改修翌年の初夏，夏，秋期に水生生物のモニタリング調査が実施された．その結果，羽がなく移動力に欠けるイモリやトノサマガエルの幼生，ドジョウやギンブナ，トウヨシノボリの稚魚が多数確認された（写真-5）．これらの幼生や稚魚は，一時避難した親や乾燥させずに維持した底土，ため池内の澪筋で生き残った親が産卵した卵から発生した個体と考えられる．このほか絶滅危惧種のゲンゴロウの幼虫，成虫など，改修前の水生生物がほぼすべての種類が確認された．このように，個体の一時避難やため池底土の乾燥防止策は，ため池改修時における水生生物の保護策として有効であることが検証された．

10-4 水生植物への対応

このため池では，改修前の調査で，絶滅危惧種に指定された水生植物としてヒツジグサやミツガシワ，トモエソウなどの自生が確認された．先にも述べたように津南地方では，例年11月に降りはじめた雪が，平野部でも最大2〜3mも積もり，翌4月末まで残ることから，冬期の改修工事は困難である．土堤改修による減水期間は，6月〜10月までである．ため池の底土に含まれる土湿が極端に乾くと，水生植物の根茎は枯損する可能性が高い．水生植物に対する現地保護のフローは，図-2に示したとおりである．

この実践例では，沿岸で乾燥する場所に自生するヒツジグサに対し，湛水までの期間，乾燥から保護するため，葉上にコモワラが敷かれ，風によるコモワラの飛散を防ぐため，重しとしてブロックや現地発生土が敷かれた（写真-6）．この配慮により，ワラの隙間からヒツジグサの葉に光が入り，若干の光合成も可能であった．

また，底土の乾燥が抑えられるため，ワラを敷いていない場所の水生植物も枯れずに生き残る可能性が高くなる（写真-7）．源頭部や湧水がさす部分では，水が広範囲に行き渡るよう澪筋を広げ，底土の乾燥を防いだ．写真-8は減水後2ヵ月目の8月中旬の状況である．ヒツジグサの茎葉は，枯れずに生存している．

① 土堤改修施工成範囲，工程，排水系統の確認
↓
② 源頭部からの既存流入水と左右岸からの浸出湧水による減水時の底土土湿条件の維持検討
↓
③ 水生植物生育地への敷藁被覆による蒸散抑制
↓
④ 敷いたコモワラ飛散防止用の置石設置
↓
④ 水生植物生育状況の巡視確認
↓
⑤ モニタリング調査．水位回復期における水生植物生育状況の確認
↓
⑥ 補足施工・育成管理

図-2 水生植物現地保護のフロー

写真-6 日干し時におけるコモワラ敷きによる底土の乾燥防止

写真-7　コモワラ敷きによる水生植物の保護

写真-8　湧水の澪筋を広げることによる水生動植物の保護

写真-9　樋門改修現場での水回し

写真-10　樋門改修後のミツガシワ群落の再生状況

写真-11　樋門改修1年後のヒツジグサ群落の再生状況

写真-12　土堤植生を存置した樋門の改修

　また，源頭部や湧水箇所からの水は，土堤の施工箇所に至る直前まで流し池底の乾燥を回避した．樋門の改修箇所は，水が流入しないよう鉄製矢板で囲い込み，ポンプ排水する対策がとられた（写真-9）．なお，施工前に水生植物を掘り上げ，一時，適正な管理条件下で保育し，施工後に再移植

10. ため池

することも考えられる．しかし，この場合，移植先の用地，管理，再移植の手間などが発生する．

施工翌年，水辺に自生する絶滅危惧種のモニタリング調査が実施された．その結果，沿岸のエコトーンの植生帯は，ほぼ元どおりに回復し，トモエソウ群落，ミツガシワ群落は，改修前とほぼ同様な状況であった（写真-10）．また，水面にはヒツジグサが葉を展開した（写真-11）．このように，複数の方法で夏期に底土の乾燥防止を行うことは，希少な水生植物を現地保存するために有効であった．

また，底土を乾かさない配慮は，水生植物のほか，泥中に残った水生生物の保護にも寄与するため，複合的な効果がある．このため，水生植物を移植して再移植する工法をとる場合にも，水生生物を現地保護していくためには，この工法の実施が不可欠である．

10-5　土堤植物への対応

改修前の事前調査により，土堤には，アカモノやウツボグサ，ミヤコグサ，アキノキリンソウ，ノハラアザミなどの野生草花が，群生したチガヤやススキの株間に混生していることが確認されていた．ススキやチガヤは，根茎を土層表層に展開し，土堤の崩落や漏水を防ぐ機能をもつ．

これらの草種が優占する植生は，長期にわたる年2～3回の刈払いや焼き払いにより育成されてきた．混生する野生草花は，このような農事で形成されるススキやチガヤ群落に共存して定着した種群である．また，土堤の表土には，長い間に蓄積された埋土種子が保存され，多種の土壌生物が生息している．

土堤を全面に改修して，現地の表土を処分すると，これらの野生草花の生育基盤や埋土種子が壊滅状態になる．この実践例では，土堤の改修面積を新樋の築造に必要な部分と漏水部だけの最小限に抑え，もとの土手植生を半分以上残して施工した（写真-12）．写真-13は，改修竣工後1年目の植生状況である．改修部の植生は，次第に両脇の既存植生から地下茎の伸張や種子の飛散により発達していくものと判断される．

通常，このような造成部分の裸地に対し，表層土の浸食を防ぐために，ケンタッキーブルーフェスクをはじめ，牧草や草花，イタチハギなど外来種の種子吹付けが行われる．この行為は，在来の土手植生の定着を遅らせ，地域に逸出して既存植生を撹乱する．このため外来種による緑化は原則的に実施しない．

浸食が発生するほど広い面積の裸地が発生する場合には，事前に土壌構造を破損しないよう旧堤

写真-13　樋門改修後1年目の土堤植生

写真-14　植生盤としての土堤表土の剥ぎ取り例

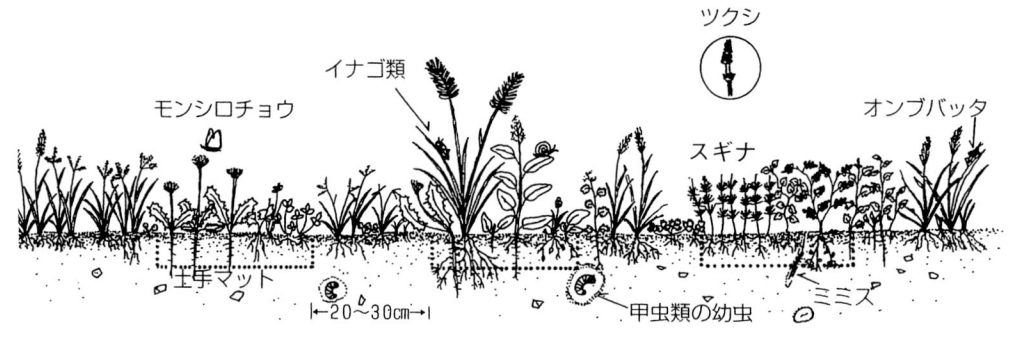

図-3 土堤表土のブロック採取・張り付けによる植生の回復模式

体の表土を剥ぎ取り（写真-14），施工終了前の堤体整形時に市松張りの張り芝と同じ要領で貼りつけるなど（図-3），既存植生に配慮した工法を検討する必要がある．

（養父志乃夫）

―― 引用文献 ――

1) 養父志乃夫（2002）：自然生態修復工学入門，p.97-122，農文協．
2) 養父志乃夫（2003）：ホームビオトープ入門，p.146-161，農文協．
3) 養父志乃夫（2005）：田んぼビオトープ入門，p.6-20，農文協．

11. 湧水地

　ここでいう湧水地とは，湧水そのものとそれに支えられて成立している生物的自然を合わせたものを指す．湧水地は，地学的自然を基盤として成立しており，一旦破壊されると再生がたいへん難しいため，一義的には保全の対象である．しかし，各地で湧水の枯渇にともない，湧水地に特有な生物種や寒冷地性の生物種が地域的な絶滅の危機に瀕しており，湧水地の自然再生は急務である．

　湧水地の自然再生には，湧水そのものを再生させること，湧水地に付随する生物的自然を再生させること，擬似的な湧水によって生物的自然の再生を図ること，などが含まれる．

11-1　湧水地の自然環境の特徴

　湧水地は，地形的にみた成立条件から，次の4タイプに分けることができる．1つめは，扇状地型で，河川水が一旦伏流して再び地上に湧き出る地点，すなわち，扇状地端付近に存在するタイプである．例えば，長野県安曇野の湧水群は梓川・穂高川の扇状地，東京都多摩地方のハケと呼ばれる崖線の湧水群は多摩川の扇状地端に位置する．2つめは火山山麓型で，火山の山体がスコリアや溶岩などの浸透性の高い地質であるために，降水が速やかに地下浸透し，より浸透性の低い地質と移り変わる山麓で湧水となって噴出するタイプである．富士山麓，阿蘇山麓など多くの火山麓でみられる．3つめは，石灰岩地型で，石灰岩の孔隙や空洞に浸透した雨水が噴出するタイプである．4つめは，砂丘型で，砂丘に浸透した降水が砂丘列の底部で湧き出るタイプである．これは比較的大規模な砂丘にしかみられず，鳥取砂丘，東海阿字ヶ浦砂丘など，日本では数少ない．

　湧水に共通する最大の特徴は，水文・水質が安定していることである．すなわち，湧水温は，年較差が数℃程度と小さく，その土地の年平均気温に近い．また，水量も安定しており，流況係数が河川と比較して格段に小さい．pHは，石灰岩地のものを除き，おおむね7～6の間の中性から弱酸性である．さらに，湧水は，一般に貧栄養で，栄養塩類が少なく透明度も高い．こうした湧水の諸性質は，水量の変化が著しく，水温が外気温とともに大きく変動し，水質の季節変化が認められ，一般に富栄養化が進んでいる河川水と対称的である．

　上記のような水文・水質的特徴を有することから，湧水は，生物にとって温和で安定した生息環境を提供しており，湧水地に特有な生物種群が存在する．魚類では，トゲウオ類が湧水地に強く依存して生息しており[1]，トンボ類のグンバイトンボも湧水地に特有な種である．これらの種にとっては，水温と水量の安定性が生息環境条件の鍵になっていると考えられている．

　オゼイトトンボ，ミツガシワ，バイカモなどは，寒冷地では広く分布しているが，中部日本から西南日本の暖温帯では湧水地だけに飛び飛びに分布しており，周囲と比較して低温な環境が長年月にわたる生存を可能にし，氷河期から遺存してきたものと考えられる．

　湧水地に特有とはいえないが，湧水地で良好な生育を示す種として，ホトケドジョウ，トウキョウサンショウウオ，イモリなどの種をあげることができる．これらは，一定の水量があり，かつ，

水質が良好な水域であれば，本来広く生息するはずであるが，都市域や農村域では，そうした場所が著しく少なくなったため，湧水地とその周辺にだけ残存していることが多い．

11-2　湧水地の改変

　高度経済成長期以降，日本全国の至るところで湧水地の改変が著しく進んだ．湧水地の改変には，以下のようなものがある．

　第一は，湧水地の埋め立てで，最も直接的な破壊である．湧水地は，土木・建築工事によって都市的な土地利用に変換され，湧いていた水は暗渠などに排水されるようになった．このタイプの改変は，高度成長期に多く行われたが，最近では，市民の湧水に対する意識の高まりから少なくなっている．

　第二は，湧水の枯渇である．周辺の環境改変の影響によって次第に湧水量が減少し，やがて枯渇するタイプで，都市域で多くみられる．主な原因は，舗装面の増大による雨水の地下浸透量の減少，地下構造物の構築による地下水流動阻害，浅層地下水の汲み上げによる地下水位の低下などであり，これらが複合した要因となっている場合も多い[2]．都市域における水収支の例として東京都の水収支を図-1に示した[3]．対策として，雨水浸透桝の設置，地下水汲み上げの規制などが行われている．その代表的な例は，東京の野川流域における雨水浸透桝の設置で，すでに8万基以上が設置され，1基当たり1年に約60t，合計約500万tが地中に浸透しており，一部の湧水が回復傾向をみせているという[4]．

　第三は，湧水の水質汚染である．特に大きな問題となっているのは，金属部品洗浄に用いられる

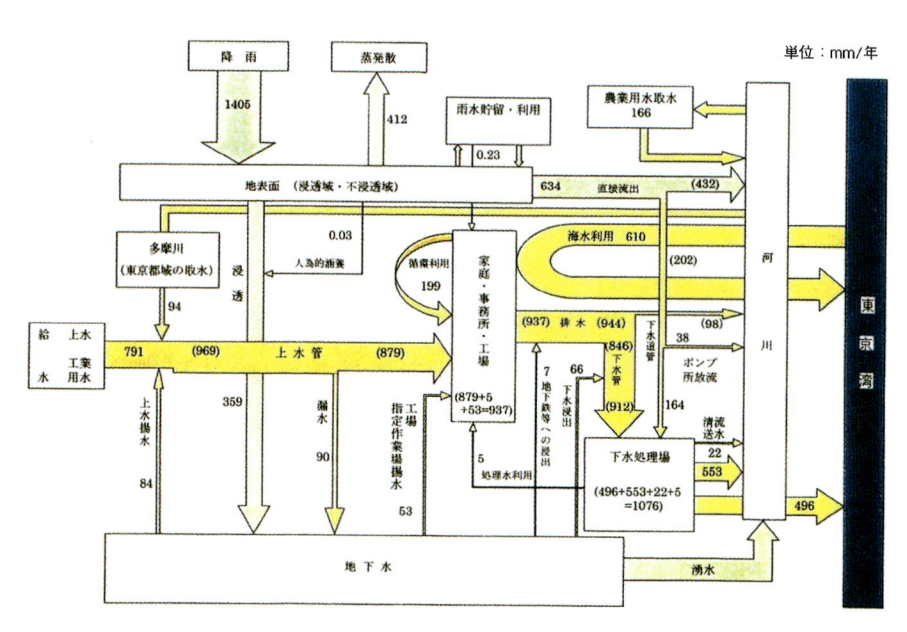

図-1　東京都における水収支
地表面や下水管からの流出量が多く，地下浸透量が少ない．湧水は，地下浸透した水に依存するため，湧水を保全・再生するためには地下浸透量を増やさなければならない．雨水浸透桝などの人工的な地下水涵養量は今のところ少ない．（出典：東京都水環境保全計画，1998）

トリクロロエチレンなどの有機塩素系化合物による化学汚染である．こうした汚染は，工場排水の地下浸透や埋め立てられた廃棄物からの有害物質の溶出などによって生じている．しかし，1990年代台半ばから，強力な規制が実施され，現在では化学的な水質汚染には一応の歯止めがかかっている．

第四は，湧水地点とその直近の下流域における水辺環境の改変である．いわゆる名水地，都市公園や社寺境内の湧水地では，親水施設や水汲み用施設の整備，コイの放流などによって，本来，湧水地に存在していた生物的な自然が失われていることが少なくない．湧水を単なる水景や飲用を中心とした「名水」としてだけとらえる風潮が根強く存在することが，このタイプの改変の根本的な要因と考えられる[5]．

11-3 湧水地の再生

上記のような改変は，社会の環境意識の向上とともに総体としては次第に少なくなってきている．しかし，過去に完全に失われた湧水地や，著しく改変された湧水地が多いので，良好な湧水地の数は大きく減少したままの，いわば下げ止まり状態にあるといえる．1985年の環境庁による名水百選やそれに端を発した名水ブームによって，湧水そのものに対する意識は高まったが，湧水地の生物的自然を保全する動きはまだ十分とはいえない．湧水地に特有な生物種群の絶滅回避や，市民と湧水生物のふれあいを取り戻すためには，残っている湧水地を保全するとともに，過去に失われた湧水地の自然再生を図ることが是非とも必要である．

湧水地再生の第一歩は，過去に湧水地がどこにあったか，また，各々の湧水地はどのような状態だったのか，という情報を収集することである．資料として，旧版地図，区市町村誌や地域ごとの自然環境調査などの文献類，景観写真などがあげられる．また，年配者などに対する聞き取り調査も有効な手段である．収集した資料から，湧水地の位置，水量，水質，水辺の構造，水利用，生物相などをできるだけ明らかにし，湧水地点の分布図と各湧水地のデータベースを作成する．その際，詳細な状態が不明でも，最低限，湧水地点は地図上にプロットする．湧水地は，開発とともに減少してきたので，時代ごとの変化を追うことができればさらによい．また，各時代における土地利用図を旧版地図や空中写真から作成して，地表面の透水性を推定する作業も，湧水そのものの再生を図る上で必要な作業である．

次に，過去の状態と現状とを比較する．直近の湧水地調査資料が得られる場合には，それを用いて，過去の状態と直接比較する．そのような資料が得られない場合には，現地調査によって，まず湧水地の現状を明らかにした上で比較を行う．

こうした比較によって，改変の程度，時期，原因などを明らかにする．改変の内容と程度を，①地形改変，②湧水の枯渇や湧水量の減少，③水質悪化，④水辺構造の改変，⑤水辺植生の改変や植栽，⑥水生動物の外来種等の侵入や放流，⑦水利用や子どもの遊びといった人との関わり，などの項目を設け，できる限り詳細に記載する．

3番目に，上記の比較に基づいて地域での湧水地再生の目標を定める．目標として定めるべき内容は，①湧水の量と質，②水辺の構造，③湧水地の生物相，④人との関わりのあり方，などである．

湧水そのものが枯渇するか，著しく水量が少なくなっている場合，その再生は極めて難しいが，これまでのところ，①湧水涵養域での雨水浸透の促進する，②地下水を汲み上げて供給する，③地下水汲み上げ以外の代替水源によって水を供給する，といった方法がとられてきた．①は，根治療

法的な対策であり，長期的にみて最も望ましいが，既に述べたように，これで湧水が再生した例は今までのところ少ない．雨水浸透桝にせよ，透水性舗装にせよ，地下水涵養域に数多く整備しなければ十分な効果は得られないが，今後も地道に行っていく必要がある．②は，都市公園などでよく採られてきた方法であるが，さらなる地下水の枯渇を招くおそれがあるとともに，今日では，地下水の汲み上げ規制が厳しく，十分な水源とすることは極めて難しい．それゆえ対症療法的であることは否めないが，希少な水生生物の保全に地下水が不可欠な場合には，この方法をとることもやむをえない．③は，近年いくつかの事例があり，地下構造物などに湧き出した地下水や下水の高度処理水などが利用される．このうち，余剰地下水は，湧水そのものなので，水質や水温が理想に近い水が得られることがある．下水の高度処理水は，水質的には良好なものが多いが，水温は外気温によって変化するので，湧水とは性質が異なり，湧水地に特有な生物の生息環境を形成する資源にすることは難しい．

　人工的な湧水点をどのような構造にするかは，水生生物の生息環境を大きく左右する．再生した湧水地は，概して水量が多くないので，すぐに水温が上がってしまい，湧水依存型生物の生息に適さない環境になってしまう．そのため，水温の上昇を極力抑えるようにする．木陰をつくって直射日光が水面にあたらないようにすることと，水を大量に溜めるような池を湧水点につくらないことが要点である．

　湧水地における生物の優先順位は，①トゲウオ類など湧水に強く依存する生物，②ホトケドジョウなど貧栄養水を選好する生物，③ゲンジボタルなどの一般的な流水性生物，④コイのような富栄養水でも生息できる生物とし，この順位で湧水点から近い場所に，生息場所を設けるようにする．コイなどの富栄養水止水域でも生息できる魚類を，湧水点直近の水域に放流するのは，湧水依存型生物の生息を排除することになってしまうので好ましくない．これらは下流に配置し，上流側へ移動できないように水中に網などの障害物を設けるようにする．また，清流＝コイといった間違ったイメージが根強いので，こうした配慮を何故するかについても現地に看板を立てるなどして啓蒙していく必要がある．

11-4　湧水地再生に関わる事例

1）　三宝寺池

　東京都練馬区の都立石神井公園には，三宝寺池沼沢植物群落として国の天然記念物に指定された湿地がある（写真-1）．指定された1935年（昭和10年）には，特産種のシャクジイタヌキモをはじめとする水草類，ムサシトミヨ，スナヤツメ，ホトドジョウなど湧水を選好する淡水魚類，氷河期の遺存種と考えられるミツガシワなどが，推定日量3万tの豊富な湧水に支えられて生息していた．しかし，昭和30年代以降，急速に周囲の宅地化が進んだために地下水の涵養量が激減して，昭和40年代には湧水が完全に枯渇してしまった．東京都は，やむなく2本の井戸を掘削して，日量で合計約2,000tの水を池に供給するとともに，人為的な植生管理によってミツガシワなど数種類の水草類を維持している．しかし，本来の湧水の枯渇にともなってシャクジイタヌキモやムサシトミヨは絶滅してしまった[6]．また，ここでは，過去の環境と生物相が明らかにされたことで，段階的な自然再生が提案されている（表-1）[7]が，周囲の都市化が著しいので，現状では本格的な再生に着手するのは難しく，長年にわたり対症療法の継続を余儀なくされている．

11. 湧 水 地

写真-1 1930年代の三宝寺池
写真下側の方が天然記念物の沼沢植物群落で, この付近から水が湧き出ていた。

表-1 都立石神井公園における自然再生の目標[7]

		種の供給ポテンシャル 大 ←→ 小		
立地ポテンシャル 大↕小	草地	カシラダカ, ヒバリ, ウラナミシジミ	ジャノメチョウ, モンキチョウ	
	疎林地	コムクドリ	アカタテハ, オナガアゲハ, コミスジ	
	樹林地	ホトトギス, イスカ, ウソ	スミナガシ, ヒオドシチョウ, ミドリシジミ	
	開放水面	ササゴイ	オオキトンボ, オツネントンボ, キイトトンボ	
	湿地	タシギ, オオバン, サラサヤンマ, シオヤトンボ, マユタテアカネ	トウキョウダルマガエル, ツチガエル	
	流水	オニヤンマ, キイロサナエ, コオニヤンマ	オイカワ	ヤリタナゴ, シマドジョウ
	湧水地		グンバイトンボ	ムサシトミヨ, ホトケドジョウ, スナヤツメ

立地ポテンシャルと種の供給ポテンシャルから, 自然再生の可能性を評価し, 段階的な目標として示した. 環境ポテンシャルが高いものほど再生は容易である. 種名は, 過去に石神井公園周辺に生息していた種から, 該当するものを例として示した. 左上から右下に向かうにつれて再生の困難度が増す. 右下端の湧水性生物は, もっとも再生が難しい. 空欄は, この地域で該当する種がないもの. (出典:日置ほか, 2000)

2) 国分寺姿見の池

姿見の池(東京都国分寺市)は, 多摩川の支流である野川の最上流部にある湧水地であったが, 昭和30年代に湧水が枯渇して, 埋め立てられてしまった. しかし, 池の跡と隣接する場所に雑木林や畑地が残存していたため, これらと一体になるよう, 1993(平成5)年に東京都の緑地保全地域に指定された. 従来, 緑地保全地域は, 「現状が良好な自然地である」ことが指定要件であったが, この指定は, 当初からある程度自然再生を意識した点で, 画期的なものだといえる. 姿見の池には, 鎌倉時代の武将畠山重忠と遊女夙妻太夫(あさづまたゆう)の悲恋物語が伝えられており, こうした文化的背景もこの湧水地が再生されるための動機になっている. 姿見の池の源水には, JR武蔵野線の引込線トンネル内で湧き出た水が利用されており, 地下構造物の余剰水の本格的な利用では第1号とされる事例である[4]. 事業は国分寺市がJR東日本の協力を得て施工し, 2001年度に完成した. 湧水は, まず, 地下導水管によって姿見の池付近まで導びかれた後, かつての恋ヶ窪用水路をイメージして復元された用水路に流され, 下流で姿見の池に流入する(図-2, 3, 写真-2, 3). 池から下流は, 暗渠によって野川源流へと導入され, 野川の水量増加にも役立てられている. 本事例は, 代替水源を用いて湧水環境を再生させた例として特筆に値する.

3) 沢田湧水地

沢田湧水地(茨城県ひたちなか市)は, 国営ひたち海浜公園内から湧出し, 流程1kmに満たない沢田川を経て阿字ヶ浦へ注ぐ典型的な砂丘型湧水地である. ここには, 砂丘列間に豊富な湧水によって潤された湿地があり, 本来寒冷地に生息するオゼイトトンボをはじめ, ホトケドジョウ, イ

図-2 姿見の池導水・排水概念図

JR武蔵野線の引込線内の横井戸で取水された地下水が，導水管によって復元された用水路の始点まで導かれる．水は用水路を流れて姿見の池に流入し，排出口から暗渠で野川の源流へ導かれる．計画水量は，最大で日量3,000m^3(t)，平均で1,400m^3(t)．実測水量は，2003年10月で約2500m^3，2004年1月で約1,000m^3（計画水量は国分寺市の資料，実測水量は東京都の資料による）．（出典：国分寺市発行のパンフレット「野川最源流姿見の池」）

11. 湧水地

図-3 姿見の池の再生計画平面図
北西側から南東に向かってかつての恋ヶ窪用水をイメージした用水路がつくられた．池が復元された場所は，微凹地で，昭和30年代まで池があった場所である．南側の樹林地は既存の雑木林，北側の樹林地は植栽によって造成された．（出典：国分寺市「姿見の池周辺整備基本計画 雑木林の保全復元と水辺の再生」）

写真-2 国分寺姿見の池への用水路

写真-3 再生された姿見の池
ヨシ，ガマなどの湿性植物が繁茂して，カルガモなどが生息するようになった．

モリなどの水生動物，多くの水生・湿性植物が生息・生育してきた[8]．

ところが，1990年代初頭まで日量2,500t程度あった湧水が，近隣の港湾工事にともなう掘削の影響で，年々減少を続け，また，地下水位の低下が著しくなった．そのため，湿地が乾燥化して，湧水池の枯渇や陸生植物の侵入を招いている．ことに，オゼイトトンボの生息に不可欠な湧水性の池

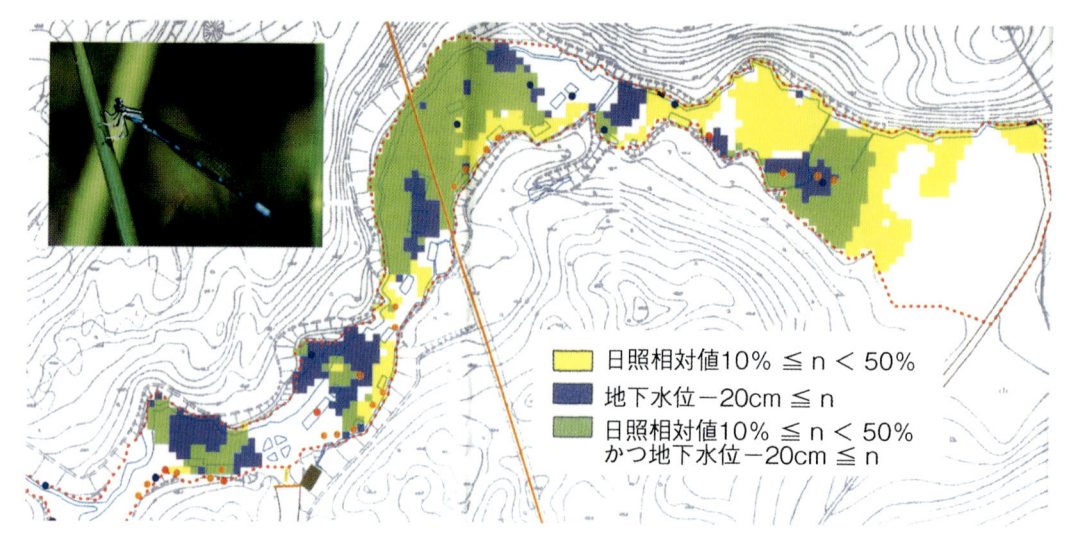

A　オゼイトトンボの繁殖用池の潜在的適地（出典：日置ほか，2003）

地下水位が20cmよりも浅く，相対照度が10〜50％の木漏れ日のある場所が池の造成に適している．地下水位が高いことは，造成にともなう土工量を最小限に抑える上で重要である．

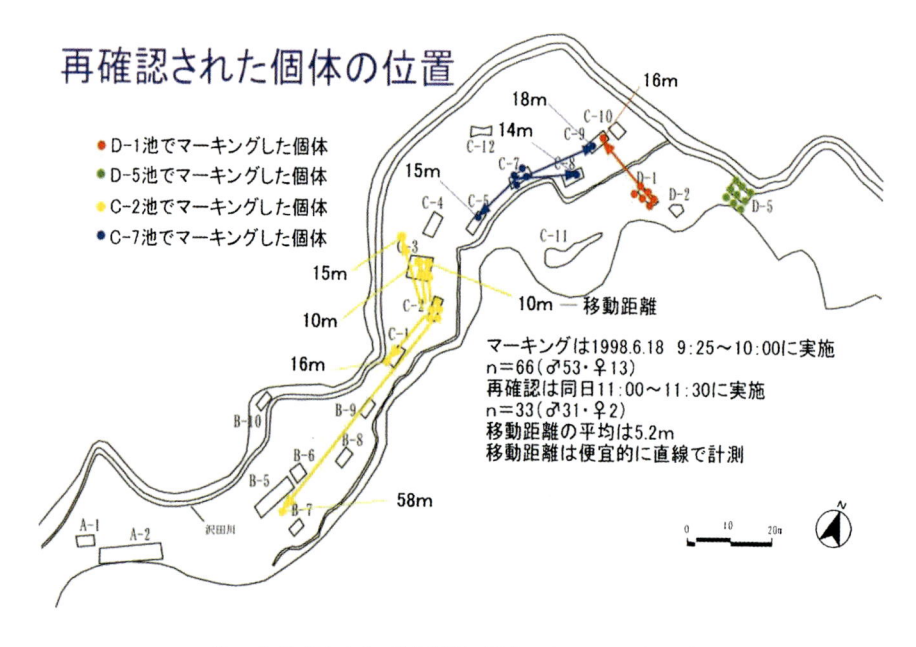

B　オゼイトトンボの移動（出典：裏戸ほか，未発表）

捕獲・再捕獲法によって，オゼイトトンボの池間の移動実態が把握された．移動した個体の平均移動距離は19.1m，最大移動距離は58mであった．調査結果から，この湿地に生息するオゼイトトンボは，すべての池を相互に行き来できている可能性が高く，新たに池を造成する際には，池相互間の距離を20m以下にすれば十分移入可能であると考えられた．

11. 湧 水 地

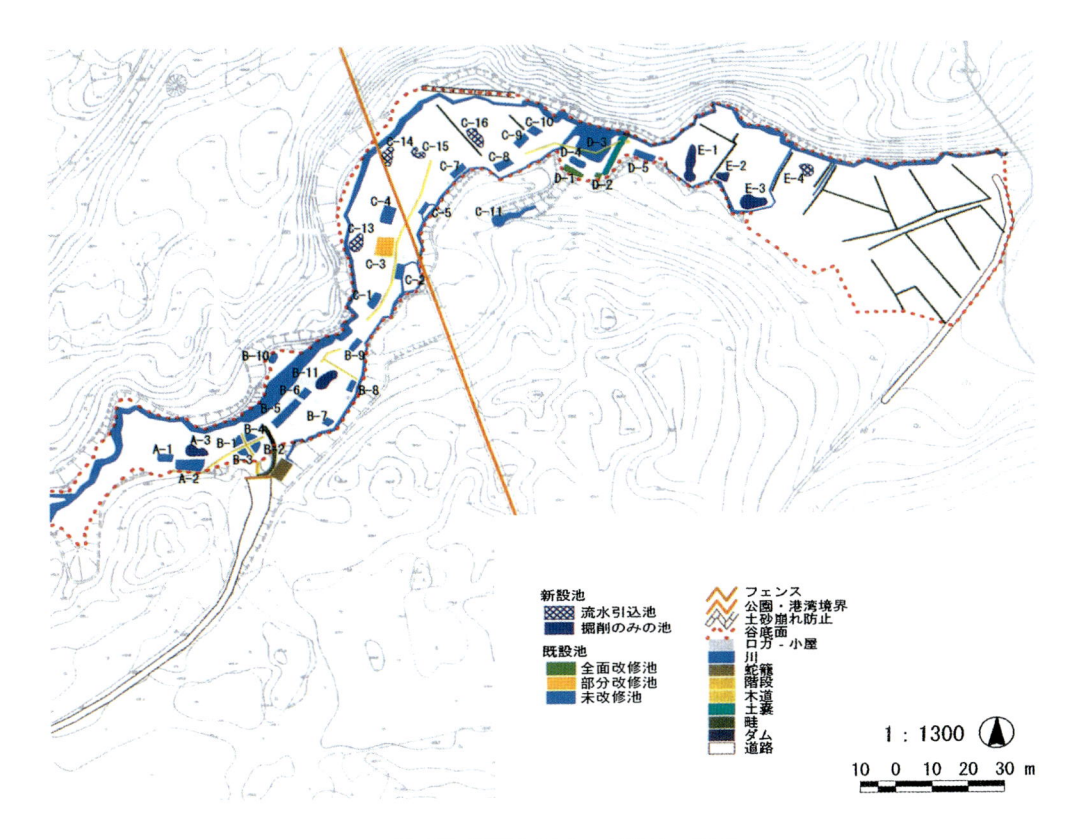

C 池の造成箇所 （出典：日置ほか，2003）
A図で池の潜在的な造成適地と評価された場所に，オゼイトトンボ繁殖用池が10ヵ所掘削された．

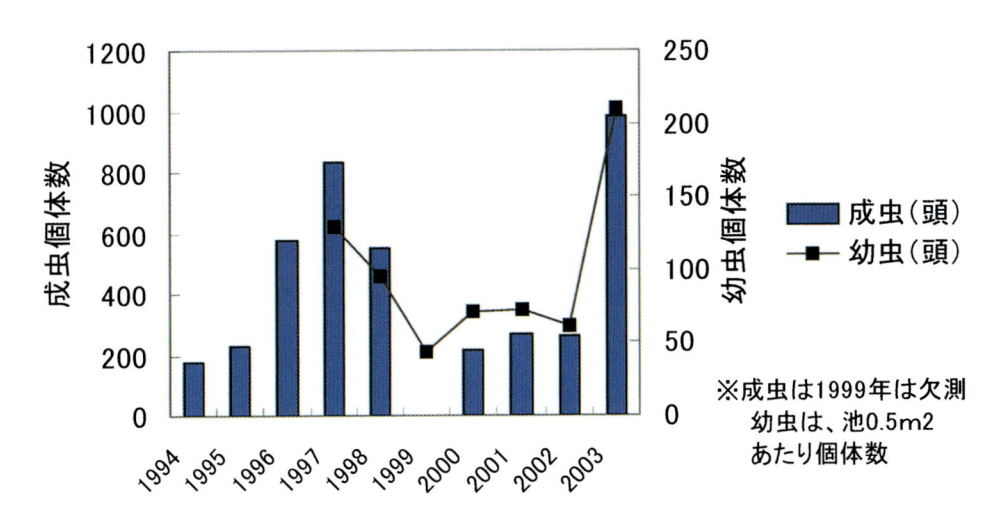

D オゼイトトンボの個体数変動 （出典：裏戸ほか，未発表）
2002年4月にC図に示された位置に新たな池が造成された結果，劇的に個体数が増加し，元の水準を上回った．

図-4 造成適地の推定と移動距離から決定されたオゼイトトンボ繁殖用池の位置

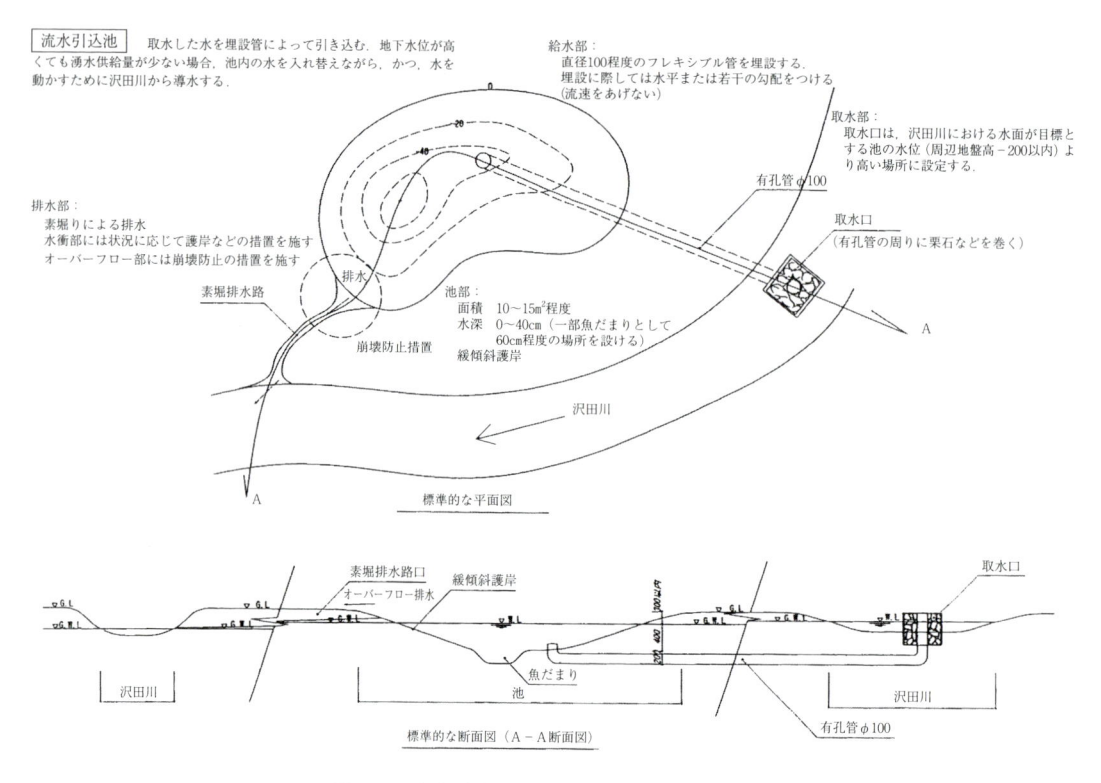

図-5　流水引水池の構造図（原図：河野　勝）

湧水起源の沢田川から流水を地下パイプで導水し，池底から湧き出すようにした．大雨のときにも土砂が流入しない構造なため，池の寿命を長く保つことができる．このタイプの池では，真夏の表面水温でも21℃以下に保てるため，23℃以下を好適な繁殖環境とするオゼイトトンボに適した池となった．

池の造成直後（2002年4月）　　　　池の造成3ヵ月後（2002年7月）

写真-4　地下水位が高い場所に掘削された繁殖用の池（出典：日置ほか，2003）
この池では，造成後2ヵ月半の間（2002年4～7月）に，成虫のオス17頭，メス1頭が確認された．

が干上がり，1999年には絶滅の危機に陥った．

そこで，緊急措置として，オゼイトトンボの繁殖場所となり得る池を造成することになり，環境ポテンシャルの評価に基づいて，池を掘削する（図-4）とともに，湧水起源の沢田川から地下パ

11. 湧 水 地

イプによって導水する擬似的な湧水池（図-5，写真-4）も造成して，個体数の回復を図った．この措置は，かなりの成果を上げて，オゼイトトンボの個体数は劇的に回復した．しかし，湧水量そのものの減少は依然として続いており，より抜本的な対策が望まれている[9]．

最も大きな問題は，港湾工事による地下水の流出であり，地下ダムの設置や，余剰流出地下水の湧水地点への導水などの対策を検討する必要がある．また，砂丘性の湧水地は，水源涵養域の面積が比較的狭いが，砂地のために雨水浸透能は高いので，涵養域内での浸透性の維持が大変重要である．そこで，国営公園の駐車場において雨水の地下浸透施設を設けたり，園内の井戸での地下水汲み上げを浅層から深層へ転換したりする措置が講じられた．今後は，国営公園外の施設でも雨水浸透施設を設けていく必要がある．また，樹冠による雨水遮断効果についても検討する必要がある．対処療法から根治へと向かうのが，自然再生の基本である．

（日置佳之）

—— 引用文献 ——

1) 森 誠一（1997）：トゲウオのいる川，中公新書．
2) 水みち研究会（1998）：井戸と水みち，北斗出版．
3) 東京都（1998）：東京都水環境保全計画 — 人と水環境のかかわりの再構築を目指して —
4) 高村弘毅（2003）：多摩の湧水散策，水と緑のひろば33号，5-9, ㈶東京都公園協会．
5) 日本地下水学会（1994）：名水を科学する，技報堂出版．
6) 日置佳之・須田真一・百瀬 浩・田中 隆・松村健一・裏戸秀幸・中野隆雄・宮畑貴之（2000）：ランドスケープの変化が種多様性に及ぼす影響に関する研究 — 東京都立石神井公園周辺を事例として —. 保全生態学研究5, 43-89.
7) 日置佳之（2000）：都市公園における生物相復元の可能性，都市緑化技術No.38, 24-29.
8) 日置佳之・須田真一・裏戸秀幸・宮畑貴之・星野-今給黎順子・松林健一・大原正之・箕輪隆一・小俣信一郎・村井英紀・川上寛人・長田光世・越水麻子（1998）：環境ユニットモデルを用いた谷戸ミティゲーション計画 — 国営ひたち海浜公園・常陸那珂港沢田湧水地における生物多様性保全の試み，保全生態学研究3, 9-35.
9) 日置佳之・半田真理子・岡島桂一郎・裏戸秀幸（2003）：継続的なモニタリングによるオゼイトトンボの個体群の絶滅危機回避，造園技術報告集2003, 日本造園学会．

12. 大河川

12-1 河川生態系としての特性

1) 生態ネットワークとしての河川回廊

河川には様々な規模のものがある．ここでは大河川として，地形的には源流が山地にあるような河川をとりあげる．

河川は水を媒介として集水域の影響を常に受けている．河川は，湖沼と比べて，流量の変動が大きく，それにともなって水質や流砂も大きく変化する．その変動のパターンは，季節に応じた規則性がある．

河川は細長い形態と周辺の自然地をつなぐ自然の回廊としての機能から，コリドーとしてとらえることができる．FormanとGodron[1]は，河川回廊（図-1）という見方を提案している．河川回廊は，近年，都市計画において重視されるようになった生態ネットワークの重要な構成要素であるとしている．

さらに，1990年から建設省によって多自然型川づくりが開始された．人間以外の生物を主体にした自然環境の保全・復元のための事業が行われるようになって，河川技術者の意識は大きく変化し，生態学とのかかわりが大きくなって，応用生態工学研究会も生まれている．

2) セグメント

セグメント（segment）は，勾配と河床材料に支配された河道形態が類似した区間のことである．多くの場合，上流から渓谷部，扇状地部，自然堤防地帯，河口域と変遷する．

河川の重要なハビタットを図-2[2]に示す．渓谷部では瀬，淵，倒木群，渓畔林などがある．扇状地部では，複数の澪筋，瀬，淵，河原，ヤナギ林，後背水域（ワンドやタマリ），湧水などがある．自然堤防地帯では，瀬，淵，砂州，旧河道などの後背水域，後背湿地，ヤナギ林などがある．河口域ではヨシ原，塩生湿地，干潟などがある．これらのハビタットは生成しては消滅する動的な平衡

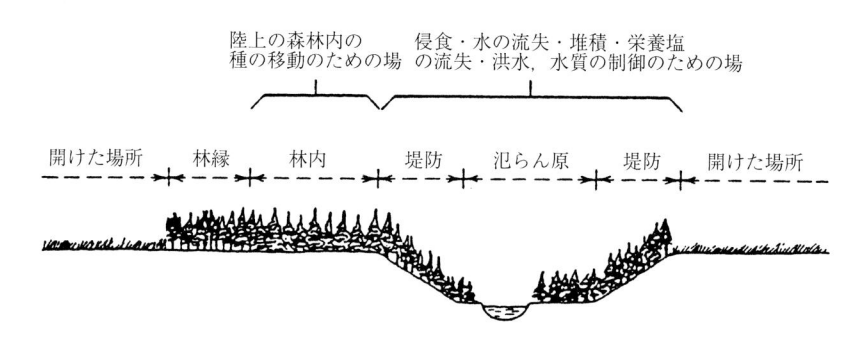

図-1 河川回廊の構造と機能 (Forman and Godron[1]を改変)

12. 大 河 川

① 渓谷部：瀬，淵，倒木，渓畔林など

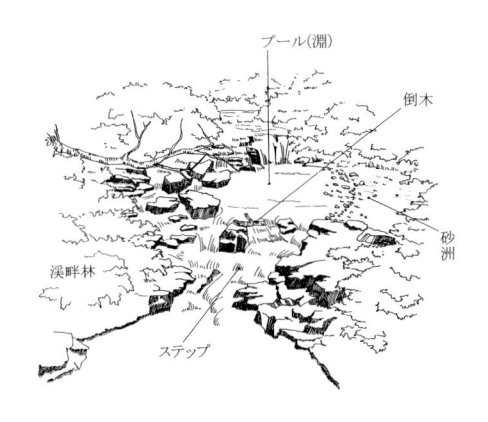

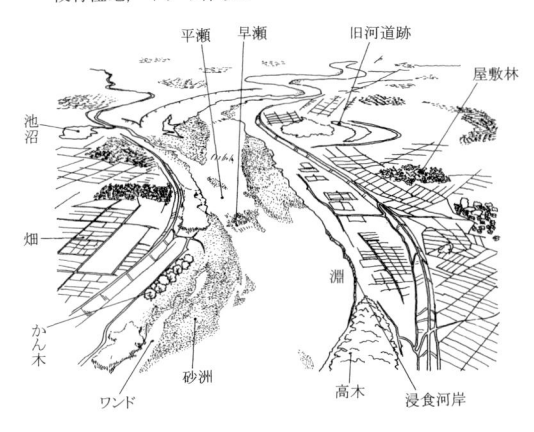

② 扇状地：複数の澪筋（みおすじ），瀬，淵，河原，ヤナギ林，後背水域（ワンドやタマリ），湧水など

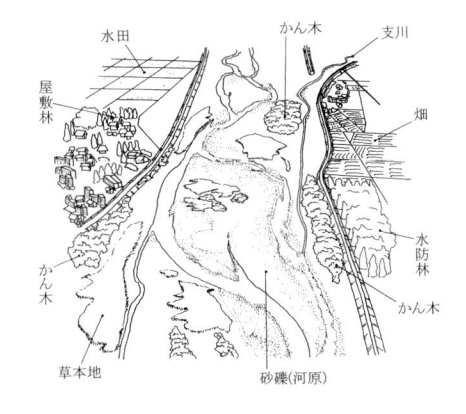

③ 自然堤防地帯：瀬，淵，砂洲，旧河道などの 後背水域，後背湿地，ヤナギ林など

④ 河口域：ヨシ原，塩生湿地，干潟など

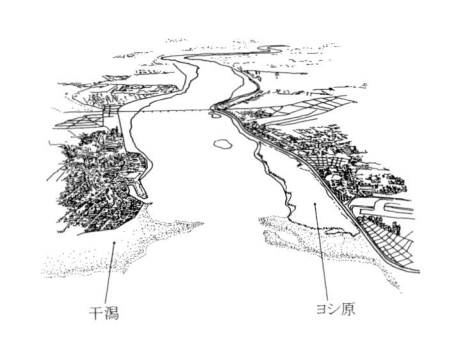

図-2　河川の重要なハビタット[2]
（島谷幸宏（2000）：河川環境の保全と復元—多自然型川づくりの実際，p.17-18より転載）

の下に存在しているので，河川の動態が重要である．

3）流　域

　流域（basin）は，水によって運ばれる物質循環の単位であり，陸域と水域を結ぶ系を形成している[3]．そのため，河川の水量や水質ならびに流砂は流域の土地利用の影響を強く受けている．したがって，河川の自然復元にあたっては，本来なら流域単位で事業を進める必要がある．しかし，流域の人口が稠密で，流域の土地利用の変更が難しいわが国においては，自然再生事業は流域とは別に河川内だけで行われる傾向がある．その場合には，河川において流域の変化を補うような自然再生の事業が必要になる．

　「あなたはどこの流域人ですか」と聞かれたことはないだろうか．われわれはほとんどの場合どこかの河川の流域に生活している．市民が自分の住んでいる場所がどの河川の流域かを意識し，その河川の自然に対して責任をもつ，また，意識をもつことがわが国の河川を再生させるために欠かせない．

4) システムとしての大河川

　河川生態系は開放系である．上流から水とともに土砂や栄養塩や有機物が流下してくる．しかも，その一部を下流へと流下させている．こうしたエネルギーや物質は，河川の周囲の河辺林などの流域から供給されるものが多い．この上流から下流への移動の方向性に対して，サケの遡上などは物質やエネルギーを海洋ないし上流から下流へも戻すものである．

　河川生態系を古典的な生態系の見方である構造と機能からみると，構造としては，微地形と河川植生，機能としては，水量と運搬堆積物と栄養塩とエネルギーの流れと生物群集，全体が総合したものとして，ハビタットを認識することができる．微地形は河辺植生の立地に直接響を与えるとともに，流速や水深を左右し，堆積物の堆積や侵食の状況に影響を与える．河辺植生は堆積状況を通して微地形に影響を与えるとともに動物群集を支えている．例えば，多摩川永田地区では，河原固有植物の生育場所では堆積が進みやすく，その結果として，さらに大型の植物が侵入するとともに堆積が進むことが明らかにされている[4]．水は土砂や有機物，栄養塩を運搬するとともに，侵食，運搬，堆積作用によって微地形を形成する．ハビタットはいくつか異なるスケールで捉えることができ，ある生きものを主体と考えたときの環境の複合体としての空間を表している．

5) インパクトに対する応答

　自然再生においては，インパクト－レスポンスの関係を明らかにしておくことが必要である．

　上流域におけるインパクトとしては，治山事業，砂防事業，ダム事業，道路事業，森林伐採などがあげられる[2]．森林伐採のインパクトは，河川に供給されるエネルギーの減少，表面流出の増加，土砂の流入などがあげられる．それによって，河川の生物群集や流量の変動パターンに変化が生じる．

　中流域におけるインパクトとしては砂利採取，護岸の整備，流域の都市化，圃場整備などがあげられる．応答としては，河床低下，河道の固定化，湧水の減少と湧水に依存する生物の減少，河原の減少と河原に依存する生物の減少をあげることができる．

　下流域におけるインパクトは都市化，工業開発，港湾開発，河口堰の建設などがあげられる．応答としては，塩生湿地や干潟の減少，稚魚の生息地や産卵場の減少があげられる．

　また，河川敷のグランドなどの利用というインパクトによって，河川回廊が分断されている．

12-2　河川再生の目標設定と評価および展望

1) 目標設定

　日置[5]によれば，生態工学における目標設定とは，生態系と人工系の関係を調整する際の具体的な水準を定めることであり，調整の手法には，現存する生態系の保全に力点をおいた保全型の調整と，失われた生態系を調整する復元型の調整がある．保全型では，対象とする生物や空間が存在するので目標を定めることは容易である．復元型の目標設定方法には，模範型とポテンシャル型がある（詳細は総論2．「自然再生の方法論」を参照されたい）．大河川における模範型の目標設定は，近傍の人為的影響の少ない他の川を目標にする，同じ川の上下流の人為的影響の少ない場所を目標にする，昔の川の姿を目標にする方法がある．さらに具体的には，目標として生物ないしは生物群集をおく場合，ハビタットに目標をおく場合，さらに，ハビタットの機能を成立させる環境に目標をおく場合がある．

2) メカニズムと手法

目標は河川の自然生態系を再生することである．そのためには，河川の自然生態系の動的な過程と機能を復活させることが必要になる．そのダイナミクスの復活には，ハビタットの多様性と複雑性や河川生態系のシステムの連続性および撹乱レジームの復活が重要である．

近年，河川の生物相が大きく変化し，外来種の影響が大きくなっている．これは河川の動的な過程と機能を復活させるだけで対応できるものではないが，放置すると河川の動的な過程と機能に影響を与えるものである．生きものの管理は開放系である河川ではむずかしいが，避けて通れないものである．

3) 評価と展望

河川は流域と一体のものであり，自然再生を進めるには流域の自然再生が必要になる．大河川は流域面積が大きく人口も多いので，流域の環境を大幅に変えることは容易ではない．

河川敷のなかの地形や流量変動パターンを変えることは緒についたばかりであり，これから事例が蓄積されて，技術の体系化が図られるものと考えられる．

12-3 具体的な河川再生のプロセスと事例

1) 多摩川永田地区の自然再生

(1) 背 景

多摩川永田地区では，河川生態学術研究会の総合的な調査研究が進められてきた．健全な水や物質の循環が確保され，生物が生息・生育しやすい河川のあり方を明らかにするために，河川工学と生態学を結びつけた新しい総合的な研究が1996年より開始された．2000年に「多摩川の総合研究」として第一次のとりまとめが行われた[6]．そのなかで，永田地区では大量の土砂の採取と上流からの土砂供給の減少により，扇状地特有な平坦な川から流路と陸域の大きな段差のある複断面的な河道へ変化し，それにともなって河原の減少と河原植物の減少，ハリエンジュやオオブタクサなどの増加などの変化が明らかにされた．

京浜工事事務所（当時，現在は京浜河川事務所に名称変更）の主催による河川生態学術研究会の研究者，沿岸自治体（あきる野市，福生市），市民団体の代表により構成される永田地区植生管理方針検討会が開催され，永田地区での治水上適正な河川形態，植生および河原特有な固有生物の保全復元のための検討がなされた．

永田地区は多摩川の河口より52km付近に位置する延長1,600mの区間である．直上流には羽村取水堰があり，流水の大部分が玉川上水により取水され，出水時以外の時は下流へ通常 $2\,m^3/s$ の放流が行われている．

研究の成果として，河床が低下し，流路が固定したことによる多摩川永田地区の治水・環境面における現状と課題が以下のとおり明らかにされた．

A. 治水面
　① 左岸河岸の洗掘
　② 河道の内樹林化

B. 環境面
　① 高水敷の安定化
　② 河原の減少

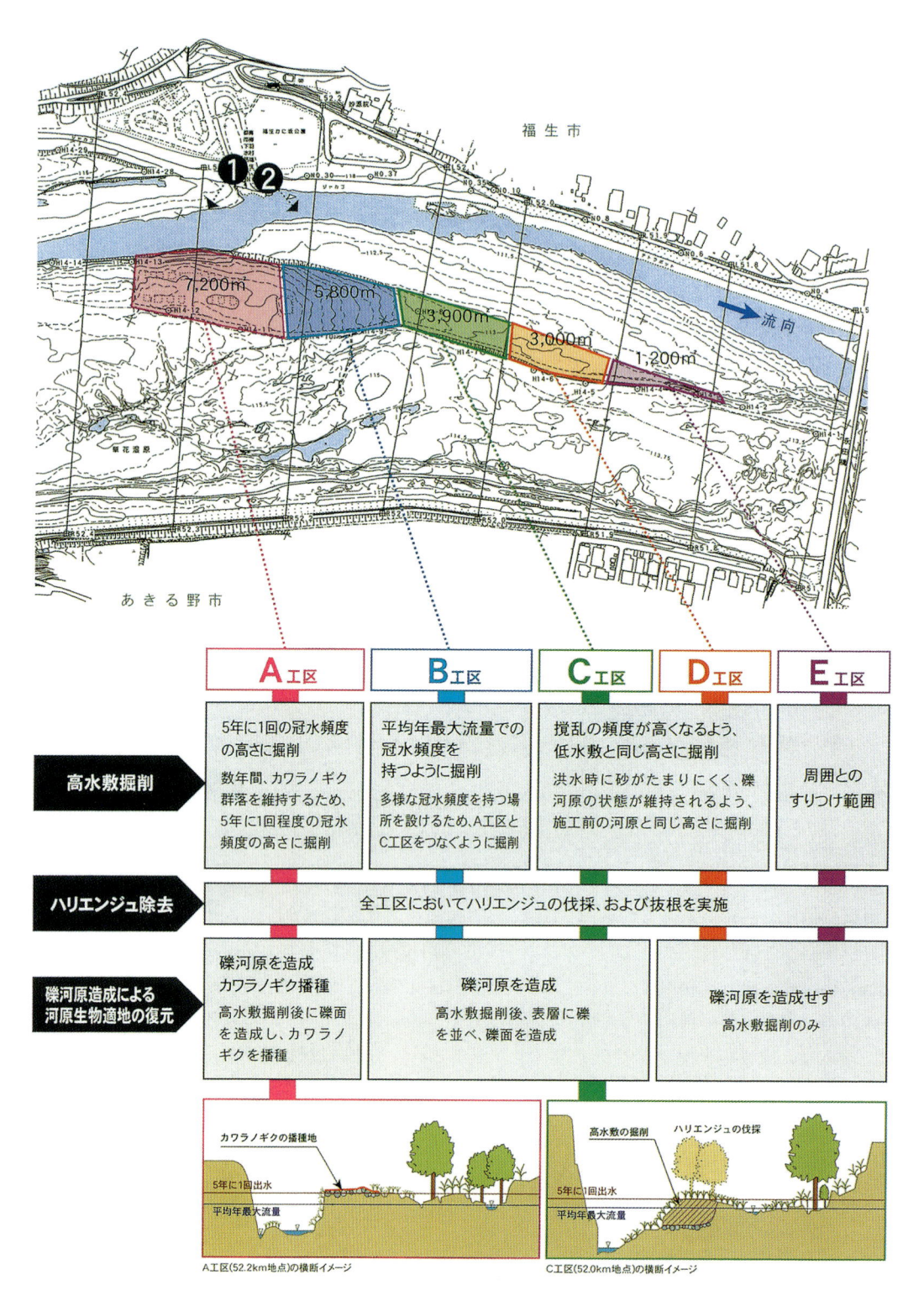

図-3 磯河原の再生[7]

③ 河原固有の生きものの減少

そのため，治水面，環境面からの現状認識と課題の整理のもとに，高水敷の掘削，礫河原の復元，樹林の伐採という基本的方針を立て，河道修復計画を検討した（図-3）[7]．これらは2001～2002年の間に施工されたもので，目指すべき環境の目標は以下のとおりとされた．

　目標1　カワラノギクなどの河原固有の生物の保全
　目標2　扇状地の河川にふさわしい多様性の保全

(2) 永田地区の自然再生計画

永田地区の自然再生の進め方は，市民との連携で基本的な方針を打ち出して，総合的な取り組みを官民協働で実施する予定としている．

① ステップⅠ

礫河原を再生し河原固有な種の生息・生息適地の復元，樹林の除去（ハリエンジュの伐採，抜根）や堆積土砂の除去である（写真-1）．その具体的実施内容は以下のとおりである．

・ハリエンジュなどの樹木の伐採・抜根

　ハリエンジュは，成長が早く，根および根茎から増殖するため掘削および表土のはぎ取りにより根の除去を含む抜根を行った．

・堆積した土砂の除去

　小規模な出水で冠水しない高さ（5年に1回程度）から，年に2，3回程度の冠水する高さまで多様な冠水頻度をもつ河原を造成した．

・礫河原の造成

　現地から発生する土砂を10cm×15cmの目のバケットでふるい，1層に敷き均し礫河原を造成した．礫河原の施工に際しては事前に5種類の礫河原（土砂を除去したまま，大きな礫1層，小さな礫1層，取水堰堆積物（細粒），大きな砂礫3層）についてカワラノギク実生の出現状況を実験し，カワラノギクの生育に適した礫河原を検討した結果である．

写真-1　礫河原を再生するための協働作業

・カワラノギクの播種
   造成した礫河原にカワラノギクの種子を播種し，カワラノギクの保全を図った．2004年秋には10万株あまりが開花した．
② モニタリングの実施と計画
   永田地区での取り組みは未知な部分も多く，その影響を的確に把握するためのモニタリングが2002年からそれぞれの研究者の専門に応じて行われている．
③ ステップⅡ
   河床低下の緩和，扇状地の川にふさわしい多様性の高い河川形態の造成や低水路の拡幅など，河床上昇対策を実施する．

2) 荒川太郎右衛門地区の自然再生
(1) 対　象
   荒川中流域において良好な湿地環境が残る太郎右衛門橋下流約4km区間を自然再生の対象となる区間とし，太郎右衛門自然再生地と呼ぶ（図-4）[8]．
   旧流路は，70年前の河川改修工事により生じたもので，遊水効果を高めるための横堤により3つの池（上池，中池，下池）に分断され，現在の状態になった．
(2) 課　題
① 乾燥化
   上池と中池では開放水面の面積の減少が著しく，乾燥化している．また，河床の低下により，

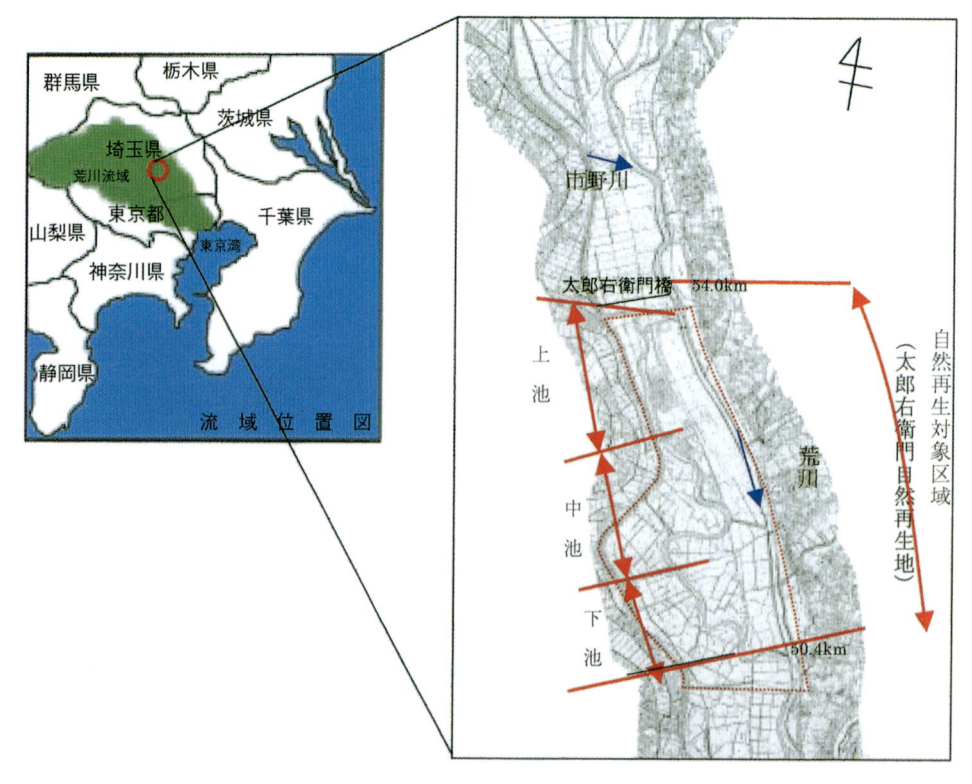

図-4　荒川太郎右衛門自然再生地の自然再生の対象となる区域の位置図[8]

高水時に池へ水が供給される頻度が減少している．長期的にみると池への土砂の流入が多い．上池における旧流路の湧水が減少している．

② ハンノキ林の高木林化

放棄水田に成立したハンノキ林が流水により受ける撹乱が減少したため，若齢樹が少なくなっている．

(3) 自然再生の目標

自然再生の目標は，以下のように提示された．

① 多様な固有の生きものを保全し，かつ，それらが生育・生息できる湿地環境を保全する．
② 過去に確認された多様な固有の生きものが住める環境の再生を目指すものとする．
③ 周辺地域も含めたエコロジカルネットワークの核となる区域と位置づけるものとする．
④ 湿地環境を保全・再生するにあたっては，荒川本川の水，雨水，湧水などの自然な水を用い，多様な水深の開放水面を拡大するものとする．
⑤ 約70年前の蛇行形態が今なお変わらずに残る，歴史的に貴重な荒川旧流路を保全し，後世に伝えるものとする．
⑦ 将来にわたり治水の面からもプラスとなるような自然再生事業とする．

具体的には，①は課題に直接的に対応するものであり，②では再生が期待できる種として，クイナ，タマシギ，ニホンアカガエル，ドブガイ，ホザキノフサモ，サクラソウがあげられており，湿地に生育・生息する種の再生が意図されている．③は荒川ビオトープや三ツ又沼ビオトープなどの自然の拠点と核となる太郎右衛門自然再生地の湿地とのエコロジカルネットワーク化を目指すものである（図-5）．④はエコトーンの再生であり，その水の確保には高水時の河川水，雨水および湧水などの自然な水を用いるとしている．

これらは同時に行うのではなく，順序をつけて，モニタリングを行いながら，実施していく．

3) 標津川の多様な自然環境の再生

北海道の標津川では治水安全度を確保しながら，漁業と農業が共存・共栄できる河川環境をめ

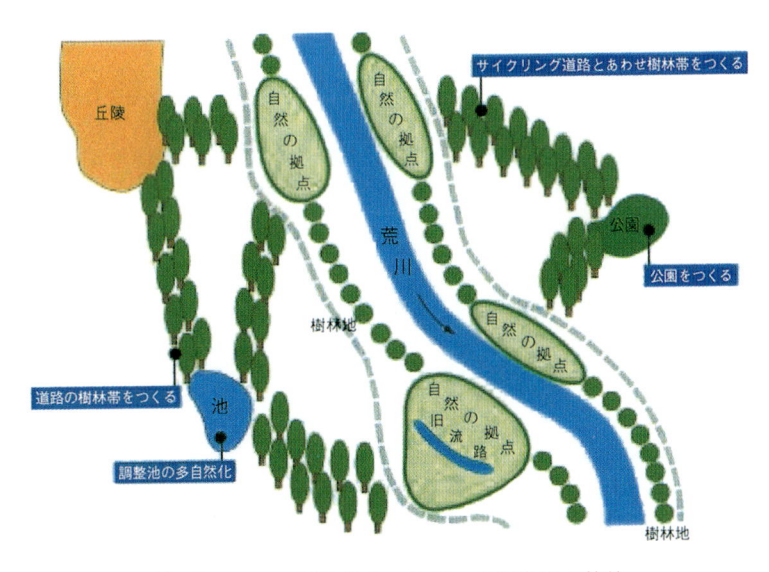

図-5 エコロジカルネットワークに向けた施策

ざして自然再生事業が進められている[9]．ここでは，直線化して単純化した河川の再生が行われており，以下の課題があげられている．

① 直線化による緩流域などのハビタットの減少
② 河川改修による氾濫原の喪失およびヤナギ単層林の出現
③ 森林や湿原の開発による保水性の減少，水質の悪化，土砂流出の増加
④ 直線化などによる河床の低下および河岸の決壊

ここでは蛇行復元試験地が設けられて（図-6），河道と生物の生息状況について調査されている．その結果，復元河川では，直線河川よりも水深や流速について多様な環境が形成されており，魚類の種数が多く，水生昆虫の現存量も多いことが判明している．なお，標津川については，河口，中村ら[10]の「標津川再生事業の概要と再蛇行実験の評価」が応用生態工学，第7巻2号に掲載されているので参考にしてほしい．

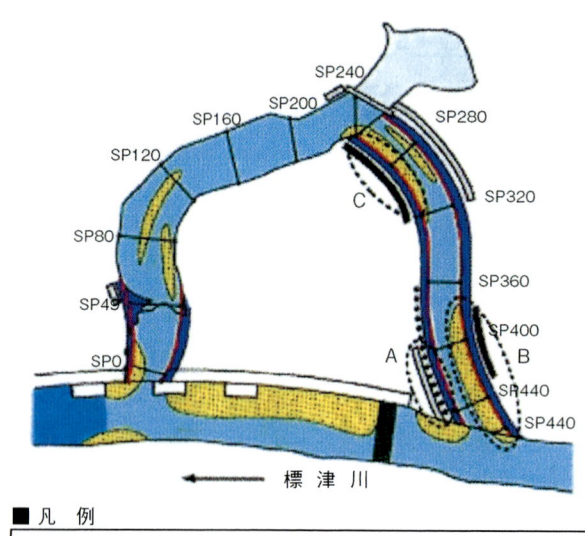

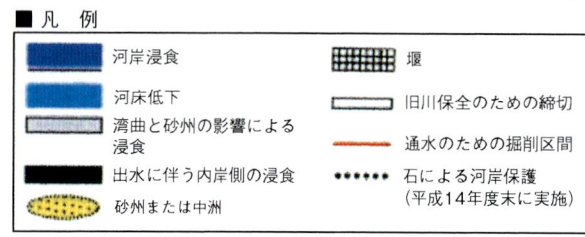

図-6 標津川の再蛇行化の影響[9]

（倉本　宣）

―― 引用文献 ――

1) Forman R.T.T. and Godron M. (1986)：Landscape Ecology, 619pp., John Wiley & Sons.
2) 島谷幸宏（2000）：河川環境の保全と復元―多自然型川づくりの実際，198pp.，鹿島出版会．
3) 倉本　宣（1987）：河川緑地の植生管理，高橋理喜男・亀山　章編，緑の景観と植生管理，p.16-141，ソフトサイエンス社．
4) 山本晃一・藤田光一・望月達也・塚原隆夫・李　参照・渡辺　敏（2002）：立地条件と植生繁茂との関係，河川生態学術研究会多摩川研究グループ，多摩川の総合研究，p.640-666．
5) 日置佳之（2002）：目標設定，亀山　章編，生態工学，p.121-123，朝倉書店．
6) 吉田成人（2003）：多摩川の自然再生への試み―多摩川永田地区の事例紹介―，多摩川リバーフロント43，p.14-17．
7) 河川生態学術研究会（2004）：多摩川永田地区における自然再生，国土交通省関東地方整備局京浜河川事務所，11pp．
8) 荒川太郎右衛門地区自然再生協議会（2004）：荒川太郎右衛門地区自然再生事業自然再生全体構想，http://www.ktr.milt.go.jp/arajo/saisei/05.html
9) 劔持浩高（2003）：標津川の多様な自然環境の再生，リバーフロント43，p.20．または
http://www.ks.hkd.mlit.go.jp/kasen/sibetucon/report/6tec.htmlを参照．
10) 河口洋一・中村太士ら（2005）：標津川再生事業の概要と再蛇行化実験の評価，応用生態工学 7(2)，139-200．

13. 中小河川
― 東京都立川市立川公園根川緑道を事例に ―

かつての日本の里山に暮す人々は，自然と適度に折りあいをつけながら，自然のもつ力を低下させることなく，最大限に引き出すような付きあい方をしてきた．田や畑，雑木林や小川などが織りなす風景は，人と自然との協働によるものである．

「春の小川」や「メダカの学校」の歌詞で知られる小学唱歌は，山里を緩やかに流れる小川の情景を描いたものである．小川や田んぼの畔を彩るスカンポやヒガンバナ，ネコヤナギなど，さらに，浅場に群れるメダカやオタマジャクシ，泥底にもぐるドジョウ，水面のミズスマシやアメンボ，そして，岸辺の草に羽を休めるハグロトンボやイトトンボなどは，多彩な動植物が息づく水辺の風景であり，野生生物の息吹きを満載した自然の庭園である．

このような，人為と自然がほどよく手を結んだ多彩な日本の里山の風景は，急速に消えつつある．そのなかでも，特に繊細な水辺の空間は，効率的な土地利用を進めるために，人工的な工作物の導入と機械的で画一的な土木造成による改変が進み，多様な水辺の生態系は切れ切れになり，自然の水辺環境を拠り所とする動植物の多くが絶滅の危機に瀕している．

ここでは，里山から都市域にかけての小川や小水路を，「水路としての機能を保ちつつ，野生の動植物の生息環境としての質を高め，自然の水路景観に近づける」ための多自然型の川づくりの手法を，東京都立川市の「立川公園根川緑道」を例にして述べる．

13-1　多自然型川づくりの意義

多自然型の川づくりは，川を単に「水を流す水路」と考えるのではなく，本来，自然の川のもっている水質浄化，栄養塩類の運搬，水辺や水生の動植物の生息環境，川辺の風景による精神安定などの働きを，生態的なバランスをとることによって持続的に発揮させ，その恩恵の総体を享受しようとするものである．

1) 川の機能

川は，人体で例えれば，生存に不可欠な循環機能を果たす「血管」にあたる．地球上の生物は，表面を覆う植物によって生かされていることを考えれば，生物に不可欠な雨水を集めて広範囲に配給する川は，人類の生存にとって極めて重要な役割を担っている．

チェコ民謡の「おお牧場は緑」の歌詞に「雪がとけて川となって　山を下り谷を走る　野を横切り畑をうるおし　呼びかけるよ私に」とあるのは，木々の茂る山々で涵養され，少しずつ集まった水が，川となって，田や畑を潤しながら流れ下る様子を歌った一節である．ミネラルなどの栄養分を含んだ川の水は，やがて海にそそぎ，沿岸の小魚を養う．そして，海洋からの蒸散水は再び雨となって野山に戻る．このように，川の意義は水循環はもとより，物質循環や生態系の視点から総合的にとらえなければならない．水と陸の接点にあたる水辺は，'生命のゆりかご'ともいわれるように，動植物の多様性が包含されているという点で，生態的にも極めて重要な意味をもつ．

人は，一様に水辺や湿地の風景に心を和ませる．滝や水路や池を身近にしつらえるのは，人間の生物としての本能と無関係ではなく，水辺の風景が人の精神衛生に果たす役割を忘れてはならない．

2） 生物の生息環境の多様化の要点

多自然型の川づくりの目的が，生物の多様性を高めることにあるとはいえ，そのことが河川の治水を乱すことのない範囲での改変が大前提である．そのためには，まず，対象となる川の安全機能を把握し，その条件の範囲内での多自然化が目標となる．

野生動物が，採餌や休息，繁殖や避難などに利用するする領域のことをハビタットという．水中から陸域にかけて連続的に異なる植生が組み合わさって成立している川辺の環境は，多くの野生動物のハビタットを包含している．ここでは，これらの生息環境を主として河川の形態の面から検証し，できるだけ多種，多様なハビタットの形成を目標にする．

13-2 多自然型小河川の復元計画－立川公園根川緑道の事例から－

生態系の保全に重点をおく川づくりには，その現状と目標により，おおむね以下の3タイプが想定される．

　保全型：現状の川の自然環境を継続的に維持，向上させるために，一部の改修を含めた保全の処置をとる．
　復元型：著しく改変され，自然環境が単調化してしまった川を，一部または全面的に手を加えて元の状態に戻す．
　創出型：もともと川のなかった場所に，新たに川の生態系をつくりだす．

以上の3タイプは，概念的なものであり，その程度や部位によって複数のタイプが組み合わさるなど，明快に線引きされるものではないが，川づくりに取り組むににあたっては，まず，どのような現状からスタートするのかを認識しておくことが重要である．

計画の事例として取り上げる「立川公園根川緑道」は，人工的に改変した緑道を，かつての自然河川に戻す「復元型」の例であるが，既存の崖線樹林や水路沿いの桜並木を保存している点で，「保全」をその基本においているといってよい．

1） 立川公園根川緑道整備の概要

立川公園根川緑道は，国土交通省の「アクアパークモデル事業」の一環として，国と都の補助金を受けて，根川の水辺環境に清流と自然性を回復させ，同時に，清流をとりまく緑地空間を改善することにより，市民に良好な生活環境と憩いの場を提供することを目的として整備した「復元型の川づくり」である．

対象地は，東京都の西郊，JR立川駅の南約1kmに位置する．立川崖線と多摩川に挟まれた旧河川が埋め立てられ，コンクリートの小水路を中心に整備されていた平均幅員30m，長さ約1.4kmの緑道の改修である．錦町下水処理場からの高度処理水の経常的な供給を機に，小水路を，自然の土，石，植物で再構成して，水辺・水生生物の生育環境に多様性をもたせ，過密になっていた水路沿いのサクラや他の常緑高木類を間引き，林床や流れに陽を入れて植生を多様化させ，かつてのサクラの名所を清流の景観とともに復活させるという計画である（写真-1）．

13. 中小河川

写真-1 立川公園根川緑道の整備前（左）と整備後（右）
整備前：コンクリートの小水路を常緑樹が覆い，ソメイヨシノは幹でそれとわかる程度．
整備後：常緑樹を除き，ソメイヨシノを修景間伐して，粘土と玉石の自然水路に復元．
（設計：愛植物設計事務所，施工：1992〜1996年）

2）基本方針

① 水を大切に使い自然に戻すシステムを再生する．

　都市の水環境や水循環の再生を基本とし，水資源の大切さをみなおし，高度処理水を自然の水循環に融合させる．

② 武蔵野らしい水と緑の風景をつくる．

　武蔵野らしさをあらわすハケ下の流れや，水辺に沿った雑木林などが一体となった景色をつくる．

③ 桜の名所を復元して気持ちの良い散歩道をつくる．

　かつての桜の名所を取り戻し，多摩川沿いの緑や散歩道をつなぎ，広域の散歩道ネットワークの一環を担う．

④ 野生生物の生息できる水辺環境をつくる．

　自然の水循環と永続性のある水辺の緑による水辺の生態系を構築し，継続的に育成管理していく．

⑤ 水とのふれあいを楽しめる親水空間をつくる．

　水辺の生物を観察し，四季折々の風景を楽しみ，水遊びもできる多様な水とのかかわりをもてる場とする．

⑥ 根川緑道の維持と管理をめぐる市民参加の輪を広げる．

　市民と行政の協力により，継続的に豊かな水辺空間が維持できる，仕組みや手立てを，検討，実践する．

　以上が根川緑道全体の基本方針であり，ゾーンごとの整備方針は（図-1）に示すとおりである[1]．

3）設計監理

　生物の生息環境に大きく影響する微細な地形の変化や植物の配置は，図面での表現には限界がある．設計の意図を正確に伝え，的確な施工を進めるためには，現場における設計者と施工者の協働

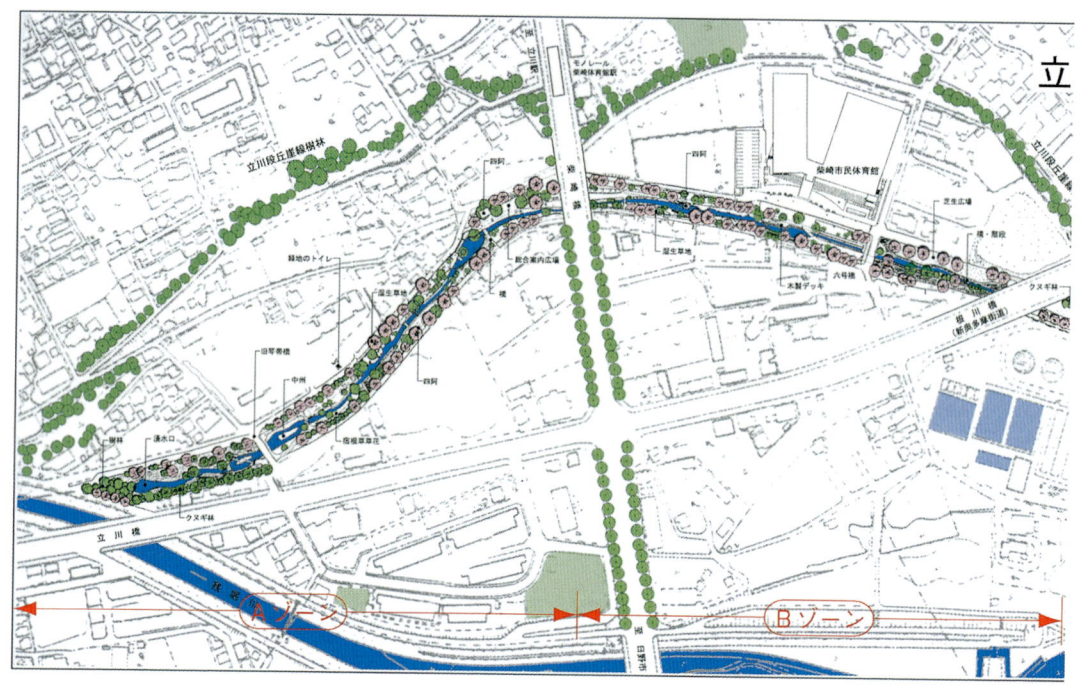

Aゾーン：崖線樹林と残堀川に近接する川の源頭部にあたる．
整備方針：高度処理水が湧きだす川の最上流部として，樹林に囲まれ，コウホネが茂る湧水池から流れ出した清水が，セキショウの茂る玉石底の早瀬の細流をつくる．

Bゾーン：根川緑道の中央部にあたり，モノレールの駅に最も近い位置にある．柴崎体育館に接し，多くの人が集まる．
整備方針：緑道の中心部として，また体育館の前庭広場としての利用を兼ね，舗装された空間を確保する．

図-1 立川公園緑道平面図

の場なくしては実現しない．

　本事業では，野生の水生動物のハビタットの復元や既存樹林の間引きなど，施工時に，現場で判断すべき事項が多いため，設計監理として，護岸や河道などの細部の仕様，伐採木のマーキングや整枝などの指示，水草の移植やイヌコリヤナギの直挿し，魚類の昭和用水からの移入などを行った．これにより，生物の多様性を回復させるための現地での細部の調整をきめ細かく行うことができた．

13-3　多自然型川づくりの要点

　河川の空間は，「自然の作用」による土砂の侵食，運搬，堆積などと，「人為の作用」による河川形態の改変などが組み合わさって，基本的な形態がつくられており，植物はその立地に応じて様々に住み分けている．河川空間を，生物の生育環境の多様化という面から考えれば，「河川の形態の多様化」が基本になる．ここでは，河川空間の部位を，①常に水の流れている「水域」②冠水などの影響を受ける湿潤な「水際線」③日常的には水の影響を受けない「陸域」の3つの空間に分け，それぞれの項目についての留意すべき点を，立川公園根川緑道（以下，「根川」）の具体例を交えて解説する．

13. 中小河川

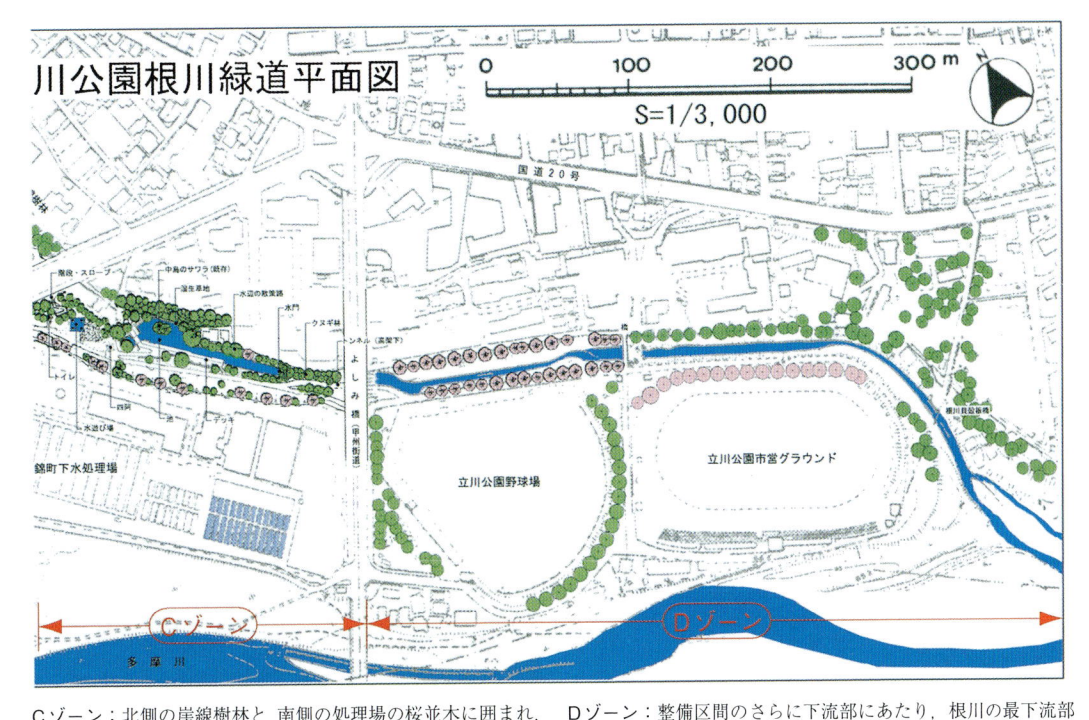

川公園根川緑道平面図　S=1/3,000

Cゾーン：北側の崖線樹林と，南側の処理場の桜並木に囲まれ，幅員が広く，明るい空間と崖線の裾を流れる既存の小水路があり，凹地の大きなサワラが印象的
整備方針：整備区間の最下流部として，崖線樹林を背景に，フナやタナゴの住める，広く，深い池をつくる．広い空間を活かし，上水を用いた，夏季限定の水遊び施設をつくる．西端の新奥多摩街道と東端の甲州街道に接して，武蔵野のクヌギ林を緩衝の緑として創出する．

Dゾーン：整備区間のさらに下流部にあたり，根川の最下流部で，流末は多摩川に接する．かつての河道と土手の桜が残され，根川の原風景をとどめる．
整備方針：緑道整備の区間には入っていないが，現状の河川景観の維持と向上を目標に管理は，A～Cゾーンと一体的に進める．土堤の草刈の頻度を変えるなどして，四季の川辺の風景の見所を増す．

1）水　域

常に水の流れている「みお筋」が水生動物の生息域の核となる．魚類やエビ，トンボやホタルの幼虫，タガメ，ゲンゴロウ，アメンボ，ミズスマシなどの昆虫類やイモリ，サンショウウオ，カエルなどの両生類やシジミ，タニシ，カワニナなどの貝類などの川底に住む底生動物は，その生活史のほぼ全てを水域内に依存している．

また，河川は，山から海にまで長く続き，その流域で周辺から合流する支川や水田の水路などと縦横に繋がることによって，水を拠り所とする生物のダイナミックな生態系ネットワークを形成していることを認識しておかなくてはならない．河川をダムや堰や暗渠などによって，切れ切れに孤立させてしまっては，河川特有の生態系は回復しない．

このように河川の計画は，まず，川の縦て横方向の水の繋がりの実態を確認し，その上で対象地の河川についての検討に入る．その際の，水域に関する生物の生育環境を左右する主な項目は，「水量」と「水質」と「河川形態」である．

(1) 水量の確保

長い距離を流れる川の水面から蒸散したり，岸辺の土から，毛管現象で吸い上げられる水の量は想像以上に多い．水源を上水や井水に頼り，循環水で流れをつくる人工的な流れでは，経常的な蒸散水の補給がないと，流れはたちまち干上がってしまう．自然の水源による小川の場合も，季節的

に水量が少なくなると、その分だけ水生動物の生息種や数量が減少するし、冬季間に水路の水を抜く田んぼでは、生息する種数は激減する.

水辺の生態系の多様性の維持には、「年間を通して安定した水量の供給」が重要な意味をもつ.

「根川」の場合は、水源である下水処理場から、毎分1.73トン（2,700トン／日・24時間流水）の水が常時供給されることを前提に、「緩やかに流下する、自然の小川の風景」を想定し、流速を毎秒10〜35cm、水深を5〜40cm（池部では深さ10〜100cm）、水路幅を1.0〜3.0mとした. このように、水路の幅、水深、流速などは、供給される水量によって、おのずから選択の幅が決まるが、具体の数値を決めるにあたっては、目標とする類似の河川を参考にして決めるのが間違いない. これは、自然の河川の改修の場合も同様である（写真-2）.

(2) 水質の確認

表-1は、「水質階級と指標生物の範囲」を、(I)きれいな水、(II)少し汚れた水、(III)汚い水、(IV)たいへん汚い水、の4段階で表したものである. また、表-2は、水質の他に、底質、流速、水深、餌の量、隠れ場などの要素を加えて、「淡水魚類別の自然度指数」として表したものである. この2つの表と、表-3のザプロビ性による河川の水質階級とを見比べることによって、おおむねその河川に生息できる水生動物の種類が想定できる.

写真-2 水源
コウホネの茂る湧水口と背景の崖線樹林

「根川」の場合は、高度処理水の水質が、すなわち、河川の水質である. この数値のなかから、特に有機物の分解に大きく影響するBOD（生物化学的酸素要求量）平均2.8ml/lとDO（溶存酸素量）平均10mg/lを、表-3にあてはめてみると、河川の上部から山間の渓流にあたる「貧〜β中腐水性水域」の「きれいな水」に相当する水質が得られた.

(3) 縦横断の繋がり

サケやウナギやアユが海や河口から産卵のために遡上し、ナマズやフナやウナギが大川から、細い水路や浅い水田に戻ってくる. 今、このような川の多様な形態を複合的に利用する魚種の自然河川での繁殖が、人為的な河川改修による生態系の断絶によって危機に瀕している.

対象となる川については、まず、水源地と水源を涵養している地形や植生との繋がり、河川の中下流区間とその周辺の水系、地形、植生との繋がり、川尻と流下先の水系との繋がりなど、計画地に接する部分の水系をできるかぎりスムースに繋ぐようにする.

「根川」の場合は、既存の河道ができあがっており、多摩川に合流する流末と、整備ゾーンとの

13. 中小河川

表-1 水質階級と指標生物の範囲 (環境庁水質保全局, 1985)

番号	指標生物	I きれいな水	II 少し汚れた水	III 汚い水	IV たいへん汚い水	
1	ウズムシ類	―				きれいな水の指標生物
2	サワガニ	―				
3	ブユ類	―				
4	カワゲラ類	―				
5	ナガレトビケラ・ヤマトビケラ類	―				
6	ヒラタカゲロウ類	―				
7	ヘビトンボ類	―	- -			
8	5以外のトビケラ類	―	―			少し汚れた水の指標生物
9	6, 11以外のカゲロウ類	―	―			
10	ヒラタドロムシ		- -			
11	サホコカゲロウ			- -		汚い水の指標生物
12	ヒル類			- -		
13	ミズムシ			- -		
14	サカマキガイ			―	―	たいへん汚い水の指標生物
15	セスジユスリカ				- -	
16	イトミミズ類				- -	

表-2 淡水魚類別にみた自然度指数 (財)日本自然保護協会, 1996)

指数A	指数B	指数C	指数D
非常によい環境	よい環境	ややよい環境	注意を要する環境
イワナ ヤマメ アユ トゲウオ類 カジカ類	ホトケドジョウ カマツカ タナゴ類(淡水産二枚貝) ウグイ カワムツ, ウナギ	シマドジョウ アブラハヤ ハゼ類 (ヨシノボリ, ウキゴリ, チチブ) オイカワ, ナマズ クロモコ, メダカ	フナ類 カダヤシ ドジョウ モツゴ

表-3 ザプロビ性[*1] による河川の水質階級 (秋山ら, 1986)

汚濁水質階級	容存酸素量 含有量 (mg/l)	容存酸素量 飽和度 (%)	BOD[*2] (mg/l)	河川の状況	汚濁の進行
貧腐水性水域	8.45~8.84	95~100	0.0~0.5	山間の渓流	
貧~β中腐水性水域	7.50~8.45	85~95	0.5~2.0	河川の上流部	
β中腐水性水域	6.20~7.50	70~85	2.0~4.0	村落地帯河川	
β~α中腐水性水域	4.40~6.20	50~70	4.0~7.0	住宅地の河川	
α中腐水性水域	2.20~4.40	25~50	7.0~13.0	都市内の河川	
α中~強腐水性水域	0.90~2.20	10~25	13.0~22.0	下水量の多い都市内の河川	
強腐水性水域	0~0.90	<10	>22	悪臭のある都市内の河川	高い

*1 ザプロビ (Saprobitata) 性:水中の有機物のバクテリアによる分解の程度を測り、それを水の汚れとしてとらえる.
*2 BOD (生物化学的酸素要求量):細菌が有機物を分解するときに消費する酸素量. 有機物(汚濁)の目安.

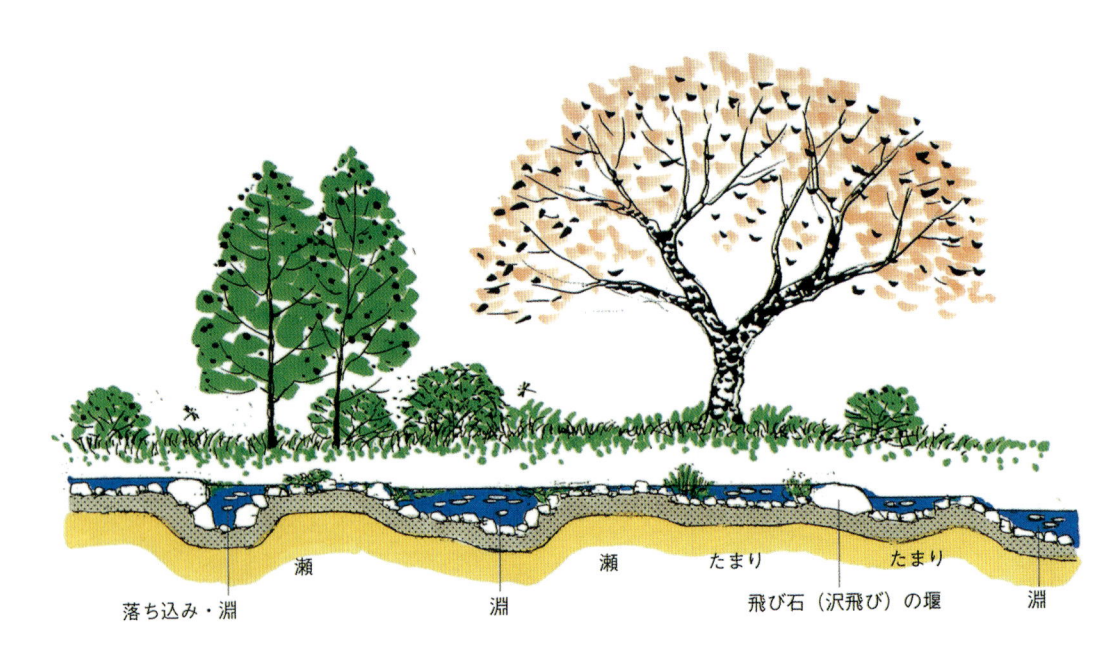

図-2　水路標準縦断断面図

間を遮断しているコンクリートのダムや暗渠を改修することはできなかったが，整備区間内の流域では，魚類の行き来を自由にする縦断面とした（図-2）．

(4) 河川の形態の多様化

　川を排水路として，水を迅速に流下させるためには，河道の直線化や定形的な断面化が進むことは避けられない．しかし，これを安易に，画一的に進めることは，生態系の多様性を否定することになる．多自然型の河川の形態は，この安全性と多様性を，その場の状況に応じて無理なく整合していかなくてはならない．

　河道の断面を，画一的な矩形や台形型にすると，水深や流速が一定して，「瀬」や「淵」などのない単一な流れになり，瀬や淵を必要とする動物の定着や生息が望めず，生態系も単調になってしまう．できるだけ自然河川の河道の形態に近づけるためには，河床や岸辺を固定しないで，自然の水の流れによって，瀬や淵が自然にできるのが理想だが，人里に近い河川では安全性や土地利用の制約から，安定した形態をできるだけ自然河川に倣って人為的につくることになる．

　自然河川では，水流が山側の岸にぶつかって深くえぐれた「淵」は，淀みとなって流れが滞留し，そこに集まる餌を求める魚のたまり場になっている．また，冬でも水温が安定している「深場」は，魚類の生息場所として，重要な意味をもつ．また，浅く，流れの早い「瀬」も，流水を好む水生昆虫や魚類の集まる場である．その他にも，水中の傾斜地形を表す「かけあがり」や「棚」，水の落差による「落ち込み」，岸が陸側に入り込んだ「わんど」や，水がゆっくりと滞留する「とろ場」など，釣師のポイントとして表現されるような自然の川の形態を，できるだけ多くつくることが，多自然型川づくりのポイントといってもよい．

　「根川」の河道の線形は，敷地が幅2.5mの遊歩道を含む緑道の平均幅員が約30mと狭く，地形も平坦であることから，全体的には緩やかな蛇行曲線とし，微地形に変化をつけることで水流や水深の多様性を高めた．河道の「基本構造」は，川底からの漏水や吸水によって，「限られた水量」を

写真-3 浮 石
浮石の陰は魚や水生昆虫のかくれ場となる．

写真-4 落ち込み
狭まった沢飛びの隙間からの水の落ち込み

写真-5 魚の放流

　減らさないため，玉石，砂，粘土の底質の下部に，防水シートを敷設している．
　水生動物の生息拠点となる「瀬や淵」は，緩やかな水流によってつくられた微細な変化点として流域に組み込み，さらに河床に変化をつけるために，大小の川石を「浮石」（写真-3）として点在させ，水流と空隙に変化をつけた．また，川をわたる飛び石（沢飛び）の堰止め効果を利用した「落ち込み」（写真-4）や，河川の流末の広い池の最奥部に水深1m程の「深場」をつくるなどの工夫をしている（図-3）．

(5) 地域在来水生動物の保護と繁殖

　既存の在来生物は，その土地固有の遺伝子をもち，生物多様性の保全上重要な意味をもつものである．特に，河川が自然度の高い地域に位置している場合は，同一種であっても，むやみに他地域からの移入は避けなくてはならない．
　「根川」の場合は，既存の造成水路の改修で，周辺も都市化されていることもあり，自然の回復目標は，整備後も継続的に各々の種の個体群を維持できる程度と想定したが，既存水路に生息していた動物のなかから，自生のマシジミ，カワニナ，ドジョウを保護対象とし，造成工事の段階で川底の泥土とともに採集して，整備後の河道に戻した．また，ドジョウ以外の魚類は，隣接する昭和用水に生息・生育していたオイカワ，タモロコ，ギンブナを捕獲し，放流した（写真-5）．

(A) 蛇篭と玉石の護岸

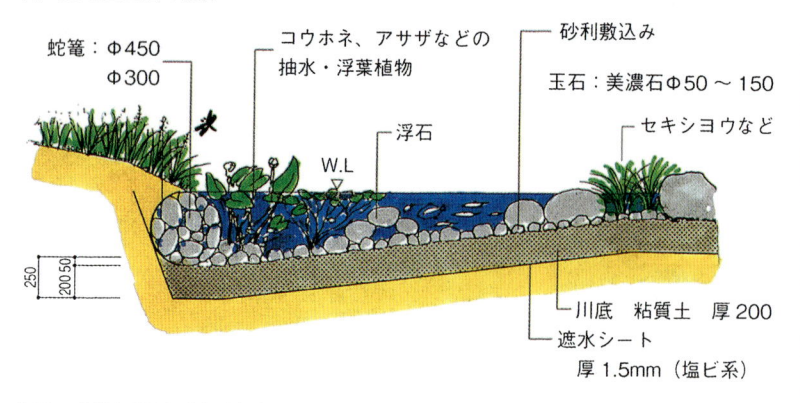

河道：整備中（上）と整備後（下）：緩やかな蛇行曲線を描く河道は，玉石の下に粘質土と防水シートを敷きこんでいる．

(B) フトン篭の護岸

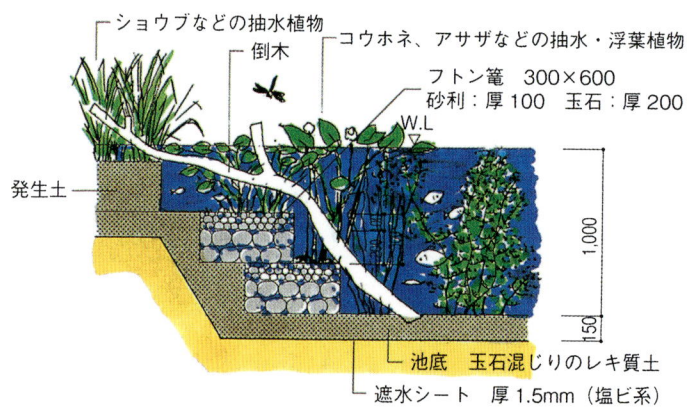

最奥部の池：整備中（左）と整備後（右）：水深1mを確保した最奥部の池は，フトン篭と蛇篭の組み合わせによって護岸を安定させている．水草はショウブなど．

図-3 水路の護岸の主要標準横断図

2) 水際線

　水域と陸域の接線である水際線は，水流や波浪などにより多様な形態を表し，それぞれの場に応じて，水生と陸生の植物が入り混じり，水際線に特有な植生が成立している．そこは，水生，陸生双方の野生動物の採餌，繁殖，避難などの場に使われる「野生動物生息領域（ハビタット）」として極めて重要な場である．しかし，この水と陸との微妙な関係から成り立っている「水際線」は，水位の変動の程度によって左右されるごく繊細な立地ともいえる．

　水位変動が少なければ，常時陸域に同じ条件で水分が供給されるので，木本類や多年草による，安定した水際線の植生が形成されるが，頻繁に冠水と陸化を繰り返す河原やダムサイトなどでは，植生が安定せず，裸地の多い一年草の群落となりやすい．そのため，人為的に水位をコントロールできる場合は，水位の変動をできるだけ少なくし，安定した水際線の植生を復元する．

　「根川」の場合は，常時安定した水量が供給される高度処理水を水源とし，周辺からの流入水も少ないので，安定した植生が保ちやすい．

(1) 生態に配慮した護岸

　自然の水際線をつくるには，自然の水流により自在に変化する柔軟な構造が理想であるが，敷地や周辺の土地利用が制限されている河川では，変動の少ない，安定した形態の「護岸」をつくる必要がある．岸辺を降水や水流による大きな侵食から守りつつ，生きものの隠れ場ともなる「護岸」の素材としては，多孔質の礫や石や杭や粗朶などの自然素材が望ましいが，その選択はその川独自の生態系の復元と，景観の馴染みという点から，河川の立地する基盤や周辺にある素材とするのが理想である．

　かつては，玉石河原であった「根川」の場合は，河床と同様の「玉石」使用したが，岸辺の安定や水深の確保という点から，玉石の他に，玉石垣や蛇篭，フトン篭を用いて水際線を安定させた（図‐3参照）．

(2) 河畔の植生の保全と復元

　河畔の植生は，降水を枝葉で受け止め，根系で土を繋ぎとめて，河川の周辺から流れ込む水量を調節し，水質を浄化する．冠水頻度の少ない河畔には，ヤナギやハンノキ，トネリコなどの木本類による河畔林が成立する．木本と草本類とで立体的に構成される河畔林は，哺乳類，鳥類，昆虫などの移動通路（コリドー）となり，ハビタットともなる．水面に影を落とす樹木の影は，「魚付林」として，魚の休息や避難場となり，水際の植物の枝葉や根際に生息する小動物は，魚，カエル，イモリ，カニなどの餌となり，トンボやホタルの羽化や休息の場となるなど，多くの水生動物の生息環境として重要な役割をもつ．しかし一方で，水中に日が入らないほどに水辺の樹木が茂りすぎては，かえって水中の生態系の多様性が失われてしまうので，湿性草地，落葉樹の疎林に少なめの常緑樹を交えた樹叢が，適度に組み合わさった河畔が望ましい．

　「根川」の場合は，緑道整備時に植栽された常緑性の高木と低木類が旺盛に茂り，水路にほとんど日が差し込まない陰鬱で単調な環境であった．河道と遊歩道の改修にともない，常緑広葉樹と低木性の園芸種の大半，外来の落葉広葉樹，河道を被圧している大樹を取り除き，ハンノキ，イヌコリヤナギなどの木本類を補植し，セキショウ，ミソハギなどの湿性植物，コウホネ，ショウブ，サンカクイ（写真‐6）などの抽水植物，アサザなどの浮葉植物を水際の植生の基本種として導入した．その際，ショウブ，エビモ，フサモを隣接する昭和用水に生育している個体を移植した．

3）陸域

　川の水源となる雨水を受け止める凹地形を，「集水域」といい，この陸域の地形，土壌，

写真‐6　岸辺に定着したサンカクイ

植生などが川に流れ込む水量や水質，土砂の流入や生物の生息などに大きな影響を及ぼす．ここでいう陸域は冠水の頻度が低く，表土が安定して，陸生の植物が成立する区域をいう．

(1) 陸域の形態は一律にしない

　川の侵食によってできたV字谷の斜面林，緩やかな川辺に望む丘陵地の雑木林や平地林など，川と周辺の地形は，相互の働きかけによって川辺固有の環境が成立している．目標とする川辺の陸域の形態も，できるだけ既存の地形を保全，復元するのがよい．しかし，都市近郊の河川では，安全性の重視，隣接する土地利用からの制約が多く，人工的な構造物や工作物の使用や導入は避けられない．特に，「河川緑道」など，川に水遊びや観賞などの「親水性」を要求する場合は，遊歩道，橋，デッキなどの導入による制約が多くなる．

　「根川」の場合は，水源部に造成されていたゲートボール場に，盛り土による斜面林を造成した他は，ソメイヨシノなどの既存樹を残すために，陸域の地形の大半は原地形に河道を合わすように計画した．

(2) 既存の大樹や植生を活かす

　河川の場合，陸域を含めた全てを新たにつくりだすようなケースはごく少なく，河道の周辺には少なからず既存の植物が生育している．それが大樹の場合は，地域の歴史を伝え，一群の樹叢であれば，その地域に自生する野生動物の生息拠点となっている可能性が高い．既存の植生や樹木の保護は，表土の保全にもつながり，個体の移植では果たせない生態系保全の意味をもつ．

　「根川」の場合は，根川と一体的に親しまれてきた，「ソメイヨシノの名所を復元する」という前提があるため，まず，ソメイヨシノと競合する樹木と，陽を遮っている常緑広葉樹を取り除き，次いで，景観的にも生理的にも過密になっていたソメイヨシノを，「樹冠が空に抜ける」風景を想定し，ほぼ半分近くを間引く「修景間伐」を行った．また，崖線樹林の構成種であるエノキ，ケヤキの大樹は，根川のシンボルとして優先的に残した．

13-4　順応的管理

　自然の河川は，気象の変化や植物の生育状況などによって，ひとときも同じ状態にはない．特に，河川を取り巻く植物の繁茂は，野生動物の生息環境に大きな影響を及ぼす．一方，野生動物には生活史もさだかでないものの方が多い．すなわち，自然には，わからないことが沢山ある「不可知性」，時間とともに形を変え続ける「否定常性」，対象範囲を限定できない「開放性」という特性があることを理解する必要がある．当然管理も，その前提に立ったものでなくてはならない．管理対象地の自然の変化や生物の動向を観察しながら，柔軟に管理の内容を変えていく「順応的管理」の考え方は，「新・生物多様性国家戦略（2003年3月閣議決定）」や「自然再生推進法（2003年1月施行）」のなかにも取り入れられている．多自然型の緑づくりを目指すには，このような「順応的管理」を前提とすることが重要である（写真-7）．

　河川特有の多様なハビタットは，水中から水際線までに生育する水生，湿性の植物群によってつくられる多彩な空間である．

　湿った陸域から水際線にかけては，ヨシ，ガマ，マコモ，セキショウ，スゲ類，イグサ，カヤツリグサ，ミソハギなどの多彩な湿性植物が生育し，1m以上の水深域には，エビモ，フサモ，クロモ，マツモなどの沈水植物が生育できる．その中間域の日当たりのよい浅場は，アサザ，トチカガミ，ヒシ，ヒツジグサ，ヒルムシロなどの浮葉植物やコウホネ，ショウブなどの抽水植物が適応しやす

13. 中小河川

写真-7 流末池
水辺の植物管理は，生育状況を見極めながら進める順応的管理を前提とする．

写真-8 陰と陽のコントラスト
岸部の植物の茂り具合による陰と陽のコントラストは，生物の生育，生息環境の多様性を増す．

い領域である．しかし，これらの植物の住み分けは必ずしも明確ではない．実際には，ヨシは水深1mの深さにも生育するし，ヒシやヒルムシロ，エビモやマツモなどの浮葉，沈水植物も，本来は日当たりの良い浅い水域を好む．水辺の植生を放置して，勢力旺盛な植物だけに単純化させないためには，侵略的に繁殖する植物を抑え，被圧されている植物を復活させるための，状況に順応した「選択的除去」が不可欠である．「順応的管理」の考え方が欠かせない理由である．フライフィッシングの盛んな英国では，魚類の生息に適した川を維持するために，水辺や水中の植物の繁茂を抑制して魚類の生息域を維持する，専門の「リバーキーパー」がいて，水草刈りなどの管理を行っている．このように水辺から水中にかけての多様な形態をもつ植物群落を継続的に維持することが，多く水生動物の住む多自然型川づくりの管理のポイントである．

「根川」の場合は，流域の大半を占める，流速のある浅い流れは，底質が根を下ろしにくい礫であり，水草による水面の被覆は進行していない．また，水草の生育しやすい泥底の浅場は，水際部の一部に限定し，侵略性の旺盛なヨシやガマなどは，はじめから意図的に導入していないので，セキショウ，コウホネ，ショウブ，ウキヤガラ，アサザなどの部分的な間引きを適宜行っている程度である．一方，岸辺の植物の繁茂は水面を覆うほどに旺盛で，水面にできるだけ日を入れるため，水際線の大形植物の刈取りや剪定を集中的に継続している（写真-8）．

13-5 モニタリング調査の管理への反映

「順応的」とはいえ，無計画で場あたり的な管理では，管理責任者が変わるたびに，管理内容も変わることになりかねない．管理内容に見合った効果を上げるためには，現地の生物の盛衰や生物

写真-9 良好な水生動物の生息環境
世代交代したオイカワやタモロコが流れに群れている（左），餌をついばむカルガモの群れ（右）

の動向を可能な限り把握しておく必要があり，そのための「モニタリング調査」が不可欠である．

　根川の場合は，整備後の水生動物の生息の変遷について，1996年に葉素恵が総合的なモニタリング調査を行っている[2]．それによれば，窒素やリンなどの栄養塩類の濃度が減少していること，移植したオイカワ，タモロコ，マブナなどの魚類が世代交代しており，多種類の底生動物が生息し，流水性のハグロトンボの飛翔が多くみられるなど，水生動物にとって，良好な生息環境に回復していることが確認された．また，カルガモ，カワセミ，コサギなども頻繁に飛来していることから，水鳥を頂点とする，小河川の生態系が形成されつつあることも確認された（写真-9）．しかし一方で，アサザやヒルムシロなどの浮葉植物やエビモやフサモなどの沈水植物の減少や消滅がみられ，その原因がはっきりしないこともあり，今後の継続的な観察による，「根川」独自の生態管理技術の確立が模索されている．

13-6　管理と人のかかわり

　水域，陸域双方からの影響を同時に受ける河川は，整備後に継続される管理の内容が，生物の生息環境の適否を大く左右する．また，利用者の川へのかかわり方も，生態系に大きな影響を及ぼす（写真-10）．

　「根川」の場合は，サクラの名所として，緑道をともなう積極的な川への接近を前提としている．その分，野生動物にとっては人によるストレスが大きい．その対策として，

　① 人の近づきを制約するゾーンの設定と解説板の設置
　② 管理者への自然制御管理の理解と具体の徹底

写真-10 人が水に触れたり，入ったりできる場所を特定することによって，他の場所への近づきを制限する．
左：子供の水遊びができる場所の特定
右：中に入って遊べる体育館前の広場前の浅い流れ．

③ コイやキンギョなどの除去と放流禁止看板の設置やビラの配布
④ 野生動物の生息環境維持の重要性の理解を深める催物の開催

などを行っており，整備後に発足した「根川緑道を良くする会」などに，多自然型緑道の価値と位置づけを理解してもらい，それらのグループが管理，広報，イベント，監視などの活動にも協力している．

(山本紀久)

―― 引用文献 ――

1) 山本紀久・中田研童 (1994)：立川公園「根川緑道」の修景計画, JAPAN LANDSCAPE, No. 32, 28-31.
2) 葉 素惠 (1997)：清流復活事業による都市河川の生物生息環境の回復―高度処理水を用いた根川清流復活事業における事例研究―, 東京農工大学大学院農学研究科修士論文.
3) 山本紀久 (1993)：水辺の生物, 水辺のリハビリテーション―現代水辺デザイン論―, 亀山 章・樋渡達也編, p.42-54, ソフトサイエンス社.

コラム

自然再生と外来種

　近年，地方自治体や民間団体などによって，ビオトープ池などの水辺の環境整備が行われ，多様な水生生態系が復元・創出されるようになってきた．

　しかし，その生態系に大きな影響を与える外来種は，国外や国内からの移入を問わず，種数，分布域ともに年々増大する傾向にあり，様々な水域に放逐されている．ここでは，外来種としてあまり意識されていない身近な例として，アメリカザリガニとコイの2種を取り上げる．

　アメリカザリガニは，河川や池沼，水田，用水の止水域から流れの緩やかな水域に広く生息するアメリカ原産のもので，昭和初期の移入以降，急速に日本各地に分布を拡大させた種である．食性は雑食性で，水生昆虫や水生植物などの水域に生育・生息するあらゆるものが餌の対象となる．また，生命力が旺盛で，湿地などの浅水域やため池のかい堀時にできる一時的な泥濘のような場所でも生存する．実際に，本種が水域生態系に与える影響に関する報告は多くないが，ビオトープ池などの小規模水域では，本種が移入された時期を境に，種多様性が低下してしまったところは少なくない．アメリカザリガニに関する問題を複雑にしているのは，教育の教材として利用されていることもあって，すでに市民権を得ているかのような風潮が広まっており，外来種であるということの認識が他の種と比較して低いことにある．

　コイは，日本全国に分布していることから，外来種に該当しないように思われるが，記念イベントなどでつくられる様々な水域に，無造作に放流された経緯があり，本種は国内移入種として扱われるべきである．本種が，特に水域生態系を撹乱する要因は，その採餌方法にある．それは吸飲摂餌と呼ばれる方法で，口中に水や底泥と獲物を一緒に吸い込み，餌となるものだけを漉し取り，その他のものは鰓から排出する．その際に，水底の水生植物を吸飲したり，鰓から排出する水の勢いで水生植物の根が洗われたりして，減少する可能性がある．そこはトンボ類の幼虫をはじめとした水生昆虫の良好な生息場所であり，さらに，メダカやフナ，モツゴなどの魚類の産卵基盤域であり，生物多様性を保全する上では非常に重要な環境である．また，魚類や貝類などは，生息環境が水域に限定されるため，閉鎖的な水域では，このように撹乱により貴重な種が絶滅してしまうと，その復元・再生への取り組みは非常に困難なことになる．

　このように湿地や小規模な閉鎖水域は脆弱な環境であることが多く，外来種が入り込んだ場合は，その影響は早期に現れるものと考えられる．

　学校や公園などの公共施設に整備されたビオトープ池は，ビオトープネットワークを形成する上で重要な拠点として位置づけられ，健全な生態系が形成・維持されていることが要求される．もし，この拠点が外来種の巣窟となれば，ネットワークの形成によって誘致されたトンボ類が産卵を行ったとしても，卵や幼虫は外来種に捕食されてしまい，それ以上のネットワーク形成は途絶えてしまうであろう．

（井上　剛）

14. 干　潟

14-1　造成干潟の発達過程

　干潟がつくられると，そこにはバクテリアや藻類といった微生物をはじめとして，貝類や多毛類といった底生動物，そして鳥類がやがてみられるようになる[1-7]．これは，干潟生態系を構成する主要生物（生産者・分解者・一次消費者・二次消費者など）が新たなハビタットに自然に定着し，干潟生態系としての構造が成立してきたことを意味している．

　造成された場において生物が定着しはじめると，水質浄化機能や，潮干狩り・バードウォッチングに代表されるアメニティ機能などが，定着生物によってもたらされるようになる[4,8,9]．ただし，この初期段階においては干潟の環境が急変することも多く，生息生物の代謝活性や現存量が不安定であり，ときに破綻することもある．

　しかし，時間の経過とともに干潟環境が安定し，やがて生息生物の現存量や活性が，ある程度の変動幅をもちつつも平衡状態で維持され，生態系の構造や機能が自律安定するようになる．自律安定したその生態系は，自然の生態系に類似した構造や機能を示すこともあるだろうし，自然とはまったく似つかない様相を呈することもあるだろう．

14-2　造成干潟における地形変化とマクロベントスの応答——三河湾における事例——

1)　造成干潟において顕著な地形変化

　干潟生態系が自律安定するためには，その生態系内で「個体群を絶滅させるような極端な環境条件の変化が起きないこと」が重要である．しかしながら，つくられて間もない「未成熟」な造成干潟では，波や流れなどの外力と，地形勾配や堆積物の粒径とのバランスがとれていないため，大きな地形変化が起きることが多い[10-12]．地形変化の発生にともない，堆積物の撹拌や，標高の変化による干出時間の変化が起き，底生動物密度が大きく変動することが予想される．したがって，地形変化は干潟生態系の自律安定化に多大な影響を与えると思われる．

　ここでは，三河湾の西浦地区造成干潟において調査された，地形変化に対するマクロベントス群集の応答について紹介する．

2)　三河湾における干潟再生

　三河湾の湾口部に位置する中山水道航路の浚渫により発生する砂を有効活用するために，国土交通省と愛知県は1998年より，三河湾の各地において干潟や浅場の造成事業を進めている（図-1，写真-1）．そして，2002年度までに32地区（延べ面積約450ha）の干潟・浅場が造成されている．これらの造成地区のうち，蒲郡市西浦地区干潟は，その浚渫砂（中央粒径約0.18mm，シルト粘土含有率約3%）を用いて1999年7月に造成された．

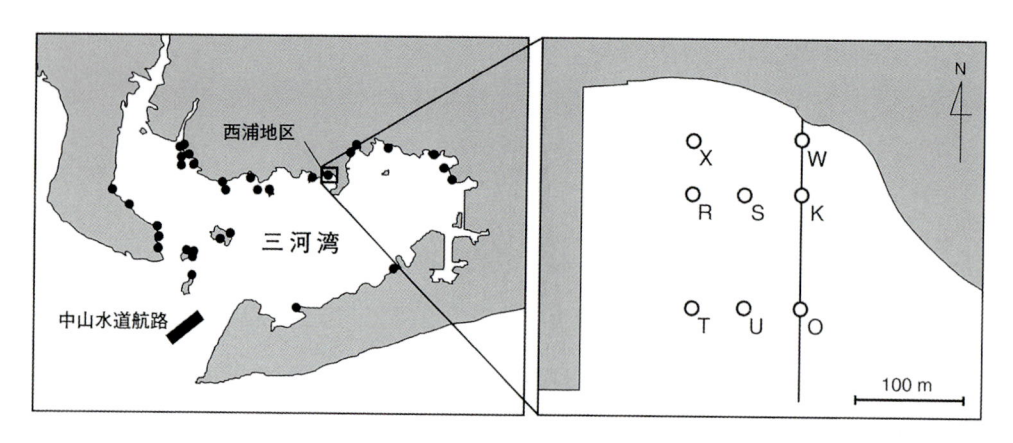

図-1 三河湾において進められている干潟や浅場の造成事業の位置図（2002年度末時点）（左）と，愛知県蒲郡市西浦地区造成干潟における調査定点・測線（右）

写真-1 西浦地区造成干潟の航空写真（2003年6月2日撮影，国土交通省中部地方整備局三河港湾事務所より提供）．干潟内では砂州が東西方向に発達し（白く見える部分），その北側では潟湖，南西側では平坦部が形成されている．

3) 地形変化の様子

干潟造成時（0ヵ月後）の地形は，岸から沖方向約200mまでほぼ平坦であり，標高は約＋0.8m D.L.（平均水位は約＋1.3m D.L.）である（図-2）．その後，干潟内で砂州が形成されはじめている．造成から6ヵ月後に，岸から約120mの場所を中心としていた砂州は，岸に徐々に移動しながら発達し，18ヵ月後にはStn. Kの位置する岸から約75mの場所に移動し，砂州の標高の最高部が＋2.7m D.L.となっている．

4) マクロベントスの出現と増加

Stn. Kにおけるマクロベントス密度および標高の経時変化を図-3に示す．干潟造成後3ヵ月を経過したころよりマクロベントスの定着がみられはじめ，密度が顕著に増加している．二枚

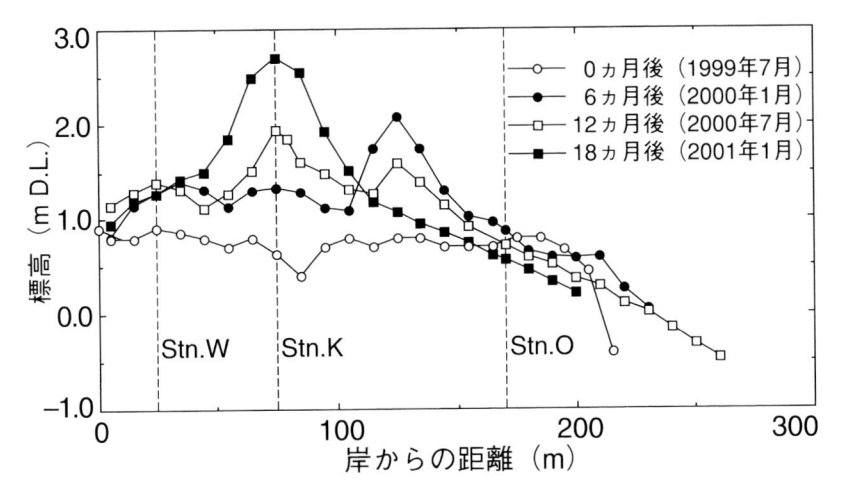

図-2 干潟造成時（0ヵ月後）(○), 6ヵ月後（●）, 12ヵ月後（□), および18ヵ月後（■）における側線上（岸沖方向）の標高（m D.L.）の経時変化.
桑江（2005）[13]を一部改変.

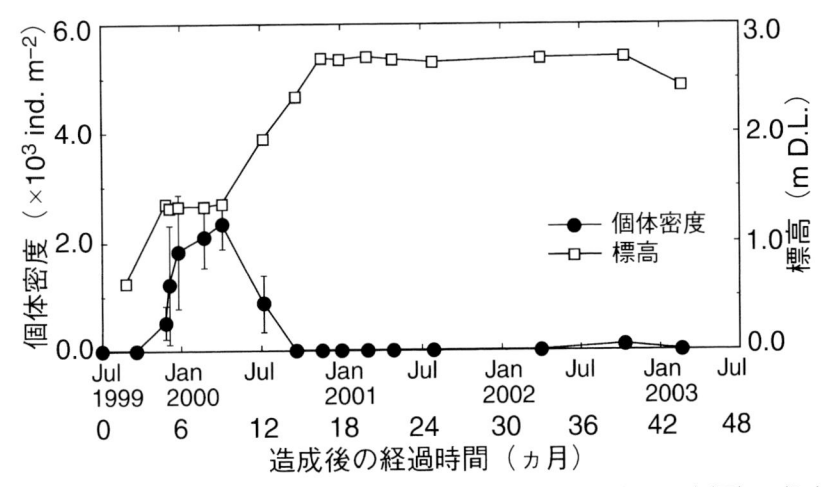

図-3 Stn. Kにおけるマクロベントス密度 (ind. m^{-2})(●) および標高 (m D.L.)(□) の経時変化. Error Barは標準誤差 ($n=3$).
桑江（2005）[13]を一部改変.

貝類のアサリ (*Ruditapes philippinarum*), シオフキガイ (*Mactra veneriformis*), ゴカイ類の *Pseudopolydora* sp. が主な優占種である．そして，造成から9ヵ月後の全個体密度は，約2,300ind. m^{-2}に達している．

5) 急激な地形変化とマクロベントスの減少

しかしその後, Stn. Kにおける砂州の急激な発達により標高が上昇しはじめると同時に, マクロベントス密度は減少し, 標高が+2.3m D.L.となった2000年8月には, マクロベントスが生息しなくなっている．

全定点における標高とマクロベントス密度との関係を図-4に示す．Stn. TやStn. Uでは, 標高の変化が比較的小さかったものの, 調査期間中に標高が約0.8m変動している．砂州の発達により標

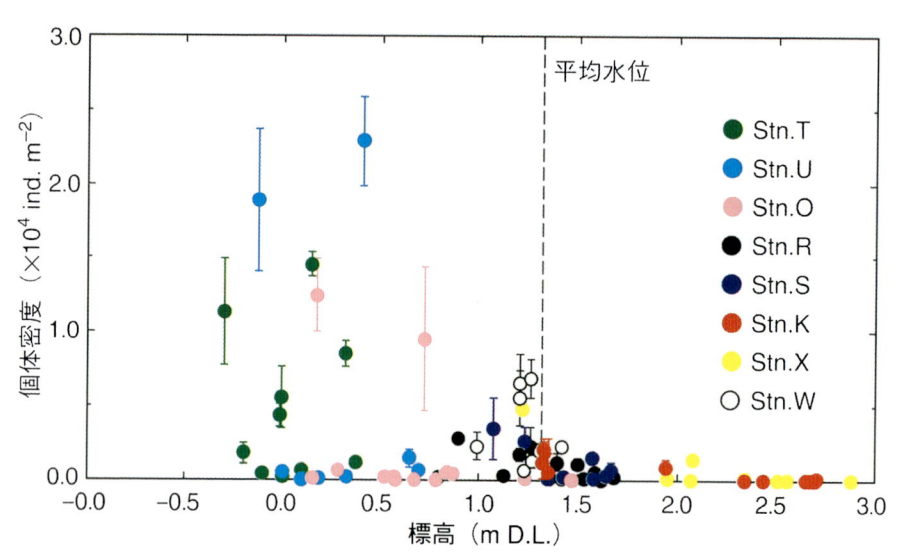

図-4 全定点における標高 (m D.L.) とマクロベントス密度 (ind. m^{-2}) との関係.
Error Barは標準誤差 ($n=3$). 破線は平均水位を示している.
桑江 (2005)[13] を一部改変.

高の変化が大きかったStn. KやStn. Xでは，調査期間中に標高が2.0m以上変動している．
　調査された標高約-0.5m D.L.から約+3.0m D.L.の範囲のうち，約-0.3m D.L.から約+0.7m D.L.において，高密度のマクロベントスが観測される場合がある．一方，標高が+1.3m（平均水位）より高くなると，高密度のマクロベントスが観測されなくなる．そして，標高が約+2.0m D.L.より高くなると，マクロベントスがほとんど生息できなくなることがわかる．

6) 造成に際しての留意点

　地形変化により標高が上昇すると，干出時間が長くなるため堆積物が乾燥したり，温度や塩分が急激に変化したりするという，過酷な環境条件に晒されるため，一般に底生動物の密度や種類数は減少する．これは，長い干出時間にともなって過酷化する環境条件に耐えうる底生動物が限定されることを意味している．
　西浦地区では，標高が平均水位より高くなると，高密度のマクロベントスが観測されなくなる．さらに，標高が+2.3m D.L.より高くなると，満潮時においても堆積物表面が海水に浸潤しなくなるため，マクロベントスがほぼ生息しない環境となってしまっている．このような砂州の発達などの地形変化とりわけ標高の上昇は，マクロベントスを著しく減少させ，生態系の自律安定化を妨げる要因となる．
　以上を踏まえると，干潟の造成にあたっては，大きな地形変化が起きないよう，場の選定や外力の制御に関して十分配慮する必要がある．

14-3　干潟造成後の時間経過にともなうマクロベントスの群集の成熟化
　　　　　― 干潟メソコスムによる実験 ―

1) 自律安定に要する時間

　造成干潟における底生生物の現存量が変化する大きな要因として，先に述べた「環境条件の大き

な変化」の他に「造成後の時間経過にともなう生態系の成熟化」があげられる．後者については，自然干潟ではみられない造成干潟特有の要因である．

現場では通常，時間経過に付随して環境条件が変化してしまうため，干潟造成後の時間経過と生物群集との関係を明確化することが不可能である．しかし，環境条件を一定にすることのできる干潟メソコスム（mesocosm）では，この課題を扱うことが可能である．

ここでは，生態系造成後のマクロベントス群集の時間経過にともなう変化の特性を明らかにするために実施された，干潟メソコスムを用いた実験結果を紹介するとともに，生態系の自律安定に要する時間について検討してみる．

2) 干潟メソコスムの概要と実験方法

メソコスムとは，「中規模の宇宙（空間）」という意味であり，生態系の実験においては，自然に近い環境を人工的につくりだしたある程度大きな場のことを指し示す．メソコスムの長所は，自然に近い環境の中で，生物や環境条件を目的に応じてコントロールしつつ比較実験を行える点である[14]．

干潟メソコスムの内部の様子を写真-2，実験水槽の平面図と実験海水のフローを図-5に示す．千葉県木更津市盤洲干潟において採取した堆積物を各実験水槽へ深さ50cmになるように投入してある．この堆積物は，投入前に天日で20日間乾燥させたため，成体の底生生物は初期条件として含まれていない．1994年12月に実験水槽へ海水を導入し，潮汐を与えて実験生態系を創出している．1週間に1〜3回の頻度で水槽中の海水と久里浜湾からポンプで汲み上げた未処理海水とを交換している．平作川から淡水が久里浜湾に流入するため，降雨時における取水では，低塩分の海水が干潟水槽へ供給される．波や流れによって堆積物への物理的撹乱を与えている．上屋が存在するため，気象擾（じょう）乱に起因する干潟地形や堆積物粒径の変化はみられない．

写真-2 干潟メソコスムの内部の様子

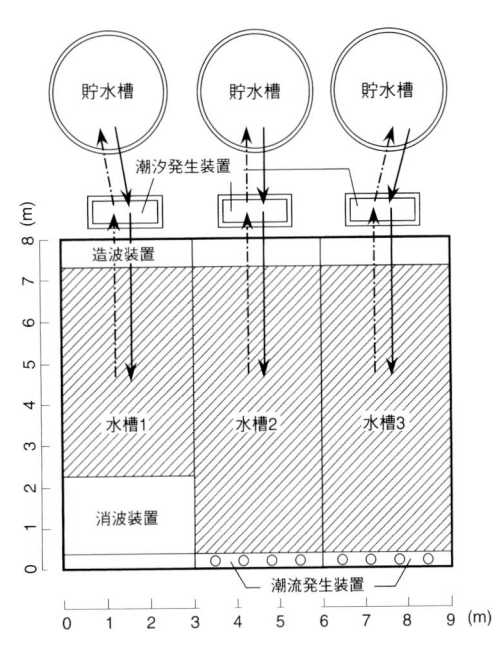

図-5 干潟メソコスムの平面図と実験海水のフロー
実線が上げ潮，破線が下げ潮を示す．

この実験期間中，生物を一切人為的に実験水槽へ投入していない．すなわち，実験水槽に加入したすべての生物は，久里浜湾の海水由来（例えば，卵・胞子・幼生・種子など）である．上屋の存在により，鳥類の飛来はない．海水の取水口にはポンプの保護のためネットがかけられており，魚類および成体のマクロベントスの移入もほとんどない．

3） 時間経過にともなう個体密度と種類数の変動

6年間の実験期間中に干潟メソコスムおいて優占したマクロベントスは，甲殻類のドロクダムシ（*Corophium* sp.）やニホンドロソコエビ（*Grandidierella japonica*），ゴカイ類のイトゴカイ（*Capitella* sp.）やコケゴカイ（*Ceratonereis erythraeensis*），巻貝類のブドウガイ（*Haloa japonica*）などである[15]．

干潟メソコスムでは，いずれの水槽においても，生態系創出後の経過時間とマクロベントスの個体密度との間には関連性がみられていない（図-6）．一方，生態系創出後の経過時間とマクロベントスの種類数との間には，いずれの水槽においても明瞭な関係がみられている．図-6の近似直線の傾きから，毎年1～2種ずつ種類数が増加し続けていることがわかる．

4） 平衡状態に達するまでの時間

三重県英虞湾[3]，長崎県諌早湾[16]，大阪府阪南地区[17]，兵庫県尼崎市[6]など，現地に造成された干潟における観測結果によると，マクロベントスの種類数については長くても2年程度で平衡状態に達するケースが多く，干潟メソコスムの水槽2において6年間経過しても平衡状態に達していない結果と大きく異なっている．この理由としては，干潟メソコスムが現場海域から隔離されているため，①幼生の供給効率が低いこと，②分散性の低い幼生期をもつ種や，直達発生の種が加入しにくいこと，さらに，③海水の取水口にネットがかけられており，魚類および成体のマクロベントスの移入がほとんどないこと，などが考えられる．

5） 幼生の供給や成体の移入を考慮した造成干潟の発達促進

実際の干潟造成においては，造成後の干潟の発達を人為的に促し，完成を早めたいという要請も存在すると思われる．前述の干潟メソコスムにおける結果を考慮すると，造成干潟の発達促進には，幼体の供給や成体の移入が重要であると予想される．したがって，これらを踏まえた発達促進のた

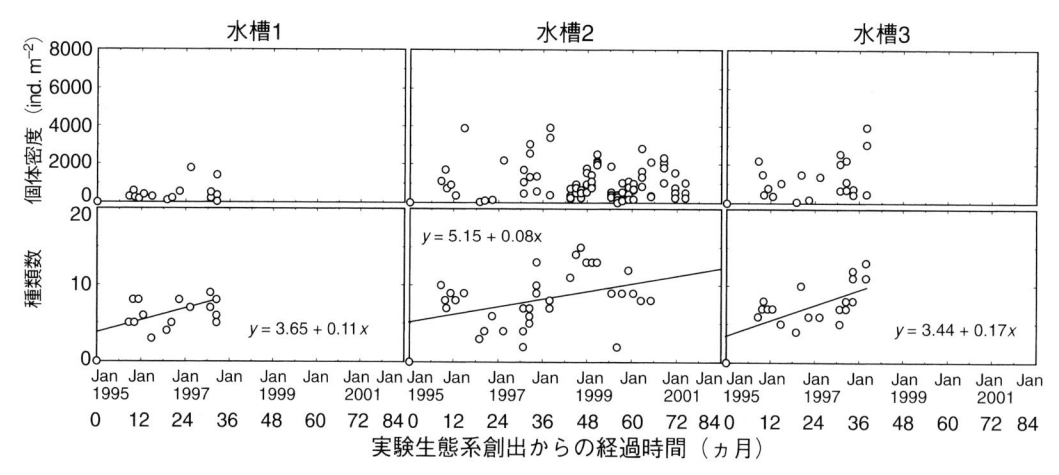

図-6 干潟メソコスムの各実験水槽におけるマクロベントスの個体密度（上段）および種類数（下段）の経時変化
近似直線は統計的に有意（$P<0.05$）．桑江ほか（2002）[15]を一部改変．

めの具体的な技術方策としては,
- 効率的なマクロベントスの幼生供給や成体の移入が起きるように,既存干潟の近くに場所を選定すること
- 幼生の供給経路（流れによる幼生の輸送）を考慮して場所を選定すること
- 繁殖期の成体を持ち込むことにより,受精卵や幼生の当該干潟への接近機会を増やすこと（ただし,幼生や成体を外部から持ち込むことが,周辺生態系への撹乱を引き起こすことも考えられるため,注意が必要である）

などが考えられる．これらの技術方策が発達促進に対して有効な手段であるかどうか,今後検討する必要がある．

6) 長期間の事後モニタリングの必要性

干潟メソコスムでは,幼生の供給過程に制限があると思われるものの,6年経過しても種類数が平衡状態に達していない．さらに干潟メソコスムでは,実験開始から9年経過した後に,大型のマクロベントスであるスジエビ類（*Pakaemon* sp.）がはじめて出現している[18]．これらの結果は,例えば造成されてから数年しか経過していない干潟において,種類数や多様性について最終評価してしまうと,著しく過小評価する可能性があることを示している．したがって,少なくとも種類数に関連する項目を評価する前に,事後モニタリングを十分長い期間実施する必要があると考えられる．

また,造成された生態系では,日和見種が優占したまま,生態系の発達の初期段階が何十年も続く場合がある事実も考慮すると[19-21],造成干潟の事後モニタリングを長期間実施する必要性は高いであろう．

（桑江朝比呂）

―― 引用文献 ――

1) 今村　均・羽原浩史・福田和国 (1993)：ミチゲーション技術としての人工干潟の造成 ― 生態系と生息環境の追跡調査 ―,海岸工学論文集 40, 1111-1115.
2) 上野成三・高橋正昭・原条誠也・高山百合子・国分秀樹 (2001)：浚渫土を利用した資源循環型人工干潟の造成実験,海岸工学論文集 48, 1306-1310.
3) 上野成三・高橋正昭・高山百合子・国分秀樹・原条誠也 (2002)：浚渫土を用いた干潟再生実験における浚渫土混合率と底生生物の関係について,海岸工学論文集 49, 1301-1305.
4) 木村賢史・市村　康・西村　修・木幡邦男・稲森悠平・須藤隆一 (2002)：人工干潟における水質浄化機能に関する解析,海岸工学論文集 49, 1306-1310.
5) 西村大司・岡島正彦・加藤英紀・風間崇宏 (2002)：浚渫土を用いた干潟造成による環境改善効果について,海洋開発論文集 27, 25-30.
6) 石垣　衛・大塚耕司・桑江朝比呂・中村由行・上月康則・上嶋英機 (2003)：大阪湾奥の閉鎖性水域に造成した捨石堤で囲われた干潟の効果と課題,海岸工学論文集 50, 1236-1240.
7) 桑江朝比呂・河合尚男・赤石正廣・山口良永 (2003)：三河湾の造成干潟および自然干潟に飛来する鳥類群集の観測とシギ・チドリ類が果たす役割,海岸工学論文集 50, 1256-1260.
8) 李　正奎・西嶋　渉・向井徹雄・滝本和人・清木　徹・平岡喜代典・岡田光正 (1998)：自然および人工干潟の有機物浄化能の定量化と広島湾の浄化に果たす役割,水環境学会誌 21, 149-156.
9) 矢持　進・宮本宏隆・大西　徹 (2003a)：浚渫土砂を活用した人工干潟における窒素収支 ― 大阪湾阪南 2 区人工干潟現地実験場について ―,土木学会論文集 No. 741/Ⅶ-28, 13-21.
10) 古川恵太・藤野智亮・三好英一・桑江朝比呂・野村宗弘・萩元幸将・細川恭史 (2000)：干潟の地形変化に関する現地観測 ― 盤洲干潟と西浦造成干潟 ―,港湾技研資料 No. 965, 1-30.
11) 姜　閏求・高橋重雄・奥平敦彦・黒田豊和 (2001)：自然および人工干潟における地盤の安定性に関する現地調査,海岸工学論文集 48, 1311-1315.

12) 岡本庄市・矢持　進・大西　徹・田口敬祐・小田一紀（2002）：大阪湾阪南2区人工干潟現地実験場の生物生息機能と水質浄化に関する研究 ― 浚渫土砂を活用した人工干潟における地形変化と底生生物の出現特性 ―，海岸工学論文集 49, 1286-1290.
13) 桑江朝比呂（2005）：造成された干潟生態系の発達過程と自立安定性，土木学会論文集，印刷中.
14) 西條八束・坂本　充（1993）：メソコスム湖沼生態系の解析，名古屋大学出版会.
15) 桑江朝比呂・三好英一・小沼　晋・中村由行・細川恭史（2002）：干潟実験生態系における底生動物群集の6年間にわたる動態と環境変化に対する応答，海岸工学論文集 49, 1296-1300.
16) 川上佐知・羽原浩史・篠崎　孝・鳥井英三・古林純一・菊池泰二（2003）：人工的に生成した干潟の成熟性評価に関する研究，海岸工学論文集 50, 1231-1235.
17) 矢持　進・平井　研・藤原俊介（2003b）：富栄養浅海域における生態系の創出 ― 人工干潟現地実験場での生物と窒素収支の変遷 ―，海岸工学論文集 50, 1246-1250.
18) 桑江朝比呂・三好英一・小沼　晋・井上徹教・中村由行（2004）：干潟再生の可能性と干潟生態系の環境変化に対する応答 ― 干潟実験施設を用いた長期実験 ―，港湾空港技術研究所報告 43, 21-48.
19) Levin, L.A. (1984)：Life history and dispersal patterns in a dense infaunal polychaete assemblage: community structure and response to disturbance, *Ecology* 65, 1185-1200.
20) Moy, L.D., and L.A. Levin (1991)：Are *Spartina* marshes a replaceable? A functional approach to evaluation of marsh creation efforts, *Estuaries*, 14, 1-16.
21) Trueblood, D.D., E.D. Gallagher, and D.M. Gould (1994)：Three stages of seasonal succession on the Savin Hill Cove mudflat, Boston Harbor. *Limnology and Oceanography*, 39, 1440-1454.

コラム

人工干潟をシギ・チドリネットワークの登録地に

　シギ・チドリネットワークとは，正式には「東アジア・オーストラリア地域シギ・チドリ類重要生息地ネットワーク」という．この活動は，シギ・チドリ類にとって重要な生息地を，国際的認証という付加価値を与えることにより，法的規制の有無にとらわれずに，情報交流，環境学習などを中心とした普及啓発を通じて，地域主体の環境保全を進めていくことを目的としている（http://www.chidori.jp/network/index.html）．2003年9月現在，東アジアからオーストラリアにかけてシギ，チドリの渡りルート上の11ヵ国，33の湿地がネットワークに参加し，広がりをみせている．国内では8ヵ所が登録されており，このうち，1989年に開園した東京港野鳥公園（東京都大田区）や1983年に開園した大阪南港野鳥園（大阪市住之江区）は，当時の先駆的な自然再生の試みにより創出されたものである．

　同様に，人工的に創出され，シギ・チドリネットワークに登録できる要件を備えた所が，東京都江戸川区にある葛西海浜公園である．この公園は，1970年からはじまった葛西沖土地区画整理事業による埋立事業でつくられた公園で，面積は442.5haで，うち，水域が417.5haである．隣接する葛西臨海公園と合わせると626.0haという大規模な公園である．公園の陸地部分は，2つの人工島「東なぎさ」と「西なぎさ」からなり，「東なぎさ」は人の立ち入りを禁止した野鳥保護区では，水域を含む面積は約30haである．最近5ヵ年の調査データから，シギ・チドリ類の飛来数はネットワークへの登録基準を満たしている（表参照）．今後，地元自治体やNGOなどが協力することによって登録への道が開けるという．この公園には，シギ・チドリ類ばかりではなく，他の多くの野鳥も飛来している．葛西臨海公園の部分も含めてこれまでに記録された鳥類は230種といわれている．そのなかにはクロツラヘラサギ，カラシラサギ，ズグロカモメなどの世界的に希少種とされるものも含まれている．また，葛西臨海公園内には，淡水池，汽水池，樹林，草地などを復元し，観察施設も併設した「鳥類園」と呼ばれる面積約27haのバードサンクチュアリがつくられており，NPOとの協力により野鳥観察や環境学習の拠点として使われている．

　このように，自然再生により創出された人工干潟・人工海浜であっても，既存の自然の干潟と同様にシギ・チドリ類などにとって，国際的に重要な生息地となることが可能である．「再生できること」が破壊の免罪符になることは慎まなければならないが，すでに失われた干潟や海浜を再生する際の目標とすることができるであろう．

（中村忠昌）

シギ・チドリネットワークへの参加基準に達しているシギ・チドリ類とその個体数
　　2001年春　チュウシャクシギ　200羽
　　2001年秋　イカルチドリ　73羽
　　2002年春　ミヤコドリ　51羽，チュウシャクシギ　168羽
　　2003年春　ミヤコドリ　27羽
　　2004年春　ミヤコドリ　51羽，チュウシャクシギ　150羽

＊ネットワークに参加するための基準の1つに「シギ・チドリ類の特定の種（または亜種）の推定個体数の1％以上の個体が定期的に利用している」という条件がある．この基準に関しては，春・秋の渡りの季節は，個体群の入れ替わりを想定して，基準値の1/4，0.25％を基本的に適用している．

15. 海岸砂丘
― 国営ひたち海浜公園内の砂丘の再生を事例に ―

　1993年に行われた自然環境保全基礎調査によると，日本の海岸線の総延長は約32,800kmであり，そのうち海岸の汀線に工作物が存在しない自然海岸は，約18,100km（55.2％）と約半分を占めている．これは1984年の調査結果と比べると296kmの減少である[1]．海岸砂丘の延長は，1,900kmで，海岸線全体の7％を占めており，その面積は約224万haである[2]．

　沿岸域の自然環境のうち，藻場，干潟，サンゴ礁については全国的な現況調査が行われ，その質や減少の実態が明らかにされている．これに対して，海岸砂丘に成立する砂浜植生については，その自然性などの質に関わる実態は全国的規模では明らかにされていないのが現状である．この点について，日本各地の海岸植生を調査した経験から，大場は「海岸の植物自然はこの数十年の間に急速に多様性を失いつつあるという実感が強い．海岸の利用変貌は潟において最も激しく，浜がこれに次ぎ，磯（岩石海岸，海崖）はおおむね自然が残されている」[3]と報告している．また，植物群落レッドデータブックによれば，新たな保護の必要性や緊急性が「緊急に対策必要」と判定された群落複合のなかで，件数が多かった群落複合タイプの1つに砂浜植生があげられている[4]．砂浜は人間にとって，比較的利用しやすい場所であったこともあり，自然性の高い砂浜植生が残されている場所は極めて稀となっている．そのような意味からも，自然再生を行う対象地としては，砂丘は優先度が最も高いものの1つである．

　砂丘の自然再生の先駆的な事例としては鳥取砂丘がある．ここでは，以前，農地の確保や集落の保全を目的に砂の移動を止めるために防風林の植栽が大規模に行われた．そのために砂の移動が抑制され，砂丘が草地化し，自然景観が変化してきた．その対策として，1965（昭和30）年には砂丘の中心部を国の天然記念物に，また，1963（昭和38）年には砂丘全体を国立公園に指定し，保護の対象としたことにより，徐々に保護や再生の機運が高まり，砂丘の草地化を促進させる保安林が伐採された．しかし，十分な成果があげられず，1990（平成2）年からは本格的な保護・再生事業が進められ，現況把握や対策検討のための調査および3ヵ年の除草試験とモニタリング調査が行われた．さらに，1998（平成6）年より本格的な除草が開始され，現在では砂丘本来の姿を取り戻しつつある[5]．ここでの特徴は，草地化が大面積に進んだため，それを裸地化するために機械を用いて除草を大規模に行っていることである．

　本章では，茨城県の太平洋岸のひたちなか市の東海・阿字ヶ浦砂丘の一部である「国営ひたち海浜公園内の砂丘」における砂丘再生の取り組みを事例として，その自然再生の事業手順に沿って具体的に解説する．この公園内の砂丘は，砂の移動など，砂丘の環境傾度に対応した固有の砂浜植生の配列がかなり良好なかたちで大規模に残されている．このため鳥取砂丘のように機械を用いて大規模に除草を行ってよいのかという点についての結論はまだ出ておらず，現在は試行段階といえる状態にある．

15. 海岸砂丘

15-1 海岸砂丘の成り立ちと環境

砂丘とは，風によって運搬される砂（風成砂）が堆積してつくった小高い丘や堤状の砂の高まり[2]であり，海岸砂丘，内陸砂丘，河畔砂丘，湖畔砂丘に区分される．わが国では，ほとんどが海岸砂丘である．東海・阿字ヶ浦砂丘は，阿字ヶ浦より日立港までの南北約12km，東西は最も長いところで3kmにわたり，鳥取砂丘と比較しても遜色ない規模の大きな砂丘である．しかし，現在では様々な用途に利用され，昔ながらの砂丘の自然が残されている場所は限られている．

国営ひたち海浜公園は，東海・阿字ヶ浦砂丘の南端部に位置し，約350haの公園全体が砂丘上にある．すでに整備された約1/3を除き，内陸側は植林・二次林起源のマツや落葉広葉樹の高木林で，海岸側の約400～500mに自然性の高い海浜植生が発達している．この砂丘は，久慈川などから流出した砂が漂砂となり，海岸に堆積し，その砂が北東の卓越風により海岸際にある台地の基盤上まで押し上げられたことにより形成され，標高30mを超え，台地の奥まで北東から南西方向に縦列状に裸地化した部分が内陸側に入り込んでいる（図-1，写真-1）．また，ここの砂浜植生が良好な状態で維持されてきたのは，1938（昭和13）年に旧日本陸軍の接収から，戦後，水戸対地射爆場返還の1973（昭和48）年まで原則立ち入りが禁止され，海浜部の人工攪乱がほとんど行われなかったことが大きな理由となっている．

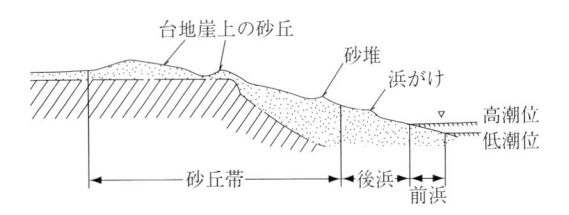

図-1 国営ひたち海浜公園付近の地形断面[6]

写真-1 国営ひたち海浜公園の砂丘の状況

砂丘上に成立する砂浜植生は，汀線から自然裸地，一年生草本群落，多年生草本群落，低木群落，高木群落と連続的に変化し，それらの植物群落の組み合わせから，わが国における砂浜植生は6つに類型区分することができる[6]（図-2）．国営ひたち海浜公園内の砂浜植生は，このなかの本州中部・西部と四国・九州に分布するコウボウムギ－クロマツ型（ヤブツバキ群綱亜型）に該当する．概ね海岸線に沿って南北に1km，奥行きが東西に300mの広がりをもち，一年生草本群落以外の一連の群落タイプがそろっている（図-3）．また，多年生草本群落の幅が広くコウボウムギが優占する群落の後背地に，オニシバ，ビロードテンツキなどが生育する植生帯が幅広くあり，自然性の高い群落が成立している．

一年草を主とした群落	多年草を主とした群落	低木群落	高木群落	隣接する内陸の森林		植物群落による海岸の類型	主たる分布地域
オカヒジキ群目	ハマニガナ－クロイワザサ群団	クロイワザサ－ハマゴウ群団	アダン群集	ヤブツバキ群綱	1	クロイワザサ－アダン型	琉球
	コウボウムギ群団	チガヤ－ハマゴウ群団	ヤマハゼ－クロマツ群集		2	コウボウムギ－クロマツ型（ヤブツバキ群綱亜型）	本州南岸 四国・九州
			ヤブラン－クロマツ群集				本州中部
		ハマナス群団	カスミザクラ－クロマツ群集	ブナ群綱	3	コウボウムギ－クロマツ型（ブナ群綱亜型）	東北地方日本海岸
			ミズナラ－アカマツ群集		4	コウボウムギ－アカマツ型	東北地方太平洋岸
			エゾノヨロイグサ－カシワ群集		5	コウボウムギ－カシワ型	北海道 東北地方北岸
	エゾノコウボウムギ－ハマニンニク群団		エゾノヨロイグサ－モンゴリナラ群集		6	エゾノコウボウムギ－モンゴリナラ型	北海道東部及び北端部

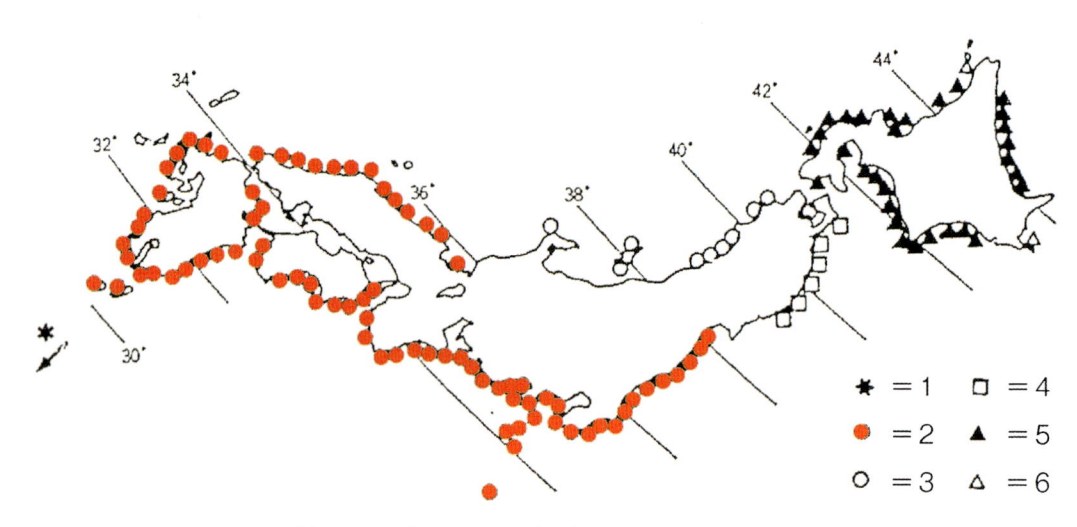

図-2　わが国における砂浜植生の類型区分と分布
（文献6）をもとに事例の該当地を赤字および●で示した）

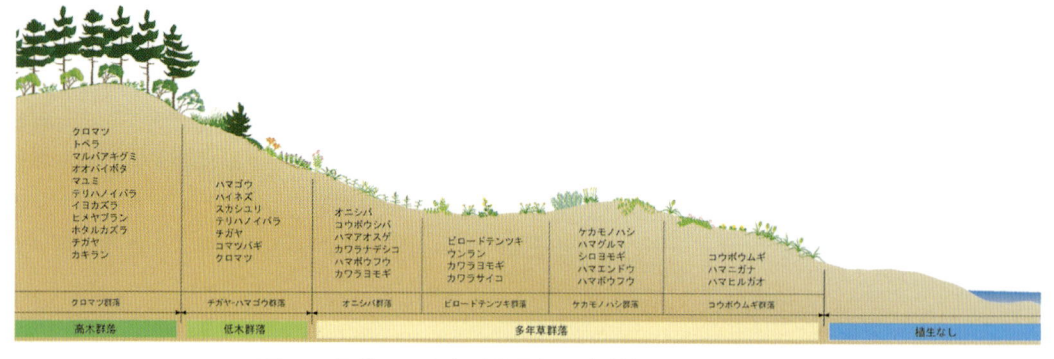

図-3　国営ひたち海浜公園内の砂丘植生の断面模式図

15. 海岸砂丘

15-2 砂丘植生再生の背景と理由

わが国では，先述のように，自然性の高いまま，まとまって残されている場所は極めて少なく，国営ひたち海浜公園内の砂丘植生は全国的にみても稀な存在である．砂丘植生内には，国のレッドデータブックで絶滅危惧ⅠA類に該当するハナハタザオをはじめとして，ハマカキラン，イヌハギ，ハマボウフウなどが国または茨城県のレッドデータブックに記載されている植物が多数生育しており，ハマグルマに代表される南方系とシロヨモギに代表される北方系の海浜植物が両方生育している場所としても特異な存在である．また，太平洋岸の砂丘としては規模ならびに形状の点からもわが国有数のものであり，その重要性は他に類をみないものである[7]．

しかし，近年，本来内陸側に生育している植物の海岸側への進出，帰化植物など本来の海浜植物ではない種の生育地拡大などが急速に進行し，固有の海浜植生の存続が危機にさらされている．これは，久慈川などから流出した砂が港湾整備により妨げられ，漂砂の供給が減少したこと，海岸際にできた県道により卓越風で内陸側に運ばれる砂が減少したことが主な原因である．これらの原因を取り除くことは困難であり，すぐに解決することはむずかしい．可能であるとしてもかなりの時間が必要である．このまま放置すれば急速に植生が変化し，固有の植生が変質してしまう危険性が高い．現状の植生の変化の進行は危機的であり，その稀少性などを考慮すれば，進行を止めるか，少しでも元に戻すといった自然再生の必要性は高いといえる．

15-3 目標の設定

1） 目標設定の背景と方法

国営ひたち海浜公園内の砂丘の砂浜植生は，場所によって様々である．

自然再生の対象としている砂丘は，全体として砂の移動量が減少し，内陸側の植物の海岸側への進出，帰化植物などの生育地拡大につながっている地域である．本章で自然再生の対象とする公園内の砂丘の北側は，卓越風が吹く風上側に港湾の敷地があり，公園との境界にクロマツが植栽されるなど，砂の供給や移動が南側より少なくなっている．そのため，砂浜植生の最前線の自然裸地やコウボウムギが優占する群落は少なく，多年生草本群落の後背部に出現するオニシバが優占する群落と低木群落と一緒に出現するチガヤが優占する群落が広く分布している．近年ではチガヤの分布域が拡大し，より内陸側に生育するクロマツが海岸側に進出してきている．

具体的な目標設定では，上記のような植生の変化の過程とその要因を明らかにし，その要因をどこまで取り除けるか，さらに，変化する前の植生にどこまで戻すことが可能かの検討が，重要なポイントとなった．

2） 植生の変化の過程とその要因

植生の変化の過程やその要因を，過去と現在の空中写真（1984年，1999年，2003年）の比較により把握し，それらと港湾や道路の開発や整備の経緯と重ね合わせて変化の要因の仮説を設定した．

その結果，対象地では現在クロマツがかなり多く，樹冠の大きなものも確認できるが，20年前は樹冠の小さなクロマツが点在している程度であったことがわかる．対象地にあるクロマツの最高樹齢は25年生程度であり，そのことからも過去にはクロマツが少なかったことがわかる（写真-2）．また，現在では自然裸地になっている場所はほとんどみられないが，20年前には，それがかなり広かったことが空中写真からうかがえる．

■1984年3月（昭和59年）　　　　■2003年11月（平成15年）

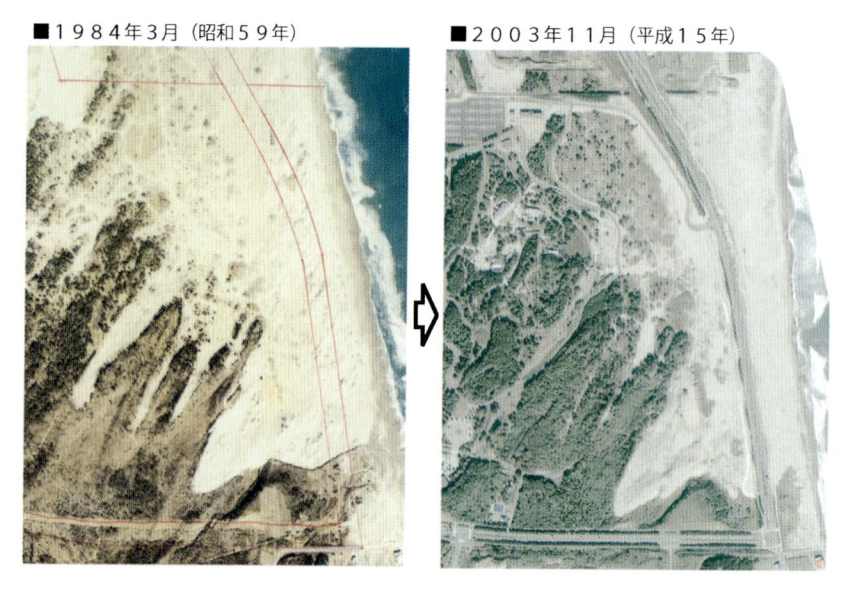

写真-2　1984年と2003年の空中写真による植生の比較

1984年（昭和59年）　　1999年（平成12年）　　2003年（平成15年）

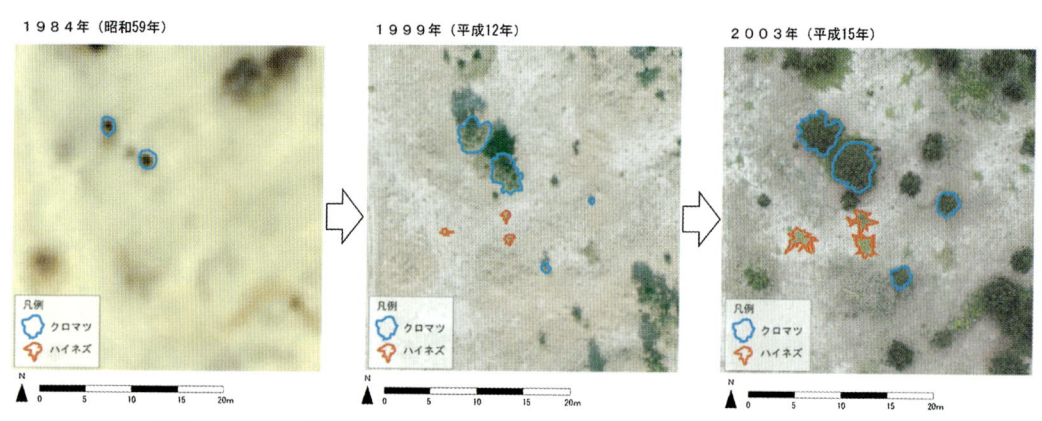

写真-3　1984年から2004年のクロマツとハイネズの同個体の樹冠の比較

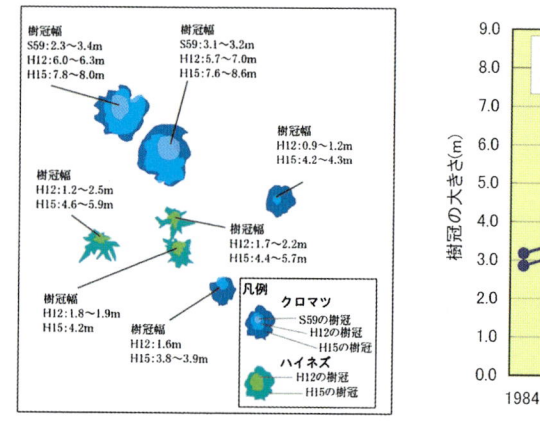

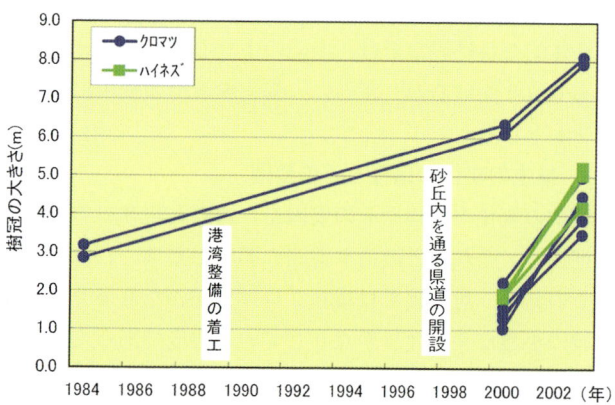

図-4　1984年から2004年のクロマツとハイネズの同個体の樹冠の成長
（本図は写真-3の樹冠の測定によって作成した）

15. 海岸砂丘

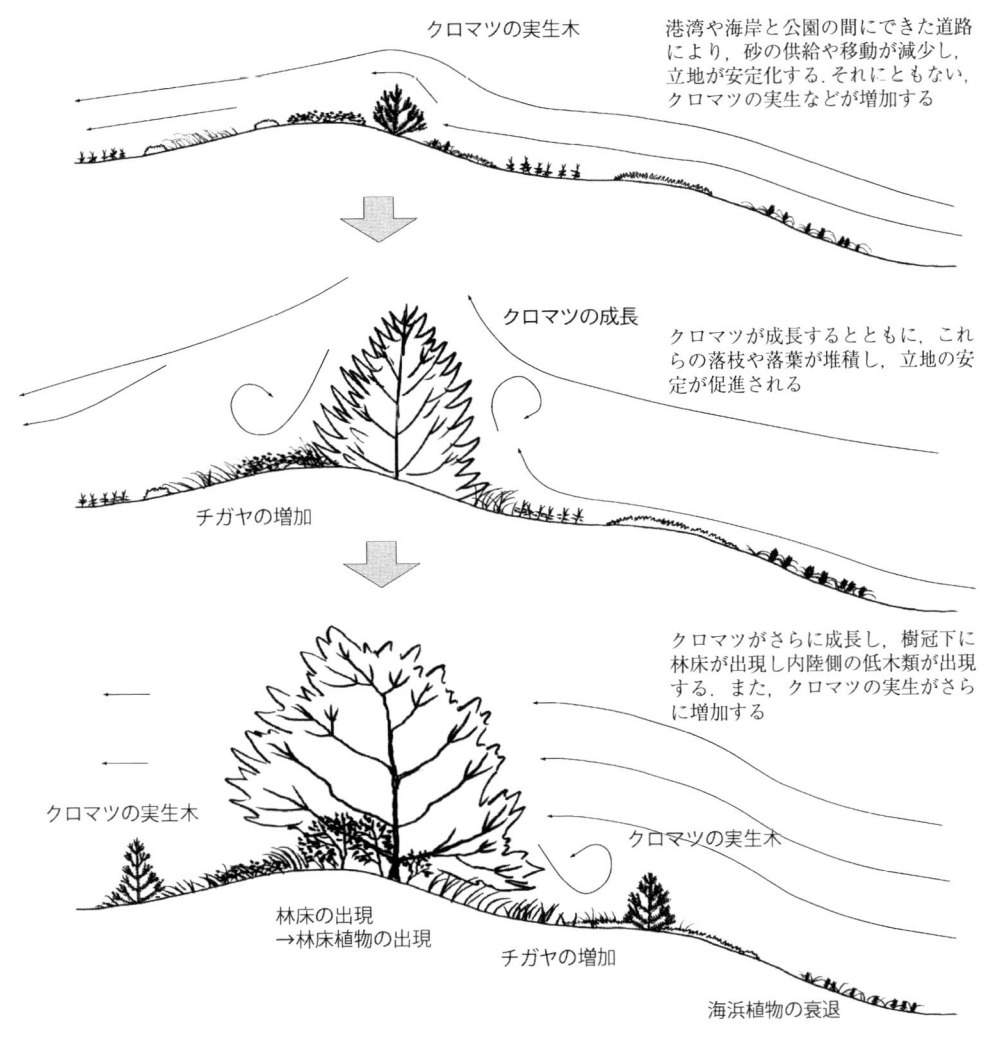

図中注記:
- クロマツの実生木
- 港湾や海岸と公園の間にできた道路により,砂の供給や移動が減少し,立地が安定化する.それにともない,クロマツの実生などが増加する
- クロマツの成長
- クロマツが成長するとともに,これらの落枝や落葉が堆積し,立地の安定が促進される
- チガヤの増加
- クロマツがさらに成長し,樹冠下に林床が出現し内陸側の低木類が出現する.また,クロマツの実生がさらに増加する
- クロマツの実生木
- 林床の出現→林床植物の出現
- チガヤの増加
- クロマツの実生木
- 海浜植物の衰退

図-5 クロマツの成長と植生の変化

　実際に,同じ個体と識別できるクロマツで樹冠の大きさの変化を確認してみると,20年前に直径が約3mだったものが,現在は直径が約8mと大きくなっている.その増加量は最近特に大きくなってきている.低木であるハイネズについては,20年前は写真の精度も悪いため確認できないが,最近の写真の比較によれば樹冠が大きくなる速度が早いのがわかる(写真-3,図-4).

　クロマツの生育状況を細かく観察すると,クロマツの実生が定着して大きくなるにつれて,落葉落枝が堆積するとともに卓越風の後背部は風が弱くなって,砂の動きが少なくなり,チガヤなどが生育しやすくなる.さらにクロマツが大きくなると,樹冠の下にトベラなどの低木類が出現して周囲にクロマツの実生が増え,チガヤもさらに分布を拡大し,土壌中の有機物量も増加する(図-5).

　帰化植物についても,コマツヨイグサ,メマツヨイグサ,オオフタバムグラ,マメグンバイナズナなどが海岸側に進出し,分布を拡大しつつある.

　これらのことから,植生変化とその要因を整理すると,港湾や道路整備が原因で砂の移動量が減少したことにより,高木のクロマツ,低木のハイネズ,草本のチガヤ,帰化植物など,海岸側に本

来生育していなかったか，あるいは生育していたとしても少なかった植物が増加し，それにより砂の移動がさらに少なくなるという相乗作用が起きたものと考えられる．今後，内陸側に本来生育していた植物が加速度的に増えてくる可能性がある．

3） 目標とする植生

再生する自然環境の目標は，砂の供給や移動が活発に行われていた頃の状態であり，クロマツの海岸側への進出が約25年前から始まったとすると，それ以前の状態に戻すことであると考えられる．しかし，砂の移動量が減少した根本的な原因である港湾や道路の存在への対応は当面困難であるため，砂を人為的に補給することや，海岸側へ進出した内陸側の植物を取り除くことが次善の対応となる．

このため，当面の目標は，砂を補給し移動を極力促進させるとともに，海岸側へ進出している内陸側の植物であるクロマツ，チガヤや帰化植物の増加を止める，あるいは減少させる．さらに，多年生草本群落の後背地に生育するオニシバなどが優占する砂浜の多年生草本群落などを広げることにより，砂丘景観を取り戻すことである．

これらの植物の除去も一挙に行うのは困難であり，できるところから段階的に様子をみて行うことが必要である．具体的には，クロマツや帰化植物などの除去を先行して行い，チガヤなどの除去は様子をみて行うこととした．クロマツの除去は，砂丘上の風通しをよくし，砂を移動させる条件を整えることになる．帰化植物などは，分布が急速に拡大している状況がみられるところから除去することが重要と考えられる．チガヤについては，密生して繁殖力も強いことから，除去することが困難であり，有効な手法の検討が必要である．

15-4 技術的手法

当面の目標を達成するための対策は，クロマツ，チガヤ，帰化植物などの除去対象植物の除去と砂の補給である．ここでは前者について除去対象植物の設定とそのなかで先行的に行っているクロマツと帰化植物の除去の技術的手法について述べる．

1） 除去対象植物の設定

自然再生において，絶滅危惧植物の保護だけでなく，絶滅危惧植物の生育環境を圧迫する外来植物を取り除き，それらの増殖を防ぐ必要がある．そこで，保護植物のカテゴリーを9つに分け[8]，地域に自生するすべての植物を診断し位置づけた（表-1）．

このなかで，除去対象植物は，F：一般植物，G：一般有害植物，H：重要有害植物の3つのカテゴリーである（表-2）．これらのうち，Fのクロマツとhの帰化植物などの除去方法を以下に述べる．

2） クロマツの除去

クロマツの除去は，植物体を減少させるだけでなく，より活発に砂を動かすための条件を復元することが目的である．そのため，除去の方針を定め，それに基づいて除去する樹木の選定やその優先順位を設定し，伐採本数と場所を調整し，伐採木を決定した．また，既存の植生に悪影響を与えない伐採方法を選択することも重要である．

クロマツの除去方針は，卓越風が吹く風の主方向とそれにより砂丘が発達する位置やその方向，風の流れを左右する地形条件，現状でオニシバが優占する群落など目標となる植生がまとまってみられる場所などの植生条件，そして，観察園路や眺望地点から海側への視野を確保するなどの配慮

15. 海岸砂丘

表-1 保護植物のカテゴリー

カテゴリー			状況
保護植物	X	絶滅・消息不明植物	かつては生育が確認されていたにもかかわらず、最近10年以上にわたって確実な生存情報がなく、絶滅したおそれの強い生物。
	A	最重要保護植物	個体数が少ない、生育環境が極めて限られていたり、生育地が環境変改の危機にあるなどの状況にあり、放置すれば近々にも絶滅、あるいはそれに近い状態になると推定される。
	B	重要保護植物	個体数が少ない、生育環境が限られている、多くの生育地で環境変改の可能性があるなどの状況にあり、放置すれば著しい個体数の減少は避けられない、将来絶滅、あるいはそれに近い状態になると推定される。
	C	要保護植物	生育環境あるいは分布地域が限られている。おおくの生育地で環境変改の可能性があるなどの状況にあり、放置すれば著しい個体数の減少は避けられない。将来絶滅、あるいはそれに近い状態になると推定される。
	D	一般保護植物	分布地域が限られている、選択的採取、捕獲などが行われている。多くの生育地で環境変改の可能性があるなどの状況にあり、放置すれば個体数の減少は避けられず、自然環境の構成要素としての役割に大きな衰退が予測される。
定期モニタリング植物	E	保護留意植物	現時点では正常な生育状態と認められる。(出来るだけ頻繁にモニタリングする)
	F	一般植物	現時点では正常な生育状態と認められる。(少なくとも10年おきにモニタリングする)
有害除去植物	G	一般有害植物	当該の地域外から移入された植物で、本来その地域にはみられなかった植物。現在は地域の自然環境に大きな影響を与えていないと考えられるもの。
	H	重要有害植物	当該の地域外から移入された植物で、本来その地域にはみられなかった植物。地域の自然環境に大きな影響を与えているかあるいは将来大きな影響を及ぼすと考えられる。

※文献8) をもとに作成

表-2 対象地における除去対象植物

カテゴリー			該当種
F	一般植物	砂丘において生育基盤の安定化や富栄養化を促進する種[注]	クロマツ チガヤ ドクウツギ
G	一般有害植物	G-1 帰化種・逸出種	ノボロギク ハキダメギク ヒメオドリコソウ セイヨウタンポポ ブタクサ クワモドキ コセンダングサ アメリカセンダングサ チチコグサモドキ ホウキギク ブタナ オオオナモミ ダンドボロギク ベニバナボロギク ヨウシュヤマゴボウ メドハギ メリケンカルカヤ イヌキクイモ イタチハギ 外来グミ類 (ナワシログミ等) など
		G-2 畑地雑草等	メヒシバ アキメヒシバ オヒシバ ヒメスイバ シロザなど
H	重要有害植物	H-1 帰化種・逸出種	オオフタバムグラ オオマツヨイグサ アレチマツヨイグサ コマツヨイグサ ヒメムカショモギ ケナシヒメムカショモギ オオアレチノギク アレチノギク セイタカアワダチソウ マメグンバイナズナ シナダレスズメガヤ シラゲガヤ オニハマダイコン ピラカンサ
		H-2 畑地雑草等	スイバ

注) 一般植物のうち、砂丘において生育基盤の安定化や富栄養化を促進する種を抽出し除去対象植物に位置づけた

をすることが要点である(表-3).

　伐採方法は，抜根まで行うことが望ましいが，抜根にはバックホウなどの重機を入れる必要があり，既存の植生を撹乱する危険性が高い．一方，人力作業では抜根までは困難であり，地上部の除去にとどまる．このため，影響の少ない場所では重機を使用して抜根まで行い，それ以外の場所では人力で行うことが望ましい．また，伐採した樹木の搬出では既存植生への撹乱が最小限になるように，搬出ルートを設定することが重要となる．その場合，工事にかかわる関係者全員に方法などを周知させる必要があり，伐採の背景や目的，位置づけ，伐採方法について関係者を集めた講習会

表-3 クロマツの除去方針

	考慮すべき条件	除去方針
1	風の主方向	・砂がより活発に動く方向であり，この方向が通るようにクロマツを除去する．
2	砂丘発達位置やその方向性	・砂がより活発に動く潜在能力のある場所であり，方向であるため，この位置や方向のクロマツを優先的に除去する．
3	地形条件	・風の主方向に対して風がスムースに流れる谷筋や尾根筋に当たるクロマツを優先的に除去する． ・海側から見て砂丘の前方と後方の間に海岸線に平行してやや傾斜が急な場所がある．この地形そのものが後背部の風を弱め，そこにクロマツがあることによりさらに風が弱まる．このため，この斜面上部端部前後にあるクロマツを優先的に除去する．
4	現存植生	・対象地の道路際は除き，砂の不安定な場所から安定している場所にかけて，オニシバ群落，オニシバーチガヤ群落，ハマゴウ群落，ハイネズ群落，チガヤ群落，クロマツ群落と推移していく．砂丘の再生では，現状で砂がより不安定な立地に成立するオニシバ群落がある場所を基点にそれらを広げていくことが効果的であり，このような群落がまとまってある場所で優先的にクロマツを除去する．
5	景観	・観察園路の眺望地点からの海側への視野を確保する． ・砂丘の北や北東方向は車の進入路や港湾があり，クロマツはそれらをかくす役割もある．このため，上記の条件を妨げない範囲でクロマツを残すようにする． ・また，砂丘の中に点在するクロマツも自然な植生であり，風情のある景観であるため，上記の条件を妨げない範囲でクロマツを残す．

を行うことも効果的である．

3）帰化植物の除去

　帰化植物は，種類が多く，分布域も広がっており，埋土種子の実態もわかっていないことから，短期間で除去するのは難しく，継続的に除去を行うことが必要である．除草にあたっては，各植物種の生活様式や植物季節を十分に理解して，最も効果の高いと判断できる時期に行う．一年生草本は，基本的に開花しない個体は開花当年に消えてしまうので，開花個体を中心に除去することにより減少するはずである．越年草や多年草も，開花個体を取り続ければ種子の供給はなくなり，減少すると考えられる．そのため，除草は基本的に対象種の開花期に合わせ，開花・結実した個体を対象に数回行うのが効果的と考えられる．対象地の場合は，主要な除去対象植物の生活史に合わせ，4回程度行うのが望ましい（図-6）．ただし，その頻度と時期については，実際に除草作業を進めながら状況を観察して，最もよいと考えられる時期に修正していく．

15-5　評価と課題

　国営ひたち海浜公園における砂丘の自然再生は，試験的な取り組みの段階であり，当面の目標に対する事業の評価は限定的である．そのため，現状での評価とモニタリング調査および今後の課題や展望について述べる．

　クロマツや帰化植物の除去は，直接的にそれらを減少させることとなる．特に，クロマツは生物量（バイオマス）が大きく，伐採前の状態に戻るのに20年程度の時間がかかるため，伐採の効果は大きい．また，景観としてもクロマツの繁茂により視界が遮られていたのが伐採により視界が開け，本来の広々とした砂丘の景観を再生させることとなる（写真-4）．

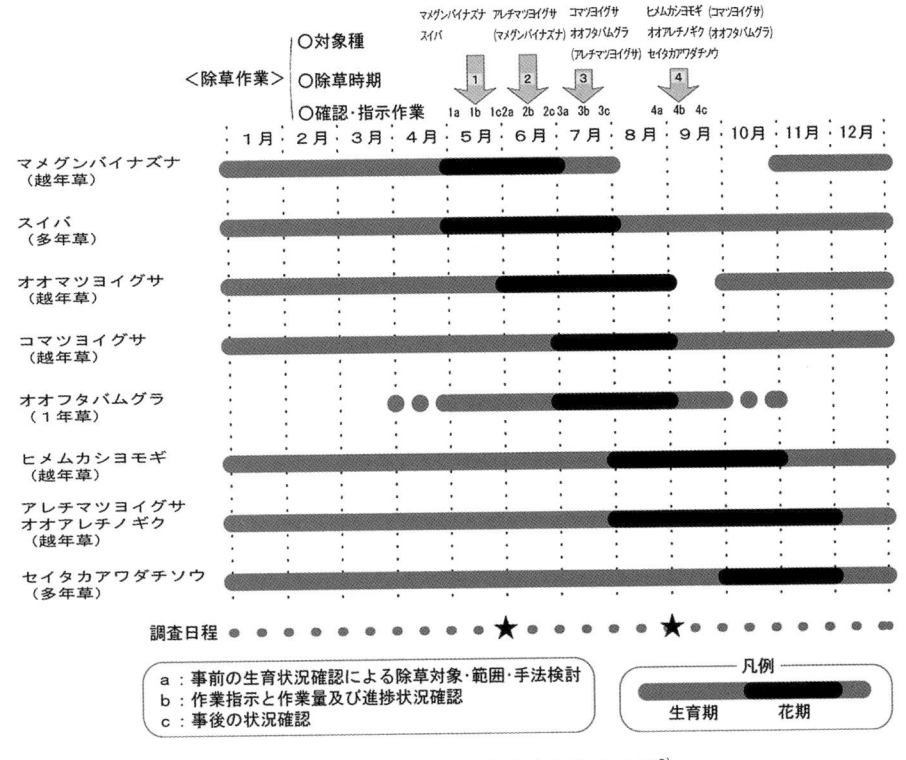

図-6 帰化植物などの生活史と除去時期[9]

　当面の目標に対してその達成状況を評価するには，目標として掲げた内容に従って，①砂の移動量が増加しているか，②クロマツ・チガヤ・帰化植物等が現状維持か減少しているか，③オニシバが優占する群落が広がっているか，さらに，④本来の砂丘景観が回復しているか，といった点を確認する必要がある．モニタリング調査は，これらの点を確認し，その結果を受けて次に行う有効な対策を検討するために行うものである．

　上記の②，③，④についてはそれぞれ関連する事項であり，そのため，対象とする植物種や植生の分布状況について，固定の方形区やベルト状調査区と，それらの再生の対策を行わない対照区を設け，経年変化を比較し，将来の対策を検討することが基本となる．チガヤは，オニシバの優占する群落に徐々に侵入して分布を広げるため，分布拡大のスピードなどの動態を把握することがポイントとなる．砂の移動量を把握するには，微気象と局所的な砂の動きを調査することが必要である．また，クロマツの除去などの施工により既存の植生が撹乱を受け，そこに帰化植物が侵入することも考えられ，それらの状況についても監視し，対策を施すことも必要である．

　モニタリングを通じて，港湾施設や道路により砂の供給や移動が減少したという根本的な原因に長期的に対応していくことが今後の課題である．道路については地域の住民との合意をはかり，道路を廃止するか地下化するなどにより，海からの連続性を回復することが最も重要なこととなる．また，砂丘における自然性の高い砂浜植生の稀少性はまだ一般的に認知されておらず，全国的な状況把握を行い，重要性を認知させることも必要であろう．除去対象植物の除去についても，市民との協働で進めることによって，多くの人の理解を得ることが重要であり，そのために様々な情報発

写真-4　クロマツの伐採前後の状況
(上：伐採前，下：伐採後)

信をしていくことが必要である．

(趙　賢一・佐藤　力)

―― 引用文献 ――

1) 環境省 (2002)：平成14年度環境白書, p.202-205. ぎょうせい.
2) 赤木三郎 (1991)：砂丘の秘密, p.11, 青木書店.
3) 大場達之 (1991)：多様さの衰退, 海洋と生物 75, 241.
4) 我が国における保護上重要な植物及び植物群落研究委員会編 (1996)：植物レッドデータ・ブック, p.74-75. アボック社出版局.
5) 自然環境研究センター (1995)：山陰海岸国立公園 鳥取砂丘, 新・美しい自然公園13, p.37, (財)自然公園美化管理財団.
6) 大場達之 (1980)：日本の海岸植生類型①, 海洋と生物 4, 63-64.
7) 国営常陸海浜公園事務所編 (2001)：国営ひたち海浜公園ガーデンGuide Book, p.4-5.
8) 大場達之 (2003)：千葉県の自然誌別編4, 千葉県植物誌, 県史シリーズ51, p.VIII-IX, (財)千葉県史料研究財団.
9) 国営常陸海浜公園事務所・(財)公園緑地管理財団 (2002)：自然環境保全・活用計画検討業務報告書, p.150.

16. 藻　　場

16-1　藻場の特徴

　海は，空気の1,000倍密度の高い海水で満たされ，波・流れといった物理的かく乱に強く支配されるとともに，浮力が働くといった特徴がある．そこに生息する生物はそれに適応するために，浮遊して生活するものは，流れの力を受け流す流線型をしていたり，海底に固着・付着して生活するものはしがみつくための触手や根等をもち柔軟な体構造をしていたりする．さらに，沿岸部や汽水域では，水温の変化，塩分の変化，濁りによる光量の変化，水中お酸素濃度の変化，潮汐による水深（干出・浸水）の変化など，大きな環境変化を受ける．こうした場に適応した植物が海草藻類であり，それらが作る海藻（海草）群落とその場を利用する多様な生物をあわせて「藻場」と呼ぶ．

　「藻場」とは場を示す言葉であるとともに，その場の持つ機能も含めて表している言葉である．藻場は，構成している主要生物種や生育基盤等によって分類され，岩礁性の海岸には，ホンダワラ類を主体としたガラモ場，コンブ類を主体としたコンブ場，アラメ・カジメを主体とした海中林藻場など岩礁性藻場が形成され，砂泥性の海岸には，アマモ類を主体としたアマモ場や熱帯性のアマモ類を主体とする熱帯性海草藻場など砂泥性藻場が発達する．

　藻場は，海域の物理的・化学的・生物的環境要因によって形成状況が異なってくる．特に，陸上植物の分布は，緯度と高度により分類される温度条件により支配されているのに対し，海草藻類の分布は，主に海流のもたらす水温条件に密接な関係がある（図-1）[1]．

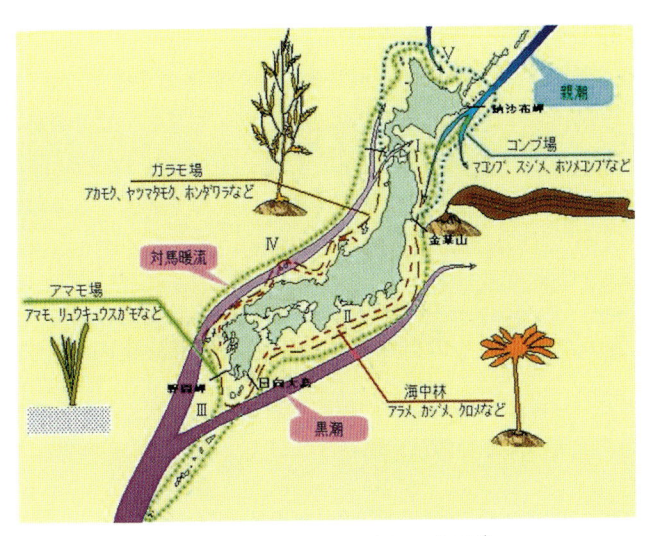

図-1　日本の海藻相区分図[1]
ぎょうせい，藻の自然再生ハンドブック：第3巻藻場編より転載

16-2　藻場の自然再生の意義と緊急性

藻場は浅海域になくてはならない多様な機能を持つ．例えば，
① 浅い海域では植物プランクトンを上回る場合もある基礎生産を担う機能
② 食物網の中で魚介類に代表される一次消費者の維持と枯死したデトライタスを中心とする分解，転換による高次生産者を維持する機能
③ アオリイカが静穏なアマモ場内を産卵場として利用したり魚類の幼稚子が保育場として利用したりする機能
④ 魚介類が生活史の一時期および全生活史を摂餌場および隠れ場として利用する機能
⑤ 藻場のキャノピー効果*により堆積を促進させたり，水温の変化を緩和したりする環境の安定化機能
⑥ ガラモ場からは6〜7月に成熟したホンダワラ類が流出し，魚類の隠れ家や，摂餌場所，産卵場所として利用される流れ藻を供給する機能

等が代表的な機能である[2]．

このように，藻場は場と機能が密接に連関している場であるので，藻場における自然再生は，機能の再生としても位置づけることができる．すなわち，藻場としての地形（基質）の再生と同時に定着生物（生物）やそれをとりまく水質・底質・外力条件等（環境）の再生の視点が藻場生態系全体の再生に不可欠である．

1992年における日本の藻場面積は201,212haであり，1978年の調査時に比べ約6,000haの藻場が減少している[3]．1998年の調査では142,459haとなっており[4]，さらなる減少が進行しているものの，その後全国規模での藻場面積の調査は実施されていない．その衰退の原因は，埋め立てによる生息地の消失（28％）や磯やけ（15％），環境変化（16％）と推定されているが，大部分の減少の原因は未解明のままである（41％）．早急な原因解明を進めると共に，再生への努力をしていかなくてはならない現状にある．さらに，植食性魚類による新たなタイプの磯焼けが報告されたり[5]，内湾域や静穏域におけるアオサの漂着の問題が顕在化したりと新たな問題が発生しつつあるところであり，早急に再生への道筋を示していくことが必要である．

こうした状況に鑑み，環境省では2004年に消失する海草藻場の「復元」を行う場合の配慮事項[6]を示し，水産庁では，2009年に磯焼け現象の具体的な対応策を系統的にまとめ「磯焼け対策ガイドライン」を発表[7]し，国土交通省港湾局では2007年に，再生に向けた順応的な取り組み手法に基づく干潟・藻場・サンゴ礁のような場の再生と生物種の保全の具体的な取り組み手法をハンドブックにとりまとめた[8]．しかし，沿岸域を一体的かつ総合的に再生する取り組みの方向性は，いまだ模索の途上である．

16-3　藻場の再生メカニズムとその自然再生における目標設定の考え方

海中の海草藻類の群落は，陸上の森林などの植生と異なり「極相」という概念を持たないと考えられている．例えば，潮下帯の海藻群落は，当初サンゴモの繁茂から小型多年生海藻を経て，大型

---

* キャノピー効果：植生などで覆われることにより，外の環境から遮断された場ができること．森林や藻場においてその存在が実証されており，気温・水温や流れ・乱れなどが外の環境に比べて穏やかになる．

16. 藻　場

多年生海藻が優先する海中林へ至る系列がある．そのために海中林が「極相」として認知されている場合もあるが，実際には深場から浅場への帯状分布と明確な対応があり，帯状分布の対極をなすサンゴモの群落と海中林は，相互に拡大と縮小を繰り返している．すなわち，図-2に示すようなサイクリックな遷移の過程[9]にあるといえるので，ある恒常的な姿をもって藻場の極相とみなすことは難しいと考えられる．

　このことは，藻場の再生の目標設定の難しさを表している．例えば，時間的・空間的に変動する藻

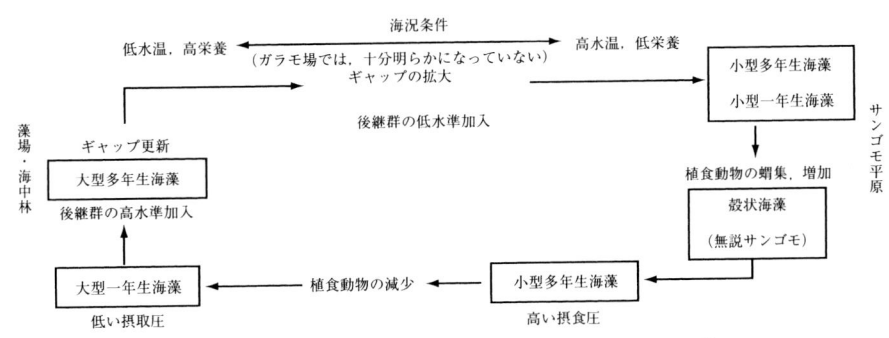

図-2　潮下帯における海藻群落のサイクリックな変遷[9]
(社)全国沿岸漁業振興開発協会「磯焼け診断指針」より転載

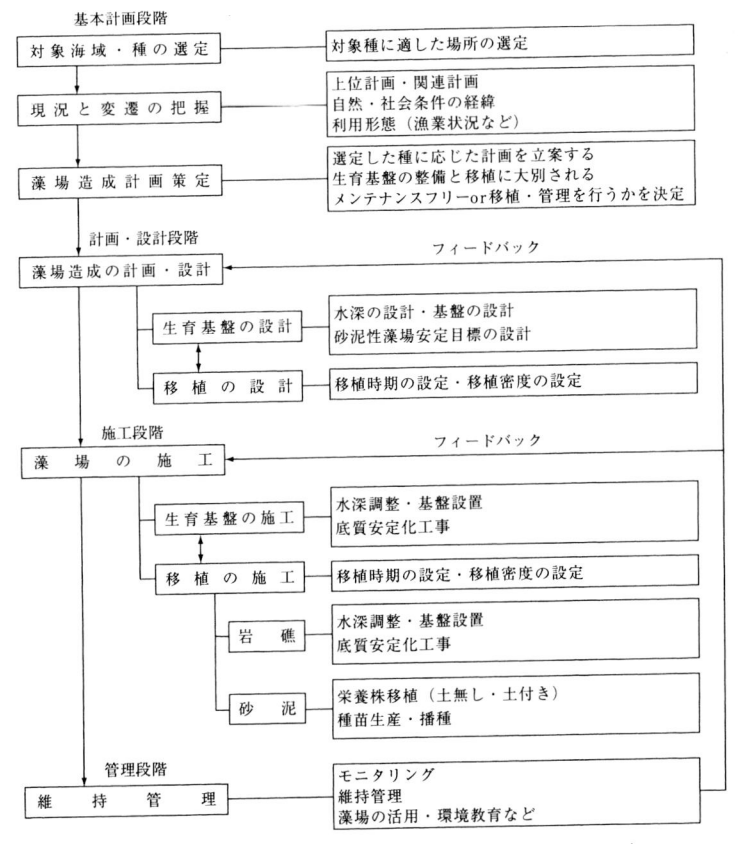

図-3　藻場造成・再生および管理にいたる全体フロー[1]
ぎょうせい，海の自然再生ハンドブック：第3巻藻場編より転載

場の再生目標として，ある一定の値（海草藻類の繁茂面積や密度等）を掲げる場合，それが藻場の変動のどのフェーズに対応する値なのかを明確にする必要がある．

　具体的に設定される目標は，藻場の造成・再生および管理にいたる全体フローの中で段階的にレベルを変えて設定されることが望ましい[8,10]．図-3に示すように，藻場の再生の全体目標は基本計画・計画・設計段階で設定され，「基質・生物・環境が整った持続可能な＊＊＊藻場の再生」といった書き方ができるであろう．次に，施工段階においては，具体の行動計画として「＊＊＊機能の発現を担保する環境条件の整備や播種や移植を含む生物加入の促進」の様に具体の目標が設定され，基質や移植の施工が行われる．維持管理の段階では，モニタリング指標（成功判定基準）として，「繁茂期に，＊＊＊場＊＊＊haの再生」や「魚介＊＊＊種が生活の場として利用する」など定量可能な目標が設定され管理に利用するといったように，様々なレベルでの目標設定を行うことが必要である．

　こうしたレベルの違う目標設定をすることで，各段階へのフィードバックの意味や位置づけが明確となり，海草藻類の成立要因が十分に定量化されていないことや，自然変動による不慮の変化が起こることに対し，順応的に対応することが可能となると考えられる．前出のハンドブック[8]には，そうした手法を順応的管理として「包括的目標を設定するレベル」「具体の行動目標を設定するレベル」「目標達成基準により順応的に対応するレベル」の3つのレベルからなる事業管理が提案されている．

16-4　藻場再生のための具体的手法

　海草藻類は多様な生活様式を持ち，その繁殖方法も栄養繁殖と有性生殖を併用する場合があることから，藻場再生のための具体的手法は，大きく分けて水深調整・基盤整備，基質整備，種，移植，種苗投入などが行われる．

1）水深調整・基盤整備

　広島県尾道糸崎港の南にある海老地区において，沖合200mに雑石により潜堤を築造し，航路浚渫で発生した土砂を投入した後に，50cmの厚さで砂を被せる覆砂工法により干潟を造成した（図-

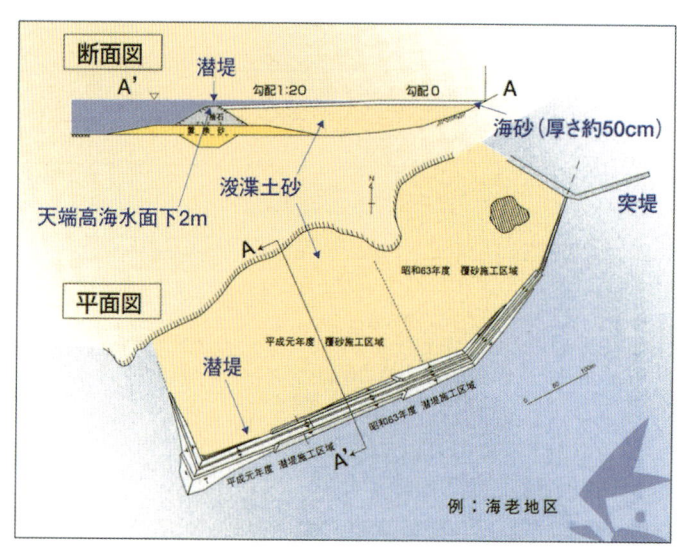

図-4　尾道糸崎港での藻場整備のための水深調査[11]

4).造成以前には周辺にアマモが繁茂していたことから,干潟造成の1～3年後にアマモを移植した.当初,移植したアマモは圧密沈下や波浪による侵食の影響によりほとんど定着しなかったが,大きな地形変化が収まり,底質や勾配が安定化した頃から急速にアマモ植生が広がり,多様な生物の生息も確認され,アマモ場の再生がなされたことが確認された.これは,アマモの繁茂に適当な水深が確保されたことがひとつの原因であり,また,砂泥を含む適当な基質が整備されたことも成功要因であったと推測されている[11].これは,水深調整・基盤整備を行うことで自然の復元力を引き出した事例と考えられる.

2）基質整備

岩礁性の藻場においては,基質のある水深とともに,その材質・大きさ・表面形状が海藻の着生状況に大きく影響すると考えられている.図-5は福井県小名浜港等において港湾構造物の表面形状を様々に加工することで,海藻の着生状況や付着生物の違いを検討した際の試験礁の例である.その結果,初期の1～6ヶ月の段階での付着生物の量は,溝および突起（数cmの凹凸）をつけたブロックでは,無処理あるいは小さな溝（数mmの凹凸）をつけたブロックよりも多かった.しかし,設置後1年では,付着生物による凹凸が,ブロックの凹凸を上回る規模となり,試験礁の間で明確な差が見られなくなった.これは,初期着生を促す上で,基質整備が有効であることを示す事例と考えられる.

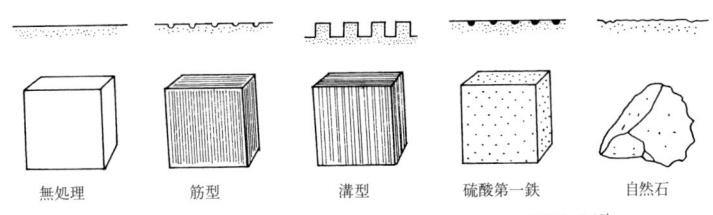

図-5 小名浜港の海藻着床実験に用いられた試験礁[12]

3）播種

播種は主にアマモ場の再生手法として用いられている手法である.天然アマモ場から種子をつけた花枝を採取し,種子の採取・管理を陸上の水槽で行い,冬季に直接造成現場に種子を船上から播く方法である.しかし,船上から直接種子を播くと,海中での分散が生じたり,その後の波浪により消失したりしてしまう可能性が高い.そこで,比重の軽い種子の流出防止策として,コロイダルシリカに腐葉土を混ぜたものにアマモの種を混入し,海中土中に搾り出すという方法が開発された.この方法によると,広島湾や東京湾において,平均で10%以上の種子の発芽・成長が記録されている[13].また,種子からの藻場造成手法としては,早期腐食性の「アマモマット」に種子と肥料を混入して海底に設置する工法[14]なども開発されており,技術開発が進んでいる分野である.

4）移植・種苗投入

海藻種苗の自然な加入が期待できない場合や,加入の速度が小さく藻場の完成まで時間がかかる場合には海藻類の移植を行うことも必要である.海藻類の移植には,成体の移植,種苗の投入,人工種苗による移植などがあり,様々な手法が考案・実施されている.

成体の移植は,海域から採取してきた成体や幼体の海藻を,ブロックやプレートに固定し,基盤に固着する方法で行われる.海藻の固定にはゴムバンドや接着剤,ブロックやプレートの固定にはボルトやケーブルタイ,水中ボンド等が用いられる.

種苗の投入は，母藻の成熟期に合わせて成熟固体の全部または一部を採取し，現場に袋（スポアバック）に入れて設置し，母藻からの種子の飛散を期待する手法である．関西国際空港島の2期空港島造成時には，スポアバックなどによる海藻（カジメ，シダモク，タマハハキモク）の種苗供給により約18haの藻場が造成された[15]．

　人工種苗による移植は，採取した種苗を人工的に中間育成した後，移植を行う手法である．関西国際空港島護岸では，1期空港島造成時に緩傾斜護岸上に設置された藻礁ブロックに中間育成されたカジメの種糸が貼り付けられ移植された（写真-1）．流速の速い護岸では，カジメの被度が50％以上の範囲が最大500m/年の拡大速度を記録し，2002年10月の調査段階で約16haの藻場が確認されている[16]．

写真-1　関西国際空港における藻礁ブロックによる種苗移植の事例[16]
（左：藻礁ブロックへの種糸の貼り付け，右：設置後1年のカジメの成長）

16-5　藻場再生の評価・現況・課題

　藻場の再生（復元）の評価について，また定説や汎用的な手法は開発されていない状況にある．環境省は前出の「配慮事項[6]」の中で「あらかじめ設定した評価年次（中間年次を含む）において，藻場の復元に係る目標が達成できているかが客観的に評価され，その結果に応じて適切な措置が実施されるよう取り計らわれていること．」と指摘している．こうした，評価に応じた措置の実施のためには，順応的管理手法の導入が適当であり，今後の藻場の再生の推進のためにも有効であると考える[8, 10]．順応的管理は，①定量的な成功判定基準の導入，②モニタリング，③成功判定基準が満たされているか，満たされていないならどのような措置をとるかのレビュー，④目標設定や管理手法の改善へのフィードバックといった手順で実施されるが，16-3で述べたように，藻場の空間的・時間的な変動性が①の成功判定基準の導入を困難にしている．成功判定基準は目標・行動計画の下位に位置する具体化された目標であるので，その設定には順応性を持たせるべきであるが，歯止めのない順応性の適用は，再生事業そのものの信頼性を下げることにもなりかねない．順応性管理の適用に関しては，その手順のシステム化を行う必要がある．

　さらに，近年では，こうした自然生態系の評価の軸として，人間が自然から受けている恵み（生態系サービス）や，経済的な評価の軸が検討され始めている．ミレニアム生態系評価（MA）[17]や生態系および生物多様性の経済学（TEEB）[18]といった世界規模の共同研究の成果として，生態系サービスは，種の多様性や物質循環など他のサービスを支えている「基盤サービス」，食糧，燃料など人間生活に重要な資源の利用を可能にする「供給サービス」，景観の広がりや多様性によって実現する，

気候や水循環等の安定化に寄与する「調整サービス」，人と海のつながりに基づく「文化的サービス」等に分類されている．藻場は，特に豊富な生態系サービスを供給する場として注目されている[19]．

16-6　藻場再生の展望

　順応的管理の手順のシステム化を行うことで，藻場の再生という目標に向けた取り組みが関係者間の合意と協力の下，推進されていくことが期待される．そのためには，関係者間における共通の目標の設定という大きな壁を越えなければならない．

　藻場の回復は，海の再生の象徴としての意義もあり，事業として（土木の視点），自然再生として（環境の視点），産業振興として（水産の視点），生物多様性の向上として（生物の視点），それぞれ重要な取り組みであると位置づけられる．

　特に，藻場の再生への取り組みを，①海草藻類の再生，②海草藻類とそれを利用する生物群落を含めた生態系としての再生，③生態系とそれを利用する人間活動を含めた海辺の再生，④プロセスを含めた海辺の関係諸問題との調整と位置づけ，種からプロセスへと管理対象拡大していく考え方[20]には，これからの藻場再生のあり方・目標設定の考え方の方向性・可能性が示されていると思われる．

（古川恵太）

―― 引用・参考文献 ――

1) 海の自然再生ワーキンググループ（2003）：海の自然再生ハンドブック 第3巻藻場編，ぎょうせい，110p.
2) （財）海洋生物環境研究所（1991）：藻場の構造と機能に関する既往知見
3) 環境省（1994）：第4回自然環境保全基礎調査，（財）生物多様性センター
4) 環境省（1998）：第5回自然環境保全基礎調査，環境省自然保護局
5) 長谷川雅俊ら（1996）：II海中林復元に関する研究（1）磯やけ原因の究明．平成8年度静岡水試時報，pp.95-96．
6) 環境省（2004）：藻場の復元に関する配慮事項，環境省，100p.
7) 水産庁（2009）：磯焼け対策ガイドライン，水産庁，209p.
8) 海の自然再生ワーキンググループ（2007）：環境配慮の標準化のための実践ハンドブック，順応的管理による海辺の自然再生，国土交通省港湾局294p.
9) （社）全国沿岸漁業振興開発協会（2002）磯やけ診断指針
10) 海の自然再生ワーキンググループ（2003）：海の自然再生ハンドブック 第1巻総論編，ぎょうせい，107p.
11) 春日井康夫ら（2003）：広島県尾道糸崎港における干潟再生事業，海洋開発論文集，第19巻，pp.107-112.
12) 浅井正ら（1997）：ブロック式構造物への海洋生物の着生実験とその着生条件について，港湾技研資料，No.881
13) 工藤孝浩ら（2003）：横浜市地先における播種によるアマモ場造成手法の検討，第18回神奈川県水産総合研究所業績発表会要旨集
14) 稲田勉ら（2003）：アマモ場造成による海域再生技術，電力土木，特集：環境・共生，pp.70-71.
15) 阪上雄康ら（2003）：関西国際空港2期空港島における藻場造成について，海洋開発論文集，第19巻，pp.13-18.
16) 関西国際空港（株）・関西空港幼稚造成（株）（2002）：関西国際空港藻場造成の取り組み（パンフレット）
17) Millennium Ecosystem Assessment（2005）：Ecosystems and Human Well-being Synthesis（日本語版：横浜国立大学21世紀COE翻訳委員会（2007）生態系サービスと人類の将来，オーム社）
18) 地球環境戦略研究機関（2012）：TEEB第2報告書，http://www.teebweb.org/
19) 海洋調査協会（2013）：海洋生態系調査マニュアル，海洋調査協会，160p.
20) 寺脇利信ら（2002）：藻場の保全・再生，緑の読本，64号，pp.1615-1621.

17. サンゴ礁
― 石西礁湖における自然再生事業 ―

17-1 自然再生の背景

サンゴ礁は海洋生態系の中で最も種多様性が高く[1]，海の熱帯林とも言われている．わが国には琉球列島を主に96,000ha以上が分布し[2]，地域住民の食料供給の場として，海中景観を楽しむダイバーや観光客のレクリエーションの場として，また多種多様な生物が生息する遺伝子資源の宝庫として極めて重要な存在である．琉球列島南端に位置する石西礁湖は（図-1），わが国最大規模（東西約25km，南北約15km）のサンゴ礁海域で，全域が西表石垣国立公園に指定され，豊かなサンゴ群集による海中景観を呈している．しかし，1998年，2001年，2007年に起こった長期間の異常高水温による白化現象が広範なサンゴ死滅をもたらし，また，近年ではオニヒトデ（*Acanthaster planci*）大発生による食害（写真-1）等の攪乱を受け，石西礁湖のサンゴ群集は衰退の一途にある．

衰退したサンゴ群集への新規加入は，地形や繁殖期の気象・海象条件などに左右されるため，回復の程度は場所により大きく異なる．そのため，自然のままでは回復が進まないサンゴ礁において，人為的にサンゴ群集の修復を行って回復を早めることにより，海中景観の復元，サンゴ幼生供給源の拡大，他の動物のすみかの創出などに資するサンゴ礁の再生が計画され，環境省は2002年，石西礁湖を自然再生推進計画の対象とし，サンゴの生息状況等の現況調査に着手した．

17-2 自然再生へのプロセス

1）サンゴ礁現況調査

サンゴ礁の現況を把握するため，2002年〜2003年，石西礁湖等を対象に空中写真撮影及び写真

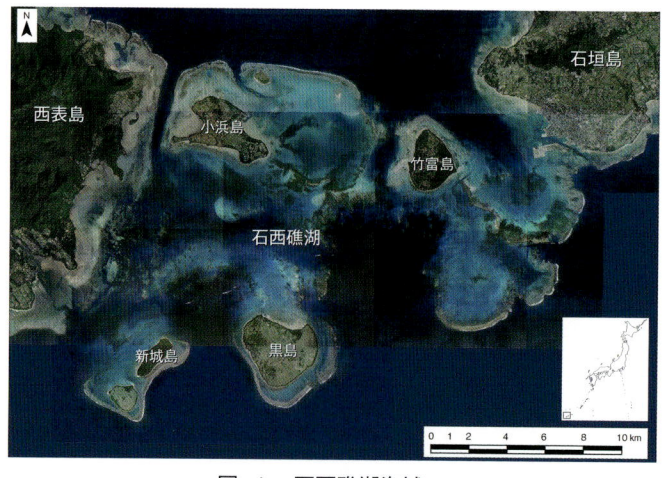

図-1 石西礁湖海域

画像解析を基にした現地調査が行われ，サンゴ礁底性状分布図（サンゴ群集，海草群落，底質等）が作成された．その結果，礁湖北部及び東部，黒島周辺，新城島周辺で，かつて存在した高被度のサンゴ群集が消滅していることが判明した．石垣島市街地付近，西表島東岸，石西礁湖北部では，懸濁物質の堆積が著しく，サンゴ礁の健全度が損なわれていると判断された[3]．

また，サンゴ幼生の輸送過程を解明するため，サンゴ産卵期の海流調査に基づく流動シミュレーションが行われた．サンゴはその生活史の初期に浮遊期を有するため，その移送，拡散に関する知見は再生海域選定に極めて重要である．調査の結果，石西礁湖では主として南北方向に流れる潮流成分が卓越し，平均流としては北流が大きいことが明らかとなった．黒島周辺から幼生が供給されると，着床し始める産卵4日後に，産卵量の半分以上が石西礁湖にとどまり，石西礁湖の幼生供給源として貢献度が高いことがわかった[4]．

2）基本方針の策定

サンゴ礁現況調査結果を基に，2005年，環境省により「石西礁湖自然再生マスタープラン」が策定され，重要海域の保全，オニヒトデ対策，赤土対策等と共に，生息環境が特に悪化していないにもかかわらず，幼生の加入が乏しいため，サンゴ群集の回復が進まない場所については，サンゴ移植によるサンゴ群集の修復が再生事業として実施されることが基本方針として定められた．海流の状況から幼生の供給源として期待される黒島周辺の海域が再生海域として選定され，また，サンゴ移植の手法として，有性生殖法を用いることが定められた．

17-3 自然再生の目標

自然再生を進めるに当たっては，関係する多様な主体が参加する「石西礁湖自然再生協議会」が自然再生推進法に基づき，2006年に設立され，2007年，事業実施計画を定めた「自然再生全体構想」が策定された．その中で，短期目標を「環境負荷を軽減し，現状より悪化させない」とし，その達成期間を10年，長期目標を「1972年の国立公園指定当時の豊かなサンゴ礁生態系を取り戻す」とし，その達成期間を30年と定めた．

17-4 自然再生の手法

1）有性生殖法によるサンゴ移植

これまでのサンゴ移植は既存サンゴ群集から断片を製作し，移植するという無性生殖法で行われ

写真-1 大発生したオニヒトデ　　　　　写真-2 連結式サンゴ幼生着床具

てきたが，この方法では健全なサンゴ群集にダメージを与える恐れがあり，特別な場合を除き大規模な事業としては成立しにくい面があった．近年，サンゴの初期生活史に関する様々な研究が進んだ結果，サンゴの産卵，発生，着床の実態が明らかになり，有性生殖を利用した移植手法の開発を後押しした．有性生殖法による移植は，

① 無性生殖法に比べ遺伝的多様性が高い
② サンゴは非常に多産であるため，大量の稚サンゴを生産できる（初期減耗はある）
③ 既存サンゴへの影響がほとんどない

といった利点がある[5]．有性生殖法には，浮遊卵を採取後，水槽において幼生飼育を経て，稚サンゴを得る方法（水槽採苗）とサンゴ産卵期に海底に人工基盤をおいて幼生を着床させ，稚サンゴを得る方法（海域採苗）があるが，海域の場合は採苗のための人工基盤を設置するだけですみ，特に施設，要員が不要なため，比較的安価に稚サンゴ（移植種苗）を生産することができる．

東京海洋大学の岡本峰雄教授らは，人工基盤の研究を重ねた結果，杯状に焼結した直径40mm×高さ40mmのセラミック製「連結式サンゴ幼生着床具」を開発した（写真-2）．この着床具は脚と孔を使い，縦に連結して海底に設置するもので，次のような特性がある．

① 自然にやさしい素材である（セラミック製）
② 大量に海底設置できる（脚部連結による縦型設置構造）
③ サンゴの幼生が着床しやすい（下部溝構造）
④ 着床初期，サンゴが食害を受けにくい（連結式構造）
⑤ 耐波性が高いため，海底での長期育成が可能で（ケース装填構造），その結果初期減耗を経た強い種苗が得られる
⑥ 移植後も孔や着床具周辺への加入が認められる
⑦ 着床した種苗を移植しやすい（脚部構造）
⑧ 識別が可能なため追跡調査が容易である

この着床具は軽量，安価で，大量生産が可能であるため，大量の種苗を生産することができる．設置約1年後には肉眼ではっきりと稚サンゴが識別でき，移植種苗として利用が可能である．岡本

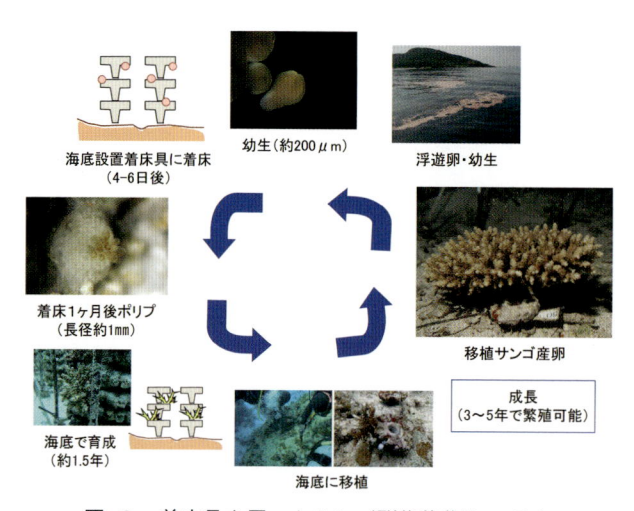

図-2 着床具を用いたサンゴ群集修復システム

教授と筆者らの研究グループは着床具を用いた，採苗・育苗・移植・管理の一連のサンゴ群集修復技術の実用化を行った（図-2）．

2）修復の方法

着床具を用いたサンゴ群集修復技術は石西礁湖の自然再生事業に採用され，2005年度から本格的な事業が開始された．

(1) 着床具による採苗

ア．設置時期

石西礁湖において卓越して分布するサンゴはミドリイシ属で，その大半は一斉産卵することが知られており[6]，毎年水温が26℃に達した後の満月付近に成熟する[7]．石西礁湖におけるミドリイシ属の大規模産卵は，これまでの観察結果から概ね旧暦4月15日頃の深夜に起こることが多い．そのため，着床具の設置は，海水馴致期間も含めて産卵期1ヶ月程度前の新暦4月下旬に行った．

イ．設置場所

設置場所は，次の条件について検討を行い，選定した．

・海流：幼生が到達しやすい流れがあること
・波浪：台風時の波浪の直撃を受けないこと
・水深：水深10m以深では，幼生着床が期待できないため，それ以浅であること
・底質：波浪により底質が巻き上げられないこと，また漂砂礫による影響を受けないこと
・水質：赤土の流入がないこと

ミドリイシ属を含む多くのサンゴの受精卵・幼生は，少なくとも4〜6日，浮遊する[8]．この間は吹送流の影響を強く受けて，移送されると考えられるため，気象条件によって，着床場所が大きく左右される恐れがあることから，当初採苗場所は集中せずに分散させて設定した．しかし，これでは採苗率（＝サンゴが着床した着床具数／設置した着床具数）にばらつきがでて，高い種苗生産量を達成できないため，次第に安定的に高採苗率を呈する場所に着床具の設置量を集約した．現在では，礁湖北部にほとんどの採苗場所を設定している．

ウ．設置工事

陸上で着床具が装填されたプラスチック・ケースをステンレス架台に搭載固定後，採苗場所に船舶で運搬した．現場到着後，単管パイプを用いて，架台固定用の枠を海底に設置し，枠上に架台を固定させ，耐波性を高めた（写真-3）．設置中は水温，濁度の毎時自動連続観測を行うとともに，9月及び12月に着床具のサンプリングを行い，サンゴの着床状況を調査した．これまでの2004年度〜2013年度に累計約49万個の着床具を設置した．

(2) 育苗

採苗場所の中には，高い採苗率が期待できるため，台風時波浪の直撃を受ける礁縁に設定された場所もある．その様な場所では，台風期前に着床具を静穏海域に移設した．設置した着床具は，約1.5年間育苗するが，その間，定期的に維持管理を行い，着床具の補修，砂礫除去，

写真-3　着床具設置状況

付着海藻類の除去を行った．特に，付着海藻類については，繁茂を許すとサンゴに共生する褐虫藻の光合成に阻害が起こり，成長，生残に影響するため，重点的に行った．

(3) 移　植

再生海域として選定された黒島周辺において，空中写真判読を基に現地調査を行い，移植場所の選出を行った（図-3）．選出は，次のような点に留意して行った．

・波浪状況：台風時の激浪が直接当たらないこと
・砂礫分布：台風時に砂礫は種苗の埋没，流出，破損を起こすため，砂礫帯でないこと
・海底地形：砂礫の移動が妨げられる尾根状地形であること
・流動状況：台風時のうねりや高波が起こす強い流れが砂礫移動を引き起こすため，強い流れを避けられること

台風期後，現地において微地形を勘案し，原則として30m²の移植ユニットの設定を行った．その後，育苗場所海底で約1.5年育苗した着床具を選別し，移植種苗として船上の水槽に収容し，移植場所へ運搬した．サンゴの着床がないものについては回収し，翌年リユース着床具として活用した．移植場所では，エアドリルで岩盤を穿孔し（写真-4），接着剤とともに種苗脚部を挿入し，移植した．移植は1m²に10個移植し，その10％にモニタリング用のタグをつけた（写真-5）．2005年度〜2012年度に，累計約33,000個の種苗を移植した．

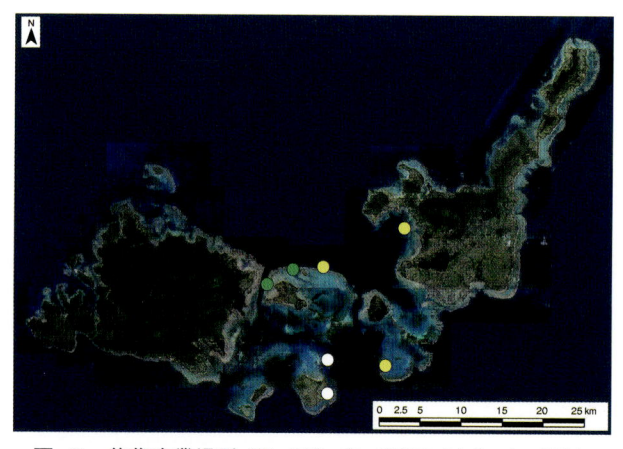

図-3　修復事業場所（黄：採苗，緑：採苗及び育苗，白：移植）

写真-4　エアドリルによる穿孔

写真-5　モニタリング種苗

(4) モニタリング

モニタリング対象種苗について，移植1ヶ月後，6ヶ月後，1年後，以後原則として1年毎に次の項目について測定，観察を行った．また，水温，濁度について，毎時自動連続観測を行った．

> 生存・死滅状況、長径、白化状況、破損状況、食害状況、海藻類繁茂状況、堆積物状況、動物棲みこみ状況

移植後4年を経て，成長したサンゴについては，産卵の観察を行った．サンゴの産卵は，多くが深夜に行われるため，産卵予測期間中，自動撮影カメラを海底に設置し，30分間隔のインターバル撮影で産卵状況を観察した（写真-6）．

17-5　評価・課題・展望

1) 評　価

(1) 種苗生産

2004年の試験設置を経て，2005年から本格的採苗を開始した．移植時（着床具設置後約1.5年）の最終採苗率は，礁湖全体の自然加入は低迷したままであるが，年毎に増加し，2010年設置分は台風の影響を受け低下したものの，2011年設置分（2012年移植）は約20%を確保した（図-4）．

写真-6　海底に設置した自動撮影カメラ

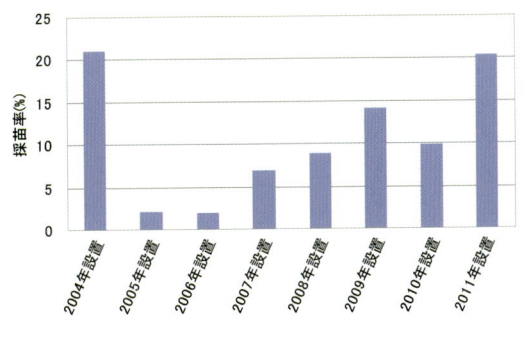

図-4　設置年別移植時採苗率

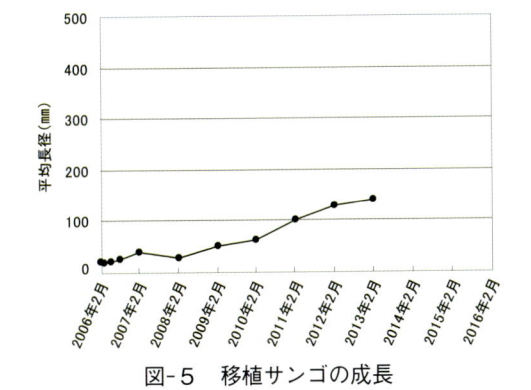

図-5　移植サンゴの成長

図-6　移植サンゴの生残率

(2) 景観復元

初年度（2006年2月）に移植された種苗（流出率約30％以下ユニット）のモニタリング結果を基に，移植サンゴの成長によるサンゴ群集の景観復元を評価した．

移植サンゴの平均長径変化を図-5に示す．

卓越するミドリイシ属ではより高い成長を期待できることから，生残率が30％程度で収束していけば（図-6），移植10年後，高被度サンゴ群集の目安である被度50％程度のサンゴ群集景観復元は可能と思われる．すでに一部の移植ユニットでは十分に復元した景観を示している（写真-7）．

(3) 幼生供給

2010年5月，2006年2月に移植したハナガサミドリイシの産卵を自動撮影により始めて確認し，2011年には潜水観察によっても，移植したハナガサミドリイシやタチハナガサミドリイシ等の複数群体が産卵する様子を確認した（写真-8）．以後2013年時点まで，多くの移植ユニットで毎年産卵確認を行っており，石西礁湖への幼生供給を果たした．

(4) すみかの創出

サンゴの重要な生態的機能の一つに他の動物の棲みか機能がある．移植サンゴの成長に伴い，多くのスズメダイ類や甲殻類などの棲みこみがみられている．また，生態系への影響として，魚類群集増加の傾向がみられる．移植海域における経年的な魚類調査の結果，サンゴへの依存性の強いチョウチョウウオ科をみると，サンゴ移植数の増加に伴い，個体数が増加しており（図-7），サンゴ群

写真-7　移植サンゴによる景観復元　左：移植直後（2008年2月），右：移植4年後（2012年5月）

写真-8　産卵する移植サンゴ

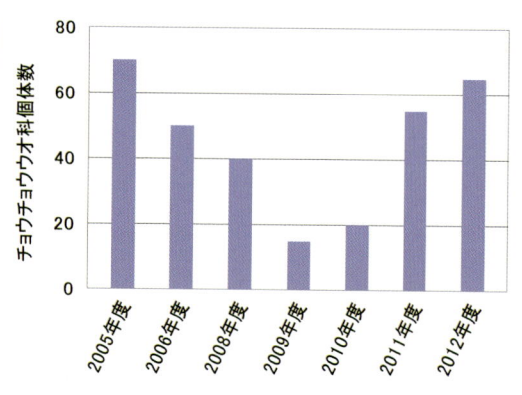

図-7　移植海域におけるチョウチョウウオ科個体数の変動

集修復による生物多様性増加効果の可能性がある．

2) 課　題

　種苗生産量増大のため，海域採苗だけでなく，水槽採苗技術も開発する必要がある．浮遊卵採集後，幼生を水槽において着床させ，飼育する手法を開発中である．水槽においてはほぼ100％の着床がみられるが，移植時の歩留まり向上が今後の課題である．

　着床具は岩礁にしか移植できないため，サンゴ礫域への移植手法開発が課題であったが，着床具補助具（写真-9）の開発を行い，効果が得られたため，今後移植規模の拡大が課題である．

写真-9　着床具補助具を使用した種苗

3) 展　望

　Rinkevich[9]は，世界のサンゴ礁は衰退が著しく，自然の回復力だけでは，サンゴ礁の回復は不可能な域に達しているので，サンゴ礁再生はサンゴ礁保全のための主要な活動となると述べた．サンゴ礁の大半は途上国に分布し，ダイナマイト漁や毒物漁によるサンゴ礁の破壊が著しく，再生が強く求められている．2013年6月，沖縄県で開催された「地球温暖化防止とサンゴ礁保全に関する国際会議」でもサンゴ礁の衰退が大きな話題となり，その保全には強い関心が寄せられ，わが国の協力の必要性が強調された．わが国はこの分野で豊富な経験を有しており，途上国のサンゴ礁再生に貢献することが期待されている．

（藤原秀一）

―― 引用・参考文献 ――

1) Barrnes RSK, Hughes RN (1988) An Introduction to Marine Ecology. Blackwell Scientific Publications, 351pp.
2) 藤原秀一 (1994)：サンゴ礁海域調査結果の解析，第4回自然環境保全基礎調査海域生物環境調査報告書（干潟，藻場，サンゴ礁）第3巻サンゴ礁，31-62．環境庁自然保護局・海中公園センター．
3) 環境省自然環境局沖縄奄美地区自然保護事務所・国土環境株式会社 (2003) 平成14年度石西礁湖自然再生調査（サンゴ群集調査）報告書．92pp.
4) 環境省那覇自然環境事務所 (2005) 石西礁湖自然再生マスタープラン，79pp.
5) Guest J, Heyward A, Omori M, Iwao K, Morse A, Boch C (2010) Rearing coral larvae for reef rehabilitation, Reef Rehabilitation manual：73-98.
6) Harrison et al. (1984) Mass spawning in tropical coral reefs. Science 223: 1186-1189.
7) van Woesik R, Lacharmoise F, koksal S (2006) Annual cycles of solar insolation predict spawning times of Caribbean corals. Ecol Lett 9：390-398.
8) Harrison PL, Wallace CC (1990) Reproduction, dispersal and recruitment of scleractinian corals, Coral reefs, Ecosystems of the world 25：133-207.
9) Rinkevich, B. (2005) Conservation of coral reefs through active restoration measures: Recent approaches and last decade progress, Environ. Sci. Technol., 39：4333-4342.

コラム

港湾整備におけるサンゴ礁の修復・再生

　内閣府沖縄総合事務局は，1972年の沖縄の日本復帰と同時に沖縄の振興開発を推進してきた．港湾については，那覇港，中城湾港，平良港，石垣港の整備と開発保全航路である竹富南航路の保全を行っている．港湾における環境保全への取り組みの歴史は古く，大きく3つの段階に分けられる．第一段階は，従来から一般的に実施されてきた環境アセスメント，第二段階は，1985年以降のサンゴ移植に関する技術開発，第三段階は，1990年以降の移植以外の手法による環境保全・再生技術の開発であり，地域特性に配慮して取り組んできた．

　沖縄の港湾整備におけるサンゴに関する環境保全・再生技術は，移植技術に代表される無性生殖過程による増殖を期待した「サンゴの直接的導入技術」，有性生殖過程による増殖を期待した「サンゴの着生基質の形成技術」，およびサンゴ群集の成長に適した環境条件を形成するための「環境の改善技術」に分類することができる．

　「サンゴの直接的導入技術」としては，那覇港，平良港，石垣港では1980年代からサンゴの移植技術開発に取り組み，モニタリング調査を実施している．近年では，移植作業を容易にするためのブロックの開発や，大型のサンゴを移設するための移築技術も開発し，効果を確認しつつある（図-1）．さらに，那覇港においてはサンゴの幼生を採取して放流することによって，サンゴ群集の形成を促進する技術開発のための実海域実験が行われている．

　「サンゴの着生基質の形成技術」は，サンゴの幼生が供給される場所に整備された構造物が，そのサンゴの着生基質となることを促進する技術である．1990年に那覇港で消波ブロックにサンゴ幼生が自然着生し成長している状況を確認した（図-2）．成長の過程を調査した結果，那覇港の防波堤外側消波ブロック上の浅い水深帯では，6年間でサンゴの被度が50%以上になることが判明した．また，基質表面を凹凸加工することによってサンゴ幼生の着生・成長を促進できることを確認し，消波ブロック表面を凹凸加工したエコブロック事業を展開し，その効果を確認しつつある（図-3）．

　「環境の改善技術」は，上記のような人工構造物上のサンゴの着生・成長に影響を及ぼす環境条件を把握し，サンゴにとって好適な環境条件を土木的に形成しようとする技術である．那覇港のサンゴの成長に影響を及ぼす環境因子を解析した結果，主なものは光条件と流動条件であった．つまり，サンゴの成長に適した環境条件を形成するためには，適度な光量と流量を確保する必要がある．平良港では海水交換を促進するために通水部を有する防波堤を整備し，港内側におけるサンゴの成長の状況をモニタリングしている．

　生態工学とは生態系の機能を制御して生態系を保全・再生する技術である．生態工学的アプローチとは，現地におけるサンゴの着生・成長過程を把握して，工学的に対応できる環境保全技術を開発し，現地実験とモニタリング調査により順応的な検証を行うプロセスであると考えている．沖縄総合事務局においては，このような技術開発を推進するとともにこれら技術を活用し，サンゴ礁生態系を保全・再生（創出・復元・修復など）・利用することによって港湾整備とサンゴ礁の共生を図ることなどを基本的な方針としている．

（花城盛三，山本秀一）

参考資料：国土交通省港湾局・海の自然再生ワーキンググループ（2003）：海の自然再生ハンドブック第4巻サンゴ礁編，103pp，ぎょうせい．

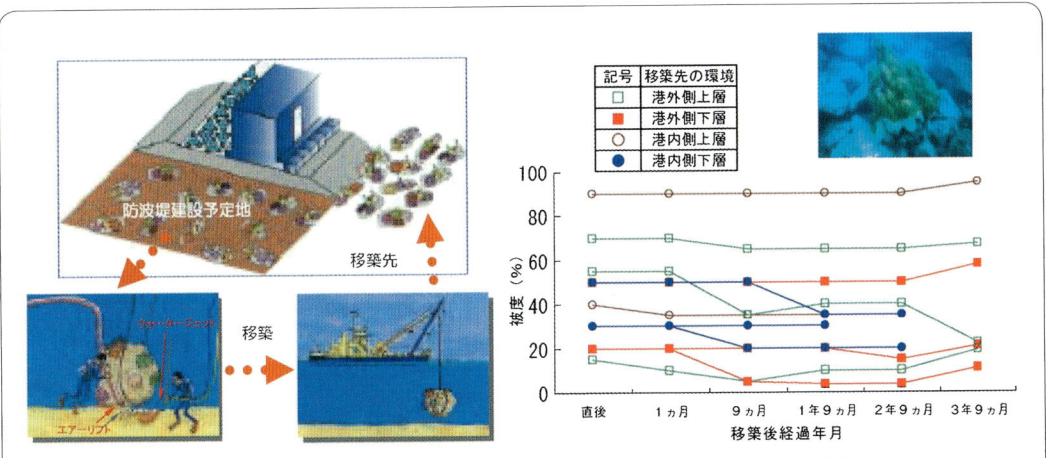

図-1 移築技術と効果：移築後のサンゴの被度のモニタリング結果
（移築したサンゴの被度は高い状態で推移している）

図-2 消波ブロックにサンゴが自然着生している状況
（写真は2004年6月：那覇港那覇防波堤）

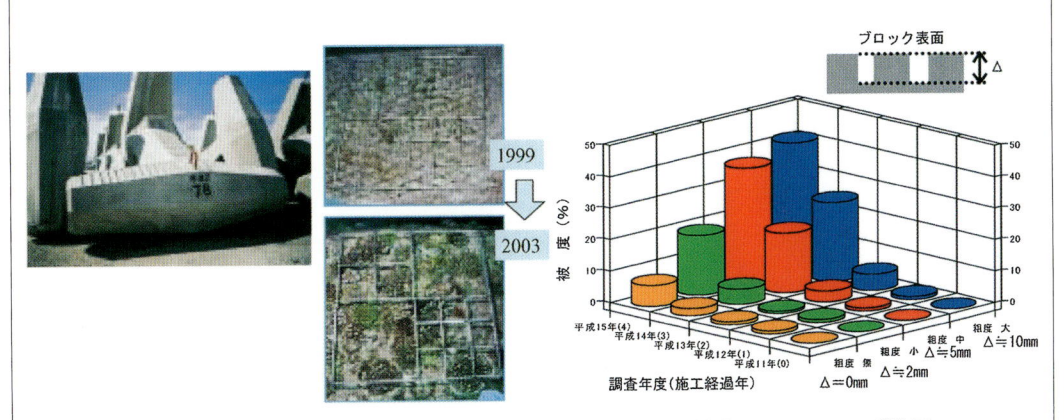

図-3 エコブロック事業と効果：凹凸サイズとサンゴの被度のモニタリング結果
（凹凸のサイズが大きいほどサンゴの被度が高くなっている）

索　引

A
アイスブリッジ　30
赤　土　251
アクアパークモデル事業　208
アメニティ機能　223
アンブレラ種　17, 115

B
BARCI (Before-After-Reference-Control-Impact) デザイン　24, 69, 71
BOD (生物化学的酸素要求量)　212
buffer zone →緩衝帯
伐　採　79, 96
ビオトープネットワーク　222
ビオトープマップ　4
防風林　125
ボランティア　35, 153

C
CCA (Canonical Correspondence Analysis)　74, 76
地域個体群　182
地下水位　64
　　——変動　72
地下水帯水層モデル　74
地下水流動シミュレーション　74
地形変化　223
稚サンゴ　252
チップ　29
地表面水位　72
着床具　251, 252, 253
中間温帯林　163
中規模撹乱仮説　2
抽水植物　141, 218
中枢種　17
直接的な種の導入　32
直達発生　228
沈水植物　141, 143, 144, 146, 219

D
DO (溶存酸素量)　212
代償措置　84
代替水源　189
ダイナマイト漁　257
ダイナミクス　124
暖温帯林　162, 168

泥　炭　64, 78
動物プランクトン　145
毒物魚　257
土砂流入　66
土壌改良資材　72
土壌撹乱　175
土壌水　78
土堤植物　185

E
栄養塩濃度　144
エコアップ　109
エコトーン　182, 205
エコロジカルネットワーク　108, 205
エッジ　125
沿岸部　243

F
ファシリテーター　44, 45
フィードバック　35
封じ込め　33
フォッサマグナ要素　163
深　場　214, 215
復元 (restoration)　3
復元型の川づくり　208
不嗜好植物　163
淵　214
フトン籠　217
浮葉植物　141
フライウェイ →渡りのルート

G
GIS (地理情報システム)　4, 46, 48
外来雑草　159
外来種　24, 31, 32, 185, 222
　　——の侵入　135
　　——ハンドブック　33
外来植物　173, 237
岩礁性藻場　243
漁港漁場整備法　61
魚　道　117
減水期間　183
合意形成　33
護　岸　217

H
排水桝　120
白化現象　242
播　種　78, 155, 247

ハビタット (habitatt)　96, 198, 208, 216, 217, 223
半自然湿地　84
半自然草原　171
繁殖期　30
非意図的な種の導入　32
火入れ　171
干　潟　223
　　——メソコスム (mesocosm)　226, 227, 228
避難地　31
樋門改修　184
漂　砂　234
標準区　70, 71
表　土　28, 186
　　——採取　27
　　——播きだし法　175
表土層種子バンク　147
日和見種　229
萌　芽　66
　　——更新　99
放棄農地　69
放　牧　171
圃場整備　114, 117
補　植　127
保全目標　85
北海道ブルーリスト　33
北方要素　163

I
IT化　46
生きものの情報　41
育成管理　180
生け簀　180
移　植　27, 153
遺存種　189
遺伝資源の消失　32
遺伝子レベルの撹乱　109
遺伝的撹乱　24, 28
移入種　32
インパクト　200

J
事後モニタリング　229
自生種　32
事前調査　179
地盤掘り下げ　77
蛇　籠　217
住　民　37, 38, 48

261

──参加　38, 219
樹冠ギャップ　126
受動的再生（passive restoration）
　　20
樹皮食い防護ネット　165
樹林化　66
樹林の自己維持的構造　127
順応的管理（adaptive management）
　　6, 25, 49, 69, 70, 166, 218, 219, 246
常時湛水　121
情報公開　4, 46
除去対象植物　237
自律安定化　226
人為的撹乱　70
人為の作用　210
人工海浜　231
人工種苗　248
人工草地　171
人工干潟　231

[K]

海岸砂丘　232, 233
海岸法　61
解説板　220
改善（reclamation）　3
海藻類の移植　247
海藻類の種苗投入　247
海浜植生　234
海浜植物　234
回復のプロセス　158
回廊　109, 117
仮説　7
──検証　7
河川　198
──回廊　198
──の形態　214
──の形態の多様化　210
河川法　60
褐虫藻　254
河畔砂丘　233
河畔林　125, 217
刈り取り　171
河原固有の生物　203
河原の減少　201
環境アセスメント　5, 84
環境影響評価　5
──法　2
環境傾度　74
環境コミュニケーション　43
環境のゆらぎ　167
環境ポテンシャル　14
慣行　174
緩衝帯　19

冠水状態　76
完成形　21
乾性草原　69
間接的な種の導入　32
乾燥化　72, 75, 204
乾田化　114
帰化植物　239, 240
希少種　15
希少植物　162
汽水域　243
キーストン種　164
機能保障（rehabilitation）　3
基盤整備　114
キャノピー効果　244
競合種　174
協働　2, 38
極相　244
──優先樹種　127
近交弱勢　167
空間構造　182
空間的アプローチ　13
景観生態学的計画　7
嫌気ストレス　64
健全性評価　69
健全な生態系　46
コア　125
広域計画　7
光合成バクテリア　156
耕作放棄　84
高水敷の安定化　201
構造改善　114
港湾法　61
コーディネーター　42
国外外来種　32
国内外来種　24, 32
湖沼　141
──の水質　144
──の透明度　143
湖水の氾濫　141
個体数管理　165
湖畔砂丘　233
コミュニケーション　42
コモワラ敷きによる底土の乾燥防止　183
固有の価値　125
コリドー　→回廊
昆虫調査　107
コンポスト　29

[M]

埋土種子　135, 146, 175, 185, 239
マクロベントス　223

マット移植　27
丸太筋工　157
丸太マルチング　157
満鮮要素種群　172
マント群落　135
みお筋　211
実生　78
水際線　216, 219
水収支　78
水鳥の糞　149
水辺環境　209
3つの原則，7つのルール　43
ミティゲーション　3
緑の基本計画　41
無機環境　70
明渠排水路　74
猛禽類　30
目標エコトープ（target ecotope）
　　15
目標種群（target species）　15
目標樹林　97
目標設定　7, 52, 200, 244
目標像　70
モデル　13
モニタリング　7, 24, 35, 78, 85, 110, 204
──調査　6, 116, 176, 180, 220
藻場の機能　244
藻場の基盤整備　246, 247

[N]

内陸砂丘　233
苗木栽培　27
中干し　119
二次植生　172
二次林　95
──の構成種　104
21世紀「環の国」づくり会議　49
「21世紀『環の国』づくり報告」　3
根株移植　27
熱収支　78
熱帯性海草藻場　243
農業基本法　65
農地化　65
能動的再生（active restoration）
　　20, 70

[O]

オフサイト（off site）　19
落ち込み　214, 215
オンサイト（on site）　19
温帯草原　172

索引

P

PVI（percentage volume infestation） 145

R

ラムサール条約 3
リーダー 42
リスク管理 31
リスク評価 34
立地ポテンシャル 14
緑化ネット 156
林　縁 126, 135
林床植生 162
冷温帯林 162, 168
歴史的（時間的）アプローチ 13
劣化原因 69
レフュージア 141
漏　溜 179

S

最高水位 77
採餌ハビタット 113
再生区 71
サイト計画 18
砂　丘 232
　　── 景観 240
　　── 植生 233
里　山 95, 97, 207
参加者 44
サンゴ移植 251
サンゴ産卵 251, 252
試験施工 31
自然海岸 232
自然環境学習 56
自然環境調査 87
自然環境のグランドデザイン 7
自然環境保全基礎調査 95
自然観察会 110
自然公園法 59
自然再生型公共事業 49
自然再生基本方針 51, 53
自然再生協議会 53, 57
自然再生計画 7
自然再生事業 7, 51
　　── 実施計画 54, 58
　　── の対象 55
自然再生推進会議 54
自然再生推進法 2, 6, 48, 49, 51, 52, 55, 61, 66
　　── の基本理念 52
　　── の定義 52
　　── の目的 52

自然再生全体構想 58
自然再生専門家会議 54
自然再生とホームページ 48
自然再生の主体 4
自然草原 171
自然の作用 210
自然ふれあい施設 23
下草刈り 96, 102
湿原生態系 64
湿性植物 140
湿性草原 69
湿性低木林 69
湿　田 114
シードソース 99
市　民 → 住民
社会的受容 33
修景間伐 218
集水域 198, 217
種間関係のポテンシャル 14
主催者 44, 45
種子採取 27
種子資源 109
種子吹付け 185
種組成・被度 78
主　体 37, 38
種の供給ポテンシャル 14
竣工形 21
浚渫砂 223
礁　湖 250

象徴種 15
植生回復 162
植生管理 176
植生傾度 74
植生遷移 175
植生保護柵 165
植物侵略性評価 33
植物の種子散布 107
植物プランクトン 145
ショック療法（shock therapy） 146
親水空間 209
新・生物多様性国家戦略 2, 31, 49, 50, 52, 218
薪炭林 95
深土層種子バンク 148
侵略的外来種 14, 32
森林表土 135
森林法 60
水位変動 216
水系のネットワーク 112
水源涵養機能 163
水　質 64, 212

　　── 基準 70
　　── 浄化機能 223
水生植物 183
　　── 現地保護 183
水生生物 181
　　── 一時避難 181
水　田 84
　　── 環境の改変 113
　　── 管理 120
　　── 魚道 115
水文化学環境 64
水　量 211
水　路 114
　　── の改修 120
ステッピングストーン 124
ストーンマルチ 157
砂の補給と移動 237
炭 29
瀬 214
生活史 30
生活者 46
生息環境評価 83
生態系 69
　　── ネットワーク計画 7
生態ピラミッド 115
生物多様性国家戦略 2, 50
生物多様性条約 164
生物多様性保全機能 163
生物的撹乱 28
生分解性プラスチック 29
堰上げ 77
セグメント 198
施　工 7
　　── 時期 179
セストン 140
設　計 7
雪田植生 152
雪田草原 152
説明責任 4, 43
遷移のポテンシャル 15
潜在自然 14
　　── 植生 14, 132
戦略的アセスメント 5
草原性植物 172
総合的生物多様性管理 137
遡　上 116
ソース移植 27
粗　朶 29
ソハヤキ要素 163

T

対照区 71
多自然型の川づくり 207, 208

263

立ち入り防止柵　128
多変量解析　74
ため池　179
湛水実験　148
炭素繊維　29
ツル切り管理　102
底生動物　220
堤体改修　179
転作田ビオトープ　122
踏　圧　127
島　嶼　174
透水性舗装　189
透明度　144
特定外来生物による生態系等に係る被害の防止に関する法律（外来生物法）　2, 31
特定外来種リスト　33
都市公園法　60
都市の草庭　140

都市緑地保全法　60
土地改良法　60, 122
途中相　175
　　──の優先樹種　127
鳥散布種子　126

U

魚付林　217
浮　石　215
雨水浸透桝　188

W

ワークショップ　35, 44
渡りのルート　150
わんど　214

Y

野生復帰　112
湧水地　187

幼　生　251, 252
横浜コード　44
余剰地下水　189
予防原則　33

Z

在来種　27, 32
雑種形成　32
絶滅危惧種　167, 180
絶滅種　167
絶滅のおそれのある野生動植物の種の保存に関する法律　2
雑木林　95

造成裸地　173
ゾーニング計画　87, 137

執筆者一覧 (執筆順, ＊編集者)

<総論, 各論>

＊亀山章	(Akira, KAMEYAMA)	(公財)日本自然保護協会
＊日置佳之	(Yoshiyuki, HIOKI)	鳥取大学農学部
春田章博	(Akihiro, HARUTA)	㈱環境・グリーンエンジニア
＊倉本宣	(Noboru, KURAMOTO)	明治大学農学部
則久雅司	(Masashi, NORIHISA)	鹿児島県環境林務部
中村隆俊	(Takatoshi, NAKAMURA)	東京農業大学生物産業学部
山田浩之	(Hiroyuki, YAMADA)	北海道大学大学院農学研究院
関岡裕明	(Hiroaki, SEKIOKA)	㈱環境アセスメントセンター敦賀事務所
中本学	(Manabu, NAKAMOTO)	大阪ガス㈱エネルギー技術部
井本郁子	(Ikuko, IMOTO)	(特非)地域自然情報ネットワーク
内藤和明	(Kazuaki, NAITO)	兵庫県立大学自然・環境科学研究所
大迫義人	(Yoshito, OSAKO)	兵庫県立大学自然・環境科学研究所
池田啓	(Hiroshi, IKEDA)	(兵庫県立大学自然・環境科学研究所)
中尾史郎	(Shiro, NAKAO)	京都府立大学大学院
浜端悦治	(Etuji, HAMABATA)	滋賀県立大学環境科学部
麻生恵	(Megumu, ASO)	東京農業大学地域環境科学部
松本清	(Kiyoshi, MATSUMOTO)	巻機山景観保全ボランティアーズ
田村淳	(Atsushi, TAMURA)	神奈川県自然環境保全センター
大窪久美子	(Kumiko, OKUBO)	信州大学農学部
養父志乃夫	(Shinobu, YABU)	和歌山大学システム工学部
山本紀久	(Norihisa, YAMAMOTO)	㈱愛植物設計事務所
桑江 朝比呂	(Tomohiro, KUWAE)	(独)港湾空港技術研究所
趙賢一	(Kenichi, CHO)	㈱愛植物設計事務所
佐藤力	(Riki, SATO)	㈱愛植物設計事務所
古川恵太	(Keita, FURUKAWA)	(一財)シップアンドオーシャン財団（海洋政策研究財団）
藤原秀一	(Shuchi, FUJIWARA)	いであ㈱沖縄支社

<コラム>

逸見一郎	(Ichiro, HENMI)	㈱地域環境計画
八色宏昌	(Hiromasa, YAIRO)	㈱グラック
井上剛	(Tsuyoshi, INOUE)	㈱地域環境計画
中村忠昌	(Tadamasa, NAKAMURA)	㈱生態計画研究所
花城盛三	(Seizo, HANASHIRO)	内閣府沖縄総合事務所
山本秀一	(Hidekazu, YAMAMOTO)	㈱エコー

本書は、平成 17 年にソフトサイエンス社から発行された「自然再生：生態工学的アプローチ」の一部を改訂し、新たに「自然再生の手引き」として刊行したものです。

自然再生の手引き

定価　本体 2,500 円 ＋ 税

平成 25 年 10 月 25 日	初版第 1 刷発行
編集	亀山　章・倉本　宣・日置佳之 （かめやま あきら　くらもと のぼる　ひおきよしゆき）
発行人	篠　田　和　久
発行	一般財団法人 日本緑化センター
	〒107-0052
	東京都港区赤坂 1-9-13　三会堂ビル
	電　話　番　号　03-3585-3561
	Ｆ　　Ａ　　Ｘ　03-3582-7714
	http://www.jpgreen.or.jp/

ISBN978-4-931085-52-7　　　　　　　　　　＜禁複写無断掲載＞

乱丁、落丁本はお取替えいたします。